黄华园学术文萃

善的追索

SHAN DE ZHUI SUO

吴灿新 著

SPM 南方出版传媒
广东人民出版社
·广州·

图书在版编目（CIP）数据

善的追索／吴灿新著．—广州：广东人民出版社，2014.6
（黄华园学术文萃）
ISBN 978－7－218－09407－6

Ⅰ．①善…　Ⅱ．①吴…　Ⅲ．①伦理学史　Ⅳ．①B82－09

中国版本图书馆 CIP 数据核字（2014）第 130531 号

Shan De Zhuisuo
善的追索　　吴灿新　著

出 版 人：曾　莹

责任编辑：卢雪华　曾玉寒
装帧设计：李桢涛
责任技编：黎碧霞

出版发行：广东人民出版社
地　　址：广州市大沙头四马路 10 号（邮政编码：510102）
电　　话：（020）83798714（总编室）
传　　真：（020）83780199
网　　址：http://www.gdpph.com
印　　刷：佛山市浩文彩色印刷有限公司
书　　号：ISBN 978－7－218－09407－6
开　　本：787mm×1092mm　1/16
印　　张：21　**插　页：**1　**字　数：**388 千
版　　次：2014 年 6 月第 1 版　2014 年 6 月第 1 次印刷
定　　价：46.00 元

如发现印装质量问题，影响阅读，请与出版社（020－83795749）联系调换。

《黄华园学术文萃》总序

古往今来，凡成就大业者，无不是思想上的领先者。在实现民族振兴伟大理想和广东率先实现现代化战略任务的历史进程中，党校作为党的理论创新平台，肩负着义不容辞的历史责任。

黄华园坐落于古老广州文脉所系的东濠涌（古名文溪）旁。广州解放后，中共广东省委党校迁此办学。六十多年来，黄华园中天地絪蕴，生机无限，我校一代又一代学者孜孜以求、勤勉奉公，为思想强党，理论兴国不懈努力，用自己的忠诚和智慧，在为党的理论创新事业做出了应有贡献的同时，也培育出了崇学明德，止于至善的党校学术氛围，形成了独特的姓党爱党，追求真理的党校学术文化传统。为了传承和发扬这一优良学术传统，我校自 2013 年起开设了“黄华园学术论坛”，组织校内二级教授及其他学术造诣深厚的专家学者，结合专业特长，对自身的学术生涯和学术成果予以梳理，以学术研讨会、学术报告会、座谈会等形式总结党校理论工作者如何献身使命，做出贡献，树立形象的经验，既褒奖先行者，又鼓励后学，在学术界产生了日渐广泛的影响，成为我校深化学术研究、强化学术交流、传承学术传统的重要平台。

为了进一步拓展“黄华园学术论坛”的功能，发挥论坛打造平台，锻炼队伍，培育精神的作用，校委会决定从2014年开始，出版《黄华园学术文萃》丛书，荟萃论坛学术成果，由有关报告专家汇集本人有主题、成系列的研究成果，单独编辑成册出版。我们相信，只要持之以恒，坚持下去，《黄华园学术文萃》定然会蔚为大观，成为党校学人在党言党、在党兴党的见证。仅记此以为序。

《黄华园学术文萃》编委会

2014 年 3 月 16 日

目　录

文化伦理篇

道德建设篇

婚姻家庭伦理篇

家庭伦理文化的功能及其社会作用

家庭伦理文化是家庭文化的一个重要方面，是家庭文化系统中的一个子系统。它是人类在家庭活动中对于人伦关系、人伦制度和人伦生活的一切创造物之总和，是人类为了满足家庭伦理生活的需要所创造出的精神成果，是人类为了自身生存发展必不可少的一种精神生活。

一、家庭伦理文化的功能

家庭伦理文化的直接目的是调整家庭人伦关系，保证家庭生活的正常秩序。为此，家庭伦理文化有着自身独特的功能。其基本功能如下：

调整家庭人伦关系的功能。这是家庭伦理文化最主要和最重要的功能。在家庭生活领域，家庭成员之间、家庭成员和未来（或可能的）家庭成员之间都必然存在着这样或那样的关系，要使家庭生活正常运转，要使家庭生活合乎于一定社会生活的需要，就必须使家庭人际（人伦）关系具有一定的正常秩序。家庭伦理文化通过社会舆论、风俗习惯、内心信念等特有形式，以自己的善恶标准去调节家庭成员的行为，使家庭成员的行为符合一定社会和时代的伦理要求。它以“应当怎样”为尺度，来衡量和评价家庭成员行为的现状，并力图使“现状”符合于“应当”。如果这个“应当”多少正确地反映了社会发展的客观必然性，那么，就能引导和激发人们的历史主动性和社会积极性，达到不断调节家庭成员关系，保障家庭生活与社会生活的正常秩序。

教育家庭成员的功能。要使家庭成员之间的关系、家庭成员与未来家庭成员的关系正常化，首先就需要家庭成员具有一定的伦理道德素养。而一个家庭成员的伦理道德素养则来之于家庭伦理道德的教育。家庭伦理文化，其核心是家庭伦理观念文化。家庭伦理观念文化的建设过程，就是一个培育、灌输、教化的过程。通过家庭伦理文化建设，可以不断地提高家庭成员的伦理道德素质，形成良好的道德品质和道德良心，使家庭成员成为一个道德纯洁的人。

提高家庭成员对伦理生活认识的功能。家庭伦理文化是一种以价值判断为主的认识方式，它从家庭成员之间、家庭成员与未来家庭成员之间的关系中，来反映和认识当时社会的家庭现实状况；它通过使家庭成员认识自己对自己、对他人、对家庭、对社会应负的责任和应尽的义务，认识家庭伦理生活的规律和原则，从而正确地选择自己的行为和家庭生活方式。家庭伦理文化的认识功能，主要是借助于道德观念、道德准则、道德理想等形式，来表达反映或认识的成果。它把家庭生活中的现象、关系和行为，区分为有利的和有害的，善的和恶的，应当的和不应当的，并在这种对立中来说明一定社会的家庭生活状况。家庭伦理文化这种认识功能，不仅使家庭成员自觉地调节家庭人际（人伦）关系，自觉地选择家庭生活方式，而且还能够使家庭成员自觉地趋善避恶，积极塑造自身完善的人格。

二、家庭伦理文化的社会作用

1．家庭伦理文化在家庭文化中的影响和作用。

家庭伦理文化上述这些基本功能，使家庭伦理文化在家庭文化系统中占有突出的位置，对家庭文化的其他各子系统发生着重要的影响和制约作用。

家庭伦理文化对家庭消费文化的影响和作用。首先，家庭伦理文化的调整功能，能够使家庭成员之间有一种符合伦理的关系，使家庭消费过程中家庭人际（人伦）关系得以调节，减少家庭矛盾。比如现代家庭伦理文化要求家庭伦理生活民主化、平等化，使家庭消费有一种民主协商的机制，有一种平等的义务和权利，防止家庭消费中因经济管理独断专行造成的家庭矛盾。其次，家庭伦理文化的教育功能，能够使家庭成员在家庭消费中有一种良好的品德，保证家庭消费的合理化。例如，广州家庭伦理文化建设中，提倡“克勤克俭”，使广州居民在现代社会家庭生活中形成一种良好的品德，防止各种因不适当的铺张消费和不顾家境而盲目追求高消费等现象和行为给家庭生活带来的困境。再次，家庭伦理文化中的认识功能，能够帮助家庭成员合理消费、正当消费。在现阶段，古今中外的思想观念、道德观念发生着激烈的冲撞和相互的渗透，其中有精华也有糟粕。家庭伦理文化能够帮助家庭成员认识、鉴别消费活动中的善恶，引导人们在家庭消费中趋善避恶。

家庭伦理文化对家庭教育文化的影响和制约。家庭教育是整个教育体系的一个重要领域。它是为了使家庭成员提高思想道德素质、科学文化素质和审美体育素质，而对家庭成员施加的影响。其中，思想道德素质的提高，是家庭教育的主要方面，因此，家庭伦理文化的主体因素（观念、规范等）是家庭教育文化的重要内容。家庭教育通过对家庭成员灌输家庭伦理的知识，提高家庭成员的道德认识，陶冶家庭成员的道德情感，锻炼家庭成员的道德意志，确立家庭成员的道德信念，促使家庭成员养成良好的道德习惯，提高家庭成员整体的道德素质，以形成家庭成员良好的道德品质，使家庭成员成为一个有人性、有良心、有道德的人。由此可见，家庭伦理文化和家庭教育文化两者是相互渗透、相互包容、相辅相成的。如果家庭教育文化缺少了家庭伦理的内容，就会导致家庭教育走上歧途，使家庭成员畸形生长。

家庭伦理文化对家庭娱乐文化的影响和制约。家庭娱乐是家庭生活的重要内容，随着人们物质生活的不断提高，人们的精神生活也不断丰富发展，人们的娱乐生活越来越多姿多彩。家庭娱乐文化，既包括家庭娱乐方式，也包括家庭娱乐的内容。而家庭娱乐内容，有性质的不同，有真与假、善与恶、美和丑的分别。健康的家庭娱乐文化，应当是求真向善趋美的娱乐文化。而家庭伦理文化的认识功能，有助于人们判断、鉴别、选择家庭娱乐内容的善恶，保障家庭娱乐生活的健康发展，促进家庭成员的身心健康，保障家庭人际（人伦）关系和谐，使家庭生活和睦幸福。而违背家庭伦理要求的一些娱乐内容，诸如赌博、看黄色录像、看黄色书刊、参与迷信活动等，都会造成家庭人际（人伦）关系的紧张，损害家庭成员的身心健康，导致家庭生活的腐朽和困境。

家庭伦理文化对家庭交往文化的影响和制约。随着社会的进步，家庭交往从封闭走向开放，家庭交往的圈子越来越大。交往中的人际关系日趋复杂，为了使家庭交往正常化，也必须要有一定的家庭伦理行为基础。首先，家庭伦理文化对家庭交往中的人际关系有调节作用，使家庭交往中的人际关系符合一定伦理规范的要求，保证家庭交往的健康发展。其次，家庭伦理文化对家庭成员品质和人格的教育、培养和熏陶，为家庭成员在家庭交往中奠定了良好的基础。一个有道德的家庭成员，能够在家庭交往中有良好的行为，能够建立一种良好的人际关系，从而有利于家庭成员的生存发展。

2. 家庭伦理文化在社会发展中的影响和作用。

家庭伦理文化不仅在家庭文化系统中产生重大的影响、占有重要的位置，它对整个社会发展也有十分积极的意义。

首先，家庭伦理文化对人们从自然人成长为社会人，成为一个合格的公民具有重大的影响。每一个人要在社会上更好地生存和发展必须经历一个从自然人向社会人发展的过程。一个人的社会化因素是多种的，其中，道德社会化是一个重要的方面。而家庭，是每一个人社会化的最初基地和最有影响的场所。无论是从心理学的理论和实验还是从伟人成长的历程来看，家庭伦理文化对每一个人的道德社会化的影响是最深刻的，具有影响终身的意义。在家庭这个成长的摇篮时期，家庭伦理文化使每一个人在少儿阶段培育了最初和最基本的道德经验、道德知识和道德品质。尤其在我国，家庭在每个人的生活中占有十分重要的位置，它决定了中国家庭伦理文化对每一个人成长影响的深度。家庭伦理文化成为每一个人走向社会化、成为合格公民的重要一环。

其次，家庭伦理文化对于稳定社会秩序具有重要意义。中国社会历来是以家庭为细胞，尽管目前中国走上了发展现代化的道路，家庭和社会的结构发生了很大变化，传统的影响以及现阶段经济状况的制约下总体上还保留着二元或双层的社会结构，这就使家庭在社会生活中依然占有十分重要的位置，家庭伦理文化建设，通过对合格公民或社会主义“四有”新人的塑造，通过家庭的稳定和家庭人际（人伦）关系的和谐，对整个社会的安定团结和正常秩序有着重大的影响。实践证明，家庭陷入困境，使得家庭（社会）成员身心受到损害，必然会带来一系列社会问题。从犯罪青少年的抽样调查中就可以看出，失足青少年大多出身、成长于陷入种种困境的家庭之中，恶劣的家庭环境（包括家庭伦理文化环境）使青少年的心灵受到扭曲，从而引发各种违法犯罪行为。

再次，家庭伦理文化对于社会物质文明和精神文明的进步有重大影响。现代行为科学和管理心理学都指出，一个人的精神状况，包括道德状况，对其工作效率、生产效率有重大影响；职业伦理学也认为，一个人的职业道德水平的高低，对其能否胜任他的职业和岗位有十分重要的制约作用。家庭伦理文化不仅对一个人的道德状况、道德水平有重大的影响，而且对其工作、生产的状况也有直接的制约作用。同时，家庭伦理文化建设是社会主义精神文明建设的一个重要方面。一个人一生的生活都处在三大领域中：职业生活、公共生活、家庭生活，各种生活中的文化环境对人的精神文明的进步都有重大影响。因此，家庭伦理文化建设是社会主义精神文明建设必不可少的重要方面。

（原载《岭南学刊》1993 年第 1 期）

家庭伦理文化的彷徨与出路

一、当代中国家庭伦理文化变化的特点

当代中国的改革猛烈地冲击着中国社会的各个领域；在市场经济下的中国家庭伦理文化，正在发生着既喜且忧、喜中含忧的巨大变化。这种巨大变化，概括起来有以下几点：

首先，它具有两极性。一极是文明、进步的因素激增。其主要表现是：第一，随着人们个性的解放，自我意识的增强，自由恋爱、自主婚嫁不仅普及于城镇而且在广大农村迅速流行开来。第二，男女平等、夫妻平等、家庭成员一律平等的观念深入人心，家庭的民主式新型家风蓬勃兴起。第三，注意爱情在婚姻中的应有位置，追求爱情生活成为包括老年人在内的一切成年人的基本需求。第四，正确对待离婚问题，文明离婚、友好分手的风气正在形成。第五，夫妻双方、家庭成员之间相互尊重彼此的权利，人们在家庭生活和社交生活中的自由度逐渐增高。

另一极是腐朽颓废的毒素正在滋长。其主要表现在：第一，随着贞操观念的砸碎，婚前性行为流行起来，人流数量日益增多，私生子问题再次困扰着人们的家庭生活。第二，买卖婚姻、拐卖妇女现象日益增多，特别在偏远、落后的乡村比较严重。第三，重婚纳妾、嫖娼卖淫、养情妇、通奸等现象不断增长，尤其在经济发达地区更为严重。第四，夫妻关系受到金钱至上、性欲横流两大邪风的冲击，由于金钱纠纷、桃色纠纷引发的离异现象日益突出。第五，随着家庭人际关

系的淡化，视老人为包袱的观念滋长起来，遗弃老人的现象日趋严重，成为困扰社会的严重问题。

其次，它具有多元性。这种多元性表现为：第一，家庭伦理评价的多标准。在过去的几十年中，家庭伦理评价的标准是单一和统一的。对同一种家庭伦理现象的评论，无论是在天南还是海北，无论是男女还是老少，评价的结论基本上趋向一致。但是，在今天，人们对家庭伦理现象的评价，不再仅持一种标准了。因此，对同一种家庭伦理现象的评论，出现了各种不同的结论，出现了“公说公有理，婆说婆有理”的多元现象。第二，家庭伦理关系的多取向。在计划经济时代，统一是时代的基本特点，由于观念的统一，也必然会带来家庭伦理关系取向的一致性。随着改革开放时代的到来，市场经济的多样性特征，客观上引发人们观念的变迁，因而，也必然会带来家庭伦理关系取向的多样性。在相当大的程度上，人们不再理会别人怎么说，而往往按照自己的观念和价值取向，去营造自己认可的家庭伦理关系。第三，家庭伦理规范的多层性。新中国成立 30 多年中，家庭伦理规范具有同一性，对全社会的各个家庭来说，都是一样的。但在今天这个变革的时代，由于评价标准和价值取向的多样性，在客观上也造成了家庭伦理规范的多层性，既有高层规范，也有中层规范，还有低层规范，适应不同层次的人们的家庭生活的需要。

再次，它具有无序性。由于原有的家庭伦理文化系统被打碎，而新的家庭伦理文化系统尚未建成，呈现出一种无秩序的混乱状态。主要表现在以下三个方面：第一，家庭伦理观念的混沌性。改革开放前相对封闭的社会环境，信息单一，观念一统。而改革开放使中国成为当代伦理文化的交汇点，各个国家、各种民族的家庭伦理文化信息蜂拥而入，在尚未定向化的社会家庭文化氛围中碰撞，人们还来不及或尚没有能力去理顺这些繁杂多样的信息，往往各种不同的观念、甚至是对立的观念并存在人们的大脑中，造成人们家庭伦理观念的混沌性状态。第二，家庭伦理生活的混杂性。市场经济所带来的快节奏、多变幻也冲击着人们的家庭伦理生活，它打破了以往人们家庭伦理生活的同一化、简单化、明朗化，而代之为多样化、繁杂化、隐蔽化。在文明健康的家庭伦理生活主流中，掺杂着大量的腐朽、颓废的家庭伦理生活的暗流，给当代中国家庭伦理生活蒙上了一层浓重的混杂性色彩。第三，家庭伦理行为的矛盾性。这种矛盾性往往造成许多奇特的家庭伦理现象。诸如“爱跳不乱摸、多恋不乱搞、喜新不厌旧”等民间流行语就十分形象地说明了这种矛盾性，一些人往往把善恶美丑通过各种畸形的方式把它们并存起来，企图在这种矛盾的夹缝中寻找生活的天地。

由此可见，当代中国家庭伦理文化的发展，正处于一种彷徨的境地之中，那么，造成这种局面的主要社会根源又是什么呢？

二、当代中国家庭伦理文化变化的主要社会根源

首先，是市场经济的二重性社会效应所触发的。从正面来看，市场经济条件下，商品通过市场自由地进行等价交换，资源配置通过竞争来实现，商品生产经营者具有最大限度的相对独立性等等。在这个现实的基础上，衍生出自由、平等、民主、博爱、人权、人道、个性、创新等观念，并深入家庭生活之中，成为影响家庭伦理文化变迁的重要因素。

从负面来看，市场经济条件下，竞争使人与人隔离，个人的命运更加需要个人自身去把握，追求最大限度的赢利成为商品生产经营者的直接目的和内在动力，金钱作为财富的象征、商品一般等价物，充分地显示了它的巨大威力，贫富差距的迅速拉开使富人再次成为社会的宠儿，市场不断扩张的要求使社会千方百计地刺激和发掘人们的各种欲望，消费对生产的巨大影响导致社会有意无意地引导人们走向享受的狂热追求。于是，在这片土壤上，极端个人主义、利己主义、拜金主义、享乐主义、纵欲主义等腐朽思想观念生发开来；并影响到整个家庭生活，成为影响家庭伦理文化负极变迁的重要因素。

其次，由于中国市场经济的初始状态而使其负面效应加剧。搞市场经济发展社会主义生产力，改善人民生活水平，都离不开货币；而长期处于发展中国家的历史处境，使本不富裕的社会状态与社会发展的客观要求形成巨大的反差，引发了全社会对货币的狂热追逐，“全国经商、全民下海”就是对这种社会现状的反映；另一方面，中国是从半自然经济和产品计划经济向市场经济转轨，它缺乏一个较长时期商品经济发展的积累过程，从而使中国市场经济处于一种特有的原始积累状态之中。以上这些特殊因素，刺激了国人的浮躁心态，在法制建设跟不上和原有的道德约束被割断的情况下，人们八仙过海，各显神通，使各种行为带有强烈的短期性、利己性、野蛮性、狂热性、偏激性，个人主义、利己主义和纵欲主义在一部分人中膨胀。这些异化的行为意识，在家庭伦理文化中打上了深深的烙印。

再次，是中西家庭伦理文化中的腐朽、颓废的因素所支撑。打开国门后，西方家庭伦理文化涌入国门，除了它的合理、文明的因素对中国家庭伦理文化发生

积极作用外，其腐朽、颓废的因素也在猛烈地腐蚀着中国家庭伦理文化的肌体，诸如“性解放”、“情妇论”、“红灯区”、“连续婚”等，它打开了人们本能激发的大门，使家庭生活中弥漫着性欲横流的动物本能气息。同时，当广大的乡村家庭再一次成为生产的基本单位，自然经济条件下的家庭功能在新的条件下——市场经济条件下重新复苏，而旧的家庭伦理文化也有了重新勃发的社会氛围。于是，传统家庭伦理文化中的腐朽、颓废因素又重新被激发起来，诸如买卖婚姻、包办婚姻、重婚纳妾、多子多福、一夫多妻、一妻多夫、重男轻女、家长制、夫权制、族长制等等，使家庭生活中散发出一股浓重的复旧霉臭气味。当社会导向不明、不力时，这些中西家庭伦理文化中的腐朽、颓废因素，就慢慢成为当代中国家庭伦理文化中的消极的内在支柱。

又次，在历史尺度与道德尺度的矛盾中所放任。对社会历史现象进行评价的尺度，往往有两个不同的视角。一个是历史尺度，它以社会生产力的发展与否为标尺；一个是道德尺度，它以人自身的全面发展与否为标尺。从社会历史发展的总方向和总趋势来看，历史尺度和道德尺度往往是一致的，但在一定的阶段和时期，却会出现不一致，会出现不同程度的矛盾甚至冲突。

中国社会主义市场经济的兴起，归根结底是为了发展社会主义社会生产力，是为了加强中国的综合国力，为了人民的共同富裕，这一切，都必将有利于人自身的全面发展；但是，在中国当代社会的发展进程中，也同样充满着痛苦、艰辛和血泪。为了尽快地提高社会生产力水平，我们使出了浑身解数。当经济的重负压在人们的头上之时，当富裕成为人们的强烈渴求之时，利益的砝码使天平倾斜，人们开始对道义冷漠，人们不再看重道德的功能，而社会为了功利主义的目的甚至把一些本是“恶”的事物，也蒙上了一层“善”的伪装而保护起来。于是，道德的殿堂不再有威严的气氛，道德的阵线被冲得七零八碎，伴随而来的，是家庭伦理文化中消极因素的甚嚣尘上。

最后，是人性与生存环境的永恒矛盾的困扰。人来自自然，发展于社会。在家庭生活中，人的自然本性和社会本性既统一又对立。社会本性，恰恰是对于人的自然本性的约束，正是通过对人的自然本性的不断约束，人类才能得以生存和发展，人才能成其为“真正意义上的人”。社会文明的起源，家庭伦理文化的萌生，正是人的社会本性对其自然本性约束的结果。然而，一方面，人的自然本性只能约束，而不能被灭绝，这就造成人的自然本性和社会本性处于一种永恒的矛盾冲突之中。另一方面，人的社会本性是受人的社会存在所决定的。即人的生存环境所决定的。在不同的社会存在条件下，在不同的生存环境中，人的社会本性的性质、水平、内容就不同。因而，这种不同的生存环境所决定的人的不同社会本性对人的自然本性的约束也就不同。当较好的生存环境所造就人较好的社会本性时，就对人的自然本性有较好的约束；反之，当较差的生存环境所造就人较差的社会本性时，就会对人的自然本性产生较差的约束。

我们这个时代，是一个社会环境转换的时代，也是人的社会本性大转变的时代，当旧的社会本性被破坏，新的社会本性尚未形成之时，人的自然本性乘机膨胀起来，人性有所消沉，这正是导致整个社会风气乃至家庭伦理生活风尚不景气的深刻根源所在。

三、当代中国家庭伦理文化的出路

针对上述症结，处于市场经济机制孕育中的家庭伦理文化的出路何在呢?

其一，适应市场经济发展的需要，重建现代中国家庭伦理文化。市场经济是当代中国走上文明、富强、进步的必由之路，中国现代家庭伦理文化重建的基点必须放在市场经济的基础之上，把市场经济发展的客观要求，提炼成现代伦理意识，熔铸于现代家庭伦理文化之中。在这种建设过程中，应当注意：一从中国的国情出发，把历史尺度尽可能与道德尺度结合起来，把市场经济衍生的思想意识的精华提炼上升为全民的伦理意识。二要发挥思想家理论家的创建作用，尽快建构系统的家庭伦理文化，以相对统一的形态来规范全体社会家庭伦理行为。三从社会主义市场经济的特点出发，在建构多层次的现代家庭伦理文化中，找出人的社会本性对人的自然本性最佳的约束点。

其二，依据市场经济的二重社会效应，要求全社会自觉地加强家庭伦理文化重构的导向性。一是实事求是地认识对待中国传统家庭伦理文化，尽可能地弘扬中华民族的优秀家庭伦理文化因素，在此基础上，扬长避短，取其精华，去其糟粕。二是对包括西方在内的外来家庭伦理文化采取科学的态度，吸取其合理因素，但对于其腐朽、颓废的因素则应坚决抵制。三是无论对待中国传统家庭伦理文化还是西方和外来的家庭伦理文化，必须站在当代中国的国情的基础上来审视，虽然有些因素在过去或未来具有合理成分，但在当前则弊大于利的，也应当持否定的态度。只有这样，才能克服由于客观因素或主观因素所造成的消极影响。

其三，家庭伦理文化的法制化。市场经济本质上是一种法制化的经济，现代家庭伦理文化的重构，也必须寻求法制的支持，使家庭伦理文化法制化，以保证现代家庭伦理文化的生长。家庭伦理文化的法制化，一是指依据家庭伦理生活中出现或可能出现的严重问题，尽快制订和完善各种法律法规，诸如妇女儿童法、老人法、婚姻法，禁止嫖娼卖淫法等等，对损害妇女、儿童、老人权益的不法行为和破坏婚姻家庭生活正常秩序的行为予以坚决打击。二是指家庭伦理规范和法律规范尽可能重叠；在不能重叠的情况下，法律规范应注入家庭伦理规范的基本精神。三是指加强社会对家庭伦理生活的监督，设立必要的监督制度和监督机构。

最后，要动员全社会的各种组织和力量，加强对家庭成员的道德教育，提高家庭成员素质，增强家庭成员的自律性。随着市场经济机制的孕育成长，家庭的血缘关系将趋向松散，而人们的业缘关系将趋向紧密，家庭伦理教育不仅仅是家庭内部的事情，而且是全社会的事情，在很大程度上，也只有通过全社会各种组织和力量共同关注人们的家庭伦理教育，才可能使家庭伦理教育落到实处。同时，随着社会的发展进程，人们的独立性、自主性日益增强，而家庭伦理生活不仅要靠家庭伦理文化的法制化来支持，更要靠每个家庭成员的自律性来支持。而家庭成员的自律性，必须依靠社会的教育和自我修养，在提高其素质基础上才能形成。因此，只有提高家庭成员的素质，使他们成为文明自律的人，才能保障家庭伦理生活的文明化，才能保证家庭伦理文化的科学化。

总之，家庭伦理文化的重构，是一项庞杂的系统工程，它关涉社会生活的方方面面，它需要社会客观环境的改善和人们主观不懈的努力相结合，需要每个家庭成员和社会的各种组织和力量的支持。在这个意义上说，它也是我们每一个人义不容辞的义务和职责。

（原载《学术研究》1994 年第 3 期）

现代婚姻基础与女性权利保障

自从中国改革开放、跨步走向现代化道路的同时，中国的离婚率也呈不断上升之势，婚姻的价值开始受到了一定的挑战。其间的原因诸多，然而，对婚姻的基础在理论上被误解和实践中被误导，则是一个重要的根源。

一、现代婚姻的基础

多年来，我国理论界依据恩格斯的名言“如果说只有以爱情为基础的婚姻才是合乎道德的，那么也只有继续保持爱情的婚姻才是合乎道德的”[①] 进行婚姻基础理论的探讨和宣传，推动着义务婚姻向爱情婚姻的转变，这无疑是一个巨大的历史性转变。然而，如果把这种转变视为爱情婚姻是对义务婚姻全盘否定的结果，而不是视为爱情婚姻是对义务婚姻扬弃的产物，那么，在理论上和实践上都是贻害无穷的。

翻开人类社会的发展史就可以清楚地看到，婚姻从一开始就是奠定在一定的利益基础之上的。正是社会为了保证一定的利益（如人种的优生、社会生活秩序的稳定、家庭私有财产的继承等）得以实现，社会有必要采取婚姻的形式，规范人类的两性关系。因而，通过婚姻结合的夫妻双方从一开始也就肩负起社会对婚姻所规定的相应义务。因此，古代婚姻的本质是一种利益婚姻，一种义务婚姻。当然，古代这种义务婚姻是以排斥和压抑个人的性爱和自由幸福为前提的，特别是以排斥和压抑女性的性爱和自由幸福为前提的。因而这种义务婚姻从一开始就包含着不道德的因素，就埋下了走向死亡的种子。

随着社会的发展，从一夫一妻制之中，发展起来了人类婚姻史上一个最伟大的道德进步：整个过去的世界所不知道的现代的个人性爱，并且它逐渐成为现代婚姻的基础。然而，要使爱情成为现代婚姻的唯一基础，正如恩格斯所指出的，却必须要具备一系列的社会条件。这些社会条件包括：（1）私有制生产关系和它所造成的财产关系的消灭；（2）人们对选择配偶还有巨大影响的一切派生的经济考虑的消除；（3）女性经济独立，男性统治的消失，男女社会平等的实现；（4）男女两性道德素质和社会文明程度的提高，人已成为“真正意义上的人”；等等。[②]

那么，这些社会条件在当代的社会主义中国是否真正全部具备了呢？众所周知，中国的社会主义是在半殖民地半封建的废墟上创建的，尽管社会主义公有制

---

① 《马克思恩格斯选集》第 4 卷，第 78—79 页。
② 参看恩格斯：《家庭、私有制和国家的起源》。

占主体，却依然存在着相当数量的非公有制和私有制经济成分；虽然中国改革开放以来，社会生产力有了迅猛的发展，社会物质财富有了很大的增长，但其发展不平衡，总体水平还比较低，经济利益依然是人们生活中首要的利益，是人们选择配偶中具有重大影响的因素；由于社会生产力和经济的不够发达，女性的经济独立、男女平等、两性道德素质和社会文明发展的状况也受到极大的制约。因此，在这种现实背景下，现代婚姻的基础就不仅仅是爱情，还有利益。我们这个时代，是从义务婚姻转向爱情婚姻的过渡时期，是爱情义务婚姻时期，其现实基础，一是爱情，二是利益。

二、现代婚姻幸福的要素

爱情成为婚姻的基础，是人类婚姻史上的文明成果，是人类社会的巨大进步。它是保证婚姻生活幸福美满的主导因素，它是衡定婚姻是否合理、是否存亡的根本标准。但是，爱情作为男女两性基于性欲自然基石上的一种渴望在肉体上和精神上融为一体的强烈倾慕之情，直接受到男女两性心理素质的制约；而人们的性爱心理又受到社会生活方式和社会文化状况的巨大影响，因此，爱情在不同时代有着不同的内容和特点。当代爱情，由于社会的急速发展变化，和当年恩格斯曾考察过的“现代爱情”有很大的不同。首先，当代爱情变得难以持久。当代社会是一个信息社会，是一个激烈竞争的社会，是一个科技生产力迅猛发展的社会。在这种社会中，社会生活节奏日益加快，人们的工作和生活常常变动不居。这种社会生活方式，造成了人们心理的动荡速变特征，影响着当代爱情的持久和深入，呈现着一种短暂和多变的特征。其次，当代爱情变得过于强烈和外露。当代社会生产的社会化、现代化，推动着人们个性的解放，予以人们越来越多的自由享受，日益扩大的社会交往和日趋激烈的竞争，造成了人们自强奋勇的心理索质，使男女之间的爱情变得过于强烈和外露。从爱情心理的规律来看，越是过于强烈和外露的情感，往往越快越容易消失。最后，当代爱情变得过于复杂和主体化。当代社会物质生活和精神生活日渐丰富多彩，人们的生活内容不断扩大，而奠基于市场经济和民主、自由、平等观念上的自主意识也日趋强烈，造成人们复杂的心态和强烈的主体性意识，使人们对爱情的要求变得复杂，使爱情变得更为主体化。这些新的特征，使当代爱情变得不确定和可变，造成了以当代爱情为基础的婚姻从一开始就潜伏着随时破裂的可能性。

从更深的层次来说，人是一种社会性的动物，是一种自然和社会进化的产物。因此，人在本质上具有两种属性，一是自然属性，二是社会属性。就自然属性而言，性欲和“群婚”，是人固有的本能，它受制于人的遗传基因；而人的社会属性，受制于人类社会生存和发展的客观状况。随着人类社会的文明进步，人的自然属性逐渐退居到次要地位，而人的社会属性逐渐取得主导地位，因而，人的兽性日渐减退，人性不断壮大。但是，“人来源于动物界这一事实已经决定人永远不能完全摆脱兽性，所以问题永远只能在于摆脱得多些或少些，在于兽性或人性的程度上的差异。”[①] 因此，从人类总体发展历史趋势来看，人类对于自身天生的兽性摆脱得越来越多，相应地，人类也越来越文明和进步。然而，就某一个历史阶段而言，就每个具体的人而言，情况就大不一样。当社会流于自然主义、享乐主义、纵欲主义时，人性就会受压抑，兽性就会跃升；当一个人不追求文明进步之时，人性就会消退，兽性就会浮现。在这里，社会对于人的影响是巨大的。在当代社会中，由于自然主义、享乐主义、纵欲主义等的抬头，造成了性与爱、爱情与婚姻的急剧分离，在人性的迷惘之中，嫖娼卖淫、重婚纳妾、婚外情、婚外性行为、乱伦等社会腐朽消极现象迅速滋生起来，对当代婚姻造成了巨大的冲击。撇开对爱情影响最大的经济利益的因素不说，就在当代爱情变得如此不确定和可变的情形下，在社会文明程度还不足以充分伸张人性的历史背景下，在人自身的文明素质还没能真正做到自律的条件下，仅仅把爱情作为婚姻的唯一基础显然是不现实的。

事实上，从当代社会的政治、经济、文明状况来看，利益在今天依然是当代婚姻的重要基础。正是为了保证社会的利益、家庭的利益和婚姻当事人的利益的需要，社会有必要以法律性的婚姻形式来规范人们的两性关系。社会之所以要这样，只是因为迄今为止，社会还尚未发展到不必这样的文明程度，包括物质文明和精神文明发展的程度。

由于利益作为当代婚姻的重要基础，因此，当代婚姻不仅有爱情婚姻的一面，也还有义务婚姻的一面。在这种爱情义务婚姻中，婚姻当事人的权利和义务，既需要道德的支撑，更需要法律的保护。婚姻当事人对于享受婚姻中的权利和履行婚姻中的义务，不仅有道义上的要求，也有法律上的规定。而权利和义务是相对的，要享受婚姻中的权利，就必须履行婚姻中的义务；而履行婚姻中的义务，就有权享受婚姻中的权利。但是，要使婚姻当事人真正自觉自愿去履行婚姻

① 《马克思恩格斯选集》第3卷，第140页。

中的义务，不仅要有真诚的爱情，还需要有真诚的责任心。因为责任心是人们对于履行义务的深刻认识和认同，它是自觉自愿履行义务的道德心理保证。

于是，在当代婚姻中，爱情与责任心成为一个对立统一体。在爱情中去履行义务，责任心成为爱情的内在要素；在履行义务中去增进爱情，爱情成为责任心的内在要素。相爱的夫妻，有责任去履行相互的义务；婚姻中的男女，有责任去增进彼此的爱情。没有爱情的婚姻是不幸福的；没有责任心的婚姻是不稳固的。爱情和责任心，是保证当代婚姻生活美满幸福的两大要素。

但是，现实的婚姻并非都拥有爱情和责任心，这也是当代破裂婚姻的不幸之源。无论是有爱情无责任心，还是有责任心而无爱情，抑或既无爱情也无责任心，其婚姻或迟或早都难免走向解体。然而，婚姻的解体是一回事，对婚姻解体的原因分析及其处理又是一回事。也就是说，虽然婚姻解体了，但对于婚姻当事人在原婚姻中应享有的某些权利和婚姻解体过程中的权利必须保护，相应地对于没有履行义务的婚姻当事人，应视情节予以不同的制裁和惩罚。

三、女性权利的保障

在中国当代社会，在婚姻解体过程中，女性权利的保证问题依然是一个严峻的课题。其原因是复杂的。其中的一些重要原因是：第一，男尊女卑的传统观念根深蒂固，对当代社会依然有深重的影响，从而有意无意地制约着人们的行为活动。第二，尽管新中国成立以来，尤其是改革开放以来，越来越多的妇女走上社会，参加社会各行各业的工作，但相对于男性而言，女性就业的数量，经济独立的状况还比较薄弱。第三，社会生产力发展水平还不太高，因而，社会发展的文明程度还受到很大的制约，女性相对于男性而言，无论是在社会生活还是在家庭生活中，所遇到的困难更多更大。第四，由于社会历史发展的惯性和男女生理心理的差异，在婚姻解体中，女性受到的损害往往比男性更多更大。

基于以上情况，在婚姻解体过程中，应当重视对女性权利的保护。由于当代的婚姻基础不仅有爱情也有利益，而且当代的婚姻是以法律形式确定的，因此，对于侵犯女性权利的行为，不仅应当从道德上予以谴责和鞭挞，而且必须从法律上予以制裁和惩罚。

中国在建立社会主义制度后，颁布了大量的法规、法律，其中包括 1950 年和 1980 年的两部《婚姻法》和 1992 年的《妇女权益保障法》，对女性权利保护起了根本性的作用。但是，在有关法规、法律中，对于妇女的一些权利保护问题尚没有涉及，如当代婚姻中比较突出的性强暴、婚外性行为等问题。这些问题不仅是对女性权利的侵害，而且也是造成当今婚姻危机和解体的重要因素。事实上，从法律上来说，丈夫有对妻子忠诚的义务，这不仅是对夫妻之间的爱情的保护，也是对婚姻本身以及女性权利的保护。如果违背和不履行这种义务，就有必要实行法律上的制裁和惩罚。近年来，正是在这方面缺乏有效和明确的法律保护，因而，婚外情和婚外性行为泛滥成灾，如果任其发展下去，婚姻就会丧失其存在的根据，婚姻本身对于规范人类男女两性关系的功能和价值就会丧失，而女性的权利也得不到应有的保障，社会的风气也会受到严重的污染。之所以产生这种问题，在于理论上对婚姻基础的误认。说到底，现代婚姻的基础，不仅有爱情，也有利益。其中爱情是婚姻的道德基础，利益则是婚姻的法律基础，两者缺一不可，既对立，又统一。如果把婚姻的基础仅仅视为爱情，那么，婚姻就必然变成仅仅对爱情的保护，那样，打着“爱情”旗号的婚外情、婚外性行为等，也就“名正言顺”，自然用不着法律的制裁和惩罚。更进一步说，如果把婚姻的基础仅仅视为爱情，那么婚姻这种在本质上具有约束性的两性关系规范形式，也就没有存在的必要，两性间的“爱情关系”完全可以取代“婚姻关系”。然而，社会现实还没有提供这种完全型爱情婚姻的历史条件，利益依然是婚姻的重要基础，义务婚姻的合理因素和功能依然为当今社会所必需。超前的理论误导的超前行为，只能带来社会的不安和动荡。尤其是在离婚自由的今天，人们还有什么理由和借口来堂而皇之地大搞婚外情、婚外性行为呢？社会又有什么理由对此睁一只眼闭一只眼呢？

（原载《道德与文明》1995 年第 6 期，入选 1995 年北京第四次世界妇女大会）

当代婚姻危机根源略探

在当代，家庭的核心是婚姻，婚姻之危难实乃家庭之危难。伴随着改革开放的浪潮，尤其是市场经济的奔腾巨浪，当代中国家庭生活模式发生了前所未有的巨大变迁。当传统大家庭被现代小家庭所替代，传统的亲子核心关系被现代夫妻核心关系所替代，传统的男尊女卑关系被男女平等关系所替代；婚姻关系成了家庭关系的核心。而由于当代社会婚外恋、第三者、包二奶、养情妇现象有增无减，离婚率不断上升，婚外性行为、卖淫嫖娼现象日益增长，造成了当代婚姻之危难。而探讨当代婚姻危难之根源，则是我们思索对策，以疏导其危难的根本前提。

一、当代婚姻危难之结构性根源

当代婚姻危难之表层根源，是社会迅猛发展而引起的家庭结构的迅速变迁。中国改革开放推动着大家庭向小家庭、主干家庭向核心家庭迅速发展。家庭结构的这种变化趋势，一是由于现代化、工业化、都市化造成人口汹涌的社会性流动，在这种人口流动量越来越大，人口流动速度越来越快的条件下，人数众多的大家庭越来越难以维持了。二是因社会生活节奏加快，社会竞争日趋激烈，家庭和事业的矛盾冲突加剧，人数众多的大家庭已越来越难以适应这种社会变化发展的要求。三是随着社会经济的迅速发展，家庭生活的社会化程度越来越高，家庭的功能则日趋减少，也为小家庭的崛起开辟了道路。四是人们的个性解放，独立自主的意识增强，家庭个人本位主义的滋长，也是导致大家庭衰落的重要因素。五是随着个人对自我发展的日趋重视，生育观念和生活情趣转为服从自我发展的需要，要求减轻家庭负担，提高生活水平，因而不愿多生，甚至于不愿生育者也不断增长；中国实行计划生育政策，也造成了生育率的降低，从而使大家庭存在的可能性越来越小。

小家庭和核心家庭的兴起，其直接的影响是造成婚姻维系力的脆弱。这是因为：一是在传统的大家庭里，人伦关系的核心是亲子关系，这是一种斩不断割不开的天然血缘关系，夫妻关系往往服从于这种亲子关系，并受到各种其他人伦关系的制约，造成婚姻续存的强大外部维系力。而在当代中国的小家庭里，人伦关系的核心是夫妻关系，这是一种偶然的、松散的、后天的性关系和感情关系，是一种可变的、脆弱的人伦关系，并且这种关系不仅不受到亲子关系的制约，也没有其他人伦关系来进行制衡。二是在传统的大家庭里，经济因素成为婚姻续存的主要维系要素；而在现代社会，随着社会物质文明的发展，女性走向社会，经济独立，致使婚姻的主要维系要素从经济因素转向了感情因素。无疑，这种变化是人类社会的巨大进步。但是，男女两性间的性爱不仅直接受到男女两性心理素质的制约，而且更受到社会生活方式和社会文化状况的巨大影响。当代社会是一个信息社会，是一个激烈竞争的社会，是一个科技生产力迅速发展的社会。在这种社会中，社会生活节奏日益加快，人们的工作和生活常常变动不居。这种社会生活方式，造成了人们心理的动荡速变特征，影响着当代性爱的持久和深入，往往使其呈现着一种短暂和易变的特征。同时，当代社会生产的社会化、现代化，推动着人们个性的解放，予以人们越来越多的自由享受；日益扩大的社会交往和日趋激烈的社会竞争，造成了人们自强开放而又急躁、浮躁的心态，使男女之间的性爱变得过于强烈和外露。从性爱心理的规律来看，越是过于强烈和外露的情感，往往越快越易变动消失。另外，当代社会生活既日益丰富多彩又日益复杂多变，而奠基于市场经济基础上的自主意识也日趋强烈，造成人们复杂的心态和强烈的个人本位意识，使人们对性爱的要求变得更复杂，使性爱变得更为个人本位化和主观化。这些当代性爱特点，使当代性爱变得更不确定和可变易变，造成了以当代性爱为基础的婚姻从一开始就潜伏着随时破裂的危险。而今，“80后”的闪婚闪离和居高不下的离婚率，就充分地说明了这一点。三是在小家庭迅速发展的同时，家庭个人本位主义也迅速崛起。在传统大家庭时代，家庭整体主义占主导地位，家庭的价值高于每个家庭成员的个体价值。因而，夫妻间的矛盾往往服从于家庭整体利益的要求。然而在家庭个人本位主义的导向下，个体的价值越来越高于家庭和婚姻的价值，因此，夫妻双方只要有一方感到自己的婚姻和家庭不利于自身的利益，就完全有可能抛弃自己的婚姻和家庭；而在小家庭的松散结构里做到这一点，可以说是比较容易的一件事情。

二、当代婚姻危难之社会性根源

当代婚姻危难之中层根源，是当代社会生活方式对它的巨大冲击。人类的婚姻生活是整个社会生活的一部分，婚姻生活的状况始终和整个社会生活方式息息相关，并受到社会生活方式的巨大制约和影响。现代社会生活方式的基本特点之一，是社会化程度越来越高。市场经济的迅速发展，进一步推动了社会分工的发展，而相应的，也同时推动了社会化的发展进程，它使人们的活动范围越来越广阔，使人们的社会交往越来越频繁，使人们的社会联系越来越紧密，家庭成员特别是夫妻间的家庭交往地位日益衰落在社会交往之下。这种状况，一方面使家庭成员特别是夫妻间的交往和沟通的时间越来越少，彼此之间的隔阂和疏远感也就在不知不觉中滋生起来，造成了夫妻间的爱情之树日渐因营养不良而变得枯萎；

另一方面，广阔而频繁的社会交往，使夫妻双方在婚姻之外接触到的异性越来越多，联系也越来越紧密，各种感情极易滋生起来，各种诱惑纷至沓来，而现代社会的开放性造就了具有开放性性格的现代人，对这些复杂的各种情感采取的不是排斥的态度，而是兼容并包的态度。然而，各种感情是会发生转化的，当这种情感进入到性爱的范围，婚姻的危难也就出现了。

现代社会生活方式的基本特点之二，是主体化、信息化和多元化。市场经济发展的前提，是市场主体的独立性、自主性。随着市场经济的全球化发展趋向，人们的个体和主体意识普遍得到了发展，形成了当今社会主体化趋向。在婚姻生活中，两个主体意识强烈尤其是个人本位意识强烈的人带来了长期整合的难度。而现代社会生活的信息化和多元化，带来了纷繁多样的婚姻观念和生活态度，致使夫妻双方在选择和信奉同一婚姻观念和生活态度上造成了困难，这就在客观上加剧了夫妻间整合的难度。而市场经济的激烈竞争和科技的迅速发展，造成了现代社会生活的快节奏，影响到夫妻间的沟通越来越少，而且也使得夫妻双方往往越来越缺乏沟通的耐心。同时，夫妻双方的主体化，要求加强沟通的艺术和技巧，而忙乱的夫妻双方往往无暇去学习这些艺术的技巧，从而使许多小矛盾演化成激烈的不可调解的矛盾冲突，引发婚姻的危难。

现代社会生活方式的基本特点之三，是越来越商品化。市场经济在现代社会条件下获得了迅速发展的时机，而市场经济的蓬勃发展又推动了整个社会生活商品化程度的不断深化。它以其巨大的惯性和吸引力把一切都卷入商品化的漩涡之中，把人类社会许许多多原本不是商品也不该成为商品的东西转换成商品进入到市场交换的行列，例如权力、良心、性爱等等。它不仅在外部以卖淫嫖娼的极端形式冲击着现代婚姻，而且在内部一方面以重婚纳妾、包二奶、养情妇等不合法的形式冲击着现代婚姻；另一方面则以利益婚姻、性化婚姻（以单纯或主要满足性本能要求的婚姻）等合法形式亵渎着现代婚姻。

无疑，现代社会的发展，使以性爱为基础的爱情婚姻日趋增多。但是，市场经济发展所突显出来的利益（特别是物质利益）关系依然对现代婚姻带来巨大影响。这种巨大影响一方面使“杂婚制”得到了新的发展，特别是在资本主义市场经济条件下更是如此。正如恩格斯所指出：“自古就有的杂婚制现在在资本主义商品生产的影响下愈变化，愈适应于资本主义商品生产，愈变为露骨的卖淫，它在道德上的腐蚀作用也就愈大。”① 当然，对现代婚姻的冲击也就愈大。另一方面，“买卖婚姻的形式正在消失，但它的实质却在愈来愈大的范围内实现。”② 而买卖婚姻范围的扩大也就为杂婚制的蔓延创造了更大的区域和空间。

然而，真正严重影响到普通的婚姻关系的，还不是重婚纳妾、卖淫嫖娼、利益婚姻等社会现象，而是性化婚姻所引发的各种婚姻危难。今天，由于市场经济无限求利本性的驱使，商品化和性化结成了紧密的联盟。不仅性成了推销商品的最广泛最常用的手段，而且性自身也成了最基本的“商品”；这一切，造成了当今世界的性化特征。特别是一些被利益蒙蔽良知的所谓性科学家和性学家，把男女关系完全回归到一种性本能的关系，把一种丰富多彩的婚姻生活演变为一种单纯的性技术、性技巧生活。在性科学发展的背后，是性的泛滥，从而把婚姻中多姿多彩的社会文化内容彻底阉割，把人类两性生活特有的婚姻形式变成了一种赤裸裸的性关系，导引着男女两性之间、夫妻之间把注意力和情趣更多地投向于性生活、性行为，性爱也就变成了“性”的代名词。这种状况，进一步地推动了婚前性行为的流行，推动了试婚制的崛起，推动了婚外性行为的发展，推动了“情人潮”的出现，也使现代婚姻生活滋长起种种危难。

三、当代婚姻危难之本体性根源

当代婚姻危难之深层根源，是婚姻本身所具有的本体性矛盾。众所周知，人来源于动物界，是一种社会性的动物，是自然和社会进化的产物。因此，人在其本性上具有两重性。

一是自然属性，二是社会属性。自然属性与社会属性是一个矛盾统一体，人的自然属性是人生存发展的自然基础，人的社会属性是人生存发展的主导本质，因而，人类的生存发展，不仅受其自然属性的制约，而且更多地要受社会属性的制约。就人的自然属性而言，它是人固有的本能，是受制于人的遗传基因，服从于自然发展的规律；而从人的社会属性而言，则受制于人类社会生存发展的客观状态，服从于社会发展的规律。在人类发展史上，随着人类社会的文明进步，人的自然属性逐渐退居到次要地位，而人的社会属性逐渐取得主导地位，因此，人的兽性日渐减退，人性不断壮大。但是，正如恩格斯所说：“人来源于动物界这

① 《马克思恩格斯选集》第 4 卷，人民出版社 1975 年版，第 73 页。
② 《马克思恩格斯选集》第 4 卷，人民出版社 1975 年版，第 77 页。

一事实已经决定人永远不能完全摆脱兽性，所以问题永远只能在于摆脱得多些或少些，在于兽性或人性的程度上的差异。”①因此，一方面，从人类总体发展历史趋势来看，人类对于自身天生的兽性摆脱得越来越多，相应地，人类也越来越文明进步。另一方面，无论人类进化和文化发展的程度有多高，人所固有的两重属性始终存在，兽性和人性的矛盾冲突也始终存在。

人所固有的自然属性和社会属性，或人性与兽性之间的矛盾，也正是现代婚姻危难存在的深刻根源。从人的自然属性和社会属性或兽性与人性这对最根本的矛盾中，衍生出婚姻领域一系列基本的矛盾。

第一对矛盾，是“群婚”本能与个体婚制之间的矛盾。“群婚”本能来自于人类在自然进化中所形成的遗传基因之中，尽管其“群婚”的形式受自然法则的制约而不断演化，但其本性却始终没有消除。翻开人类的进化史，就可以发现，人类在文明时代之前，曾经经历过“杂乱性交关系”到“血缘群婚”（班辈婚）再到族外“群婚”最后到对偶婚等婚姻形式。对偶婚是人类在自然选择法则下产生的最高形态的婚姻形式。“如果没有新的、社会的动力发生作用，那么，从成对配偶制中就没有任何根据产生新的家庭形式了。”②

人类从“群婚”走上一夫一妻制的“个体婚”则完全是社会的原因。它是随着社会生产力的发展，私有财产的产生而产生的。“其明显的目的就是生育有确凿无疑的生父的子女；而确定这种生父之所以必要，是因为子女将来要以亲生的继承人的资格继承他们父亲的财产。”③因此，一夫一妻制的产生完全是出于社会经济利益关系的需要，它从一开始，就没有考虑过男女两性之间的性爱的因素。但是，事情的发展竟如此出人意料之外，在不具有道德价值或可说本具反道德价值的一夫一妻制婚姻中，产生了一个最伟大的道德进步：整个过去的世界所不知道的个人性爱。正是由于现代个人性爱，转变了现代一夫一妻制婚姻的道德价值性质，一夫一妻制婚姻成为一种当今世界文明社会所普遍认同倡导和维护的最佳婚姻形式。

然而，一夫一妻制婚姻作为一种社会婚姻制度，从一开始起就与人类的“群婚”本能相矛盾、相冲突。尽管从文明出现以来，一夫一妻制婚姻就占据着绝对

① 《马克思恩格斯选集》第 3 卷，人民出版社 1995 年版，第 442 页。
② 《马克思恩格斯选集》第 4 卷，人民出版社 1995 年版，第 50 页。
③ 《马克思恩格斯选集》第 4 卷，人民出版社 1995 年版，第 59 页。

的主导和优势地位，但“群婚”的本能所造就的形式——“杂婚制”始终与一夫一妻制伴行，卖淫则是杂婚制的一种最极端的形式。因此，现代婚姻受到巨大的冲击，正是来自于由人类本能所决定的在现代条件下存在的各种形式的“杂婚制”现象。如果人类的两性关系本能本身就是一夫一妻制的话，人类的婚姻危难也就会从根本上烟消云散。

第二对矛盾是性本能与性爱的矛盾。由于人类的“群婚”本能，因而，人类的性本能也必然具有以下特点：一是不排他性。人类的性欲指向不是特定的某一个异性，而是某一群异性。二是占有性。人类的性本能服从人类种族自然繁衍的需要，对异性具有天然的占有欲，以保证自身后代的延续。三是喜新厌旧性。人类性本能的不排他性和占有性，导致其在与异性性交往中，不断地追求新的对象。而人类性爱，凝聚着人类真善美的追求，恰恰与性本能有着截然相反的特性：一是排他性。排他性是现代性爱的本质及其根本基础，也是以性爱为基础的现代婚姻成其为个体婚姻的根基。二是奉献性。现代性爱在本质上是一种奉献，正是这种双向奉献，使现代性爱成为一种真善美的结晶。三是持久性。性爱的排他性和奉献性，使现代性爱具有性本能所不能具有的相对持久性。

但是，人类的性爱又是以其性本能为自然基础的，这样就使得人类的性爱在其内部就始终存在着性本能的要求与爱情的要求之间的矛盾冲突。在这种矛盾冲突中，是人类的爱情占主导地位，以人性导引兽性，走向文明；还是人类的性本能占主导地位，以兽性压灭人性，退回野蛮，这不仅要依赖于人类社会文明进步的状况，也要依赖于人类个体文明进步的状况。在当代社会中，由于自然主义、享乐主义、纵欲主义等的抬头，造成了性与爱、性爱与婚姻的急剧分离，在人性的迷惘之中，卖淫嫖娼、重婚纳妾、婚外恋（情）、婚外性行为、乱伦等社会腐朽消极现象得以滋生蔓延开来，对当代婚姻造成了巨大的冲击。

第三对矛盾是社会文明进步的成果与个体文明修养的程度之间的矛盾。从人类的爱情发展史来看，爱情的形成和发展是一个由低级向高级进化的过程，是一个由性本能逐渐升华出现代爱情的历史进程。在人类的石器时代（原始社会时期），人类男女两性关系完全服从于人类性本能的驱使，这是人类婚姻关系上的蒙昧与野蛮时代。到了铜器时代（奴隶社会时期），人类的单纯性欲进化为情欲，人类男女两性性交往不仅仅受性本能的驱使，而且情感因素已经滋生，并占有一定的地位，从而使男女两性交往进入了文明时代。到了铁器时代（封建社会时期），情欲进化为爱欲，中世纪的骑士之爱，是这个阶段的典型形式，它是近现代性爱的最初表现形式。随着资本主义社会的确立和工业革命的爆发，人类社会进入到机器时代，爱欲也进一步发展为性爱，它“作为性的冲动的最高形式（这正是性爱的特性）”，第一次成为婚姻的道德基础。自从社会主义社会诞生后，伴随着现代科学技术的突飞猛进，人类社会进步到电器时代。在这个时代中，人类性爱的最高形式——情爱已经开始萌生，它继承和发展了以往爱情发展进程中所包含的种种合理因素，是人类真善美的统一，是性和爱的统一，是灵与肉的统一，是感性与理性的统一，是一种没有任何功利性质和经济利益影响的真正的爱情。

由此可见，人类爱情并不是与生俱来的天然物，而是人类社会进化的文明成果。正是如此，作为每一个个人来说，爱情也不是人与生俱来的天然物，与生俱来的只是性本能，要使这种原始的自然的性本能，升华为爱情，必须要经过一个长期的社会化过程，从一个自然人成为社会人。由于每一个人的社会化程度不同，可能有些人依然停留在性欲或情欲阶段，有些人则进入到爱欲或性爱阶段，还有些人甚至达到了情爱阶段。这种不同，就会引发两大矛盾：一是社会文明进步的要求与个体社会化程度较低的矛盾，使某些个体不能适应社会进步的要求；二是男女在两性交往中社会化程度的差距（差异），使某些男女在两性交往中存在着各种各样的显性矛盾和隐性矛盾。而这两大矛盾，一旦带入婚姻之中，就必然成为婚姻危难的重要因素。

现代社会的发展，使现代婚姻向两极发展：一方面，给现代婚姻的美满幸福带来了各种良好的条件；而另一方面，也给现代婚姻带来了各种危难的因素。要克服这些危难，使婚姻美满幸福，则有赖于社会和个体的共同努力。

参考文献：

《马克思恩格斯选集》第 4 卷，人民出版社 1995 年版。

（原载《现代哲学》1996 年第 3 期）

人类性行为的伦理“真、善、美”

性行为是人类最普遍的一种行为，也是最冲动的一种行为。如何使人类的性行为符合人类伦理关系的要求，自古以来可谓仁者见仁，智者见智。特别在现代社会，社会生活日趋复杂多样，价值认识呈现出多元分层。这就使我们对人类的性行为怎样才能真正符合乎人类伦理关系的要求的认识增添了更大的难度，在此，本文谈点看法，以供讨论。

一、人类性行为的伦理“真”

人类和所有的动物的根本区别，就在于人类不仅具有动物性（或自然性），而且具有社会性。因此，我们探讨人类的性行为如何才能符合人类伦理关系的要求，就必须从这样的前提出发，即人类的性行为必须首先符合规律的要求。

人类既是一种自然存在物，又是一种社会存在物。因此，人类的性行为必须符合两个方面规律的要求，即人类作为自然存在物，必须符合自然规律的要求；人类作为社会存在物，又必须符合社会规律的要求。我们可以把符合自然规律的要求的性行为，称作为“伦理真”的行为；把符合社会规律的要求的性行为，称作为“伦理善”的行为；把既符合自然规律的要求又符合社会规律的要求的性行为，称作为“伦理美”的行为。

人类作为一种自然存在物，其性行为受自然规律哪些制约？或者说怎样才能符合自然规律的要求呢？

人类作为一种自然存在物，其性行为必须符合人类作为一个生物种类得以更好地繁衍发展的要求。在自然界，生物的生存发展，受生存竞争和优胜劣汰规律的制约。人类首先作为一个生物种类，也必然受此规律的制约。生存竞争和优胜劣汰规律要求，优良的种类才能更好地繁衍发展。因此，人类的第一条“伦理真”就是“近亲不得繁殖”。人类对这一点的认识是经过一个十分漫长的历史过程的。在原始时期，人类从经验中发现，近亲繁殖的群族人丁衰弱，甚至消亡。于是人类不断地缩小男女之间发生性行为和通婚的圈子。首先是禁止不同辈分之间男女的性行为和通婚，在文明时代，当亲子关系明确的情况下，即禁止亲子之间的性行为和通婚。尔后，进一步地禁止同一群族内同辈分的男女（即兄弟姐妹）之间的性行为和通婚。这一禁忌在文明时代明确为“乱伦”禁忌。到了现代社会，随着科学的昌盛，人类再进一步地禁止表兄弟姐妹之间的性行为和通婚。同时，从经验到科学的发展中，人类又发现，带有某些疾病的男女之间的性行为和通婚是不利于人类的繁衍发展的，因此，在特定的历史条件下，人类的第二条“伦理真”就是“带有某种不利于人类的繁衍发展的疾病的男女之间不得通婚”，从而禁止这一类的性行为。最后，人类的自然繁衍是通过男女两性之间的性行为和通婚进行的，因此，就产生了人类的第三条“伦理真”和人类的第四条“伦理真”。人类的第三条“伦理真”就是：“反对人类与其他动物之间的性行为”，即反对兽交。人类的第四条“伦理真”就是：“禁止同性之间的性行为和通婚”。为了保证人类的种族的优良繁衍，性行为必须在性生理成熟的男女之间发生，从而就产生了第五条人类的“伦理真”：“禁止与未成年异性发生性行为”。

当然，关于人类的第二条“伦理真”和人类的第四条“伦理真”，目前还有争议。关于人类的第二条“伦理真”的争议主要是这种限制的范围在哪里？本方认为，人类的第二条“伦理真”的基本精神是合理的，至于这种限制的范围在哪里？主要是依科学发展的状况而定。总的来说，科学是不断发展进步的，因而这种限制的范围总趋势是会越来越小。而关于人类的第四条“伦理真”的争疑，主要是同性之间的性行为和通婚合不合伦理？这里的一个重要的争论焦点是：同性恋的行为是由于“道德”的因素造成的，还是由于“非道德”的因素造成的？目前科学界对其动因并没有一个统一和完全明确的认识，但大多数科学家认为，同性恋的行为可能不是由于“道德”的因素造成的，很可能是由于“非道德”的因素造成的。即使是这样，本文认为，同性之间的性行为和通婚虽然不违反“伦理善”的要求，但还是违反了“伦理真”的要求。至少，不是我们应当肯定和提倡的性行为。此外，关于人类的第五条“伦理真”的依据，许多学者还认为，除了从保证人类的种族的优良繁衍，性行为必须在性生理成熟的男女之间发生这一自然规律的要求外，还有心理和自由意志的依据。也就是说，性生理未成熟的男女，在心理上也是未成熟的，因而，他们的自由意志尚未形成，如果与他们发生性行为，事实上是在他们未有自由意志的状态下发生的，因此必须禁止。

二、人类性行为的伦理“善”

人类作为一种社会存在物，必须遵循社会发展规律的要求。作为一种人类的性行为，必须符合社会伦理规律的要求。目前关于“伦理”和“道德”这两个伦理学最基本的概念学术界仍有不同的见解。本文认为，无论怎样去给“伦理”和“道德”下定义，有一点应当是确定的，就是“伦理”和“道德”所指称的不是一种“实然”，而是一种“应然”；不是一种“合当”，甚至于不是一种“正当”，而是一种“应当”。这是“伦理”和“道德”存在的特殊意义和价值所在。因此，人类的性行为“不能损害他人”的律条，在本质上只是“合当”和“正当”，而不是“应当”；只有在德与法的联系中，它才有了一定的伦理意义，即最多也只是一种所谓的“底线伦理”。由于现代社会是一个法治社会，由于现代社会生活的极其复杂性，由于当代世界人类在物化中道德的“滑坡”，由于当代人类自律与他律的两极性，因而，把人类的性行为“不能损害他人”的律条作为一种“底线伦理”，也是一种必要的存在。

人类社会是一种群体性生活的社会，是一种人与人之间进行相互交往、相互影响的社会。在这种社会中，人类的性行为必然会涉及他人的利益，影响社会的发展与进步，因此，社会有必要设定各种伦理准则，去保护他人的利益，去调整人们的性关系，从而去促进社会的进步与发展。根据人类社会规律所设定的性行为伦理准则，我们在此相应地把它称作“伦理善”。

现代人类社会的人际关系的基本价值模式是“平等”关系。这种平等关系的确立，既是人类社会发展的必然，也是人类理想追求的产物。基于这种平等关系的人类性行为的第一条“伦理善”应当是：“自愿”，即性行为应当是成年男女双方自愿的行为。因此，它反对一切基于非自愿的性行为，如各种性骚扰、强奸等等的性行为。人类的性行为也是一个社会进化的历程，即从性本能到爱情的社会进化历程。在现代社会，爱情成为人类性行为的道德基础，因而，人类性行为的第二条“伦理善”应当是：“爱情”，即只有基于爱情发生的成年男女之间的性行为，才是道德的行为。这就是说，即使是成年男女双方自愿发生的性行为，如果不以爱情为基础，也是不道德的行为，如嫖娼卖淫等性行为。真正的爱情是排他性的，基于爱情的性行为，只能在一男一女的对应性关系中发生，因此，人类性行为的第三条“伦理善”应当是：“专偶”，它反对一男多女、一女多男和多男多女之间杂交等性行为，比如重婚、换妻等性行为。人类的性行为是以人化的形式出现的，这种人化的形式表现为一定时代下特定的制度，在现代社会各文明国家中都是以法定的一夫一妻制婚姻的制度来实现的。所以人类性行为的第四条“伦理善”应当是：“婚姻”，它反对各种非婚的性行为，如通奸、包二奶、婚外性行为等等性行为。

目前，在社会上争议较大的是两类性行为，一类是婚前性行为和同居，另一类是婚外恋。

关于婚前性行为和同居，随着现代社会宽容度的增大，人们对此越来越采取了一种默认的态度。它主要是与人类性行为的第四条“伦理善”相冲突。本文认为，对于婚前性行为和同居可以从以下三个角度去认识。第一，在同一个国家和社会里，法律与道德应当是相互支撑、相互影响、相互补充的，这不仅是由于两者的社会价值观的一致性，还由于两者的“同心同德”才能形成强大的合力，充分发挥其规范社会、稳定秩序的功能。既然在现代社会还需要法律为人类的性行为确定必要的制度，说明“制度”就有本身的合理性和合法性，如果我们在伦理上“肯定”婚前性行为和同居，实际上就是去砸法律制度的台，就是去破坏法律的权威性和严肃性。第二，正如我们前面所说，“伦理”和“道德”指向的是“应然”与“应当”，带有强烈的价值引导性，因此，一方面，由于现代社会生活的复杂性，对于婚前性行为和同居我们可以理解甚至认同，但是，它最多只是一种“正当”的行为，而绝不是一种“应当”的行为。也就是说，我们虽然不宜随便去指摘基于爱情的婚前性行为和同居，但也不能把它视为一种“道德”的行为，而加以提倡和赞美。第三，在事实上，婚前性行为和同居往往会对当事人和社会造成各种损害：首先，由于各种原因，婚前性行为和同居者最终结婚的并不占多数，这样一会造成当事人的犯罪感，影响人的心理健康；二会造成性行为神圣感的摧毁，导致性行为的堕落；三会引发各种纠纷甚至刑事犯罪；四是如果生下孩子，不仅会造成抚养的困难，而且会使孩子的身心受到不同程度的伤害；五是有可能给某些道德败坏者有可趁之机，促成乱交、滥交。即使婚前性行为和同居者最终结婚了，往往都会给男女双方在心理上留下不信任的阴影，从而给婚姻生活埋下了一颗定时炸弹。

关于婚外恋，在改革开放前十多年，由于西方“性解放”的影响，赞同者不少。随着新婚姻法的出台，赞同者受到了沉重的打击。当然，对于婚外恋一是要实事求是，二是要一分为二。然而，无论怎样说，在现代社会，婚外恋在“实然”上弊大于利，在“应然”上情多于理。虽然婚外恋在人类历史上曾经有过反封建的进步意义，但是，第一，古代社会的婚外恋在本质上是“破坏婚姻的爱情”，而不是作为社会前进方向的“婚姻基础的爱情”，于今已经过时。第二，古代社会的婚外恋的合理性是建立在这样两个条件之上的：一是婚姻不以爱情为基础，二是婚姻的不可离异性。而这两个条件由于婚姻自由的出现而丧失，故婚外恋在现代社会的合理性也已经丧失。第三，婚外恋由于对现代文明社会婚姻制度亵渎，因此，在西方发达社会它也不是一种“道德”的行为。

三、人类性行为的伦理“美”

人类的性行为是自然性与社会性的统一，因此，人类的性行为也必然应当符合人类“美”的规律。建筑在人类“美”的规律基础上的要求，我们把它称之为“伦理美”。人类的性行为在从动物向人进化的过程中，最重要的成果是道德羞耻心的产生，它使人类的性行为从此与动物界划出了一个鲜明的界线。随着道德羞耻心的产生，人类性行为的“私隐性”特征及其审美情趣也随之而生，凡是暴露性和公开性的性行为都是一种伦理丑的行为，由此，产生了人类性行为的第一条“伦理美”：“私隐”。人类性行为不仅是一种动物性的行为，更是一种社会行为，它随着人类文明的进步，要求性行为必须符合人类文明进步的要求，以文明的形态出现，凡是不文明的性行为都是一种伦理丑的行为，因此，又产生了人类性行为的第二条“伦理美”：“文明”。人类的性行为不仅牵涉个体的利益，而且还关系种群的利益，它要求人类的性行为必须有利于人们的身心健康，因此，凡是有损于人们身心健康的性行为都是一种伦理丑的行为，因此，又产生了人类性行为的第三条“伦理美”：“健康”。

人类的性行为的伦理真、伦理善和伦理美是相互关联的。伦理真是伦理善和伦理美的前提，违反伦理真的性行为不可能有伦理善和伦理美，而伦理真本身也包括了伦理善和伦理美的因素；伦理善是对基于自然规律的自然伦理真和基于社会规律的社会伦理真的特定的价值把握，是伦理美的构成要素；而伦理美则是伦理真和伦理善统一的感性显现。

（原载《道德与文明》2008 年第 6 期）

女“性”商品化：男女平等的巨大障碍

在我国，自从民主革命以来，“男女平等”就成为人们努力追求的理想目标。虽然，在理想追求的历程中，也有着或多或少的进步。然而，时至今日，“男女平等”依然任重而道远，还是难以真正实现。因为，女“性”商品化的泛滥，成为了当今中国实现男女平等的巨大障碍。

一、女“性”商品化泛滥的表象及其危害

在改革开放历程中，随着商品经济特别是市场经济的崛起，女“性”商品化日益泛滥起来，概括起来，主要表现如下：

性交易：女“性”商品化泛滥最赤裸裸的表现形式，是直接性的商品交换式的性交易。其有三种基本形式：第一种是公开的“妓女”形式，没有任何的掩饰，就是一种赤裸裸的性交易。据有关调研发现，在这种性交易最猖狂的时候，不少地方都有“公开”的被当地百姓称之为“人肉街”、“人肉广场”的地方，娼妓与嫖客可以当面“讨价还价”议定价钱。第二种是“三陪”形式：陪舞、陪唱、陪吃（事实上，何止“三陪”，各种“陪”可谓层出不穷），这种是隐蔽一些的性交易；在此说其“隐蔽”，不是指“三陪”本身，而是这些“三陪”女性基本上都是“隐蔽”的“妓女”。有调查发现，这些“三陪”女性，如果只局限于“三陪”，也就是说，“只卖艺不卖身”，是不可能在此“行业”生存下去，一定要被“炒鱿鱼”。第三种是更“隐蔽”一些的性交易；在此说其更“隐蔽”，是因为这些性交易，往往都有很堂而皇之的“职业”作为掩护。例如一些“桑拿女”、“按摩女”、“沐足女”、“发廊女”等等，她们往往具有双重身份，而公开的职业身份为“辅”，为“虚”，隐蔽的妓女身份却为“主”，为“实”。那么，中国的妓女究竟有多少？这无疑是个谜。据《人民日报》1996 年 9 月 5 日报道：1991—1995 年，全国公安机关查获卖淫嫖娼的人数是 153.3 万，卖淫团伙 3.2 万个，卖淫窝点 3 万个，收容卖淫嫖娼人员 7 万多人。

性贿赂：女“性”商品化泛滥另一种赤裸裸的表现形式，是性贿赂。性贿

赂本质上也是一种商品交换式的性交易，因为它们都将性作为商品来交换利益。但是，性贿赂与上述的性交易不同的是，性交易基本上是一种（当下的）现金结算式交易，而性贿赂基本上是一种（非当下的）非现金结算式交易；性交易的对象是嫖客（只要出得起钱，无论其身份），而性贿赂的对象往往是权贵（通俗地说就是掌权的官员与有钱的老板）。当下，性贿赂似乎成了许多“行业”的潜规则。性贿赂有两种基本形式：一是客体型性贿赂。在这种形式中，女性是作为“客体”，被动地作为性商品被送给某权贵，以达成贿赂。在这种形式中，又有两种形式：一种是赤裸裸的“性商品”形式，送给某权贵进行一次或多次的“性消费”；另一种是温情脉脉的“情妇”或“二奶”形式，送给某权贵做情妇或“二奶”。二是主体型性贿赂。在这种形式中，女性是作为“主体”，主动地把自身作为性商品送给某权贵，以达成贿赂。在这种形式中，也有这样两种形式：一种是赤裸裸的“性商品”形式，主动让某权贵进行一次或多次的“性消费”；另一种是温情脉脉的“情妇”或“二奶”形式，主动给某权贵做情妇或“二奶”。

性广告：女“性”商品化泛滥的一种比较隐蔽的表现形式，是性广告。这种性广告是将女性体貌性征作为商品出卖给商家，商家则利用这些女性体貌性征通过一定形式的媒体，去吸引人们的注意力，公开而广泛地向公众传递一定的商业信息，以达到扩大经济效益之目的。性广告有许多种类，最常见的一种是通过强力展现女性体貌性征的性感魅力，去吸引人们的关注和模仿。这种商业广告有两种情况：一种是“小尺度”展现女性体貌性征的性感魅力；另一种则是“大尺度”展现女性体貌性征的性感魅力。前者重在女性的知名度与影响力；后者则重在女性的特别体貌性征的性感魅力，当今风靡一时的各式各样的女性选美活动，就是其中的典型一例。还有一种是“准广告”性质的性广告，通过强力展现女性体貌性征的性感魅力，甚至是性感行为，来达到吸引人们对特定商品的关注之目的。这种性广告表现形式繁多，如影视片中的性暴露镜头、各种文艺表演中的性暴露场面等等。

“买卖”婚姻：女“性”商品化泛滥的一种更加隐蔽的表现形式，是“买卖”婚姻。随着市场经济的崛起，拜金主义的广泛流行，“买卖”婚姻又重新兴起。只不过“买卖婚姻的形式正在消失，但它的实质却在越来越大的范围内实现，以致不仅对妇女，而且对男子都规定了价格，而且不是根据他们的个人品质，而是根据他们的财产来规定价格”。[①] 当今的“买卖”婚姻除了极少数的拐卖妇女和赤裸裸地索取高额礼金之形式外，更多的是当今的女性在选择她们的婚姻时，主要考虑的不是男子的个人品质，而是他们的财产状况。例如某省妇联曾经发起过一场关于“嫁得好还是干得好”的大讨论，结果发现有相当多的一部分女大学生、女白领等女“知识青年”，都主张“干得好不如嫁得好”。而我们在生活中还可以发现，在艺术影视模特业以至体育界中的女明星，甚至于长得有点“似模似样”的女子，都十有八九是非“有钱人”不嫁。

女“性”商品化泛滥是当今实现男女平等的巨大障碍。首先，男女平等的前提是“人”的平等。而“人”是要有人格的。也就是说，“人”要使自己成其为真正意义上的“人”，就必须要有人起码的“尊严”。而人的尊严，来自于社会与自我两个方面。从社会来说，在客观上必须提供给人能够有“尊严”地生活的条件；从主观上来说，必须把每一个人当作人。从自我来说，必须把自己当作人，要自立、自强、自尊、自爱。而女“性”商品化泛滥恰恰相反，它导致人的物化和商品化，从社会与自我两个方面摧残人的尊严，扭曲女性的人格。一个人格被扭曲、女性被物化、人的尊严特别是女性的尊严被摧残的社会和时代，要真正做到男女平等，无疑是一件极其艰难的事情。其次，男女平等的决定性条件是女性素质的提升。市场经济是当代商品经济的最高表现形态，其本性在于追逐经济利益的最大化，因而也是追求经济效率的最高化。在这个意义上，市场经济是一种效率经济，而效率经济最根本最重视的不是人的外在要素，而是人的内在素质。在竞争激烈的市场经济中，素质是竞争的最终法宝。而女“性”商品化泛滥，必然导致女性内在素质的下降，造成竞争能力的衰弱，从而在客观上难以真正实现男女平等。

二、女“性”商品化泛滥的根源

当下中国女“性”商品化泛滥的根源，就在于市场经济之中。市场经济作为现代商品经济，它同以往一切经济形态的根本区别，就在于其他经济形态本质上追求“使用价值”；而市场经济则追求“交换价值”。众所周知，市场经济的核心是“资本”，而“资本家”则是市场经济时代的“宠儿”。早在 150 年以前，马克思就曾惊奇地发现：“如果有 10% 的利润，资本就会保证到处被使用；有

① 《马克思恩格斯选集》第 4 卷，人民出版社 1995 年版，第 77 页。

20%的利润，资本就能活跃起来；有50%的利润，资本就会铤而走险；为了100%的利润，资本就敢践踏一切人间法律；有300%以上的利润，资本就敢犯任何罪行，甚至去冒绞首的危险。”① 作为人格化的资本，资本家的本性是由资本的本性所决定的，他的一切所作所为，都是由资本的本性所驱使的。无限地榨取剩余价值（利润），是资本家从事一切经济活动乃至非经济活动的出发点和最终归宿。资本家的这一贪婪本性，并不取决于他个人的禀赋和个性，而事实上是由他赖以生存的生产关系所决定的。不仅资本家本性如此，所有独立的经济主体作为经济人也在不同程度上受市场经济本性之影响。

同时，市场经济作为商品经济发展的高级形态，它以商品交换为基础。“商品作为物品，是简单而又平常的，但物品作为商品，却是复杂而又神秘的”。②商品之所以让人感到神秘，是由商品形态本身引起的。这是因为，随着劳动产品取得商品形态之后，人类劳动的同一性质，便表现为商品的价值；用时间计算的人类劳动力的支出，便表现为商品的价值量；而人们之间互相交换劳动的关系，则表现为商品与商品互相交换的关系。正因为这样，在人眼里商品这种劳动产品就取得了一种神秘的特性。劳动产品之间的价值关系，本来是人们自己的社会关系，即人和人之间的生产关系。但是在商品生产者看来，这种生产关系却成了物和物之间的关系，乃至物对人的统治关系。这种情况，很像人们在宗教迷信方面的偶像崇拜。马克思就把这种人们在自己观念中对商品的歪曲反映，称之为“商品拜物教”。由于货币是商品价值的代表，商品拜物教就自然演变成货币拜物教。而货币拜物教作为一种道德观念，就成为拜金主义。因此，随着商品经济和市场经济的发展，拜金主义必然滋生起来，它从经济领域向整个社会领域蔓延开来，在拜金主义者那里，不仅一切都可以变作“商品”进行交换，而且，货币就是一个无所不能的“神”。因为“货币的特性的普遍性是货币的本质的万能；因此，它被当成万能之物”。③ 为此，马克思在《1844年经济学哲学手稿》一书中，引用了莎士比亚在《雅典的泰门》中形容金钱的魔力的一段话：

“金子？黄黄的、发光的、宝贵的金子？

① 《马克思恩格斯全集》第17卷，第258页。
② 徐禾等编：《政治经济学概论》，人民出版社1975年版，第59页。
③ 《马克思恩格斯文集》第1卷，人民出版社2009年版，第242页。

……

这东西，只这一点点儿，

就可以使黑的变成白的，丑的变成美的；

错的变成对的，卑贱变成尊贵，老人变成少年，懦夫变成勇士。

这东西会把……祭司和仆人从你们的身边拉走，

把壮汉头颅底下的枕垫抽去；

这黄色的奴隶可以使异教联盟，同宗分裂；

它可以使受咒诅的人得福，

使害着灰白色的癞病的人为众人所敬爱；

它可以使窃贼得到高爵显位，和元老们分庭抗礼；

它可以使鸡皮黄脸的寡妇重做新娘，

即使她的尊容会使那身染恶疮的人见了呕吐，

有了这东西也会恢复三春的娇艳”。

无疑，正是市场经济的一般性所滋生的拜金主义，导致了人的物化，特别是女性的物化。于是，女“性”商品化泛滥成为了改革开放历程中一种不可避免的道德代价。

除了客观上的根源外，还有主观上的原因。这与我们长期以来形而上学的思维方式普遍流行分不开。在传统社会，由于以小农经济为基础，因而它注重经验、感觉、感情，从而形成两极思维方式。这种两极思维方式对事物的认识不是肯定，就是否定；而这种否定不是扬弃，而是全盘否定和完全抛弃。在计划经济时代，我们强调精神万能，高举道德的旗帜猛烈地批判“物质刺激”、“金钱挂帅”，忽视经济建设和法制建设；而在市场经济时代，我们则走上了另一个极端——否定了精神的价值和道德的作用，高扬起“物质刺激”、“金钱挂帅”的大旗，在高度重视经济建设和法制建设的同时，我们又忽视了道德建设。于是，我们必然走上了一条高度重视物质文明建设，轻视精神文明建设的畸形发展之路。邓小平在总结改革开放十年来的经验教训时就曾严肃指出，我们十年来最大的失误是思想教育，物质文明和精神文明必须两手抓，两手都要硬。可是，在举国上下都把“以经济建设为中心”曲解为“以 GDP 为纲”的实际引导下，处处依然“见物不见人”，在不同程度上把思想道德建设放在“说起来很重要，干起来就忘掉”的地位上，从而使 20 世纪末中国开始出现日趋严重的道德滑坡状况。

与此相适应的是，改革开放以来，我们在反思以往道德建设上盲目追求共产主义道德的崇高要求，以同一高层次的道德准则去规范全体人民，使道德建设逐渐流变为“假、大、空”之沉痛教训的基础上，把道德建设从天上拉回到了人间；然而，我们在批判以往“假、大、空”的做法时，又把道德的先进性要求也一起否定掉了，甚至于也把我们一些优秀的传统美德一起给否定掉了。无疑，我国传统道德文化，源远流长，博大精深，既有宝贵的精华，也有封建性的糟粕。但是自从“五四”运动以来，国人就偏向于对传统道德文化的全盘否定；到了“十年动乱”时期，这种否定已经登峰造极。在“左”的思潮严重影响下，以往的一切道德文化几乎都成了“封资修”的东西，统统属于被彻底扫荡之列，连道德修养也成了“黑修养”，从而在很大的程度上割裂了社会主义道德文化与传统美德的传承关系，使许多优秀传统美德，难以为继；也使许多社会主义新道德，缺乏深厚的文化传统根基，而难以深入人心。同时，改革开放后我们在努力学习国外特别是西方发达国家的优秀道德文化的过程中，国人好走极端的本性又一次发作了。一些西方文化的盲目崇拜者打着所谓“学习西方先进文化”的旗帜，大力鼓吹“十五的月亮还是西方的圆”。某些所谓的“社会学家”、“性学家”打着“更新观念”的旗号，不仅疯狂地践踏我国的许多优秀传统美德，更把一些西方资产阶级“性解放”的腐朽思想观念奉为至宝；而一些大众传媒则在经济利益的诱惑下，也大力盲目吹捧，疯狂猎奇，从而，把道德建设引向了歧途，加速了女“性”商品化的泛滥。

三、抑制女“性”商品化泛滥的策略

女“性”商品化泛滥既然是市场经济的必然产物，因而，要想在市场经济消失之前“消灭”它，是一种不切实际的空想。然而，社会发展是合规律性与合目的性的统一，我们虽然不能彻底“消灭”它，但是却可以在最大限度上抑制它的泛滥程度，将女“性”商品化的危害性降低到最小的程度。

抑制女“性”商品化泛滥的基本策略，就是坚持以德治国与依法治国相结合。市场经济是法制经济，现代社会是法治社会，依法治国是我国的一项基本治国方略。而男女平等，实现妇女解放，则是我国的一项基本国策。要最大限度地实现男女平等和妇女解放，就必须予以法制上的坚强保障。因此，无论是制度安排上，还是在法制建设上，都必须要有强烈的性别意识，都必须坚定不移地打击女“性”商品化的各种违法犯罪行为；例如，要继续严厉打击各种卖淫嫖娼行为，持续重拳出击拐卖妇女行为等；要将性贿赂纳入法律体系之中，要重点打击干部队伍中的养情妇、包二奶行为等。无疑，没有法制，抑制女“性”商品化泛滥是根本无法实现的；然而，没有道德建设，抑制女“性”商品化泛滥也同样难以真正实现。自古以来，人们就认识到，治理社会必须“两手抓”：既要有“硬”的一手，又要有“软”的一手；既要有“大棒”，又要有“胡萝卜”；既要有“制度”，又要有“教育”；既要有“法治”，又要有“德治”。在西方文明的摇篮——古希腊，雅典著名的政治家梭伦（公元前639—公元前559年）在其担任执政官期间，他不仅大刀阔斧地进行社会改革，实行“法治”，实现了古代希腊社会从宗法氏族制时代向法制时代过渡的历史使命，而且他同时也注意到了法治的局限性。因此，他在加强法治的同时，还注重德治。他不仅提出了一些重要的伦理思想和道德规范，而且还以各种形式去推动伦理道德的实践。几乎在同一时期的东方中国，著名的中国儒家创始人孔夫子（公元前551—公元前479年），提出了德法兼用的思想。他指出，“宽以济猛，猛以济宽，政是以和”，认为“德治”与“法治”要并用；法制是统治社会的根本制度，国之存亡所系。“天下法守”，“小人犯刑，国之所存者幸也”。然而，德治也非常重要，“道之以政，齐之以刑，民免而无耻；道之以德，齐之以礼，有耻且格”。

从根本上来说，大到安邦治国，小到抑制女“性”商品化泛滥，都既需要法治，也需要德治，是由于法律与道德两者各有所长，各有所短；只有两者之间取长补短，相互支持，才能真正保证社会长治久安。首先，法律依托的主要力量是国家暴力机器，是一种强制性、他律性力量；道德依托的主要力量是人们的内心信念，是一种自觉性、自律性力量。其次，法律发挥作用，主要是在人们的行为产生结果之后，重在惩罚和警示；道德发挥作用，主要是在人们的行为发生之前，重在引导和激励。再次，法律具有明确性和现实性，人们的行为即使产生了再大的恶果，如果法律上对此没有明确的条文，法律只能“望其兴叹”；道德具有模糊性和理想性，尽管社会发展进程中会不断产生出许多尚未形成具体规范要求的新的行为，但是道德可以按其一定的观念和准则进行推延性的指导和规范。因此，社会对人们行为的调节，必须要强制性和自觉性相结合，他律性和自律性相结合，惩罚和激励相结合，警示和引导相结合，明确性和模糊性相结合，现实性和理想性相结合。由此可见，大到安邦治国，小到抑制女“性”商品化泛滥，单靠法治也不行，单靠德治也不行；法治和德治对立统一，只有两者相互结合，才能产生最大最佳的效果。正如江总书记在全国宣传部长会议上的讲话中强调的那样：对一个国家的治理来说，法治与德治，从来都是相辅相成、相互促进的。二者缺一不可，不可偏废。

抑制女“性”商品化泛滥的关键一环，是建立科学的“贞操观”。然而，改革开放以来，大大小小的这个“家”那个“家”的，都把“贞操观”视为封建思想道德观念而横扫之，从而使人们获得了“性解放”。这种粗暴的简单化的极端思维，不能不为之付出沉重的社会道德代价。

事实上，从人类的发展史来看，女性的“贞操观”的本质，是女性解放的必然产物，是女性从兽性走上人性的客观要求，是女性获得人格独立尊严的基石。我们知道，人类在原始社会曾经经历过一个群婚制的时代。在那个时代，所有的同一辈分的女性都是所有的同一辈分的男性的“妻子”；“起初，人们一出世就已经结了婚——同整个一群异性结了婚。在较后的各种群婚形式中，大概仍然存在着类似的状态，只是群的范围逐渐缩小罢了”。[①] 随着人类的性意识的觉醒，羞耻感的增强，女性首先要求改变这种没有个人任何自由选择的“屈辱”状态，从而推动着群婚制向个体婚制进化。正是在这种性进化中，女性的“贞操”意识萌生并逐渐形成了，它使人类的“性”真正从动物之“性”进化为人类之“性”，女性开始获得自身的人格尊严。正如恩格斯所言：“我们已经看到，巴霍芬认为由群婚向个体婚的过渡这一进步主要应归功于妇女，是多么的正确”。[②] 然而，这一进步女性却为之付出了惨痛的代价——淫游制：“这种淫游制直接起源于群婚制，起源于妇女为赎买贞操权利而作的献身牺牲。”[③] 随着私有财产的出现，原本负载着女性性觉醒与人性要求的“贞操观”被异化，成为压迫、束缚女性的巨大枷锁。而这种“贞操观”最根本的就是要求“丈夫在家庭中居于统治地位。以及生育只可能是他自己的并且应当能继承他的财产的子女”。[④] 封建社会则把这种“贞操观”推上了极致，完全成为扼杀女性独立发展的强大武器。

资本主义的出现，是商品经济发展的必然结果。因此，资本主义与商品经济（市场经济）有着天然的血缘关系。为了适应商品经济（市场经济）发展的需要，为了适应资产阶级腐朽生活方式的需要，彻底否定“贞操观”，推动女性的

---

① 《马克思恩格斯选集》第 4 卷，人民出版社 1995 年版，第 77 页。
② 《马克思恩格斯选集》第 4 卷，人民出版社 1995 年版，第 80 页。
③ 《马克思恩格斯选集》第 4 卷，人民出版社 1995 年版，第 64 页。
④ 《马克思恩格斯选集》第 4 卷，人民出版社 1995 年版，第 63 页。

"性解放"就成为了资本主义和商品经济（市场经济）发展的必然要求。而事实上，一方面，"自古就有的淫游制现在在资本主义商品生产的影响下变化越大，越适应于资本主义商品生产，越变为露骨的卖淫，它在道德上的腐蚀作用也就越大"。[①] 另一方面，"婚姻都是由当事人的阶级地位来决定的，因此总是权衡利害的婚姻。这种权衡利害的婚姻，在两种场合都往往变为最粗鄙的卖淫——有时是双方的，而以妻子为最通常。妻子和普通娼妓不同之处，只在于她不像雇佣女工做计件工作那样出租自己的身体，而是把身体一次永远出卖为奴隶"。[②] 由此可见，性解放的本质不是对妇女真正的解放，而是在把人之"性"还原为动物之"性"的基础上，将女性"贞操观"彻底异化，也把"性"本身彻底异化，从而，在更深并且更隐蔽的层面上加重了对女性的奴役。

社会主义理应比资本主义更加进步，否则，就没有其存在的任何理由。然而，由于历史的曲折，市场经济在中国社会主义初级阶段将长期存在，但它毕竟要受到社会主义基本制度和先进文化的约束和引导。社会主义必须推进男女平等，妇女解放，而不是任凭女"性"商品化泛滥。要做到这一点，除了法制的支援之外，十分关键的就是要确立并大力宣传科学的"贞操观"，彻底否定私有制社会对女性"贞操观"的异化，还其本来面貌。科学的"贞操观"负载着女性从兽性解放出来，走上人性的标志，它既是女性获得人格独立尊严的基石，又是女性人格独立尊严的体现。人固然来自于动物界，但人在本质上是一个社会产物。因此，所有与生俱来的"动物性"，都必然打上社会的深刻烙印，并受社会的约束与引导。人类之"性"在人类社会历史上获得的最大道德进步，就是"整个过去的世界所不知道的现代个人性爱"。[③] 而"现代的性爱，同古代人的单纯的性要求，同厄洛斯［情欲］，是根本不同的。第一，性爱是以所爱者的对应的爱为前提的；从这方面说，妇女处于同男子平等的地位，而在古代的厄洛斯时代，绝不是一向都征求妇女同意的。第二，性爱常常达到这样强烈和持久的程度，如果不能结合和彼此分离，对双方来说即使不是一个最大的不幸，也是一个大不幸；为了能彼此结合，双方甘冒很大的危险，直至拿生命孤注一掷，而这种事情在古代充其量只是在通奸的场合才会发生。最后，对于性关系的评价，产生

① 《马克思恩格斯选集》第 4 卷，人民出版社 1995 年版，第 73 页。
② 《马克思恩格斯选集》第 4 卷，人民出版社 1995 年版，第 69 页。
③ 《马克思恩格斯选集》第 4 卷，人民出版社 1995 年版，第 67 页。

了一种新的标准，人们不仅要问：它是婚姻的还是私通的，而且要问：是不是由于爱和对应的爱而发生的？"① 因此，人类之"性"本质上不是纯粹"自然物"，而是"社会物"。因而，科学的"贞操观"是真善美的统一：性关系的发生，是不是符合客观（自然的、社会的）规律？是不是因为性爱（真正的互爱）？是不是婚姻的？是不是忠贞的（"性爱按其本性来说就是排他的"）？是不是出于自主、平等、尊严、文明？当然，这种科学的"贞操观"决不是仅仅对女性而言，而是对男女两性的共同要求。

参考文献：

《马克思恩格斯选集》第 4 卷，人民出版社 1995 年版。

（原载《探求》2013 年第 3 期）

① 《马克思恩格斯选集》第 4 卷，人民出版社 1995 年版，第 75 页。

| 经济伦理篇 |

商品经济两重性与道德建设

随着我国商品经济的兴起，道德领域呈现出一派极为复杂的景象。如何认识这种复杂的道德景象？这种复杂道德景象的深刻根源何在？在此现状下怎样去进行道德建设？要正确认识和解决这些问题，不能不从我国商品经济的两重性及其对道德的深刻影响之分析入手。

一、我国商品经济的两重性，表现为作为特殊商品经济的两重性

我国商品经济的两重性，不仅表现为一般商品经济的两重性，还表现为作为特殊商品经济的两重性。我国的社会主义发展道路因我国历史发展的特殊性，跳过了资本主义独立发展的历史阶段，从半封建半殖民地社会直接进入社会主义社会。同时，在经济形态上，从半自然经济半产品经济转向商品经济。在这种特殊的历史大转轨中，我国的商品经济以其特有的方式，展示了商品经济内在的私人劳动与社会劳动、具体劳动与抽象劳动、使用价值和价值的矛盾，从而对道德领域产生深刻的两重影响。

第一，我国的商品经济是建立在以公有制为主体的多种经济成分并存的基础上的社会主义商品经济。生产资料的公有制性质及其主体地位，决定了商品生产者不是把商品价值的追求放在第一位，而是把商品使用价值的生产放在首位。这种生产目的，就必然有利于热爱人民、全心全意为人民服务、顾客至上、关心社

会、利他主义等思想品质的形成和发展。然而，其他多种经济成分的客观存在，就必然使社会主义商品生产的根本目的，在不同范围和不同程度上发生演化，也因此造成了一些商品生产者把充分实现商品的价值放在第一位，这就必然在不同程度上影响着人们的思想行为，使得一些人热爱自我胜过热爱人民，追求利润的获取胜过满足人民群众生活的迫切需要，从而为利己主义、个人主义、拜金主义等思想行为的泛起提供了现实的土壤。

同时，以公有制为主体的多种经济成分并存的状况，也决定了以按劳分配为主的多种分配方式并存，以及以平等、团结、友爱、互助的新型关系为主的多种人际关系并存的现状。这些现实社会经济关系的客观存在，无疑一方面有利于人们热爱劳动、劳动致富、勤劳刻苦、友爱互助、诚实守信、扶贫济困等精神和品质的发展；一方面，也会在不同程度上促使人们产生不劳而获、投机取巧、金钱至上、洁身自好、冷漠麻木、媚强凌弱等思想行为。

第二，我国的商品经济是社会主义的计划经济，实行计划经济和市场调节相结合的经济体制和运行机制。如果从计划经济和市场调节的统一方面来看，两者取长补短。计划经济可以从总体上保持国民经济按比例发展和资源的合理配置，克服商品生产的无政府状态，使人力、物力、财力发挥最佳效能。这在客观上有利于人们增强全局观念、组织纪律观念，坚定热爱社会主义的思想信念，发扬顾全大局、勇于自我牺牲的精神。同时，市场调节可以发挥优胜劣汰机制的作用和增强经济发展的活力，有利于克服官僚主义、主观主义、命令主义、平均主义等消极现象，有利于人们树立起竞争观念、价值观念和效率观念，发扬开拓创新、锐意进取的精神。

同时，计划经济和市场调节的统一过程，还是一个较长的历史发展过程。这不仅是由于我国社会生产力发展水平的制约，而且还由于新旧体制转换是一个复杂的过程，以及人们对这一转换过程的艰难探索。因此，在现实性上，我国的商品经济，不仅现在而且在将来较长一段时期内，还处在半商品化半市场化的尴尬状态中。在这种态势下，往往就会出现这样一种奇特的现象：已经采取了商品形态的经济活动，其经营流向却沿着旧体制的轨道走，特别是沿着权力流向走，从而，就在不同程度上造成了控制失衡、管理真空和监督漏洞。这就完全有可能给各种投机人物以可乘之机，刺激了“官倒”、“腐败”、“投机”三大消极道德现象的涌现，加剧了道德领域的复杂状态。

第三，我国的商品经济是在社会主义初级阶段上的现代商品经济。因而，一方面，当我国从半自然经济半产品经济向商品经济转轨之际，在世界的广阔范围内，商品经济已经发展到一个相当成熟的阶段。当我们面向世界商品经济市场，利用和吸收国外所提供的有利条件和有利因素的时候，既可能增强人们的现代意识、开放观念、竞争精神、重视科技和尊重知识的思想，又可能引发民族自卑感、崇洋媚外心理，以及损害人格、国格的不道德现象。

另一方面，我国商品经济既跳跃过资本主义商品经济发展的历史阶段，又处于社会主义初级阶段。从历史发展的过程来看，尽管商品经济在我国也曾经历过奴隶社会、封建社会和半封建半殖民地社会，但它只不过是该社会经济的一个辅助部分，甚至是很小很小的辅助部分，其商品经济的物质和精神累积成果极其贫乏。因而，在这种基础上起步的社会主义商品经济，其前进的步履相当艰难。在一定的历史视角中，我国的商品经济还处于商品经济发展的初始阶段。这是一个具有创业性、艰苦性、初始性、探索性的时代。这样一个商品经济时代，可以造就人们的艰苦奋斗、勤俭刻苦、开拓创新、锐意进取的时代精神；也可以使它带上野蛮性、盲目性和欺骗性的时代色彩（如使用童工、虐待工人、盲目投资等）。

二、社会主义经济制度与商品经济的对立统一关系

我国商品经济的两重性，除上述表现之外，还表现在社会主义经济制度与商品经济的对立统一关系之中。商品经济有两个基本属性，一是相对独立性。也就是说，商品经济作为一种经济类型，和特定的社会制度并没有必然的联系。通俗些说，商品经济不是哪一种社会制度所专有的经济类型。二是社会历史性。也就是说，商品经济作为一种社会经济发展的历史类型，是一个历史产物，既不是从来就有的，也不是永存的。商品经济有自己的历史使命，而这种历史使命，在不同的历史发展阶段上，在不同的社会制度下，有其特殊性。正是由于商品经济这两个基本属性，才使社会主义经济制度和商品经济之间发生了现实的联系。

按照马克思恩格斯当时对欧洲资本主义状况的分析，社会主义是资本主义高度发展的必然结果。然而，共产主义运动的实际进程，导致了社会主义在资本主义尚不发达的国家，甚至半封建半殖民地的国家中崛起。于是，在复杂曲折的历史发展进程中，开辟出一条社会主义经济制度与商品经济相结合的历史发展道路，也因而发生出一系列前所未有的新情况、新问题。

第一，社会主义公有制，使全社会的根本利益具有一致性，在此基础上，国家利益、集体利益和个人利益的矛盾和冲突，一般来说，不再具有对抗性质。同

时，社会主义经济制度，要求在保证和发展国家利益的前提下满足集体和个人的利益，实行国家利益、集体利益和个人利益三结合，当三者发生矛盾的时候，集体利益和个人利益要服从国家利益，个人利益要服从集体利益。这就在客观上形成和发展起社会主义的集体主义道德原则，有助于人们形成和发扬顾全大局、公而忘私、勇于献身的精神。然而，商品经济的基本前提是社会分工和商品生产者的独立性，这就必然要求社会主义经济制度在最大限度内使生产资料所有权与经营管理权、使用权相分离，使商品生产经营者具有最大限度的相对独立性和自主权，从而保证和实现商品生产经营者的利益。在此状况下，商品生产经营者虽然会受到国家利益的制约，但他首先和直接追求的则是自身收益的最大化。而层层承包制的实现和股份制的发展，导致多种利益集团的涌现，加剧了社会中各利益集团之间的利益冲突。这不仅有利于充分调动人们生产劳动的积极性和创造性，激发人们的进取拼搏精神，而且也会引申出小团体主义和个人主义，产生出损人利己、损公肥私、坑害国家、欺骗顾客的消极道德现象。

第二，社会主义经济制度，在本质上使劳动力失去了商品的性质，而且矿藏、水流、国有森林、荒地和其他海陆资源，都属于全民所有而不成为商品。也就是说，社会主义经济制度本身，就是对生产资料乃至人自身的完全商品化的一种限制。这无疑有利于人们确立和发展爱护公共财产、人格尊严的观念和意识。但是，商品经济发展的内在要求，必将打破国家对生产资料的绝对垄断，在不同程度上促使包括矿藏、水流、国有森林、荒地和其他海陆资源在内的生产资料商品化，也使劳动力具有了两重性质，即非商品性和商品性。而商品经济发展中的多种经济成分的涌现，促使商品化程度日趋提高，从而有可能导致一切商品化的意识出现。在这种氛围中，一些人为了自身的某种利益，可以把良心、名誉、爱情、人格、权力等非商品化的东西也当作商品出卖。

第三，社会主义经济制度，使劳动者成为国家和企业的主人，他们有权管理国家事务和企业的生产经营，有权工作和学习，有权共同富裕。而这种主人翁地位和各种权力的实现，有利于人们树立发扬主人翁精神，增强社会责任感。然而，商品经济发展的内在要求是,. 商品生产经营者（单位）作为一个相对独立的社会组织，必然具有法人的地位和权力。而厂长、经理等领导组织者自然充当法人代表，他们也就具有法人相应的实际权力和义务。厂长、经理等领导组织者这种身份，在一定程度上割断了国家与劳动者之间的直接联系，生产劳动者就有可能不是以国家主人的身份出现，而是以企业雇佣劳动者的身份出现。这就可能导致人们的雇佣观念出现，淡化社会责任感，甚至导致管理权的丧失。

三、我国商品经济的两重性导致道德领域的复杂局面

我国商品经济的两重性所导致道德领域的这种极为复杂的局面，使我们首先可以确认以下几点认识：

第一，复杂的道德现象出现的客观性。从上述分析可以再一次雄辩地证明马克思主义关于人们归根到底是从生产和交换的经济关系中吸取自己的道德观念的科学论断。它说明，道德不是人们主观意志的结晶，而是商品经济内在矛盾的产物。道德的客观性本身就是对那种企图从现存社会经济关系之外去寻找道德之源的好心先生们的巨大嘲笑。在认识和探讨社会道德建设时，坚持道德产生的客观性，就是坚持道德建设的唯物论基础。

第二，道德发展的两极性和多元性。社会历史发展的辩证法给我们展现了一幅道德演化“二律背反”的历史画卷，它向人们表明，道德进步既不直接就是社会物质进步的“函数”，也不是直线的、纯粹的发展进程。一方面，随着社会的前进、社会主义商品经济的兴起，道德领域正在取得前所未有的进步成果；另一方面，导致社会进步的社会主义商品经济的崛起，因其内在的两重性，诱发出种种消极道德现象的泛起。这种道德发展的两极性和多元性，给社会主义道德建设带来了巨大的困难。

第三，消极道德现象存在的长期性。虽然消极道德现象的存在是支流，并且必然会日趋衰减，这不仅是由于这些消极道德现象在本质上是和社会主义商品经济的发展不相适应，还因为这些消极道德现象中的相当部分只是社会主义商品经济不发达阶段的产物。因此，随着社会主义商品经济的发展，随着社会主义商品经济制度的完善，随着制度文明和精神文明的进步，消极道德现象的衰减趋势是必然的。但是，消极道德现象的根源——社会主义商品经济两重性是不会完全消除的，其内在的矛盾性虽然会在最大限制内达到缓和，但不可能消失。

四、商品经济条件下如何进行道德建设

基于以上的认识，现在来探讨一下在商品经济条件下如何进行道德建设的问题。诚然，道德建设是个大题目，是一项系统工程，涉及方方面面，不可能在此进行全面探讨。本文依据我国商品经济两重性与道德的关系问题，提出一点拙见。

首先涉及道德建设的基本方针问题，它对道德建设具有导向意义。社会主义道德建设的基本方针是什么呢？概要地说，就是为深化改革开放、发展社会主义商品经济服务，以推动社会主义现代化事业不断向前发展。

前述表明，社会主义商品经济的兴起和发展，导致了正负两面道德现象的发生。其正面道德现象是社会主义商品经济发展的必然要求，因此，道德建设的主要方面，就是对其正面道德现象予以扶植、宣传、推广、倡导，以适应深化改革开放和发展社会主义商品经济的需要。而其负面道德现象虽是商品经济的“副产品”，但它的存在和泛滥，在客观上却损害着商品经济的健康发展；这就犹如一个人的缺点，既来之于自身，又损害着自身的健康发展一样。因而，道德建设的重要一面，就是对负面道德现象必须进行限制、抵制、批判和打击，在最大限度内抑制负面道德现象的产生及其危害，以保证社会主义商品经济的健康发展。

其次，涉及社会主义道德建设的主要途径和方法问题。其主要途径和方法包括以下三个方面：

第一，从纠正行业不正之风、加强职业道德入手。职业生活是社会生活中最主要、最重要的部分，因而，职业生活是人们形成、改善和提高个体道德素质和社会道德风尚的最主要、最重要的领域。职业道德是人们在职业生活中所形成和应当遵循的职业行为规范，是社会的基本道德在职业生活中的具体化。因此，纠正行业不正之风、加强职业道德既是社会主义道德建设重要的组成部分，又是社会主义道德建设首要的和关键的一环。职业道德建设应当与职业培训、业务工作、业务规范和操作条例教育、企业文化建设，以及纠正行业不正之风、打击经济犯罪紧密结合。

第二，社会主义道德建设必须同社会主义法制建设相结合。商品经济的兴起和发展，使现代社会生活更加错综复杂，使行政和道德作用更为“软化”，使不道德现象和违法犯罪行为紧密相连。因此道德建设本身，已经不可能完全有效地抑制不道德现象的产生和泛滥。道德规范和法律规范虽同属社会规范，但道德着重于自觉性，法律着重于强制性，因而，把道德建设和法制建设结合起来，使道德建设具有强制性的依托，更好发挥两者刚柔相济、本末互补的作用。

第三，社会主义道德建设，必须以提高人的道德素质为基点。在社会主义商品经济条件下，随着他律性的道德氛围的日趋淡化，呼唤着道德主体自律精神的确立。因此，道德建设把人的道德素质的建设作为基点，是商品经济时代的要求，通过人的道德素质的建设，使道德准则成为人们自身需要满足、自我发展、自我完善的内在要求，从道德他律转化为道德自律。在商品经济的冲击下，多种经济成分和多元利益带来多元的生活方式和道德选择。这种现状要求在进行人的道德素质建设中，必须从实际出发，坚持层次性原则，把先进性的要求同广泛性的要求结合起来，才能适应社会主义商品经济的发展，才能联结和引导不同觉悟程度的人们一起向上，形成凝聚亿万人民的强大精神力量，更好地为深化改革开放、发展社会主义商品经济服务，有力地推进社会主义现代化事业向前发展。

（原载《开放时代》1991 年第 6 期）

现代市场经济与企业伦理文化

现代企业是市场经济的主体，是市场经济的微观经济基础，企业活动和行为的规范化，不仅直接影响着市场经济的顺利发展，也直接影响着企业自身的经济效益及其社会效益。随着市场经济的发展，企业的主体意识不断增强从而兴起了企业伦理文化运动，走上了自我约束、自我校正、自我发展的道路。

一、当代市场经济是文化经济

现代市场经济历经近百年的历史，它走过了三个阶段。

第一个阶段，是劳力阶段，大致从 19 世纪末到第二次世界大战前。在这一阶段上，科学技术虽说有了很大的发展，但是劳动密集型结构依然是企业生产经营的主要模式，劳动者的劳力效率是企业经济效益高低的关键因素。当时的经济理论，正是在种背景下，把企业生产经营仅仅看成是纯粹的机器运行、物质转化，而作为“经济人”的劳动者只不过是会说话的活劳动机器，对活劳动机器的科学管理，是提高企业经济效益的关键所在。于是，以美国工程师 F. W. 泰罗创立的“泰罗制”为标志，掀起了企业“科学管理”的高潮。

第二个阶段，是科技阶段，大约从第二次世界大战后到 70 年代初。在这一阶段上，发生了第三次科学技术革命，并拉开了第四次科学技术革命的序幕，科学技术发展突飞猛进。以电子计算机为标志，使社会生产跨入自动化时代，劳动密集型结构已逐渐被技术密集型结构所替代，科技生产力成为社会生产力中的关键要素，企业经济效益的高低，不再取决于劳力效率，而是取决于科技效率。对科学技术发展及其管理的高度重视，成了人们的共识。由于科学技术在生产经营中发展的要求，劳动者的文化科学素质不断提高，劳动者从体力型向智力型发展。这时，对智力型劳动者再运用原有的管理模式已经过时。于是，新的经济理论出笼了。早在第一阶段发展的末期，人们已经认识到，企业不再是一个纯经济组织，而是整个社会组织的有机构成部分，劳动者不仅仅是“经济人”，而是一个“社会人”，从而提出了“人际关系”理论。尔后，随着社会科技经济的发展，人们又发现，劳动者不仅是个“社会人”，而且还是一个“自我实现的人”，进而提出了“Y 理论”，把劳动者放到“人”的位置上，传统的单打一“硬性”管理方式，不再是管理的全部内容，人性、人的价值、人的自我实现目标开始受到重视，“软性”管理方式开始出现。

第三阶段，是文化阶段，大约从本世纪 70 年代中期至今。在这一阶段上，科技继续迅速向前发展，社会生产力迅速提高，与此同时，社会物质文明和精神文明也得到迅速的发展。这时，随着市场经济的成熟，社会生产的社会化程度越来越高，市场竞争日趋激烈，社会文化对经济发展和企业发展的影响越来越大，人们进一步发现传统的理性化管理模式一味迷信定量化分析，完全依赖僵硬的、见物不见人的管理制度，缺乏灵活性，缺乏创新精神，在某种程度上以理性抹煞人性，压抑了人们在经济活动中的生动活泼富于生命力的因素，忽视了价值观、信念乃至文化传统对人的行动和经济发展的重要作用。在这种自我反省中，更新的经济理论应运而生。它不仅完全抛弃了把企业仅仅视为一个单纯的经济组织的观念，而且还把企业视为社会组织的有机构成部分，进而确立企业是社会生态的有机构成部分，是一个文化经济组织的观念。在这种前提下，不仅提出了“超 Y 理论”，把劳动者视为“复杂人”，而且进一步提出了“z 理论”，把劳动者视为“文化人”，把以“人”为中心的观念落实到企业文化的建设上，从而形成了文化管理、文化效益、企业文化建设的潮流。从此，标志着现代市场经济迈进文化经济阶段，开创了文化经济发展的当代历程。

我国社会主义市场经济的发展，正是在世界市场经济这一大背景下进行的。随着对外开放的进展，国外先进的经济理论、科学技术、管理方式和手段也源源不断引入国门，从而加速了我国市场经济发展的步伐。在短短的十几年中，我们迅速地走过劳力阶段和科技阶段，并向文化阶段推进。当然，由于我国社会生产力的梯级性和社会经济发展的不平衡性，事实上存在着两个阶段的经济发展和经济管理模式并存的局面。然而，随着我国市场经济与世界市场经济的接轨，随着沿海经济的迅速崛起，随着企业文化运动的兴起，我国市场经济正在走向也必然走向文化经济阶段，这也是有目共睹的现实和时代潮流，而率先运用文化管理模式的企业，也正在和必然走在经济发展的前列。

二、文化经济急需企业伦理文化

1981 年，美国加利福尼亚大学美籍日裔教授威廉·大内出版了其专著《Z 型理论——美国企业界怎样迎接日本的挑战》。这本书分析了企业管理与文化的关系，提出“Z 型文化”、“Z 型组织”的概念，认为企业的控制机制是完全被文化所包容的。书的出版，标志着人们对当代市场经济的新认识，促使企业走上新的文化管理之路。

在这种新的文化管理机制中，企业伦理文化起着关键的作用，其重大的历史使命则是文化经济和企业文化发展的必然。

首先，从市场经济规范化的内在要求来看。现代市场经济是发达的商品经济，是商品生产和商品交换社会化发展的产物。但是，商品经济的价值规律和竞争规律，依然是现代市场经济的基本规律。在现代市场经济中，相对独立的商品生产经营者追求其商品价值最大化的实现，依然是其直接动机和目的，要达此目的，一方面在企业内部，要通过提高企业生产力和管理水平，提高劳动生产率，使其生产经营商品的个别劳动时间，低于社会必要劳动时间；另一方面在企业外部，要通过最有效地满足社会消费者的物质文化生活需要，使其商品尽快最多地完成市场交换。而这两方面的结合与完成，又是通过商品在市场上的等价交换与商品竞争来实现。为了确保市场交换的公平、公正性和市场竞争的有效性、正当性，防止由于商品生产经营者追求其商品价值最大化的实现的剧烈冲动性而造成的垄断行为和不正当竞争等，社会有必要建立一套保障市场经济正常运转的规范体系。其中主要包括法律体系和伦理体系。法律体系和伦理体系是维护市场经济运行秩序的左右手，两者缺一不可。法律体系这只“看得见的手”，与伦理体系这只“看不见的手”，有其各自的作用特点、范围、功能、性质的不同，是不能相互替代的，而只能互补。因此，企业伦理文化的兴起，是市场经济发展的内在必然要求。

其次，从现代企业的发展要求来看。现代企业是产权独立、自主经营、自负盈亏、自我发展、自我约束的法人实体和市场竞争的主体。它既享有实现自身利益的权利，又有必须实行自我约束的义务。这种自我约束，是现代企业存在的现实内在规定性，它不仅要在法律上进行自我约束，而且还必须从伦理上进行自我约束。而事实上，企业对自身活动和行为的伦理自律，不仅能够促进企业自身的经济效益，而且能够提高社会效益。因为在现代社会中，企业的伦理自律，在企业内部能够满足企业生产经营秩序化要求，能够满足广大员工的伦理需求，从而能够有效地促进劳动生产率的提高；在企业外部能够满足社会公众尤其是广大消费者的伦理需求，从而能够有效地提高企业自身的社会形象，促进商品的销售。因此，企业伦理文化是企业生存发展的内在需要。

再次，从企业伦理文化在企业文化中的地位来看。无论是理论上的还是实际上的现代企业文化，都几乎无一例外地把企业的价值观视为企业文化的核心，视为企业的“灵魂”。而价值观是人类认识世界和改造世界的一种基本方法，它为人们提供前进的方向和活动的目标以及行为的准绳。价值观主要是以伦理或审美的情感满足为基础，在企业文化中，它是企业伦理文化的集中表现形式，贯彻着企业的伦理准则和伦理精神。美国企业文化专家劳伦斯·米勒提出和概括出现代企业所应有的八种基本价值观：目标原则、共识原则、卓越原则、一体原则、成效原则、实证原则、亲密原则、正直原则。它们不仅贯穿着伦理精神，而且本身也就是一种伦理准则。因此，企业伦理文化是企业文化之魂，是现代企业生存和发展之魂。企业文化的发展乃至企业的生存和发展，都不能离开企业伦理文化的发展。

复次，从现代人性理论的发展变化来看。正如前述的那样，经济管理理论的发展是与人们对人性的认识的发展相适应的，而对人性的认识，在本质上只不过是对当时现实的社会政治经济文化状况的反映。依照对人性“经济人”的假设，产生了“X 理论”：由于人生来就缺乏理性，以自我为中心，把个人利益放在一切之上。因而，工人只是一种会说话的机器，管理人员应把金钱作为促使人们工作的最主要的激励手段，并把惩罚这种强制性手段当作管理的重点之一。依照对人性“自我实现的人”的假设，产生了“Y 理论”：由于人生来就有要求工作的本能，在工作中最主要的报酬不是金钱，而是自尊和自我实现的需要的满足。因而，工人有自己的价值追求，要使个人需要和组织目标尽可能结合在一起，以便把个人的智慧和能力充分发挥出来，要用启发与诱导代替命令与服从，用信任和关怀代替监督与惩罚。依据对人性“文化人”的假设，提出“Z 理论”：由于人需要的多样性、丰富性和复杂性，人既是文化的创造者，又是文化的产物，管理自身也是一种文化，企业的控制机制是完全被文化所包容的，必须塑造企业文化，通过文化管理来充分调动员工的潜力，获得经济发展的成功。作为"文化人"最深层的需要是价值的需要、人伦的需要。因此，企业文化在本质上是一种在小群体中调整人际关系和人本身的人伦文化。正是这样，企业文化本身，已不再仅仅是一种"管理方式"而是对企业管理的超越。而实现这一超越的关节点，就在于企业伦理文化。因此，企业伦理文化是现代"文化人"的内在要求。

最后，从我国社会主义市场经济发展的实践来看。自从社会主义商品经济在我国兴起以来，市场经济的孕育才只有十几年的历程。在这短短的时间里，经济领域出现了两股相反的潮流：一是负向潮流，以"假冒伪劣"为主要特征，导致经济伦理道德的大滑坡；二是正向潮流，以现代企业文化为主要特征，发育出一系列适应现代市场经济发展的新经济伦理。1995 年 3 月份以来，《羊城晚报》关于"经济新伦理再探"的系列报道，反映了当今先进企业和先进企业家自觉的文化心态和清醒的伦理意识，揭示了现代企业伦理文化建设与企业发展的内在关系，显示出在文化经济时代，现代企业伦理文化兴起的必然性。

事实上，我国社会主义市场经济发展到今天，由于社会主义法制的不断加强和完善，由于社会主义经济体制改革的不断纵深发展和现代企业制度建设的兴起，由于市场竞争规律的作用，由于人们素质的不断提高，由于社会物质文明和精神文明的不断进步，经济领域中的负向潮流被正在扼制，并会逐渐消退到最小的程度和范围内，而正向潮流正在茁壮成长，将成为社会主义市场经济条件下企业发展的基本态势和基本趋向。

三、企业伦理文化在文化经济中对企业发展的重大价值

在当代文化经济中，企业伦理文化对企业的发展，具有重大的价值。

第一，企业伦理文化为企业生产经营活动提供道义支撑，保证企业生产经营活动的顺利进行。我国社会主义市场经济的发展，是在两个历史基础上进行的：一是在计划经济体制的基础上，二是在传统文化和"左"的思潮的基础上。因此，发展社会主义市场经济，一方面会受到原有计划经济体制的种种阻碍，另一方面会受到传统文化中的轻商贬商观念和"左"的思潮严重干扰。作为市场主体的企业，要在市场经济的竞争中，放开手脚搞好商品生产经营，首先就面临着一个严峻的问题：解放思想，扫除旧的思想道德观念的束缚，寻求道义的支撑，

以解放和发展生产力。而企业伦理文化的崛起，满足了企业寻求道义支撑的迫切需要。它以适应现代市场经济发展要求的新经济伦理，批判和扫荡落后腐朽的伦理道德，为企业的生产经营活动进行道德辩护，为企业的经济发展鸣锣开道，为企业通过正道而追求经济效益的不断增长而进行道义支持。例如南德集团提出“阳光下的利润”，就是以新经济伦理作为企业发展的道义支撑的典型一例。在西方市场经济的发展史上，经济伦理也曾经有力地成为市场经济发展的道义支撑——德国社会学者马克斯·韦伯甚至考察了西方新教伦理观念，对资本主义市场经济发展提供了最有力的道义支撑。他发现，新教中的“功利主义”使人“被赚钱动机所左右，把获利作为人生的最终目的”，把合法挣钱当作“长于精于某种天职的结果和表现”。韦伯确认，追求功利“是资本主义的一条首要原则”。“是资产阶级文化的社会伦理中最具代表性的东西，而且在某种意义上说，它是资产阶级文化的根本基础”。新教伦理精神，不仅成为资本主义市场经济发展的道义支撑，而且也成为资本主义市场经济发展的精神力量。

由此可见，无论在何种社会制度下，当一种经济类型向另一种经济类型转换，当一种新的经济体制替代另一种经济体制时，都需要新的社会伦理和经济伦理为其发展辩护、支撑和开道。社会主义市场经济的发展更是如此。因此，企业伦理文化，也就具有为企业经济发展提供道义支撑的重大价值。

第二，企业伦理文化为企业生产经营活动立法，保证企业生产经营活动有序进行。在现代市场经济活动中，现代企业要在激烈的市场竞争中获得生存和发展，在企业外部，需要自觉遵从市场经济内在要求的一系列规范体系；在企业内部，保证企业生产经营活动的有序进行。要做到这一点，不仅要依靠严格的管理制度，如厂规厂纪等这种“硬约束”，而且更要依靠企业伦理文化这种“软约束”。现代企业，硬约束是重要的，但软约束却是主要的。软约束产生的依据在于现代人的文化性和社会性。任何一个作为组织成员的人都有一种心理需要，那就是自觉服从基于组织的根本利益而确定的行为规范和准则。在文化经济中，一个文化人，也是一个自律人。通过依靠人的自觉性发生作用的软约束来规范企业行为，才能充分发挥人的主动性和积极性。它可以在很大程度上弥补了单纯硬约束带来的不足和偏颇。法纪这种硬约束在于“禁”，依靠强制服从，在客观上容易造成人们的对抗抵触心理；而伦理道德这种软约束，它着眼于“导”，依赖于人的自觉自愿，容易形成认同感。由于企业伦理文化这种优势，因而，它可以为企业生产经营活动立法，通过调整企业在生产经营活动中和员工生活中的各种人际关系和利益关系，保证企业生产经营活动的有序化，并为企业的生产经营高效化奠定基础。

第三，企业伦理文化为企业发展提供强大精神动力，促使企业生产经营的迅速发展。生产力中活的要素和根本要素是劳动者，劳动者不仅以其科学文化素质和劳动技能与经验直接影响着生产力的提高，而且还以其劳动的主动性、积极性和创造性影响着生产力的提高。劳动者的劳动主动性、积极性和创造性，来源于两大动力——物质动力和精神动力。企业伦理文化则是激发劳动者劳动主动性、积极性和创造性的强大精神动力。首先，企业伦理文化对劳动者具有导向作用。人的行为有了高尚的价值目标，才有努力奋斗的方向，企业伦理文化正是通过整体的价值认同来引导员工，使员工结成一体，朝着一个明确的高尚目标而奋斗献身，从而产生强大的精神动力。其次，企业伦理文化对劳动者具有凝聚作用。系统论原理告诉人们，整体大于各部分的功能之和。两个单个人的力的简单相加，最多等于“2”，然而，两个紧密联系的人的力的有机结合，必定会大于“2”。伦理文化造成和谐的人际关系，形成共同的伦理信念和道德情感，使员工把自己的思想、感情、行为与整个企业联系在一起，从而使企业产生一种强大的凝聚力，发挥出巨大的整体效应。最后，企业伦理文化对劳动者有激励作用。现代劳动者的需要是十分丰富的，即其中伦理的需求是重要的内容。伦理文化为劳动者展示了它生产劳动工作的高尚伦理意义和社会价值，肯定了劳动者为企业和社会多作贡献的重大伦理价值，就会极大地满足员工的伦理需求，激励员工劳动生产的主动性、积极性和创造性，从而成为企业发展的精神动力。

第四，企业伦理文化为企业塑造良好的社会形象，促进企业在市场竞争中的实力。现代市场经济，是买方市场。消费者的态度和行为，直接影响着企业生产和经营的发展。因此，如何争取更多的消费者，保证企业生产经营的商品在市场上的更高的占有率，这是关系到企业生存发展生死攸关的问题。为此，企业之间开展了激烈的竞争。在这种激烈竞争中，不仅企业的产品形象，而且企业的整体形象，都具有决定性的意义。企业伦理文化，不仅有效地促使企业把产品质量放在第一位，保证企业良好的产品形象，而且有力地促使企业重视优质服务，讲究信誉，关心社会，在广大消费者心目中树立起良好的企业形象，从而吸引着越来越多的消费者乐意对这种企业予以有力的支持。例如，阳光连锁店以其“诚信”为核心的企业伦理文化，在广大顾客心目中树立了“到阳光，有温暖，有实惠”的良好社会形象，从而为企业在市场竞争中赢得了优势，使阳光连锁店连锁性地迅速发展起来。

第五，企业伦理文化通过企业行为的辐射作用，促进企业的社会效益。在现代社会中，企业和社会密切相连，相互制约，相互影响。文化经济决定了企业不再是一个单纯的经济组织，而是整个社会生态系统中的有机组成部分，企业与社会构成共生共荣的现代关系。因而，企业虽然应当而且必须以实现其经济效益为主，但是，提高企业行为的社会效益，也是现代企业不可推卸的责任和义务。企业的社会效益可以分为两种，一种是物质性社会效益，一种是精神性社会效益。企业伦理文化，对企业全体员工进行熏陶，会提高员工的道德素质，形成企业良好的道德风气。它通过广大员工与外界交往，通过公共关系与社会公众进行双向交流等，就会产生热力辐射般的作用，影响到社会的道德面貌和道德风气。特别是一些大型的现代企业，长期形成的伦理文化，会给其所在社区甚至整个社会产生巨大的影响，从而发挥出企业的精神性社会效益，而这又会反过来，更加有力地推动企业的全面发展。

综上所述，当代市场经济已经发展到文化经济阶段，在文化经济中，企业伦理文化的兴起是社会经济发展的客观必然要求。事实上，企业伦理文化因其对现代企业发展的重大价值，成为现代企业文化建设不可缺少的重要组成部分。充分认识到这一点，对于我国企业的发展和社会主义市场经济体制的建立，都具有重大的理论和现实意义。

（原载《现代哲学》1995 年第 3 期）

市场经济的道德价值评价标准和方法论问题

对于社会主义商品经济和市场经济的道德价值评价，之所以众说纷纭，其根本原因是在两大问题上的分歧和不同。一是道德价值评价标准的分歧，二是探讨经济与道德之间关系的方法论不同。

一、市场经济的道德价值评价标准

道德价值评价，是道德主体依据自身的需要所凝结抽象而成的道德价值评价标准对道德客体的道德价值进行认知、判断和评定的一种道德活动。因此，直接影响到道德价值评价质量的重要因素主要就是道德价值评价标准和道德价值评价方法。

什么是道德价值评价标准？道德价值评价标准，是道德主体依据自身的需要所凝结抽象而成的一种价值尺度。在现代社会，以人为本、以人为中心是一切价值尺度的基准；道德价值评价也必然把人的全面发展作为最高的标准。

然而，要使人的全面发展成为现实，首先需要社会生产力迅速发展，它是社会全面发展和人的全面发展的前提和基础。在这个意义上，社会生产力发展也成为“道德价值评价”的标准。也就是说，就一般情况而言，凡是有利于社会生产力发展的，都具有正面道德价值，也都是道德的。然而，实际情况并非如此简单。因为第一，虽然从根本上说，人的全面发展标准和社会生产力发展标准是一致的、统一的，但这种一致和统一，不仅往往是间接的而且有时是矛盾的。第二，社会生产力发展标准具有两重性，一重是作为根本的历史尺度，去丈量社会事物的“进步”性；一重是作为最低的道德尺度，去衡量社会事物的“道德”性。

由于社会生产力发展标准具有两重性，从而使社会生产力发展标准在最终意义上和特定的层面、范围内与人的全面发展标准相统一，但在非最终意义上和某些层面、范围内则有可能与人的全面发展标准相对立。进而也使“进步”性在最终意义上和特定的层面、范围内与“道德”性相统一，而在非最终意义上和某些层面、范围内则有可能与“道德”性相矛盾。这种状况，就使人们在对社会主义商品经济和市场经济进行道德价值评价时，由于人们考察的视角、层面和范围的差异，而造成道德价值评价的差异。

事实上，社会生产力发展标准与人的全面发展标准之间的关系是：一方面，作为道德价值评价标准，社会生产力发展标准处于道德价值评价总标准体系中的最低层，在这一层面的道德价值称作“相对道德价值”；而人的全面发展标准处于道德价值评价总标准体系中的最高层，在这一层面的道德价值称作“绝对道德价值”。两者是上下高低之间的关系，是相对绝对的关系。也就是说，如果从社会生产力发展标准来衡量社会事物，它是“道德”的或具有正面道德价值的；

然而参照人的全面发展标准时，就有可能出现三种情况：一是相对道德价值与绝对道德价值的统一；二是相对道德价值与绝对道德价值的对立；三是相对道德价值与非道德价值的分离。例如市场经济所培育的“主体”意识，是相对道德价值与绝对道德价值的统一；而市场经济的“按资分配”原则，则是相对道德价值与绝对道德价值的对立；至于市场经济的“效率”观念，就表现为相对道德价值与非道德价值的分离。另一方面，社会生产力发展标准作为一种历史尺度，又是人的全面发展这一道德尺度的前提和基石。在这个意义上，两者的关系在本质上是合规律性与合目的性的关系。在这种关系中，于一定的社会发展阶段上与特定的层面和范围内，道德尺度必须让位于历史尺度，必须以历史尺度为前提和基石；但是在社会发展进程中，道德尺度又应当修正和导引历史尺度，使历史尺度尽可能与道德尺度交叉、重合和统一。例如市场经济的发展必须以社会化分工和市场主体利益差异为前提，从社会生产力发展标准这一历史尺度来看，这是一种合规律性的社会进步，它对于推动社会生产力的迅速发展和社会物质文明的提高有着巨大的社会历史价值，并成为社会全面发展与人的全面发展的前提和基础。尽管由于这种社会化分工必将在一定阶段上造成人的片面发展（甚至畸形发展），尽管由于这种利益差异必将在一定阶段上带来人们贫富差距的急剧拉大，以致造成人的不平等发展，但我们却必须在道德上为此作出让步。然而，从人的全面发展这一道德尺度来看，又必须要让社会合目的地向前发展，因此，随着社会发展的进程，在社会能够提供的现实条件基础上，应当自觉地不断改变人的片面发展（甚至畸形发展）的状况，自觉地不断缩小人们之间的贫富差距，而达到共同富裕，使人们得以平等和全面发展。

二、市场经济的道德价值评价的方法论

如果站在这样的视角和层面上，我们就不会对社会主义商品经济和市场经济作出全盘肯定或全盘否定，以及客观主义和主观主义的道德价值评价。当然，除此之外，还有一个对社会主义商品经济和市场经济与道德发展关系在认识上的方法论问题：

1．客观性和主体性的统一。所谓客观性，就是按照世界的本来面目冷静地去认识世界，而不应当掺杂主观的想象、感情和意志。要做到客观性，必须坚持历史唯物论的立场和理性主义态度。历史唯物论的原则是，要寻找道德产生和演变的根源，不应该从社会意识本身去寻找，也不应该停留在上层建筑的领域中，

而必须深入到社会存在的底层，深入到社会经济基础和社会经济关系之中。无疑，在社会转型期，我国的生产关系和经济关系具有多元多层的复杂结构；但是，社会主义商品经济关系和市场经济关系已逐渐在我国的经济运动中居于主导地位。我国道德演变的最终根源，就在于随着我国经济体制改革所引起的经济关系的变化，就在于社会主义商品经济和市场经济的崛起。当然，这种道德的演变是十分复杂的，不仅有正面道德的发展，亦有负面道德的滋生，但无论道德的演变多么复杂，其变化的主导根源深藏在社会主义商品经济和市场经济之中。因此，无论是把社会消极道德现象的滋生排斥在社会主义商品经济和市场经济之外，还是将社会主义商品经济和市场经济对道德演变的决定性影响抹杀，都是非客观性的态度。所谓主体性，就是指世界是包括人类主体在内的世界，人类主体不仅能够认识世界，而且能够能动地改造世界。因此，我们不仅能够在改革开放实践的发展中，去认识社会主义商品经济和市场经济的内在规律性，而且能够按照这种规律性的本质要求不断地去改造它完善它，使它为我国现代化建设服务，因而，我们也能够不断地促进正面道德因素的发展，抑制负面道德因素的滋长，将社会主义商品经济和市场经济发展中所可能诱发的社会消极道德现象抑制到最低的限度，以尽量减少社会发展中的“代价”。由此可见，认为社会主义商品经济和市场经济发展中的“代价”不可避免的观点及其“宿命论”态度，无疑也是一种偏失。总之，我们既不能放弃认识客观事物的客观性视角，也不能忘记认识客观事物的主体性视角，而应当坚持客观性和主体性相结合的方法，从而才能避免主观主义和客观主义的失误。

2. 静态和动态的统一。客观世界无疑是处在永恒的运动之中，但是这种运动却表现为相对的静态和绝对的动态相统一的过程。因此，按照世界的本来面目去考察世界，也必须坚持静态和动态相结合的方法。从静态来看，现实的社会主义商品经济和市场经济尚处于初始阶段，还在孕育之中，其内在机制尚未完全建立，也不完善。同时，由于社会处在转轨时期，不仅各种生产关系和经济关系并存、交错，而且各种政治关系、伦理关系也相互作用、相互渗透；各种思想道德观念汇聚碰撞等。这一切给整个社会生活带来了一幅极为繁杂的图景，引发了社会消极道德现象的滋生蔓延。因此，把现阶段社会消极道德现象产生的原因完全归诸于社会主义商品经济和市场经济的观点，不能说不是一种偏失。从动态来看，社会主义商品经济和市场经济的孕育、确立和完善成熟，是一个曲折的历史发展进程，因此，既不能否认这一历史发展进程，而把理想的社会主义商品经济和市场经济作为现实的动态的研究的出发点，也不能把现实的经济或孕育阶段的社会主义商品经济和市场经济等同于社会主义商品经济和市场经济，而作出社会主义商品经济和市场经济的发展导致道德滑坡的片面结论，而应当看到，随着社会全面发展和社会主义商品经济和市场经济的不断成熟，社会道德的负面因素会因其依托的土壤的日益改善和区域的日益缩小而日益减少，而社会道德的正面因素则会因其生长的基础的日趋坚实和区域的日趋扩展而日趋增长。同时，也不能一方面割断历史，只看到社会经济关系发展的间断性，而无视社会经济关系发展的连续性；另一方面则流于简单化，只看到社会道德发展的上升性和主导性，而无视社会道德发展的曲折性和复杂性，从而导致把社会主义商品经济和市场经济条件下的社会道德发展进程描绘成一种简单的“爬坡”过程。

3. 内视和外察的统一。客观事物的发展变化既离不开其内部机制，也离不开其外部环境，而是一个内部机制和外部环境相互作用、相互影响的复杂过程。其中，内因是客观事物发展变化的根源，外因是客观事物发展变化的条件，外因因内因而起作用，内因因外因而起变化，但内因是矛盾的主导方面，而外因则是矛盾的非主导方面。从此出发，我们去考察社会道德与社会经济关系乃至与社会发展之间关系时，既不能仅仅从社会经济关系和社会存在之外去寻求社会消极道德滋生的根源，也不能仅仅停留在社会经济关系的层面上，而应将考察的视野由点到面，将内外考察结合起来。在内在机制方面，商品经济和市场经济运行的基本规律是价值规律和竞争规律。价值规律的存在是以在社会分工和相对独立的利益主体基础上而产生的私人劳动和社会劳动的分离为前提的。由于这种分离，私人劳动要成为社会劳动，就需要中介，而这个中介就是商品。私人劳动具有两重性，一方面是具体劳动，另一方面是抽象劳动。具体劳动创造商品的使用价值，抽象劳动创造商品的价值。由于商品具有使用价值和价值，因此，市场主体就可以通过在市场上交换商品而使私人劳动变成社会劳动。但是，由于价值是由社会必要劳动时间确定的，而个别劳动时间与社会必要劳动时间不尽相等，这就必然会使得在市场上，各市场主体其私人劳动实现社会劳动的程度也不一样。如果个别劳动时间高于社会必要劳动时间，就会亏本破产；如果两者相等，就只能维持简单再生产；如果前者低于后者，就能赢利发展。这种状况一方面展示出：任何市场主体，其生产经营商品的目的，都是追求价值的充分实现；而市场竞争的优胜劣汰的铁律，进一步加剧了市场主体为了在最大限度上赢利而生产经营商品的目的。因此，商品经济和市场经济在本质上是一种求利性经济，而通过竞争达到社会资源的最佳配置只不过是这种经济运行的一种客观结果。

由于商品经济和市场经济这种求利性本质，及其价值规律和竞争规律的作用，它在客观上就具有生长和诱发正面道德或负面道德现象的可能性。而这种可能性究竟在多大程度上变成现实性，以及哪一种道德现象由其可能性变成主导的现实性，这不仅要取决于商品经济和市场经济所赖以运行的社会基础（社会根本经济制度），也要取决于商品经济和市场经济自身内在机制的完善成熟，还要取决于整个社会系统各要素的现实状态和协调状况，而后者则是社会发展的外部条件。在内部机制确定的条件下，如果整个社会各要素（诸如政治的、文化的等等）的状况比较好，且能够协调发展，则正面道德因素就会迅速增长；反之，负面道德因素就会迅速滋生。而整个社会各要素的状态及其协调状况如何，不仅取决于客观的现存的社会历史条件，也取决于社会主体的主观能动性大小高低的程度。

综上所述，在市场经济的道德价值评价中，只有坚持科学的道德价值评价标准和方法论，才能对市场经济的道德价值作出较为正确的认识、判断和评定，也才能科学地在社会主义商品经济和市场经济的发展进程中，推动道德建设的不断进步。

（原载《哲学研究》1997 年第 2 期）

略析当代中国经济伦理精神

经济活动是整个社会活动最基本的也是最根本的活动，它是政治活动乃至文化活动的基础。随着社会主义市场经济的崛起，经济活动空前活跃，首先推动着经济伦理的演进；在新的经济关系基础上生发起来的新经济伦理精神，成为当代中国伦理精神的新的生长点。

一、功利主义

功利主义之萌芽，在人类社会历史上，至少可以追溯到古希腊，并在西方奠基于近代社会前期，而最终形成于19世纪。然而，在中国传统社会里，主导精神是“先义后利”、“重义轻利”的尚义精神，具有“反功利”之倾向。中西方传统伦理精神如此巨大的反差，其根源就在于中国自然经济与西方商品经济、市场经济的内在要求之不同。

人类社会的文明与进步，归根到底依赖于社会生产力的发展；而市场经济正是以推动社会生产力发展的最佳经济形态这一角色登上世界历史的舞台。市场经济那推动社会生产力迅速发展的巨大威力，是通过商品经济的价值规律、供求规律和竞争规律来发挥作用的。而这三大法则与规律无时无处不涵摄、体现着市场经济最基本的也是最核心的客观精神——效益精神。效益精神反映了市场经济求利性本质的根本要求。效益就代表着强者，就意味着优胜，就显示着发展。可以说，效益精神是市场经济的灵魂和生命。深圳特区最早提出的口号：“时间就是金钱，效率就是生命”，正是对市场经济效益精神的认识和反映。

效益精神作为市场经济的内在的客观精神，在推动社会生产力迅猛发展的意义上有了充足的伦理意义和道德价值，成为一种升华了的功利精神。在这种功利精神面前，凡有利于效益的经济活动、行为、关系和体制，都是道德的和善的；反之，则是不道德的和恶的。但是，功利精神并不就此止步，当它以成熟的表现形态——功利主义出现时，就有了更为完善和系统的内容。其一，它把利益作为道德的基础；其二，它把行为后果作为评价道德现象的标准；其三，强调最大限度地趋利避害；其四，提出公正 = 最佳总后果之最大值。

功利主义作为市场经济活动中的基本伦理精神和道德原则，无疑有着重要的社会价值。在利益关系成为一切社会关系的核心时，调整人们之间的利益关系就成为现代伦理学的重要任务之一；重视人们的行为后果，不仅使道德评价具有比较客观的标准，而且对于人们的务实精神具有极大的促进意义；强调趋利避害，这不仅符合现代社会复杂的生活本质，也符合现代人的基本心理趋向；提出最佳总后果之最大值，在客观上把社会利益作为首要取向，对于市场经济中膨胀起来的极端个人主义有抑制作用。事实上，西方功利主义的提出，正是在于抵制极端个人主义的要求，保证西方市场经济的有效发展。今天，在社会主义市场经济条件下，功利主义必将有助于经济和社会的迅速发展。

当然，作为社会主义市场经济的伦理精神——社会主义功利主义和资本主义功利主义，既有着因共有市场经济的一般而产生的共同要求，又有着因所有制的特殊性而产生的特殊要求。这种特殊的伦理精神主要是：其一，它把人民根本利益和共同利益作为道德的基础；其二，它虽然侧重以行为后果作为评价道德现象的标准，但也注意兼顾行为动机的评价意义；其三，既反对重义轻利，也反对重利轻义，而主张义利统一，效率优先，兼顾公平。

二、互利精神

经济伦理精神，本质上是经济活动的内在规律之根本要求与人的发展之根本要求相统一的结晶。因此，经济伦理精神的确立，必须以经济活动的内在规律之根本要求和人的发展之根本要求为依据。就市场经济的一般本质而言，具有强烈的逐利性。马克思认为，在自然经济条件下，存在着简单的商品流通，它作为一种手段，是服从于自然经济的自给自足本性的。因此，自然经济条件下简单的商品流通公式是：商品——货币——商品（W——G——W）。例如，农民把自己生产的谷物换成货币，是为了购买锄头或布匹等等。因此，这种流通的目的，是为了获得一定的使用价值，而不是价值。但是，在商品经济条件下，商品流通发展为资本流通，而资本流通的公式是：货币——商品——货币（G——W——G）。在这时，商品生产经营者，用货币买进商品，然后再把商品卖出去，重新取得货币。也就是说，在商品经济条件下，商品生产经营者的生产经营的出发点和归宿点是价值而非使用价值，使用价值只不过是为了获得价值的必要手段。因而，作为商品经济最高形态的市场经济与自然经济的本质区别，也在于它的逐利本性。

把个人正当物质利益作为市场经济发展的巨大推动力，这正是市场经济促进生产力发展的秘密武器。因此，充分肯定个人正当物质利益的合理性和道义性就成了适应市场经济发展的伦理精神的重要因素。正是在这种条件下，个人物质利益原则，不仅具有了伦理意义，而且也成为市场经济活动中的一条重要道德准则。

市场经济的基本规律——价值规律告诉我们，商品交换实行等价交换原则。这条经济法则提升到经济伦理的层面上，就成为了互利精神。也就是说，这种伦理精神要求，在市场经济活动中，每一个市场主体都应当在相互平等的基础上，去追求个人正当物质利益的同时，兼顾他人利益，乃至集体和社会的利益，从而获得互利共进。

如果说，互利精神已经作为一般市场经济运行的内在法则要求而提了出来，那么，在社会主义市场经济条件下，互利精神还反映了社会主义基本制度的本质要求。在社会主义公有制为主体的经济关系中，决定了在经济活动中每个市场主体之间的关系，本质上不是你死我活、弱肉强食的对立关系，而是一种互利共进、竞争共荣、协作共生的关系。因此，它既反对否定个人正当物质利益的思想行为，也反对损人利己的利己主义思想行为；既反对不思进取、吃“大锅饭”、搞平均主义的思想行为，也反对视人为敌、与邻为壑的思想行为。

在社会主义市场经济条件下的互利精神，从根本上不是通过损人利己的手段来获得自身的利益，而是通过利人利己的方式来获得自身的利益。一个企业，为了获得自身最佳经济效益，它不是采用假劣伪冒、尔虞我诈、坑蒙拐骗、挖人墙脚等卑鄙手段，而是通过发展科学技术和生产力，提高劳动效率，提高产品质量，提供优质服务等正当、合理、合法和道德的方式，从而水涨船高，共同发展。

三、公平观念

公平是一个古老的伦理学范畴，至少在古希腊的文献中就可以找到它的足迹。但是，作为现代经济伦理意义上的公平，只是商品经济蓬勃发展的产物。

商品经济的价值规律要求，商品必须以价值为基础，实行等价交换。因为商品经济有两个重要原则，一是任何商品生产者与经营者在权利上是平等的；二是商品经济承认由于劳动差别引起的经济利益的差别。权利平等，就意味着交换双方不能以任何理由无偿占有另一方的劳动，同时，交换是出于自愿。交换双方有权向对方挑选符合自己需要的商品，而且有权计较自己生产商品时所耗费的劳动是否在交换中得到足够的补偿。经济利益差别，就决定了生产者的目的是获利，但由于生产条件、技术水平、管理经验及劳动强度、熟练程度等不同，使生产单位商品所耗费的劳动时间就不同了。因此，为了实现各自的经济利益，它们不可能按照自己实际耗费劳动来交换别人的产品，而必须有一个共同的交换标准。这个标准就是由社会必要劳动时间决定的价值。这样，就可对各种不同的个别劳动与个别劳动时间进行社会评价，就能显示出差别来。用社会必要劳动时间来作为交换的标准，一方面体现了商品生产者的平等权利，另一方面又把不同商品生产者因劳动差别而引起的利益差别肯定下来，这样就把权利与利益结合起来，使每个商品生产者不得不遵守。因而，价值规律要求商品生产者必须实行等价交换。从价值规律这种内在要求中，必然衍生出公平这一伦理要求，并沉淀为公平精神。这正如恩格斯所说：“这个公平却始终只是现存经济关系在其保守方面或在其革命方面的观念化、神圣化的表现。”①

公平一般分为三个层次。其一，经济上的公平，它主要与物质财富的分配相联系，其中包括经济活动中的机会（或结果）平等，即竞争规则和分配规则对所有人具有同等效力，运用社会资源的权利平等，劳动价值的平等。其二，政治上的公平，它主要与非物质的社会价值分配相联系，其中包括社会政治地位和权力的平等，政治规则的一致性，法律规范的公正性等。其三，伦理上的公平，它主要与人的生存权利相联系，其中包括人格平等，个人生存价值平等，多元价值选择平等，以及个人对社会的基本价值（如自由、机会、自尊、荣誉）等的享有权利，这种权利不因个人的财产、种族、年龄、文化程度、才能等不一而有所不同。

公平这三个层次的含义是相互关联、相互作用和相互影响的。在经济伦理精神范畴中的公平，是以政治上和伦理上的公平为前提，侧重于经济上的公平。它认为，参与市场活动的人，无论其社会地位如何，是百万富翁还是身无分文的穷汉，是达官显贵还是平民百姓，是大中型企业还是个体商贩，在市场面前一律平等，享有同等的权利，履行同等的义务，面对同等的条件和发挥自己才能的同等的机会。这里不允许特权，不允许强迫，不允许垄断，不允许将自己的意志凌驾于他人之上，也不允许收入分配两极分化。一切按照等价交换原则进行，由市场主体根据自己的判断自愿买卖，自由进出市场，通过辛勤劳动致富，合理拉开收入差距。

四、共富意识

共富意识，是社会主义市场经济伦理精神的特殊形态，反映了社会主义市场经济的本质要求。

社会主义市场经济，是社会主义基本制度和市场经济体制的有机结合体，是社会主义生产目的和社会主义生产手段的统一体。社会主义市场经济，在所有制结构上，以公有制经济为主体，各种经济成分长期共同发展，不同经济成分还可以自愿实行多种形式的联合经营。在分配制度上，以按劳分配为主体，其他分配方式为补充，兼顾效率与公平，运用包括市场在内的各种调节手段，既鼓励先进，促进效率，合理拉开收入差距，又防止两极分化，逐步实现共同富裕。因

① 《马克思恩格斯全集》第18卷，第310页。

此，在社会主义公有制占主体地位情况下，社会主义生产的最终目的，必然要服从广大劳动者的共同利益，尽可能地满足他们的经常增长的物质文化生活需要，实现共同富裕。故而，邓小平指出："社会主义的本质，是解放生产力，发展生产力，消灭剥削，消除两极分化，最终达到共同富裕。"① 社会主义市场经济，既包含着社会主义本质所规定的社会主义最终价值目标和根本目的——共同富裕，又包含着社会主义本质所规定的社会主义最终目标和根本目的的实现的最佳手段。

正是随着社会主义市场经济的兴起，共富意识逐步确立起来，"想富、敢富、能富、善富，勤劳致富、合法致富、正当致富，富而有德、扶贫济困、共同富裕"的意识日益深入人心。因为贫穷不是社会主义，富裕不仅是个人幸福的前提，而且还是安邦兴国的必由之路。富能安民、富能悦民、富能福民；富能安国、富能强国、富能盛国。同时，富裕也不等于社会主义，社会主义不仅讲富裕，而且讲文明，讲以正道致富，讲先富带后富，先富帮后富，后富赶先富，最终达到共同富裕。

然而，在传统自然经济基础上产生的经济伦理精神，重义轻利，竭力渲染"富能败德"的愚民观念，把义与利、富与德对立起来；在传统计划经济基础上生长起来的经济伦理精神，浸透了"左"的错误思想，同样把义与利、富与德对立起来，大肆渲染富不仅败德，导致人的腐化堕落，而且还会导致资本主义复辟，最终亡党亡国。而在资本主义市场经济基础上形成的经济伦理精神．反映了资本主义私有制的本质要求，鼓吹个人主义的发财致富观念，肯定由私有制和恶性竞争所造成的两极分化状况，同样与社会主义市场经济基础上萌生的共富意识背道而驰。

因此，共富意识是社会主义市场经济的特有伦理精神。它承认贫富差别的相对性和过渡性；而贫富差别的合理存在，只在于唯有通过这种相对的贫富差别，才能达到消除两极分化，最终达到共同富裕。因而，共富意识也成为评价经济行为的一种道德标准，成为规范经济行为的一种道德准则。

五、人本主义

人本主义精神就是以人为本的精神；就是主张人的价值是最高的价值，要以

① 《邓小平文选》第3卷，第373页。

人为考虑一切问题的根本。用中国传统方式来说，就是肯定在天、地、人之间，以人为中心；在人与神之间，以人为中心。

西方人本主义精神，萌发于古希腊，形成于文艺复兴时期，并在现代得到了广泛的发展。中国传统文化中的人本主义精神与西方人本主义精神有着明显的区别。中国传统文化中的人本主义精神有明显的重人伦轻自然、重群体（家族）轻个体的倾向，只强调个人的义务和道德人格的独立性，而不重视个人的权利和自由；西方的人本主义精神，则有着明显的重自然轻人伦、重个体轻群体的倾向，注重个人的权利和自由，轻视个人的义务和责任。

当代中国人本主义精神，是以往中西人本主义精神优秀因素的继承和发展，它重视人的尊严和价值，主张以人为本，把人伦与自然、个体与群体统一起来，把个人的义务、责任与个人的权利、自由结合起来。

在社会主义市场经济条件下，人本主义精神有着双重的道德价值。一方面，社会主义市场经济，有着市场经济的一般本质——逐利性。这种逐利性，既是推动市场经济发展的巨大动力，又是导致人的异化的重要根源。市场经济的发展，虽然将人从对自然的依附关系和对人的依附关系中解放出来，但是它又把人推向了对物的依附（赖）关系之中，从而造成了人本主义精神的沉沦。因而，自觉地高扬人本主义精神的旗帜，有利于引导市场经济的健康发展。另一方面，社会主义市场经济又有其特殊的本质——为人民谋利益。它把不断满足人民群众日益增长的物质文化生活需要，把共同富裕作为根本的目的和最终目标，因而，在本质上以人民为本。这种以人民为本的新人本主义精神，既是社会主义市场经济的本质要求和集中反映，又是抑制和抵制市场经济反人本主义精神负面效应的有力武器。这种新经济伦理精神，把是否有利于人民的根本利益和共同利益，把是否有利于人民生活水平的提高，作为衡量我们经济工作、经济行为的最根本和最高的价值标准。

（原载《岭南学刊》1998 年第 4 期。转载于中国人民大学复印资料《伦理学》1998 年第 9 期）

儒家伦理对现代中国经济发展的影响

儒家伦理是中国传统伦理的主体，也是中国传统文化之核心，它曾经为创造灿烂辉煌的中国古代农业文明作出了巨大的贡献。然而，随着中国工业文明的崛起，儒家伦理遇到了严峻的历史性挑战，面临着是被社会历史的发展所淘汰，还是为社会历史的发展所扬弃的历史命运；而真正决定儒家伦理历史命运的关键，则恰恰是儒家伦理自身能否以及在多大程度上有助于现代社会经济的发展。

事实上，在中国现代化的历史进程中，儒家伦理对现代中国经济的发展呈现出极其复杂的影响，任何简单的“是”与“否”的判断都远离于客观事实本身。至少来说，它有两重影响，即儒家伦理对现代中国经济的发展既具有积极影响的一面，又有消极影响的一面。

一、儒家伦理对现代中国经济发展的积极影响

就儒家伦理对现代中国经济的发展具有积极影响的一面来说，主要表现在：

第一，以义导利的思想，它有助于克服市场经济的负面效应，促进市场经济的健康发展，义与利之关系，乃是经济伦理要解决的第一个根本问题，也是儒家所特别重视的基本问题，从孔子起，就已经明确地提出了义利问题。虽然儒家伦理在总体上具有明显的重义轻利的思想倾向，但它并没有完全否认利，孔子就说：“富而可求，虽执鞭之士，吾亦为之。”① 从根本上来说，儒家伦理作为入世之说，它并非否定利，而只是特别强调“见利思义”②，以义导利，“富与贵，是人之所欲也，不以其道得之，不处也”。③ 这些见解，应该说迄今仍有其合理的因素。无疑，市场经济是一种逐利性经济，追逐最大限度的经济利益，既是市场主体的主观愿望，也是市场经济的客观要求。但是，只有市场主体在法律和道德

① 《论语·述而》。
② 《论语·宪问》。
③ 《论语·里仁》。

所允许的范围内正当求利，才能保障市场经济的良性运行。否则，“见利忘义”、“唯利是图”，必将破坏正常的社会经济秩序，阻碍社会经济的发展。因此，弘扬儒家伦理中以义导利的思想，对于抵御市场经济的弱点和消极方面所诱发的“拜金主义”、“重利轻义”等思想观念的侵蚀，维护市场经济的健康发展，有着重要的时代价值。

第二，爱群利群观念，它有助于人们正确处理群己关系，走共同富裕之路。群己关系是伦理学要处理的一对基本关系；群体利益与个人利益，也是伦理学要解决的基本问题。儒家在此问题上，虽具有鲜明的家族主义和群体本位主义倾向，但他们也提出了“能群者存”、“爱群利群”、“济众爱人”、“先人后己”、“以公为贵”等合理思想，诸如荀子道：“人之生，不能无群；”① 《礼记》曰：“贵人而贱己，先人而后己”②。这些合理因素，锻造了中华民族以大局为重、以他人为怀的高尚情操。这种高尚情操，对于正确处理市场经济条件下的群己关系，保障经济的顺利发展，仍具有重要的作用。众所周知，市场经济以市场主体的相对独立性为前提，从而将个体利益凸现出来，市场经济的求利本性及其竞争铁律，加剧了人我之间、群己之间的矛盾冲突。同时，社会主义市场经济又是建立在现代社会化大生产的基础之上的，它既以社会化大分工为条件，又必须以社会化大协作为纽带；既允许一部分人先富起来，又必须走共同富裕之路。因此，弘扬儒家伦理“爱群利群”精神，有助于缓和人我之间和群己之间的矛盾冲突，有助于发扬社会主义集体主义精神，正确处理人我、群己、公私以及全局与局部等关系，保障市场经济的顺利发展。

第三，以和为贵的思想，它有助于组织成员的团结奋斗，造就组织的凝聚力和战斗力，从而推动经济的发展。儒家伦理十分注重人际关系的和谐，甚至以“和”为其最高的价值取向，虽然在这种追求“人和”的价值取向中，贯穿着折中主义和等级主义的精神，但也不乏其精华所在。如一是“人和为贵”观念，“天时不如地利，地利不如人和”；③ 二是“和睦昌济”观念，“内睦者家道昌，外睦者人事济；”④ 三是“和而不同”观念，“君子和而不同，小人同而不和；”⑤

① 《荀子·富国》。
② 《礼记·坊记》。
③ 《孟子·公孙丑下》。
④ 林逋：《省心录》。
⑤ 《论语·子路》。

四是“天下一家”观念，“四海之内，皆兄弟也”；[1] 五是“大同世界”理想。这些精华要素，一方面形成了中华民族重视人际关系和睦团结的优良传统，这在今天我们由计划经济体制向市场经济体制转换的过程中，对于保持安定团结的局面，保证改革开放的顺利进行和可持续发展，从而推动经济的腾飞，具有重要的意义。同时，对于每一个企业来说，弘扬传统的“人和”精神，营造企业内部和睦团结的人际环境，既可以增强企业的凝聚力，又可以增强企业的竞争力，从而保证企业在激烈的市场竞争中更好地生存与发展。另一方面，也形成了中华民族天下一家、兼容并包的博大胸怀，这对于具有开放性要求和世界一体化趋势的市场经济来说，无疑是一种优秀传统，它有助于在中外交流中，吸纳国外的一切优秀文明成果，促进中国的科学技术进步和社会生产力的迅速提高。

第四，艰苦奋斗的精神，它作为中华民族的优秀传统伦理精神，对于现代中国经济的发展依然有着重要的价值。儒学是人之学，对社会人生历来抱积极态度，因此，儒家早期最重要的经典之一的《周易》就提出：“天行健，君子以自强不息。”[2] 君子不仅要有奋斗精神，还必须要有克勤克俭的精神：“慎乃俭德，惟怀永图，”[3] “奢则不孙，俭则固。与其不孙也，宁固。”[4] 儒家伦理所倡导的艰苦奋斗精神，在历史发展进程中逐渐凝结成为中华民族的优秀传统伦理精神，迄今仍熠熠生辉。现代中国仍处在社会主义初级阶段，人口多，底子薄，生产力落后；在这样的国情下发展经济，必须弘扬艰苦奋斗的精神。特别是在市场经济的激烈竞争中，每一个市场主体都必须在最大的限度上去节省和降低成本，才能获得生存发展的优越地位。因此，艰苦奋斗精神不仅没有过时，还恰恰是市场经济的内在要求，尤其是对于现代中国经济的发展来说，更具有特别重要的意义。

第五，诚实守信的精神，它与现代市场经济的客观要求相吻合，从而有助于市场经济的有序发展。诚实守信，历来为儒家所重视，被儒家视为“进德修业之本”、“立人之道”和“立政之本”。《周易》就指出：“君子进德修业。忠信，所以进德也。修辞立其诚，所以居业也。”[5] 孔于也说：“自古皆有死，民无信不

① 《论语·颜渊》。
② 《周易·乾》。
③ 《尚书·太甲上》。
④ 《论语·述而》。
⑤ 《周易·乾》。

立。"[①] 儒家伦理这种讲诚重信的思想，也已经沉淀为中华民族的基本伦理精神。在现代市场经济运行中，诚实守信的伦理精神，也是保证经济有序发展的根本要求。因为市场经济运行的中心环节，是市场交换；只有诚实守信，价值规律所要求的等价交换原则才能真正得以实现，市场交换也才能得以真正实行。因此，信用、信誉在今天，对于每个市场主体来说，既是其生命之本，也是其财富之源。因而，诚实守信的精神，既是市场经济运行的客观要求，也是市场经济有序发展的重要保证。

儒家伦理除上述合理因素之外，还有许多其他的积极因素，诸如精忠爱国、清正廉洁、修己慎独、谦和好礼、仁爱孝悌等等，它们都直接或间接地从正面影响着现代中国经济社会的进步。因此，弘扬中华民族的优秀文化传统，特别是儒家伦理的优秀传统，对于推动现代中国经济社会的发展，有着重要的现实价值。

二、儒家伦理对现代中国经济发展的负面影响

当然，儒家伦理不仅对现代中国经济的发展具有积极的影响，也有着消极的影响，就后者而言，其主要表现为：

第一，重义轻利的思想倾向，它使经济发展缺乏必不可少的强大精神动力，成为发展现代中国经济的精神障碍。以农耕为主体的自然经济，其本质特征是自给自足性，因而反映这种经济关系本质要求的儒家伦理，不能不具有强烈的重义轻利的思想倾向，在孔子看来："君子喻于义，小人喻于利"[②]，孟子则指出，一个国家，如果"上下交征利而国危矣"[③]。发展到宋明理学，则把"义"与"天理"、"利"与"人欲"相联系，提出"存天理、灭人欲"的思想，将重义轻利的思想倾向推向否认功利、抹杀个人利益的极端。这种思想倾向，严重地压抑着人们追求个人正当利益的合理欲望，从而使经济发展缺乏强大的精神力量，导致中国古代经济处于一种超稳定、停滞不前的状态。市场经济则与自然经济的本性恰恰相反，它是一种求利性经济，对个人利益的追求，对资本利润的追求是市场经济发展的强大动力，因此，儒家伦理重义轻利的思想倾向完全与市场经济发展的内在要求背道而驰，是市场经济发展的伦理思想障碍。

---

① 《论语 · 颜渊》。
② 《礼记 · 坊记》。
③ 《孟子 · 梁惠王上》。

第二，尊卑等级观念，它阻碍人的解放，不利于市场经济的发展。封建社会是建立在尊卑等级秩序之上的，因为宗法制度是封建社会的根基。儒家伦理在本质上是一种宗法伦理，它致力于维护亲亲、尊尊的封建宗法等级制度。汉代董仲舒在其“天人合一”、“天人感应”、“阳尊阴卑”的理论论证下，企图将封建宗法等级关系神圣化，他把儒家伦理定型为三纲五常，认为“君为臣纲，父为子纲，夫为妻纲”，这“王道之三纲，可求于天”。① 朱熹也强调：“三纲五常，天理民彝之大节，而治道之本根也。”② 儒家伦理中的尊卑等级思想，成为束缚人的个性发展、禁锢人的自由、阻碍人的解放的巨大枷锁，严重阻碍市场经济的发展。因为市场经济发展的前提，是市场主体的相对独立性，因此，人的个性解放和实现“人权”的平等、自由、民主，是市场经济发展的必要条件。没有这些条件，市场平等交换、公平竞争就不可能进行，市场经济也就不可能得以发育和发展。

第三，德主刑辅的思想，它也不能适应市场经济发展的要求。儒家伦理不仅是一种宗法伦理，而且也是一种政治伦理，以德治国是儒家的基本主张。孔子首创“德政”思想，提出“为政以德”，③ 孟子进一步提出“仁政论”，提倡王道，反对霸道，“以力假仁者霸……以德行仁者王”。④ 而董仲舒则继孔孟之说而发扬为“德主刑辅”思想，他不仅强调了文德的濡染作用和德治的巨大威力：“以德为国者，甘于饴蜜，固于胶漆”，而且以阴阳学说论证了德主刑辅的合理性：“王者欲有所为，宜求其端于天，天道之大者在阴阳。阳为德，阴为刑，刑主杀而德主生……以此见天之任德而不任刑也。”⑤ 儒家德主刑辅的伦理思想，适应了自然经济条件下封建君主专制制度实行人治的根本要求，然而却与市场经济条件下现代民主制度实行法治的根本要求相背离。市场经济是法治经济，法治是市场经济有序运行的根本保证，只有法治才能够有力地保障各阶层的利益，使市场运行制度化、程序化、法律化、规范化；它既能够有效地实行对权力的监督和制约，又能够有效地对市场主体的经济行为实行规约和引导。因此，确立法治观念，培育法制精神，是市场经济发展的客观要求。

---

① 《春秋繁露·基义》。
② 《朱子文集·戊申延和奏札一》。
③ 《论语·为政》。
④ 《孟子·公孙丑下》。
⑤ 《汉书·董仲舒传》。

第四，因循守旧的观念，它扼杀人的开拓创新精神，是市场经济发展的巨大障碍。儒家伦理作为一种宗法伦理，强调孝悌为本，必然生发出尊祖敬宗的伦理观念，进而滋长出先王崇拜思想，形成尚古的道德心理和因循守旧的观念。孔子特别留恋过去，推崇先王，《论语》中每述尧舜禹汤文武周公，皆作圣德仁智的代表；每论过去唐虞夏商周，皆是黄金时代的象征。孟子则提出“法先王”的口号，董仲舒也宣称：“天不变，道不变。”① 儒家这种尚古心理和因循守旧的伦理观念，使人向后看，凡事听命于传统，只求适用，不尚革新，自我抑制，思想僵化，保守排外，扼杀创造性，扼杀开拓创新精神。市场经济是竞争性经济，竞争规律是市场经济的基本规律，竞争机制是市场经济发展的有力杠杆，市场主体要在激烈的市场竞争中获得生存发展的优势地位，必须要勇于开拓创新，要勇于开放和吸纳众家之长。只有这样，才能不断地提高劳动生产率，才能不断开辟新的市场，才能不断地增强自身的竞争实力，保持自身的优势地位。因此，儒家因循守旧的伦理观念，必然成为市场经济发展的巨大障碍。

第五，轻视科技的精神，它严重阻碍着现代社会经济的发展。儒家伦理作为中国古代文化思想的主体，它渗透到整个社会生活之中，造成了中国古代社会所特有的泛道德主义和伦理中心主义。儒家认为道德是社会稳定、人格完善的根本力量，追求道德的完善，是最重要的价值目标，也是衡定一切事物的价值标准。科学技术引导人们追求功利，是败坏世风、引人堕落的“奇技淫巧”。因此，必须放弃对科学技术的研究，而致力于道德的研究和修养。同时，儒家提倡“修身、齐家、治国、平天下”的人生理想，把道德修养作为建功立业的根本，宣扬学而优则仕的价值观，从而把知识分子引导到读八股、钻故纸堆、走科举取士的道路上，使泛道德主义、伦理中心主义与官本位精神紧密相连，把人们的注意力完全集中到人与人的道德关系和政治关系上，转移了人与自然斗争的视线，窒息了人们探索自然科学的热情，阻碍了中国科学技术的发展。而在当今的世界，科学技术已经成为经济发展的决定性、主导性力量，已经成为“第一生产力”。而儒家伦理中轻视科技的精神，恰恰是当今时代精神的反动，必须坚决抛弃和清除。

---

① 《汉书·董仲舒传》。

三、儒家伦理对现代中国经济发展双重影响之根源

儒家伦理对现代中国经济发展具有明显的双重影响，而造成这种局面的深刻根源，就在于儒家伦理内在的矛盾性，这种矛盾性是儒家伦理对中国古代社会生活的特性和一般性反映的结果。

生存于东亚大陆的华夏民族，在其地大物博、气候温和、水源丰富这一系列得天独厚的自然条件和地理生态环境下，发展起了以农耕为主体的自然经济，它是中国古代社会经济生产形态的主体，具有以下鲜明特征：第一，从生产方式来看，基本上是以一家一户为单位的自发的、以简单劳动工具为依托的简单再生产。在生产过程中，没有精细的分工，大体上是性别的自然分工，所谓“男耕女织”。第二，从生产目的来看，基本上是自耕自食，自给自足，“上足以事父母，下足以畜妻子”，“幼有所养，老有所终”，则是这种农耕生产的目的。第三，从生产过程来看，基本上是规模狭小、简单重复的简单再生产。人们在有限的土地上，运用简陋的生产工具，年复一年地重复着同样狭小规模的生产过程。第四，从社会分工来看，具有农工一体、农工结合的特征。农耕生产力的低下，造成了农业和手工业的一体化，也造就了物质生产和精神生产的一体化。第五，从所有制形式来看，具有地主经济和小农经济结合的特征。小农经济不仅是地主经济的基础，也是整个古代中国社会经济生产的基础。古代中国长达两千多年的封建社会，就是在这种以家族为本位，以小农经济为基础，以地主经济为表现的自然经济模式中互为盈缩、循环往复运转而持续下来的。这给中国封建社会的政治结构和文化形态以深刻的影响，尤其是给儒家伦理以深刻的影响。

首先，家庭（族）既是最基本的生产单位，也是最基本的社会生活团体，它以血缘关系为纽带建构起封建宗法制度。反映这种以家为本位、以血缘关系为纽带的封建宗法等级制度的儒家伦理，必然是一种宗法伦理。它以孝悌为本，形成尊卑等级观念，维护亲亲、尊尊的封建宗法等级制度；它以家庭（族）利益为本，形成家庭主义和整体主义及其重群轻己思想，抹杀个人利益，扼制人的个性解放。

其次，以农耕为主体的自然经济，一方面社会生产力低下，生产过程简单重复，物质生活资料贫乏；另一方面，生产目的自给自足，经济发展缺乏强有力的物质利益动力，因此，反映这种自然经济本质要求的儒家伦理，必然强调重义轻利的价值取向和因循守旧的思想。一方面它可以有效地扼制人们追求个人利益的

欲望，从而保障在物质生活资料贫乏条件下的社会秩序的稳定；另一方面，它引导人们追求道义和精神生活，引导人们往后看，重视过去和圣贤，可以有效地扼制人们的各种欲望和变革的要求，有效地平衡人们的道德心理，以保障封建制度的巩固和稳定。

再次，以家为基本的生产生活单位，以农耕为主体的自给自足性的自然经济，一方面把家庭（族）的利益放在至高无上的地位，而要保障家庭（族）的整体利益，必然重视调节家庭（族）内部建立在血缘关系上的人际关系，调节这种关系的规范，本质上只能是道德而不是法，因此，重德轻法的观念必将产生。而在家国同构的情况下，治国是齐家的继续和放大，齐家重德治，治国则必然以德为主。另一方面，儒家重视道德的至上价值，从而形成泛道德主义和伦理中心主义；而这一切与重义轻利的价值取向相结合，就必然忽视人与自然的关系，进而产生出轻视甚至贬损科技的思想观念。

由此可见，作为中国传统伦理主体的儒家伦理，在本质上，是以农耕为主体的自然经济状况的道德反映，是封建社会经济基础的观念反映，是农业文明的必然产物。

四、儒家伦理中的积极因素的当代价值

然而，我们还应进一步指出，儒家伦理中的积极因素，之所以能够在当代中国的社会经济发展中，有其应有的重大价值，还在于它能够在一定程度上抵制和消除市场经济的弱点和消极方面所造成的负面效应。

无疑，市场经济是商品经济的高级形态，它既是人类社会发展不可逾越的经济发展形态，也是当代中国实现社会主义现代化的必由之路。但是，市场经济自身存在的弱点和消极方面，使极端个人主义、拜金主义和享乐主义抬头、泛滥，给社会经济发展带来了严重的负面效应。

首先，市场经济的弱点和消极方面，使极端个人主义崛起。从人类社会的历史发展来看，个人主义的萌芽，源于个人利益和社会（群体）利益的分离，因此，私有制的出现，推动了个人主义的发展。但是，个人主义的形成与泛滥，却是商品经济发展的结果。在西方随着商品经济的发展，于14—16世纪掀起了一场文艺复兴运动。在文艺复兴运动中，人文主义者强调个人的至上性，表现出鲜明的个人主义倾向。这种个人主义倾向，有着两个层次的表现。第一层次是指培养、实现个性，即以后所谓的自由主义。第二层次是利己主义，即把满足个人的

欲望和享受作为最高的价值取向，也称之为极端个人主义。而随着资产阶级革命的胜利，以及商品经济的蓬勃发展，个人主义不仅在西方形成而且弥漫了整个西方社会。个人主义在西方世界的崛起，其深刻的社会经济根源恰恰在于商品经济之中。商品经济的发展，其前提条件一是社会分工，二是商品生产经营者利益的相对独立。同时，商品经济的价值规律和竞争规律，又决定了商品经济的求利本性和利己本性。因此，商品经济发展到其高级形态市场经济，个人主义也蓬勃地发展起来，它不仅推动着人们的自主意识和个性解放、个性发展的思想观念崛起，也推动着疯狂追逐个人利益满足的思想观念泛滥，将个人主义的两个层次的表现——自由主义和利己主义推到了当代世界的历史舞台上。

其次，市场经济的弱点和消极方面，使拜金主义广为流行。拜金主义是商品拜物教的天生伴侣，而商品拜物教则是商品经济发展的必然产物。随着商品经济的发展，尤其是发展到市场经济的阶段，货币的职能获得了空前的发挥，它代表着商品、价值、资本、财富，甚至权力，它也成了一个“无所不能的神”，似乎拥有了它，就拥有了一切；它在商品世界中，成为人类的主宰者。于是，商品拜物教转化为拜金主义。

再次，市场经济的弱点和消极方面，为享乐主义泛滥提供了肥沃的土壤。享乐主义虽在人类社会历史上源远流长，但它在自然经济条件下，由于古代社会政治、经济和文化的全面制约，始终难成气候。享乐主义的抬头，在西方，也是商品经济发展所推动的结果。反映商品经济发展和资产阶级利益要求的文艺复兴运动，在批判基督教的禁欲主义的同时，大力宣扬感性幸福的享乐主义。此后，享乐主义及其变种——纵欲主义一直在西方世界广为流行。特别在当代，随着市场经济的蓬勃发展，卖方市场转变为买方市场，激烈的市场竞争，以及市场经济求利本性的驱使，商品生产经营者为了不断开拓市场，追逐最大限度的利润，利用先进的现代大众传播媒介，进行广告宣传，千方百计地刺激人们的各种消费欲望。迎合这种要求，本世纪60—70年代，享乐主义、纵欲主义席卷整个西方世界，并向人类最后一个堡垒——家庭，发起了猛烈的攻击，在这场攻击战中，西方社会的婚姻家庭遭受到了几乎是毁灭性的打击。

在当代中国，随着计划经济体制同市场经济体制的转轨，由市场经济滋润催生起来的极端个人主义、拜金主义和享乐主义，也在中国社会引发了一系列消极腐败现象。一些人“一切向钱看”，为了钱，为了个人的名利，不惜任何手段；一些人只关心自我，不顾集体，不关心社会；一些把斗富、显阔、纵欲看作是

“潇洒人生”，视大款、大亨、大腕才是“真正的英雄”，金钱、美女、别墅、宠物方是辉煌人生的象征等等，从而导致了诸如伪劣假冒、坑蒙拐骗、挥霍浪费、贪污受贿等消极腐败现象的滋长，社会经济的发展受到严重阻碍。

要抵制和清除市场经济的弱点和消极方面所产生的负面效应，除了要从根本上不断完善社会的经济体制和政治体制外，还需要从文化思想上努力。在这种文化思想上的努力中，正如前述，儒家伦理中的积极因素诸如以义导利思想、爱群利群观念、艰苦奋斗精神等，无疑对于防止极端个人主义、拜金主义、享乐主义的抬头泛滥，有其应有的重大价值。当然，在当代中国，儒家伦理中的积极因素，也需要经过时代的净化，清除其原有的旧烙印，融入新时代的社会伦理道德系统中，成为当代中国社会伦理道德的有机组成部分，从而才能真正充分发挥其对现代中国社会经济发展的促进作用。

（原载《哲学研究》1999 年增刊）

道德建设与市场经济：适应、引导、超越

唯物史观认为，经济基础决定上层建筑，因此，我国新时期道德建设要与社会主义市场经济相适应；这一方面，自从我国进行经济体制改革，特别是确立了以社会主义市场经济为经济体制改革目标以来，一直是我国道德建设的发展方向，也是学术理论界研究道德建设的聚焦点。但是，唯物史观还指出，上层建筑对经济基础有强大的反作用，故新时期道德建设不仅仅要适应社会主义市场经济的发展要求，还应当引导、超越社会主义市场经济；而这一方面，长期以来在理论上和实践上都被忽视，从而导致我国新时期道德建设发展的片面性。本文就此谈点拙见，以期抛砖引玉。

1．道德建设要适应社会主义市场经济的发展要求。

道德在本质上是由一定社会经济基础决定，反映一定社会经济基础要求，为一定社会经济基础服务的一种特殊的思想上层建筑形态。经济基础对道德的这种决定性，从整个人类社会道德发展史可以看得非常清楚：每一个不同时代和社会

的经济结构不同，其道德状况也就不同。在原始社会公有制条件下，形成了维护氏族公社和部落的共同利益的道德要求，平等、互助是最基本的道德原则。而随着奴隶社会私有制的出现，社会分裂为两大阶级，产生了两种根本对立的道德要求。占主导地位的奴隶主道德，其基本特征是维护奴隶对奴隶主的绝对屈从和人身依附关系，奴役、奸淫、买卖、屠杀奴隶被认为合乎道德的。取代奴隶社会私有制的封建社会私有制，产生了新的两大对抗性阶级道德——封建地主阶级道德和农民阶级道德。占统治地位的封建地主阶级道德其基本点是维护封建的宗法等级关系，最典型地反映了封建社会私有制要求的中国封建地主阶级道德，确立了"三纲五常"的道德原则。在资产阶级战胜了封建地主阶级之后而建立的资本主义私有制，依然出现了两大对立的阶级道德——资产阶级道德与无产阶级道德。反映资本主义私有制的根本要求，维护资产阶级利益的个人主义确立为资本主义的基本道德原则，并在资本至上的前提下，资产阶级提出了"自由、平等、博爱"的道德追求。而无产阶级在革命斗争中形成的反映无产阶级根本利益要求的集体主义，不仅成为无产阶级道德的基本原则，而且成为反映社会主义公有制根本要求的社会主义道德的基本原则，并在人民利益至上的前提下，确立了"爱祖国、爱人民、爱劳动、爱科学、爱社会主义"的"五爱"道德规范。由此可见，道德的性质、基本内容和表现形态，是被一定社会经济基础所决定，社会的经济基础变了，道德也必定发生相应的变化，这是不以人的主观意志为转移的客观规律。从而可以说，道德建设要适应社会主义市场经济的发展要求；这是道德建设发挥作用的前提和基础。当然，这并不是说，道德建设只是适应社会主义市场经济的发展要求；作为道德主体的人就没有主观能动性，也没有必要发挥其主观能动性。道德主体是否认识规律，顺应规律，乃至利用规律去主动建设道德，同样直接关系到道德对经济社会发展能否发挥作用，能否及时发挥作用，能否充分发挥作用，以及经济社会发展是否顺利，需要付出多大的代价等重大问题。也就是说，作为道德主体如果能够认识规律，顺应规律，乃至利用规律去主动建设道德，就能够使道德对经济社会发展及早、充分地发挥作用，从而推动经济社会比较顺利发展，使经济社会在变迁中付出相对最少、最小的代价。

在新中国成立60年来的发展历程上，我国经历了两个经济体制完全不同的时代：前一个时代是传统社会主义计划经济时代，后一个时代是现代社会主义市场经济时代。在这两个时代中，虽然社会主义道德的基本要求没有发生根本性的变化，但是其主要内容、侧重点等都相应地发生了重大的变化，并且增添了许多新的内容。在变化方面，诸如“社会主义集体主义”原则，在计划经济时代，突出强调了集体利益的至高无上性和个人利益对集体利益的绝对服从，在客观上阉割了个人利益的正当要求；而在市场经济时代，则突出了个人利益与集体利益的兼顾性和相结合要求，强调了个人利益与集体利益的共同发展。又如“为人民服务”这一道德核心，在计划经济时代，突出强调了牺牲精神和克己利他精神，在客观上把个人幸福与为人民服务对立起来，严重打击了广大人民群众自我发展、自我价值实现的积极性、主动性和创造性；而在市场经济时代，则突出强调了为人民服务与自我发展、自我价值实现，利己与利他的统一与兼顾，推动个人与他人共同富裕和共同幸福。再如“平等”观念，在计划经济时代，突出强调了平均主义精神，客观上极大地压抑了人们生产劳动工作的积极性；而在市场经济时代，则突出强调了在法制基础上的公平、公正，以保护先进，帮扶后进，把市场经济的竞争精神与社会主义的共同进步和共同富裕有机地结合起来。在增添新内容方面，正如党的十四届六中全会决议指出，“发展社会主义市场经济有利于解放和发展社会主义社会生产力，增强社会主义国家的综合国力，提高人民的生活水平，也有利于增强人们的自立意识、竞争意识、民主法制意识和开拓精神，使社会主义的优越性进一步发挥出来”。事实上，正是由于社会主义市场经济的崛起，许多适应社会主义市场经济发展要求的新的道德观念、道德规范如雨后春笋般地涌现出来；而同时，也由于我党和政府主导的道德建设主动积极地去适应社会主义市场经济发展的需要，才使得社会主义道德建设成为推动社会主义市场经济发展的强大精神动力。从 1986 年党的十二届六中全会通过的《中共中央关于社会主义精神文明建设指导方针的决议》，到 1996 年党的十四届六中全会通过的《中共中央关于加强社会主义精神文明建设若干重要问题的决议》，再到 2001 年中共中央印发的《公民道德建设实施纲要》，以及 2006 年胡锦涛总书记提出的“八荣八耻”的社会主义荣辱观和 2007 年党的十七大报告提出的“推动社会主义文化大发展大繁荣”，要“大力弘扬爱国主义、集体主义、社会主义思想，以增强诚信意识为重点，加强社会公德、职业道德、家庭美德、个人品德建设”，都十分清楚地展示了我党和政府主导的道德建设主动积极地去适应社会主义市场经济发展要求这一轨迹。它不仅直接推动了社会主义道德建设的蓬勃发展，而且也推动了市场经济时代的整个经济社会繁荣发展。

二、道德建设要引导社会主义市场经济的发展

党的十六大报告在总结改革开放以来，特别是1989年至2002年以来的十三年的经验时指出，重要的经验之一就是坚持物质文明和精神文明两手抓，实行依法治国和以德治国相结合。并进一步指出，要建立与社会主义市场经济相适应、与社会主义法律规范相协调、与中华民族传统美德相承接的社会主义思想道德体系。这些经验和要求无疑是极其宝贵的，为改革开放以来的伟大实践所证明。但是，道德建设的重点主要是放在“适应”社会主义市场经济方面。之所以这样，一方面是由于我国的社会主义市场经济体制还没有完善，因而“适应”的问题还远未完成；另一方面与此相应的是我国的社会主义思想道德体系也还没有完全建立起来。

尽管如此，我们必须看到，无论是从道德建设方面来说，还是从市场经济方面来说，我国的道德建设都不能只停留在“适应”的层面上，还应当充分发挥它的引导作用。

从道德建设方面而言，道德是一种特殊的“价值”，它与“真理”不同；“真理”强调的是人的主观认识要与客观实际相一致、相符合，而“价值”强调的是人的价值认识要能够引领社会进步。因为“价值”不仅来源于现实，奠基于人的实践基础上的真理性认识，具有现实性和适合性；还高于现实，饱含着人的理想追求，具有理想性和引导性。因此，道德作为一种以善恶为评价标准的特殊“价值”，是现实性与理想性的统一，是适应性与引导性的统一。没有现实性和适应性，道德建设就失去其存在、发展和发挥其作用的前提和基础；而没有理想性和引导性，道德建设就不是一种“价值建设”，也同样丧失其存在、发展和发挥其作用的条件和“价值”。因而，社会主义道德建设对社会主义市场经济发展的引导，是道德作为“道德”的本性所然。同时，社会经济基础对社会上层建筑无疑有着决定性的意义，不承认这一点，就不是唯物主义；但社会上层建筑并非只是一种被动的存在，它必然对社会经济基础产生巨大的能动作用，不承认这一点，就不是辩证法。道德作为一种特殊的思想上层建筑形态，也一定会对社会经济基础产生巨大的能动作用，这一点是必然无疑的。而“引导”作用，恰恰是这种巨大的能动作用之一。

从市场经济方面来说，我国的市场经济是一种特殊的新型的市场经济——社会主义市场经济，它有着自身的特殊性。然而，社会主义市场经济也是一种市场

经济，也就使它又有着市场经济的一般性。没有特殊性，就不是社会主义市场经济；但没有一般性，就不是市场经济。既然社会主义市场经济也有着市场经济的一般性，那么，它也就具有了市场经济的一般优点和一般缺陷。无疑，社会经济形态、经济体制不能超越社会生产力的发展水平，我国相对落后的社会生产力水平及其梯级状的社会生产力状况，使社会主义市场经济必然成为我国富民强国之路，这一点已被改革开放30年来的社会实践所充分证明。但是，市场经济并不是人类社会发展最高的和最佳的经济形态、经济体制。它本身有着自身不可克服的巨大缺陷。这些巨大的缺陷与市场经济的一般本质及其三大基本规律有着内在的联系。我们知道，市场经济是商品经济发展的最高阶段和最高形态。市场经济与其他的经济形态、经济体制（例如自然经济、计划经济）根本不同的核心点，就是它的生产、交换的根本目的，不是为了使用价值，而是交换价值；市场经济的时代宠儿是资本，资本的本性不是为了“服务”社会，而是为了追求最大限度的“利润”；因此，追求最大限度的交换价值和“利润”，乃是市场经济的本质和本性，而“最佳的资源配置方式”只不过是市场经济运行的客观效果。市场经济这种追求最大限度的交换价值和“利润”之本质和本性，在客观上必然负面地导致“货币拜物教”、“拜金主义”、“金钱至上”、“唯利是图”等消极思想道德观念和行为的产生与泛滥。而市场经济的价值规律、竞争规律和供求规律，在其运行的“目的”上也是同样是指向追求最大限度的交换价值和“利润”，它在客观上不仅同样必然负面地导致“货币拜物教”、“拜金主义”、“金钱至上”、“唯利是图”等消极思想道德观念和行为的产生和泛滥，而且还必然负面地导致“两极分化”、“投机倒把”、“极端个人主义”、“享乐主义”等消极思想道德观念和行为的产生和泛滥。即使是我们高度评价的由价值规律决定的“等价交换”的“平等”原则，一旦离开了经济领域，走入了政治领域和精神领域，也同样带来巨大的负面作用。对此，党的十四届六中全会通过的《中共中央关于加强社会主义精神文明建设若干重要问题的决议》早就清醒地看到：“同时，市场自身的弱点和消极方面也会反映到精神生活中来。”

改革开放30多年来，虽然我国道德建设适应市场经济的发展有了长足的进步，但是由市场经济的负面影响所引发的消极现象滋生蔓延，对经济社会发展造成了严重危害。在经济领域，假劣伪冒行为比比皆是。诸如毒米（例如使用剧毒农药的米被污染后验出含剧毒性杀虫剂成分及致癌物质等）、毒酒（例如用工业酒精造成等）、毒血（例如震惊中外的“艾滋病村卖血事件”等）、毒油（例如以下水道的馊水油提炼而成等)、毒奶(例如震惊全国的“三鹿奶粉事件”等)、毒肉(例如含有瘦肉精的猪肉等)、毒鱼(例如含有苏丹红的鱼等)、毒饼(例如以毒米制作而成等)、毒针(例如将回收的针头不经消毒就重新包装卖回给医院等)、假药(例如著名的“齐二药事件”等)、劣房(例如建筑行业中的“豆腐渣工程”等)等等。在社会领域,唯利是图的行为也不胜枚举。诸如教育行业的乱收费现象,医疗行业的高价药和收红包现象,政府部门的乱摊派和乱罚款现象,文化部门的低俗和恶搞现象,等等。从而造成许多人类公认的最基本的真善美行为和荣辱观都被颠倒过来。诸如“雷锋精神”被视作“傻瓜精神”,利他行为被看作是“作秀”甚至是“神经病”,讲诚信说老实话被人评说成“笨蛋”,不媚俗不低俗被讥讽为“假清高”,讲道德被人视为“可笑无知”,等等,似乎一切高尚美好的行为都是“假大空”,唯独“人不为己,天诛地灭”才是“真理”。这些由市场经济的负面影响所引发的消极现象,不仅搞乱了市场经济本身,严重损害了广大消费者的身心健康,而且败坏了社会风气,毒化了人们的灵魂。如果我们不重视道德建设对市场经济的引导,那么,我们就必将要继续为我们自己的错误付出惨重的“代价”。当然,我们有着悠久道德传统和生活智慧的民族,是不可能任其发展下去的。科学发展观是我们民族智慧的结晶,它是立足于社会主义初级阶段基本国情,总结我国发展实践,借鉴国外发展经验,适应新的发展要求提出来的。科学发展观,第一要义是发展,核心是以人为本,基本要求是全面协调可持续发展,根本方法是统筹兼顾。贯穿着科学发展观精神的党的十七报告就明确指出,“积极探索用社会主义核心价值体系引领社会思潮的有效途径,主动做好意识形态工作,既尊重差异、包容多样,又有力抵制各种错误和腐朽思想的影响。”要“用社会主义荣辱观引领风尚”,“大力弘扬爱国主义、集体主义、社会主义思想,以增强诚信意识为重点,加强社会公德、职业道德、家庭美德、个人品德建设,发挥道德模范榜样作用,引导人们自觉履行法定义务、社会责任、家庭责任”。从此可见,人的全面发展是社会主义的最高价值目标,市场经济是实现人的全面发展的经济基础,在这个意义上,市场经济是“手段”,人的全面发展是“目的”;目的引导和规约手段,手段要为目的服务。道德建设的本质是人的建设,是人的全面发展的关键环节。市场经济与道德建设是辩证的关系,道德建设要为市场经济发展服务,这是它存在发展的现实物质基础;但是,道德建设必须要引导市场经济的发展,市场经济也要为道德建设服务。

三、道德建设要超越社会主义市场经济的发展

道德是人之为人的规定性之一，道德素质是人的综合素质的核心内容，道德建设的本质是人的建设，是人的全面发展的关键环节。在这个意义上，社会主义道德建设就不仅仅是“适应”和服务于社会主义市场经济的发展，社会主义道德建设本身就是社会主义市场经济发展的根本目的。

正如前述，目的引导和规约手段。然而，社会主义道德建设引导和规约社会主义市场经济发展的义理，就在于社会主义道德建设能够而且必须超越社会主义市场经济。

社会主义道德建设之所以能够而且必须超越社会主义市场经济，就在于道德本身所具有的源于实践又高于实践的理想性特质（关于这一点已有前述，在此不再重述），也在于市场经济本身不能提供这种理想性特质的资源。如果把道德分成不同的层面的话，可以分成“底层性道德”和“高层性道德”。“底层性道德”是社会生存所必需的最起码的道德要求，也可称之为“生存性道德”；“高层性道德”则是社会发展所追求的高尚道德要求，也可称之为“发展性道德”。如果从现实与理想的角度来划分的话，也可以分成“现实性道德”与“理想性道德”。“底层性道德”与“生存性道德”更多地蕴涵有“现实性”，故亦可称之为“现实性道德”；而“高层性道德”和“发展性道德”则更多地蕴涵有“理想性”，故亦可称之为“理想性道德”。“理想性道德”具有现实超越性，故又可称之为“超越性道德”。而由市场经济这一经济基础所能提供给道德建设的资源，基本上是一种“底层性道德”、“生存性道德”、“现实性道德”，这种道德是适应社会主义市场经济发展的需要而生成的，故又可称之为“适应性道德”。正如前述的“自立意识、竞争意识、民主法制意识和开拓精神”以及“平等、自由、诚信、公平、公正”等等，都是一种适应社会主义市场经济发展的内在需要而生成的“底层性道德”、“生存性道德”、“现实性道德”、“适应性道德”。

但是，市场经济这一经济基础却不能提供给道德建设的“高层性道德”、“发展性道德”、“理想性道德”、“超越性道德”的资源。其根本的原因就在于市场经济本身所特有的本质与本性。市场经济的中心是“交换”、“交易”，商品经济正是在人类的经济“交换”、“交易”中发生、发展，最终走向了其最高的表现形态——市场经济。市场经济可说是人类经济“交换”、“交易”最充分的一种经济形态和经济体制。而这种交换和“交易”是遵循商品经济的“三大基

本规律”而进行的。其最基本的规律——价值规律，要求“交换”和“交易”必须具有“等价交换”的“平等”性，没有这种“平等”，“交换”和“交易”就不可能进行。围绕着“等价交换”的“平等”原则，就衍生了诸如“自由”、“民主”、“法治”、“诚信”、“公平”、“公正”、“自主”、“自立”、“竞争”、“效益”等等一系列适应市场经济发展内在需要的道德观念、道德准则。值得关注的是，这些适应市场经济发展内在需要的道德观念、道德准则，一是市场经济运作必须的最起码的道德观念、道德准则，无此，市场经济不可能真正运行；故它们本质上都是一种“底层性道德”、“生存性道德”、“现实性道德”、“适应性道德”。二是它们都是围绕着直接的“物质利益”而旋转，讲究的是义务和权利的对等与平衡。三是它们的出发点都从经济人的“自我利益”或“个人利益”出发，其根本就是如何保障经济利益的最大化。当然，由于“交换”和“交易”必须“等价交换”的“平等”性，因此，损人利己的行为为市场经济道德所不容。同时，由于“交换”和“交易”必须“等价交换”的“平等”性，就必须在客观上要兼顾他人利益。因此，在这一点上，市场经济所生成的道德，用一句通俗的话来说，具有“主观为自己，客观为他人”的性质。这也正是市场经济时代文明的本质所在。相反，一切超越自我利益、超越物质利益的行为和“道德”资源，并不是市场经济本身能够直接供给的。在一定的意义上，它还“违反”了市场经济的本质和本性之要求。

也许有人不服气，反驳说，经济人（典型代表者是企业家）不是也有不少超越自我利益、超越物质利益的行为和“道德”吗？例如他们的公益性或慈善性的行为。的确，许多企业家特别是著名的企业家都做过不少公益性或慈善性的行为，然而，这些企业家做这些公益性或慈善性的行为，通常有三种情况：第一，其直接目的是追求更大的或更长远的利益。例如企业家做这些公益性或慈善性的行为，可以直接给他们及其企业带来更大的知名度和美誉度，而知名度和美誉度可以给他们带来更大的或更长远的利益。这本质上相当于一个成功的企业广告。第二，其间接目的还是追求更大的或更长远的利益。例如企业家做这些公益性或慈善性的行为，可以进“政协”或“人大”，从而“隐性地”“潜在地”给他们带来更大的或更长远的利益。第三，他们出自于某种信念和信仰。例如企业家做这些公益性或慈善性的行为，可能会出自于“佛教信仰”、“基督教信仰”、“博爱信念”等等，而这种行为，已经与市场经济没有任何关系了。

那么，“高层性道德”、“发展性道德”、“理想性道德”、“超越性道德”的资源来自何方呢？

资源之一，人类的理想追求。人类自从在这个地球上出现以来，她与其他所有的动物根本不同的地方，就在于她的主观能动性。正是这种人类特有的主观能动性，使人类成为地球的真正“主人”，成为自己的真正“主人”。她不仅能够认识世界，而且能够改造世界。在认识世界和改造世界的历史实践中，人类永远不会满足于现状，永远都朝向于更理想的未来前进。理想是人类的本质所在，是人类社会进步的强大精神动力。这种理想是合规律性与合目的性的统一。从柏拉图的“理想国”、儒家的“大同世界”到莫尔的“乌托邦”、康帕内拉的“太阳城”，再到傅立叶的“和谐社会”，欧文的“新和谐公社”，圣西门的“实业制度”，最后到马克思恩格斯的“共产主义”。在这些理想追求中，都无一例外包涵着道德理想的追求。这种“理想性道德”既来之人类的社会实践，又高于当时的社会实践。马克思恩格斯提出的“共产主义”理想，从空想到科学，它生成于资本主义市场经济基础上的无产阶级革命实践之中，是对资本主义制度的彻底否定。这种包涵共产主义道德在内的“共产主义”理想，自从其产生以来，一直都是无产阶级政党率领全体人民进行无产阶级革命和社会主义建设的强大精神支柱。共产主义道德吸收了以往人类一切理想性道德的合理成分，具有超越性，是社会主义道德建设中理想性道德的最重要资源。

资源之二，人类社会的共同美德。人类自从组成社会共同生活以来，虽然一方面，由于社会在私有制基础上分裂成两大阶级，并在长期的阶级社会中产生出根本对立的阶级道德。另一方面，由于不同的民族生存发展的具体社会条件不同，也产生出千差万别的民族道德。因此，恩格斯在批驳杜林的永恒真理论时指出，“善恶观念从一个民族到另一个民族，从一个时代到另一个时代变更得这样厉害，以致它们常常是互相直接矛盾的”。在阶级社会中，“人们自觉地或不自觉地，归根到底总是从他们阶级地位所依据的实际关系中——从他们进行生产和交换的经济关系中，获得自己的伦理观念”①。但是，一方面由于人类都是“人类”，而不是别的什么“类”，就必然有“人类”的共同性，就有“人类社会”共同生活的道德要求和共同的道德追求。另一方面，即使在阶级社会中，由于共同的历史条件，共同的经济基础，也必然会有共同的道德要求。因而，恩格斯在批驳杜林的永恒真理论的同时也指出，封建贵族道德、资产阶级道德和无产阶级

① 《马克思恩格斯选集》第3卷，人民出版社1995版，第433－434页、第434页。

道德"这三种道德论代表同一历史发展的三个不同阶段，所以有共同的历史背景，正因为这样，就必然有许多共同之处。不仅如此，对同样的或差不多同样的经济发展阶段来说，道德论必然是或多或少地互相一致的。"对于人类来说，善恶不仅具有相对性，也具有绝对性，"如果有人反驳说，无论如何善不是恶，恶不是善；如果把善恶混淆起来，那么一切道德都将完结，而每个人都将可以为所欲为了。"① 所以，道德具有特殊性，也具有共同性。这种共同性是人类社会生存发展的根本需要，它不仅指向现时，也指向未来，也包含着人类共同的理想性要求，而凝结成"人类社会"的共同美德。

资源之三，人类的其他社会领域生活的理想性要求。人类社会的经济基础，是人类道德的坚实物质基础，但这并不是说，人类社会中只有"经济伦理"和"经济道德"，在其他社会领域，如政治领域、文化领域、家庭生活领域、社会公共生活领域等等，都有着相应的伦理要求和道德追求。"经济伦理"和"经济道德"是建立在"物质利益"的基础之上的，但其他社会领域的伦理道德并非都是建立在、至少不是直接建筑在"物质利益"的基础之上的。市场经济道德无疑是直接建立在"物质利益"的基础之上的道德，因而也就有了局限性。这种局限性主要表现为在市场经济活动中可能是"道德"的行为，泛化为各个领域的"道德"时，就有可能变成不道德的行为。例如前述的市场经济的中心原则："等价交换"的"平等"原则，泛化为政治原则时，就可能造成"权力"与"金钱"的"等价交换"的"平等"行为，演化为权力寻租的腐败行为；如果进一步泛化为其他社会领域的"道德"原则，就会否定人类生活中的"奉献精神"、"慈善精神"、"利他精神"、"助人为乐美德"、"见义勇为美德"等道德精神和人类美德。而正是后者，它超越了"物质利益原则"，超越了"义务与权利平等原则"，一句话，超越了市场经济的局限性，是人类的其他社会领域生活的理想性要求，也是经济生活中的理想性追求。

道德建设只有超越社会主义市场经济的发展，才能实现它引导社会主义市场经济发展的历史使命，才能使经济社会的发展走向更高的文明，才能使社会主义社会变得更加和谐，也才能为世界变得更加文明与和谐作出更大的贡献。

---

① 《马克思恩格斯选集》第3卷，人民出版社1995版，第433－434页、第434页。

参考文献：

1. 本书编写组：《十七大报告辅导读本》，人民出版社2007年版。
2. 本书编写组：《十六大报告辅导读本》，人民出版社2002年版。
3.《马克思恩格斯选集》第3卷，人民出版社1995版。

（原载《道德与文明》2009年第6期）

| 政治伦理篇 |

毛泽东伦理观的基本价值取向

毛泽东伦理观，是中西伦理文化交融的结晶，也是中国伦理道德发展史上的一个崭新的阶段。它以崭新的伦理思想，影响着中国新民主主义革命时期和社会主义建设时期几代人的伦理实践，有力地改造了中国社会旧的道德风尚，促进了新的社会道德风尚的形成，为中国革命的胜利和中国建设的发展提供了巨大的道义力量和精神动力。毛泽东在创立其革命伦理的进程中，始终贯穿着一条红线，这就是毛泽东伦理观中的基本价值取向。而正是这种基本价值取向，使得毛泽东伦理观有着自身独特的个性内容和世界观色彩。

纵观毛泽东伦理观孕育、形成和发展的历史进程，我们可以发现，毛泽东始终坚持了三大基本价值取向：即政治利益至上，人民利益至上和整体利益至上。在一定的意义上，它对毛泽东伦理观的创立有着决定性的影响。

一、政治利益至上的价值取向

毛泽东生长在一个半殖民地、半封建的社会里。清王朝的黑暗统治、军阀的腐败统治和蒋家王朝的专制统治，造成了旧中国国弱民穷，中华民族深受外国列强的欺压蹂躏，劳苦大众深受“三座大山”的欺凌奴役。要使民族振兴，人民解放，国家富强，就必须革命，彻底推翻“三座大山”，砸碎旧的国家机器，夺取国家政权，建立人民政权。这既是中国共产党所领导的新民主主义革命的中心问题，也是毛泽东作为一个无产阶级革命家和党的领导人认识和解决一切问题的中心点。

新民主主义革命胜利后，刚刚诞生的中华人民共和国，在外部，受到帝国主义的全面封锁和军事威胁；在内部，不甘心被打倒的剥削阶级残余依然以各种方式进行反抗和破坏。年轻的共和国所面临的中心问题，依然是国家政权问题，就是要保卫革命的胜利果实，巩固国家政权，在这种时代背景下，客观上促使作为党和国家领导人的毛泽东必然把政治利益放在其他一切利益的首位。他不仅把伦理价值和政治价值统一起来，而且使伦理道德直接为政治服务。

正是从这种政治利益至上的价值取向出发，毛泽东把建立社会主义和实现共产主义作为革命伦理道德的根基。因此早在“五四”运动时期，毛泽东就把爱国主义和推翻旧政权、改造旧社会的革命目标联系起来，并把后者作为衡定是否爱国主义的真正标志。新中国成立初期，毛泽东又根据人们对新中国的态度，对爱国主义作了新的规定，指出：爱国主义有三种，第一种是真爱国主义，第二种是假爱国主义，第三种是半真半假、动摇的爱国主义。只有真心实意拥护、支持和热爱新中国才是真爱国主义，这种爱国主义集中表现为努力“为蒸蒸日上的社会主义祖国服务”，“为建设一个伟大的社会主义国家而奋斗”。

由于实现共产主义是全世界无产阶级革命的最终目的，也是中国革命的最终目的，因而，这一最终目的，决定了无产阶级与一切被压迫民族、被压迫人民的利益的一致性，决定了各国无产阶级及其政党所领导的革命斗争，都是世界无产阶级革命的一部分，这就必然使得无产阶级爱国主义与国际主义是统一的。由此，毛泽东又强调：“中国共产党人必须将爱国主义和国际主义结合起来。”①

毛泽东不仅把建设社会主义和实现共产主义，作为衡量爱国主义和国际主义的道德坐标，而且还直接把“忠诚于共产主义事业”作为共产主义道德的最高原则。在中国革命的长期斗争中，毛泽东为此经常教育广大共产党员：“要做一个自觉的忠诚的共产主义者”，为新民主主义革命，为将来的社会主义和共产主义而奋斗到底。他说：“每个共产党员入党的时候，心目中就悬着为现在的新民主主义革命而艰苦奋斗和为将来的社会主义和共产主义而奋斗这样两个明确的目标，而不顾那些共产主义敌人的无知的和卑劣的敌视、污蔑、谩骂或讥笑。”②

---

① 《毛泽东选集》第2卷，第520页。
② 《毛泽东选集》第3卷，第1059页。

实现共产主义，是中国共产党的最高纲领。但是，实现共产主义的奋斗历程是十分艰难曲折的。无论在前进的征途中，会遇到多少艰难险阻，会碰到多么大的困难与挫折，一个共产党人都必须对共产主义抱有坚定的信念，不屈不挠，勇往直前。因而，忠于共产主义事业始终是衡量共产党人的行为和品质的最高道德标准。

毛泽东从无产阶级的政治利益出发，在新中国成立初期，根据社会主义革命和建设的实践要求，提出了“鉴别人的言论行动是否正确，究竟是香花还是毒草”的六条政治伦理标准。使毛泽东伦理观具有极强的政治特色，因此，在这个意义上，毛泽东的伦理观，实质上是一种政治伦理观。

二、人民利益至上的价值取向

中国共产党和毛泽东所领导的中国新民主主义革命，一方面是替资本主义扫清道路，另一方面又是替社会主义创造前提。

在新民主主义革命胜利后，共产党领导人民大众建设社会主义。在政治上，是工人阶级领导的以工农联盟为基础的人民民主专政。在经济上，实现了三大改造，建立了生产资料的公有制，社会主义生产的根本目的就是为了满足人民大众日益增长的物质文化生活需要。

由此可见，无论是新民主主义革命，还是社会主义革命和社会主义建设，其根本目的就是为了人民大众的解放和幸福。所以，毛泽东指出，中国共产党及其所领导的革命队伍，“完全是为着解放人民的，是彻底地为人民的利益工作的”。[①] 革命的政治利益和人民的根本利益是完全一致的，因而，毛泽东在坚持政治利益至上的价值取向的同时，也必然坚持人民利益至上的价值取向。人民利益至上的价值取向，使毛泽东确立了“一切从人民的利益出发”的道德坐标和“全心全意为人民服务”的革命人生观。毛泽东指出：“我们共产党人区别于其他任何政党的又一个显著的标志，就是和最广大的人民群众取得最密切的联系。全心全意地为人民服务，一刻也不脱离群众，一切从人民的利益出发，而不是从个人或小集团的利益出发；向人民负责和向党的领导机关负责的一致性；这些就是我们的出发点”。[②] 因而，“共产党人的一切言论行动，必须合乎最广大人民群

① 《毛泽东选集》第3卷，第1004页。
② 《毛泽东选集》第3卷，第1094－1095页。

众的最大利益，为最广大人民群众所拥护为最高标准。"[①] 这既是每个共产党员的最高政治标准，也是每个共产党员的最高道德标准。

既然人民的利益高于一切，既然我们是全心全意为人民服务的，那么，毛泽东认为，"共产党员无论何时何地都不应以个人利益放在第一位，而应以个人利益服从于民族的和人民群众的利益。因此，自私自利，消极怠工，贪污腐化，风头主义等等，是最可鄙的；而大公无私，积极努力，克己奉公，埋头苦干的精神，才是可尊敬的"。[②] 一个人只要"一切从人民利益出发"，就能够达到"毫不利己专门利人"的大公无私的最高道德境界。"毫不利己专门利人"就是对工作的极端的负责任，对同志对人民的极端的热忱；就是关心集体比关心个人为重，关心他人比关心自己为重，吃苦在前，享受在后。"这是共产主义的精神，每一个中国共产党党员都要学习这种精神"。一个人能力虽有大小，但只要有这点精神，"就是一个高尚的人，一个纯粹的人，一个有道德的人，一个脱离了低级趣味的人，一个有益于人民的人"。[③]

一个人要做到一切从人民的利益出发，全心全意为人民服务，在毛泽东看来，很重要的因素就是要成为一个热爱人民的人。是否热爱人民，不仅是个思想感情问题，还是个态度问题、立场问题。只有站在人民一边，虚心向群众学习，就能够发生热爱人民的情感，热爱人民，就能够诚心诚意为人民服务，"做无产阶级和人民大众的'牛'，鞠躬尽瘁，死而后已"。[④]

毛泽东从人民利益至上的价值取向创立的革命伦理观，具有强烈的人民性，使其伦理观和中国历史上以往的伦理观根本区别开来，成为团结、凝聚人民的巨大精神力量，也使毛泽东和中国共产党成为广大人民群众拥护、支持和爱戴的对象。

三、整体利益至上的价值取向

从人民的利益出发，全心全意为人民服务，在实际道德实践中，最关键的就是要正确处理个人利益和集体利益的关系，正确处理全局利益和局部利益的关系，正确处理长远利益和眼前利益的关系。毛泽东认为，只有把整体利益放在首

① 《毛泽东选集》第3卷，第1096页。
② 《毛泽东选集》第2卷，第522页。
③ 《毛泽东选集》第2卷，第660页。
④ 《毛泽东选集》第2卷，第877页。

位，才能真正处理好这些关系，也才能真正做到从人民利益出发，全心全意为人民服务。

在个人利益和集体利益的关系问题上，毛泽东认为，必须把集体利益放在首位，使个人利益服从集体利益。他十分明确地强调：共产党员无论何时何地都不应以个人利益放在第一位，而应以个人利益服从民族和人民群众的利益。由此，毛泽东一方面高度赞扬了诸如鲁迅、张思德、白求恩等全心全意为人民服务、毫不利己专门利人，俯首甘为孺子牛的大公无私精神；另一方面则严厉地抨击了个人主义的种种表现。认为："个人主义的社会根源是小资产阶级和资产阶级的思想在党内的反映。"① 1937 年，毛泽东在《反对自由主义》一文中，列举了十一种自由主义的表现之后，紧接着指出："自由主义的来源，在于小资产阶级的自私自利性，以个人利益放在第一位，革命利益放在第二位。"② 因此，我们要用马克思主义的积极精神，克服消极的自由主义。这就要求，"一个共产党员，应该是襟怀坦白，忠实，积极，以革命利益为第一生命，以个人利益服从革命利益；无论何时何地，坚持正确的原则，同一切不正确的思想行为作不疲倦的斗争，用以巩固党的集体生活，巩固党和群众的联系；关心党和群众比关心个人为重，关心他人比关心自己为重。这样才算得一个共产党员。"③

在个人利益和集体利益关系问题上，在革命战争年代，由于革命艰苦环境的客观要求，毛泽东比较着重于强调个人利益服从集体利益。而随着革命的胜利，社会主义和平建设时期的到来，毛泽东则着重强调个人利益和集体利益相结合。他在 1955 年明确说道：应当"反对自私自利的资本主义的自发倾向，提倡以集体利益和个人利益相结合的原则为一切言论行动的标准的社会主义精神"。④ 1957 年，他在《关于正确处理人民内部矛盾的问题》中进一步指出："我们必须兼顾国家利益、集体利益和个人利益。"⑤ 要求尊重和保护正当的个人利益，而不是否定这种利益，做到"公私兼顾"。

在全局利益和局部利益关系问题上，毛泽东认为，应当把全局利益放在首位；在此前提下，兼顾全局利益和局部利益；当两者发生矛盾时，局部利益应当

---

① 《毛泽东选集》第 1 卷，第 93 页。
② 《毛泽东选集》第 2 卷，第 366 页。
③ 《毛泽东选集》第 2 卷，第 361 页。
④ 《毛泽东选集》第 5 卷，第 244 页。
⑤ 《毛泽东选集》第 5 卷，第 380 页。

服从全局利益。他说："共产党员必须懂得以局部需要服从全局需要的道理，如果某项意见在局部情形看来是可行的，而在全局的情形看来是不可行的，就应当以局部服从全局。反之也是这样，在局部的情形看来是不可行的，而在全局的情形看来是可行的，也应以局部服从全局。总之，"要提倡顾全大局。每一个党员，每一种局部工作，每一项言论或行动，都必须以全党利益为出发点，绝对不允许违反这个原则"。[①] 据此，毛泽东严厉批评了党内的宗派主义，指出："一部分同志，只看见局部利益，不见全体利益，他们总是不适当地特别强调他们自己所管的局部工作，总希望全体利益服从他们的局部利益。"[②] 在总结社会主义建设经验时，毛泽东又重申："我们历来的原则，就是提倡顾全大局。"[③] 当然，顾全大局不是不管局部利益，而是应当在有条件的情况下，尽可能兼顾两者利益。

在长远利益和眼前利益的关系上，毛泽东提出，应着眼于长远利益，不放弃眼前利益，把两者联系起来，结合起来，统一起来。在民主革命时期，毛泽东说，我们一方面要把民主革命做好，如果做不好，就谈不上争取社会主义胜利；同时另一方面，我们在领导民主革命时，应当心中有个大目标，只有这样，我们才能不会丢失前进的方向。当民主革命即将胜利之时，毛泽东又指出，共产党人应当把一般纲领、基本纲领，最低纲领和将来纲领、最高纲领结合起来。因此，"每个共产党员入党的时候，心目中就悬着为现在的新民主主义革命而奋斗和为将来的社会主义和共产主义而奋斗这样两个明确的目标"。[④]

毛泽东从整体利益至上的价值取向，提出了正确处理个人利益和集体利益，局部利益和全局利益、眼前利益和长远利益的关系的原则，从而确立了集体主义道德原则。正是这一道德原则，成为共产主义道德的基本原则，它贯穿于共产主义道德体系之中，使共产主义道德与其他一切道德根本相区别。

毛泽东从政治利益至上，人民利益至上和整体利益至上的价值取向所创立的革命伦理观，对我们今天改革开放的新时代来说，依然有着重大的现实意义。

今天，随着改革开放的全面、深入推进，随着商品经济和市场经济的崛起，我们的社会发生了巨大的变化。但是，我们的社会性质和奋斗目标没有改变。恰恰相反，我们的改革开放，正是为着社会主义制度的完善，为着早日实现社会主

---

① 《毛泽东选集》第 3 卷，第 821 页。
② 《毛泽东选集》第 3 卷，第 821 页。
③ 《毛泽东选集》第 5 卷，第 277 页。
④ 《毛泽东选集》第 3 卷，第 1059 页。

义现代化，为着最终实现共产主义。因此，我们每一个共产党人，在当前国际国内激烈变迁的时刻，都必须忠诚共产主义事业，都应当弘扬无产阶级的爱国主义精神，坚持改革开放的社会主义方向，站在改革开放的前沿，坚持党的基本路线，为建设中国特色社会主义而奋斗。

我们的改革开放，又是从人民利益出发，为着人民的共同富裕而进行的改革开放。因此，我们每一个共产党人，必须始终把人民的利益放在首位。只有这样，我们才能真正经受得起改革开放的考验，经受得起商品经济和市场经济的考验。始终把人民利益放在首位，就要求我们共产党人，在改革开放中正确处理个人利益和集体利益的关系，正确处理局部利益和全局利益的关系，正确处理眼前利益和长远利益的关系。也只有这样，我们的改革开放，才能有利于社会主义社会生产力的发展，有利于提高我国的综合国力，有利于提高人民的生活水平。

（原载《社会科学》1993 年第 12 期）

当前干部道德建设的难点

干部是国家和社会生活的组织者、领导者和管理者，是我们党联系群众的纽带。干部素质的高低直接关系到党和国家的前途和命运。造就一支德才兼备、素质优良的干部队伍，是深化改革开放，建设中国特色社会主义的时代需要。因此，加强干部队伍的建设，其中也包括加强干部队伍的道德建设，是当前一项极其重要的工作。但是，在干部道德建设问题上，时代的客观需要和工作的实际效果之间却存在着较大的差距。当前干部道德建设这种不尽如人意的现实状况，表现在干部道德建设中存在着一系列的难点。

难点之一，干部道德信仰出现困惑

信仰，是人类最深沉的一种意识，它表现为人们对某种东西的极度相信和尊崇，并终生追求，以之为行动的榜样或指南。人们的信仰有各种类型，诸如政治信仰、宗教信仰、道德信仰等等。干部道德信仰，就是干部对于某道德理想、道德准则的深刻理解和坚定信奉。“全心全意为人民服务”就是我党创建以来，革命干部用以为自己行动指南的道德信仰，它在过去长期的革命斗争中和社会主义建设中曾经指引着广大干部为人民的幸福事业鞠躬尽瘁、忘我工作。

但是，在今天，这种崇高的干部道德信仰已经出现困惑。究其原因，大致有如下几个方面：

第一，“全心全意为人民服务”这一干部道德信仰曾被极左思潮所歪曲和践踏，从而给干部道德信仰留下了阴影。特别是在“十年浩劫”当中，极左思潮把“全心全意为人民服务”推向极端，把为人民服务与干部的个人利益完全对立起来，彻底否认和抹煞了广大干部的个人利益。

第二，在社会转轨时期，多元杂乱的观念流困惑着干部的道德信仰。随着我国改革开放的兴起和深入，整个社会由旧体制向新体制逐步转轨。这一时期，既是旧观念被冲击，新观念未确立的时期，也是中外观念交汇冲撞的时期，从而形成了这一时期所特有的纷繁杂乱的观念流。同时，由于社会变化在变革时期的迅急性，以及人们思想变化的内在滞缓性，当人们面对着变化的社会现实，努力地去调整自己原有的思想观念，以适应社会迅速发展的客观要求时，矛盾、困惑和痛苦不可避免。在这种变革转轨的复杂社会背景下，“全心全意为人民服务”的干部道德信仰也受到了这样或那样的冲击。这种冲击，在客观上影响了干部道德信仰的坚定性。

第三，当前非良性的示范效应严重冲击了“全心全意为人民服务”的干部道德信仰。道德是人类把握现实世界的一种方式。它强调知行合一，强调道德实践的至上意义。马克思把它称之为“实践—精神”的掌握世界的方式；康德则将它称之为“实践理性”。道德这种把握世界的特殊方式，决定了道德践行中的示范价值。在中国传统文化中，道德的践行示范作用有着十分重要的意义。民间流传的俗语“上行下效”、“上梁不正下梁歪”等就是一个极好的注解。当前干部队伍中存在着严重的腐败现象，在客观上起到了非良性示范的作用。它不仅动摇了一些群众对党和政府的信念，也动摇了一些干部的“全心全意为人民服务”的道德信仰。

干部道德信仰，是干部道德教育和修养的前提，一旦“全心全意为人民服务”的干部道德信仰出现困惑，整个干部道德建设就势必会出现巨大的困难和障碍。

难点之二，干部双重人格障碍

人格，是指一个人所具有的各种比较重要和相对稳定的心理特征的总和，它既是一个人在对他人的态度和行为方式上所表现出来的习惯系统，也是一个人基本的精神面貌。人格虽和人的生理因素有关，但它的形成发展主要是社会环境影响的结果。人格一旦成形，则具有相对稳定性，不仅不容易改变，而且会强有力地影响到主体的行为和态度。健康的人格，既是以往社会环境影响的良好结果，又是进一步提高道德素质的基本心理条件。然而，遗憾的是，干部队伍中隐藏着的双重人格，成为干部道德建设的巨大心理障碍。究其形成原因，主要有以下几个方面：

第一，长期以来政治生活的不正常，是干部双重人格形成的政治环境。我国从1957年反右运动开始，“左”的思潮不断扩张和泛滥，到“文化大革命”达到高峰。在畸形政治环境里，干部人格发生扭曲。为了生存需要人们无奈地在正规场合上是一套，在非正规场合上又是一套；在陌生人前是一套，在熟人前又是一套；在口头上是一套，在行动上又是一套；在上级面前是一套，在下级面前又是一套；在人前是一套，在人后又是一套；对别人是一套，对自己又是一套。这本是在畸形的政治环境里出于生存需要的权宜之计，但天长日久，无形中造就了人们的双重人格，成为一种无意识的思想行为习惯。

第二，民主政治制度的不健全，是造成干部双重人格的体制因素。新中国成立以来，党和政府一直致力于民主政治制度的建设和完善。但是，由于封建遗毒的影响，极左思潮的干扰，落后的经济文化状况的制约，民主政治制度的建设步履艰难。长期以来，在权力高度集中的政治体制下，通行的是封闭型、随机性的决策模式，这种权力高度集中的政治体制，滋长起“家长制”、“一言堂”、官僚主义和形式主义。它不仅无法建立起对各级管理机构的社会监督机制，而且造成了政治生活中浓郁的人治色彩和不良的领导管理作风。结果，领导者往往凭个人意志和喜好作出政治决策和干部人事任免决定，而被领导者也被迫迎合领导者的个人意志和个人喜好，这就在客观上阉割了广大干部的主体性，促使干部双重人格的形成。

第三，浓厚的家族主义精神，是干部双重人格形成的传统文化背景。在个人、家族、家庭融为一体的历史态势下，家族主义精神生发起来，并在长期的社会发展中，形成中华民族传统文化的基本精神。家族主义精神，强调家族利益的至上性，以个人利益无条件服从家族（庭）利益为原则，注重族（家）长的权威，注重整体意志。这种精神，一方面培养了中华民族善于顾全大局、识大体的品性，以及人们的爱国主义精神和集体主义精神；另一方面，它又在很大程度上抹杀了个人的利益和权利，扼制了人们个性的健康发展，成为专制主义的精神基石。虽然近现代社会发展的进程，在很大程度上冲击了家族主义，但是，由于中国历史发展的特殊性，家族主义精神至今仍有很大的影响。在这种传统文化背景下，家长制作风极易滋生起来，人们的主体意识受到严重的抑制。因此．善于察言观色，曲意奉承，报喜不报忧，依然是国人的老毛病。同时，随着改革开放的兴起和社会主义市场经济体制的孕育，人们的个性逐步获得解放，主体意识不断增强。在传统影响与现代要求的矛盾冲突中，干部的人格被迫分裂，从而形成双重人格。

干部的双重人格，无疑会随着改革开放的深入发展而逐渐消失。但是在目前还是一个不以人的主观意志为转移的客观事实，这就势必会给当前的干部道德建设带来很大的困难，它会造成道德建设流于形式，使理论与实践相脱离。

难点之三，缺乏有效的道德建设机制

道德建设机制，主要有道德教育机制、道德修养机制、道德监督机制和道德赏罚机制。

在道德教育机制上，当前最大的问题是缺乏行之有效的干部岗位道德教育制度和干部培训道德教育制度。毋庸讳言，改革开放以来，以经济建设为中心，亟须对广大干部进行各种才能的教育和培养。然而，令人忧虑的是，我们在纠正过去“重德不重才”的偏向的时候，又在不同程度上产生了“重才不重德”的偏向。现在不仅在工作单位上，干部的思想道德教育工作软弱松懈，而且在各级干校和党校的轮训教育中，干部道德教育课程也在不同程度上被挤掉了，从而致使干部缺乏必要的道德知识、道德理论、道德准则的教育。这是当今一些干部道德素质低下的一个重要原因。

在道德修养机制上，目前最关键的问题是干部的自律性尚未普遍建立起来。道德修养的特点是自觉性，而自觉的道德修养习惯来之于对道德价值的深刻认识。同时，道德修养的实质，是道德主体内心善与恶的斗争。要扬善抑恶，必须要首先懂得何者为善，何者是恶。“重才轻德”的偏向以及干部道德信仰的困惑，阻碍了干部对道德价值的深刻理解、对善恶的重新认识和内心善恶斗争的积

极性，使干部道德修养放任自流，造成了干部道德自律性的薄弱。

在道德监督机制上，缺乏健全的道德监督网络。道德监督网络包括群众监督、舆论监督、行政监督、社团监督、社会监督等。在过去的计划体制下，由于紧密的人事关系和小单位大社会的状况，群众监督、行政监督和社团监督曾一度发挥过较大的威力。但是，随着商品经济的兴起，人事关系日趋松散，大单位小社会的状况日益发展，群众监督的威力减弱，行政部门已不再重视道德监督，社团监督也变得松懈，而舆论监督和社会监督又未走上正轨，从而出现了道德监督的许多真空地带。在道德监督变得越来越松弛，而干部道德自律又尚未真正建立之际，干部道德滑坡就难以避免了。

在道德赏罚机制上，缺乏必要的赏罚制度。道德的践行，是自觉性与强制性的统一，是自律性与他律性的统一，是奖赏与惩罚的统一。现代道德赏罚制度，包括舆论赏罚、行政赏罚、社团赏罚、经济赏罚、法律赏罚。其中，法律赏罚是现代道德赏罚机制的重要组成部分。因为随着现代社会的发展，社会生活日趋复杂化，道德和法律的交叉渗透越来越广泛和深入，许多道德规范，已经成为法律条文，而许多法律条文，不仅贯注着道德精神，也是道德规范的直接转化，因此，道德的法律化是当代道德建设的一个重要特点。

难点之四，当前义利矛盾的激烈冲突使干部道德心理难以平衡

在道德观念冲突中，最激烈的矛盾冲突之一是义利矛盾冲突。中国传统道德，适应自然经济的要求，历来是主张重义轻利。随着现代商品经济的崛起，重义轻利的道德观念被批判，被抛弃，代之而起的是义利并重的新道德观念。但是，在客观上，要奉行这种新道德，则有着许多难以克服的矛盾，尤其是在人们的具体行为上更是如此，其原因是：

第一，我国商品经济发展的特殊内在矛盾，使义利矛盾激烈冲突。我国的商品经济，从商品经济的发展史来看，是在社会主义初级阶段上的初始性现代商品经济，其最大的特点是短缺性和某种意义上的投机性。从总体来看，所谓短缺性，是指商品生产和消费之间，基本上是供不应求。所谓投机性，是指商品生产经营者往往不惜采取各种不正当的手段和方式去挣取最大限度的利润。同时，在由计划经济向市场经济转轨，由产品经济向商品经济转型时，其中许多机制尚未建立健全和完善，这就给许多不义获利者留下了许多可乘之机。一些人也正是以种种不义之道大发利市，而另一些人规规矩矩，却生产经营艰难。这在客观上，

无情地嘲弄了“义利并重”的新道德观念，给干部确立“义利并重”的观念造成了冲击。

第二，干部工薪偏低与致富要求的矛盾。在现代国家里，社会生产的组织者、领导者和管理者，其工薪收入通常都属于中上水平。但是，在我国，由于过去长期的低薪政策，干部的工薪增长远远低于社会生活发展的物价增长指数。一个廉洁自好的干部，通常要过着比较清贫的生活。这在计划体制艰苦朴素为尚的历史条件下，干部的道德心理还基本上能保持稳定，然而，这种清贫在商品经济大潮的“新观念”中，不再是光荣。社会提倡少数人先富，鼓吹干部带头致富，在客观上引发了干部工薪收入偏低与强烈致富要求的尖锐冲突，在“义利并重”的天平上，义利不可能保持平衡了，它必将倾斜。

第三，社会上的不正之风使干部道德心理难以平衡。在“短缺性”商品经济中，各种物质财富从正当的渠道和途径去获得，往往是很有限度的。这种状况，诱发了一些人转而利用种种不义的手段和方法去获取物质财富。于是，各种不正之风开始像瘟疫一样传染和蔓延，使整个社会风气出现了恶性循环。被这种社会氛围包围着的干部们，要保持道德心理的平衡势必相当艰难。而一些失去心理平衡的干部，则不断地迅速滑入了敛取不义之财的歧途。

正是由于上述存在的各种难点，当前干部道德建设不能不处在艰难曲折的阶段上。当然，这些难点，都不过是前进中的暂时困难，随着改革开放的深化发展，社会主义民主政治的建立和完善，社会主义市场机制的成长成熟，将会大大缓解和消失。因此，在当前的阶段上，我们既要看到干部道德建设的重重困难，又要看到干部道德建设的种种优势和光明未来，坚定信心，鼓足干劲，实事求是，脚踏实地，努力开创干部道德建设的新局面。

（原载《党校科研信息》1994 年第 15—16 期）

政治伦理与政治体制改革

自从改革开放以来，我国一直都在进行着政治体制改革的探索；在这种探索进程中，离不开政治伦理的支持和引导；而随着社会主义民主政治体制的孕育与确立，政治伦理也有了进步发展的良好政治条件。因此，在现实性上，政治伦理与政治体制改革相辅相成，相互促进，相互渗透，共同发展。也正是在这个意义上，为了更好地推进我国的政治体制改革，我们不能不重视对政治伦理与政治体制改革两者关系的探讨。

一、政治伦理对政治体制改革的重大价值

政治伦理是人类社会伦理道德的一种特殊表现形态，它是人们在政治生活中以一定的阶级道德或社会道德调整人与人之间的政治关系的道德现象的总和。政治伦理包含的内容十分丰富，如从理论与实践的角度来分，有政治道德意识、政治道德准则、政治道德关系、政治道德活动；如从宏观和微观的角度来分，有社会政治伦理和个人政治伦理；如从客体与主体的角度来分，有政治制度伦理和政治行为理论。政治伦理从本质上来说是社会经济关系根本要求的集中反映，由此，它对建立在社会经济基础之上的政治体制来说，必然有着重大的影响和制约作用。因而，对于我国政治体制改革的探索来说，政治伦理也必然能够显示它的重大价值。

首先，政治伦理对一定政治体制的建立，能够起到直接的指导作用。政治体制作为社会上层建筑的构成要素，在根本上是决定于社会经济基础；但是，政治体制不是自发形成的，它从来都是在一定的政治思想的直接指导下建立的。其中，政治伦理思想也在一定程度上对政治体制的建立起到重要的导引作用；特别是政治体制作为基本政治制度的表现形式，更加受到一定政治伦理思想的引导。我国在改革开放的历史进程中，选择了民主政治体制，不仅因其合必然性，适应社会主义市场经济体制的内在要求；而且也因其合目的性，体现了中国最广大人民群众根本利益的根本要求。也就是说，建立社会主义民主政治体制，是合规律与合目的的统一；只有符合规律，才有其存在发展的客观基础；而只有符合社会主义政治伦理要求，才有其存在发展的主观条件，才能为广大人民群众认同并付诸践行。因而社会主义民主政治体制改革的每一步，都应当符合人民主权、自由、平等、民主、法治、公正、公平、公开、效率、廉洁等政治伦理的要求，都应当在这些政治伦理的导向下向前发展。

其次，政治伦理为一定政治体制的建立提供道义上的支持。任何新的政治制度的建立，任何新的政治体制的变革，都是对旧的政治制度和政治体制的反叛，

都是对在旧的政治制度和政治体制下形成的、与其性质和要求相适应的政治道德的亵渎。因此，任何新的政治制度和政治体制的确立，都必然会遇到旧的政治道德的猛烈和顽强抵抗；而要为新的政治制度和政治体制的发展开辟道路，就必须从政治道德上论证新的政治制度和政治体制的进步性、合理性和正当性，为其提供有力的道德辩护和道义支持，从而才能清楚人们在道德方面的困惑和疑惧，打消人们行动上的对抗和抵触，促使人们积极投身于新的政治制度的建立与政治体制的变革之中，推动新的政治制度和政治体制的确立和发展。我国改革开放以来，为了建立与社会主义市场经济相适应的社会主义民主政治体制，我们一方面从政治道德上批判了建立在传统计划经济体制基础上的旧政治体制，另一方面则大力宣扬新的政治体制所拥有的巨大的历史进步意义，由此有力地推进了社会主义民主政治新体制的建立和发展历史进程。

再次，政治伦理为一定政治体制的变革提供强有力的道德动力。政治是经济的集中体现，是人们利益要求的根本反映。因此，从根本上来说，政治制度的革命和政治体制的变革，都是人们的利益的根本性调整，这就必然会遇到原有的既得利益者的顽强抵抗和强烈反对，原有的既得利益者就会以各种手段和方式去打击革命者和改革者，以维护旧的政治制度或政治体制。因而，革命者或改革者，在进行革命或改革的进程中，必须要有高度的政治道德热情，坚定的政治道德意志，崇高的政治道德信仰，才能义无反顾地将革命或改革进行到底。我国当前所进行的政治体制改革，是要从建立在计划经济基础上的高度集权的政治领导体制和工作制度，转变到建立在计划经济基础上的社会主义民主政治新体制上来；这无疑是一场极其深刻的政治革命。要胜利地进行这场革命，必须要求我们要有强烈的事业心、高度的责任感、坚强的意志力和无私无畏的革新精神等，也既要有强大的道德动力。

最后，政治伦理在一定程度上影响着政治体制的运行。一定的政治体制需要有着以整套与之相适应的政治道德观念和规范。否则，政治体制就因人们的政治行为的无序而难以正常进行。正是因为，政治伦理在本质上是一种以实践精神的特殊方式去把握世界，它以观念特别是规范的形式去引导人们做出“应当”的政治行为，从而使人们的政治行为和政治活动符合一定政治体制运作的客观要求，以使得政治体制得以正常运转。中国古代社会之所以能够长期地实行封建专制，与其有着一整套非常系统和成熟的封建政治伦理分不开；它以“忠君”为核心，强调等级次序和绝对服从，完全适应了封建专制制度的客观要求。而今，我们要建立社会主义民主政治新体制，就必须要建立起与之相适应的政治道德观念和规范，以调整人们的政治道德关系，以规范人们的政治道德行为，以缓解人们的政治道德矛盾，从而保证社会主义民主政治体制的顺利建立和健康运作。

二、政治体制改革有力地促进政治伦理的进步发展

政治体制是政治制度的表现形式和运作方式，它不仅对作为内容而言的政治制度有着巨大的反作用，而且对其政治伦理的进步发展有着直接的重大影响。随着我国社会主义政治体制改革进程的不断推进，社会主义政治伦理也必将不断向前进步发展。

首先，政治体制改革直接影响着政治伦理关系的确立。人们的道德关系在本质上是一种特殊的思想关系，唯物史观认为，人们的思想关系归根结底是由人们的物质关系特别是经济关系所决定。然而，政治不仅是经济的集中体现，而且也是经济关系巩固发展和人们获取经济利益的根本保证。一定的经济关系一旦由国家通过政治制度和政治体制固定下来以后，与其相适应的一系列思想道德关系也就同时被固定下来。而随着人们的政治道德关系的确立，直接反映这种政治道德关系的政治伦理也就有了存在发展的牢固根基。中国古代社会以“忠君”为核心的政治伦理，在中国长期以来之所以有如此深远的影响，正是由于历代统治阶级推行封建政治制度及其政治体制的结果。当前，我国正在进行的改革开放，是对原有的经济体制和政治体制的否定和变革，也是对原有的经济体制和政治体制基础上产生的旧政治伦理的否定和变革。因此，随着社会主义市场经济体制和社会主义民主政治体制的确立和发展，与之相适应的社会主义新政治伦理关系及其伦理道德也必将得以确立和发展。

其次，政治体制改革改变着政治伦理的性质。政治伦理作为一种社会意识形态，其社会性质不仅要受到社会经济基础的规定，而且也要受到社会政治制度和政治体制的制约。新中国成立 50 多年来，社会主义的基本政治制度并没有改变，但是，政治体制却发生了根本性的变化。在传统计划经济条件下的政治体制，是一种带有浓厚“人治”色彩的高度集权的政治体制，它造成了我国政治领域的一系列弊端，如政企不分、党政不分、官僚主义、家长制、搞特权、终身制等等。与此相适应，政治伦理也带有浓厚的“人治”色彩、“左”的甚至是封建性的内容，而随着社会主义市场经济的发展，社会主义民主政治新体制的建立，它使我国的政治伦理日益解除过去的“人治”色彩、“左”的特征，具有了现代社

会的“法治”色彩、“民主”特征；它使我国的政治伦理成为社会主义现代化建设的一个不可缺少的重要组成部分。

再次，政治体制改革决定着政治伦理的发展状况。社会政治体制一旦确立，它作为一种客观存在，直接制约和影响着属于主观范畴的政治伦理，并在直接的意义上，决定着政治伦理的发展状况。可以说，一定的政治体制本身就规定了一整套与之相适应的政治行为模式的规则，包括政治道德观念和规范。在政治体制和政治伦理两者之间，体制是第一位的，道德是第二位的。体制好，可以造成良好的政治行为范式，防止不道德的政治思想和行为，使坏人无法任意横行；体制不好，不仅导致不道德的思想和行为，使坏人坏事猖獗，而且使好人难以保节，无法充分做好事，甚至走向反面。

最后，政治体制改革保证着政治伦理的践行。政治伦理的践行，就自身而言，依靠的是政治伦理主体的自觉性、自律性；这既是政治伦理的优势，也是政治伦理的劣势。一个缺乏自觉性、自律性的政治伦理主体，是不可能指望它自觉自愿履行政治伦理的；而更为重要的是，如果一个政治伦理主体违反了政治伦理而受不到应有的制裁，就会产生负导向，造成政治伦理的践行维艰。因此，政治伦理的践行，仅靠其自身的维系是远远不够的，必须还要依靠政治体制这种强制性、他律性的力量来加以保证。同时，政治体制改革的根本，就是对社会利益的再调整，从而更为合理地分配社会利益，这在本质上就使得政治体制符合于社会公众对政治体制的道德要求，因而，社会公众就必然会按政治体制的安排去规范自己的行为，由此有力地保证了政治伦理的践行。

从上述可见，政治伦理与政治体制改革相辅相成。政治伦理既是政治体制改革能否出台的重要根据，又是政治体制改革能否成功的重要因素。同时，政治体制改革既是政治伦理性质变革与确定的关键要素，又是政治伦理践行的重要保证。因此，在我国改革开放的伟大历史进程中，我们必须坚定不移地实行“两手抓两手都要硬”的方针，一手抓好政治体制的改革，进行体制创新，建立社会主义民主政治新体制；一手抓好政治伦理的建设，进行理论创新，建立中国特色社会主义的新政治伦理。

（原载《天津市委党校学报》2001 年第 4 期）

试析我国公职人员的双重道德人格

当前，我国行政伦理建设遭遇到了一个难解的道德心理难题。这个道德心理难题就是在公职人员中，不同程度地存在着的双重道德人格。这种双重性的道德人格，突出地表现为行政道德意识与行政道德践行在相当程度上的分离。正确分析公职人员双重道德人格产生的原因、危害和克服途径，对于推进我国行政伦理建设有着现实意义。

一、我国公职人员双重道德人格的根源

社会意识是社会存在的反映，这的确是一个颠扑不破的真理。公职人员当中存在着的双重道德人格，有其客观存在的社会历史根源和现实社会根源。

首先，从社会历史根源来看，一是由中国传统道德的深刻影响所造成；二是由中国过去长期的专制制度所导致。

中国的传统道德，根基于家庭。中国古代社会的经济基础，是以一家一户为基本单位的自给自足的自然经济。家庭是人们生存发展的基地，特别是在宗法制度下，家庭伦理关系的协调是家庭生存发展的关键。因此，家庭以及家庭伦理在中国古代人的价值体系中具有举足轻重的地位。而同时，在中国古代社会，“国”只不过是“家”的扩大，家国一体、家国同构是古代社会政治结构的基本特征。所谓的“国家伦理”和“社会道德”一方面也只不过是家庭伦理道德的移植；但另一方面，“国家伦理”和“社会道德”又与家庭伦理道德有很大的不同。这种区别主要表现为，家庭伦理和家庭道德是道德义务与道德权利的统一，而在“社会道德”与“国家伦理”中，只有道德义务而没有道德权利。因此，人们遵守家庭道德可以是“自觉自愿”的，但遵守“社会道德”和“国家伦理”却难以做到“自觉自愿”。这种情况，造成了中国传统道德在实施时的特点与弱点：其一，家庭道德因其在家庭、社会和国家中的重要价值，导致了中国的道德至上传统，也导致了中国的“私德”至上传统，因而也从根本上造就了现代中国公民“法治”意识和“公德”意识十分薄弱；同时也造就了现代中国公民

"私德"与"公德"的分离。其二，由于"社会道德"和"国家伦理"演化于家庭伦理道德，而家庭伦理则植根于血缘，维系于亲情，因而，人们对于"社会道德"和"国家伦理"的"自觉自愿"遵守，是以血缘亲情的向外延伸度为条件的。其边际为"熟人"，即从亲人到亲戚再到朋友最后到熟人的延伸过程。在这个"自己人"的"伦理"圈子里与圈子外，"道德"的标准是不同的。比如，在"自己人"中交往，以"情"为重；而在"外人"和"陌生人"中交往，则以"利"为重。如果在"自己人"中讲"利"不讲"情"，则是"不义之举"；而对"外人"和"陌生人"讲"利"，则是"合德之行"。它使中国人一方面在"自己人"中，成为一个十分讲"道德"甚至是"大公无私"之人，而另一方面却在"外人"和"陌生人"中，成为一个非常不讲"道德"甚至是"自私自利"的人。

现代社会的发展，特别是随着商品经济和市场经济的发展，分工的社会化和国际化程度越来越高，家庭已从传统的大家庭大规模地向核心家庭转化，家庭的功能在日益衰退和萎缩，家庭的地位也在日益下降；相反，社会生活的领域迅速地向着其广度和深度推进，特别是随着民主政治国家的确立与发展，要求公民意识的确立与社会公德的发展。然而，由于传统的巨大惯性，当代中国人在社会公共生活当中，仍然还在不同程度地奉行着传统的"私德"习惯，从而造成了传统"私德"习惯与当代社会公德要求的冲突。而这种冲突，很典型地表现在人们行为中所显现出来的双重道德人格。

在中国古代社会，长期实行君主专制制度。与世界各国相比，中国君主专制政体有着以下显著特征：第一，萌生早，延续久。中国君主专制萌生于商周时期，形成于秦汉时期，早于世界各国，直到公元20世纪初年辛亥革命时才终结，长达3000多年。第二，皇权高于教权。中国历来实行政教分离，皇权高于教权，控制宗教势力，保持社会权力的高度集中。第三，经济基础坚固。君主专制制度的经济基础是土地的国有和自给自足的小农经济，由于国有土地的广大以及小农经济的脆弱性，"表现为行政权支配社会"。第四，与宗法制度紧密结合。在宗法社会，君权与父权合二为一，实行嫡长子世袭制度。第五，高度集权。中国君主专制的集权程度，总趋势是日益强化，皇帝本人集立法、司法、军事指挥大权于一身，将中央集权推至极端。第六，严密的人身控制。在君主眼中，"治民"乃是"制民"，因此，千方百计实行最大限度的人身控制。特别是对于各级官员，发明了诸如"东厂"之类的特务机构进行严密监控。由于这种高度的集权和严密的人身控制，造就了"庶民"特别是各级官僚的生存之道：对上与对下不一样，对内与对外不一样；想的与说的不一样，说的与做的不一样。

虽然新中国成立后，君主专制制度早已消灭，但在改革开放之前，由于“左”的思潮的长期严重干扰，实行“以阶级斗争为纲”的错误路线，与计划经济相适应的中央集权在客观上加剧了这种政治高压。特别在整个社会生活中政治化的程度比较高，人们的许多言行，往往被牵强附会地卷入到政治之中，并可能在不同程度上受到种种的政治攻击。因而，为了避免引起各种政治麻烦，也迫使人们形成了道德人格的分裂。

其次，从现实社会根源来看，一是干部人事制度的不完善，二是公职人员行政道德素质不高所致。

我们的干部人事制度长期以来有两大弊端，一是干部领导职务终身制；二是领导直接选任干部制。从干部领导职务终身制现象来看，它使干部能上不能下，当了领导就是终身领导，使干部缺乏进取心和创新精神，不思进取，不求无功，但求无过，得过且过，极易形成官僚主义习气。同时，在一个地方或一个单位长期当领导，就有可能渐渐形成家长制作风。家长制作风一旦形成，它除了使个人高度集权以外，还使个人凌驾于组织之上，组织成为个人的工具，搞“一言堂”，个人决定重大问题，搞个人崇拜，搞人身依附，个人权力不受限制，对下级颐指气使，把上下级关系搞成“猫鼠”关系，甚至搞成旧社会那种君臣父子关系或帮派关系。从领导直接选任干部制现象来看，在家长制作风下，干部的选拔和任用，不仅以领导的亲疏远近关系，而且还以领导的兴趣喜好为转移，下级为了自己的生存与发展，往往不得不扭曲自己的人格，以附和、迎合上级领导的需要，从而也渐渐养成自己的双重人格。

尽管改革开放20多年来，我们在进行政治体制改革的伟大历史进程中，对干部人事制度进行了多方面的改革，但是，一是由于人格一旦形成，要改变则需要一个比较长的时间；二是从变革到稳定、从不完善到比较完善也需要一个比较长的时间。所以，由于干部人事制度不完善所导致的公职人员双重道德人格的现象，不可能在短期内消失，甚至会出现一些反复。例如，近年来，为了防止干部人事制度上的腐败，避免任人唯亲现象，国家和政府出台了许多相关政策和措施。这些政策和措施的出台，一方面有力地推进了干部人事制度上的进步；另一方面，却由于政策和措施的不配套，又引出一些新的问题。比如选拔干部要讲政绩，这一点本来没有错，但是在什么才是政绩，政绩考核执行什么标准，如何进行政绩考评等具体问题上不太明确和不太科学，使得一些公职人员不顾民意、不理地情、不讲效益地上“政绩工程”。结果，这些公职人员凭借着“政绩工程”获得了升迁，而留下的却是劳民伤财的烂摊子。同时，虽然国家和政府十分重视对公职人员的教育，但是长期以来忽视了引导他们自觉进行道德修养，自觉进行主观世界的改造，因此，许多行政伦理和行政道德并没有真正内化为他们的道德素养。而作为一名公职人员，在政治领域中活动，又需要常常使用这些道德“术语”，从而把应有的价值目标与实际的工作目的分离开来，因此渐渐养成不同程度的双重道德人格。

二、我国公职人员双重道德人格的危害

公职人员双重道德人格的存在，无疑是行政伦理建设的巨大心理障碍。

首先，由于行政伦理建设的根本任务，就在于不断提高公职人员的行政道德素质。而公职人员行政道德素质的提升，必须经过实践—教育—修养—实践，这样一个不断循环往复的过程。公职人员双重道德人格的客观存在，在实际上阻断了这一循环过程，造成了行政伦理建设的低效率。

其次，行政伦理建设必须遵循行政道德的发展规律，而行政道德发展的基本规律之一，就是要求行政道德主体必须言行一致，特别要求各级领导要以身作则。而一些公职人员双重行政道德人格的客观存在，就不可能做到符合这一规律的客观要求，从而不仅不能有效地建设行政伦理，而且还会造成行政道德风气的恶化，对其他公职人员的行政道德养成形成严重污染，甚至引发行政伦理建设上的恶性循环。

再次，行政伦理建设，还必须有社会大环境的支撑。行政伦理与社会道德风气，是相互作用、相互影响、相互渗透的关系。在这对辩证关系中，行政伦理处于矛盾的主要方面之地位。因此，一些公职人员双重行政道德人格的客观存在，必然会严重影响社会道德风气；而社会道德风气的不良，又会加剧公职人员中双重行政道德人格的生长。如此长期发展下去，就会严重影响党和政府的威信与形象，甚至威胁到党和国家的生死存亡。

行政伦理的建设，应当从客观和主观两个方面去进行。

在客观方面，必须重视制度建设尤其是干部人事制度的建设。制度作为一种比较稳定的政治结构和刚性的科学规范，是制约公职人员道德人格形成发展的强有力的外在约束，就社会对个体的意义而言，是第一位的。这一点，邓小平讲得很明白。他说，制度是第一位的，在好的制度下，好人可以充分发挥作用，而坏

人也不容易作恶；但在不好的制度下，坏人容易作恶，好人也难以发挥作用。制度建设必须具有科学性、民主性、可行性、程序性和透明性。

在主观方面，必须加强对公职人员的行政道德教化。通过长期的行政道德教化和行政道德养成，以内化为公职人员的行政道德素质和良好的道德人格。而主客观两方面必须相互协调、相互配合、相互补充，使行政道德教化和行政道德养成制度化，使公职人员在他律和自律相统一的过程中，不断克服双重道德人格，形成和发展良好的行政道德人格，从而使行政伦理的建设不断进步发展。

（原载《广东行政学院学报》2003 年第 1 期）

当代中国政治腐败滋长的政治道德根源

中国改革开放 20 多年来，社会发展取得了令世界瞩目的巨大进步。但是，当代中国政治腐败的滋长蔓延也已经严重地损害了党和国家的光辉形象，成为严重威胁党和国家兴旺发达的政治肿瘤，必须坚决而及时地进行治疗。因而，正如党的十六大政治报告中指出："坚决反对和防止腐败，是全党一项重大的政治任务。不坚决惩治腐败，党同人民群众的血肉联系就会受到严重损害，党的执政地位就有丧失的危险，党就有可能走向自我毁灭。"

为了有效地把反腐败斗争深入进行下去，必须全方位地探究当代中国政治腐败滋长的根源，从而才能有针对性地找准对策，遏止和防止腐败。而这是一项庞大而艰巨的系统工程，需要方方面面的协同合作。本文受篇幅和能力的限制，仅从政治伦理的视角去探讨当代中国政治腐败滋长的政治道德根源，以期为反对和防止腐败贡献一点微薄之力。

当代中国政治腐败滋长的政治道德根源之一，是当代中国政治道德信念的现实转变。古典德国伦理学家康德曾经指出，道德行为和法律行为是两种不同的行为，如果说法律行为遵循的是外在的法，那么道德行为遵循的则是内在的法；相应地，法律关注的是行为和行为的后果，而伦理学关注的是行为背后的动机和意图的规则。而政治道德信念就是人们的政治道德行为所遵循的内在的法，是人们的政治道德行为的动机和规则。因此，所谓政治道德信念，就是人们对某种政治道德理想和根本的政治道德要求等的正确性和正义性的深刻笃信，以及由此而产生的对履行某种政治道德义务的强烈责任感。它是深刻的政治道德认识、炽热的政治道德情感和坚强的政治道德意志的有机统一。它是人们政治道德行为的最高动机，它已经超越了个人的功利，是出自政治道德理想的政治道德行为的根源。过去长期以来我们在共产主义政治理想下形成的全心全意为人民服务的政治道德信念，正是无数党员干部为人行事的精神支撑和工作的根本动力。这种政治道德信念不仅是马克思主义长期灌输的结果，也是作为一个革命党在残酷的阶级斗争和战争环境中实践的结晶。在当时的战时共产主义和后来的准军事共产主义的条件下，个人利益几乎完全融于集体利益之中，个人生存的目的不是为了个人本身，而是为了实现人民的利益。在这种境遇中，个人生存只是作为一种手段，它完全服从于其生存的目的，从而在政治道德行为的动机中难以生存政治腐败滋长的现实政治道德根源。然而，当我们取得了革命的胜利之后，当革命党变成了执政党，特别是社会主义市场经济的确立，个人利益与集体利益虽有相统一的一面，但又有相分离的一面。随着市场经济的崛起，个人利益获得了充分肯定的正当地位，个人利益也从集体利益中独立出来，在客观上造成了人们对个人功利的难以超越性。在这种新的境遇中，必然导致原有手段与目的的颠倒。即个人生存本身已经成为了目的，而工作及其活动则成为了手段。如果用通俗的话来表述就是：“过去活着是为了更好地革命，现在革命是为了更好地活着。”这种对原有手段与目的的颠倒，无疑是历史的进步，也是从革命党转变为执政党的历史必然。但是，任何历史的进步都不是纯粹的，在任何合理性的背后也必然隐藏着其不合理性的一面。过去把个人生存作为进行革命、实现人民利益的一种手段，有其历史必然性和合理性，但同时也隐藏着可能否定个人利益的不合理性；而今天把革命、工作作为了获得个人利益的手段，也有其历史的必然性和合理性，但同时又隐藏着对集体利益、人民利益的可能忽视甚至否定的不合理性。虽然我们在理念上不断强调党员干部把个人利益和集体利益、人民利益统一起来，反复灌输全心全意为人民服务的政治道德信念，但市场经济的个人利益原则每时每刻都在更广泛和更现实地滋润着人们的心灵，个人利益原则正在成为许多党员干部的政治道德信念。当这种个人利益原则成为了许多党员干部的政治道德信念之后，就产生了一种可能性：利用自己岗位和职务所掌握的资源和权力，为谋取个人利益服务。而当政治制度安排不能有效地监控这种资源和权力的运用时，政治腐败的可能性就会变成现实性。

因此，当代中国，随着革命党转变为执政党，计划经济转型为市场经济，全心全意为人民服务的政治道德信念更多的成为一种理想性和超越性的政治道德信念；而个人利益原则则更多地成为一种现实性和世俗性的政治道德信念。面对这种现实，要防止政治腐败，就不能仅从政治道德信念的教化着眼，更重要的乃是政治制度的合理安排，对党员干部可能滥用的资源和权力进行有效的监控，使政治腐败的可能性难以转化为现实性。

当代中国政治腐败滋长的政治道德根源之二，是当代中国政治道德心理的部分扭曲。在人们的政治道德意识当中，政治道德理念属于高层次的政治道德意识，对人们的政治道德行为有着根本的长期的指导作用；政治道德心理虽然属于低层次的政治道德意识，但它对人们的政治道德行为却有着直接的强烈影响。当代中国政治腐败的滋长，如果在政治道德心理层面上来考察的话，则直接根源于腐败官员的政治道德心理的扭曲。其一是放纵心理。过去长期以来，“严格要求”成为广大党员干部的普遍政治道德心理。不仅严格要求自己，也严格要求自己的亲朋好友与他人，因而，“批评与自我批评”蔚然成风，为防止政治腐败的滋长营造了较好的政治道德心理氛围。然而，由于十年“文革”浩劫，把“批评与自我批评”异化为整人的工具，产生了“‘文革’后遗症”——对“批评与自我批评”的反感和厌恶，对“表扬与自我表扬”的认同与趋从。同时，在比较长的一段时期里，与“一手硬、一手软”现象相适应的是对党员干部的教育使用重政治、重文化而轻道德和情操。人治型的干部人事制度和片面的政绩观更加把党员干部引导到热衷于搞关系、搞形式的邪路上去。在这种境遇中，相当一部分党员干部形成了政治道德情操修养上的放纵心理，从而导致了他们政治道德情操的缺失、政治道德意志的薄弱，甚至良心的泯灭和人性的丧失。其二是补偿心理。在社会主义初级阶段，由于社会生产力水平的制约，人们的劳动主要还是一种谋生的手段，因此必须重视个人物质利益原则。而社会主义市场经济的确立，更使个人物质利益原则突显出来。一方面由于我国人口众多，虽然国内生产总值进入世界七强之列，但人均水平依然不高，从而制约着我国广大干部的工资水平也不高。另一方面，市场经济的发展，使一部分人先富起来，使付出巨大劳动的干部尤其是领导干部所获得的收入形成了巨大反差；在许多地方，一位县委书记的收入还远不如一个个体户的收入。这使得一些抱着“革命是为了更好地活着”并进一步演变为“革命是为了自己更好地活着”的道德信念的干部尤其是领导干部，出现了心理的不平衡，从而产生了补偿心理，就是利用自己手中掌握的权力和资源，为自己谋取私利，以跻身于先富起来的行列之中。其三是从众心理。在我国长期以来都有着从众心理的文化基础，小农经济的海洋，人口众多的群体性生活方式，强烈的宗派意识等等，都为人们的从众心理准备了肥沃的土壤。因此，我国政治腐败的一个基本特点，就是群体性腐败。而其中被卷入这种群体性腐败圈中的一部分干部，就是在这种极其复杂的关系网中，抱着一种主动或被动的从众心理而下水。其四是侥幸心理。在我国比较长的一段时期内，反腐败都处在一种被动的态势之中。也就是说，“不举不查”。特别是由于我们前面谈到的普遍存在的放纵心理和从众心理，由知情人举报的比例还是比较低的；而被举报后被查实的与实际的比例也同样是比较低的。更不用说大量外逃腐败者常常逍遥法外和对腐败者惩罚过轻等因素的影响，从而造成了腐败成本极低这一种客观现实。在这种客观现实面前，侥幸心理在一些素质低下的干部尤其是领导干部中滋长起来，形成了腐败的恶性循环。其五是赌博心理。与侥幸心理紧密相连系的是赌博心理，极少数从一开始就怀有不良动机（如传统的当官发财思想等）的干部，千方百计钻营（如跑官买官等）到一定的领导职位后，就疯狂地大搞权钱交易、以权谋私活动。他们把自己的政治投机，作为人生的赌博，抱着一种赌徒心态，豪赌一把，不成功则成囚。这一类人是党员干部队伍中的投机分子，穷凶极恶，必须引起我们的高度警惕。而我们长期以来对干部培养选拔不注重道德情操和动机考察，以及人治型的干部人事制度，则是这一类政治赌徒往往得逞的根本原因。

当代中国政治腐败滋长的政治道德根源之三，是当代中国政治道德机制存在着重大缺陷。当代中国政治道德机制的主要缺陷有其四：第一是政治道德养成机制的缺陷。政治道德固然与政治紧密关联，政治教育无疑有利于政治道德的形成；但是，我们却没有看到或根本就不重视政治与道德的区别，长期以来都以政治教育完全取代和消除道德教育。各级党校是培养各级干部的基地，但长期以来，各级党校就几乎没有伦理学、政治道德教育之类的课程，从而使我们干部的“党性”缺乏坚实的“德性”和“人性”基础。同时，政治道德的养成不仅在于教化，更在于实践磨炼，而由于我们片面地强调干部的“年轻化”和不重视干部的操守考察，使一些没有经过考验的道德操守不高的年轻干部走上了领导岗位，从而为政治腐败培养了一批后备军。改革开放 20 多年的实践已经证明，政治腐败的其中三个特点是：一多——腐败分子中年轻的较多；二快——腐败分子中年轻的腐败得更快；三狠——腐败分子中年轻的腐败得更狠。第二是政治道德考察机制的缺陷。正如前述，由于过去我们长期不重视干部的政治道德教育和修养，相应地也就不重视对干部进行政治道德操行的考察。而又由于我们过去还没有确立起科学发展观，不仅只重视干部的所谓政绩，而且在所谓的政绩考察中，事实上只重视某些经济指标，结果不仅引导着一些干部尤其是一些领导干部大搞劳民伤财的政绩工程，而且常常以这些劳民伤财的政绩工程的“辉煌”掩盖了他们的真实面目，导致了形式主义流行。第三是政治道德监督机制的缺陷。既然不重视对干部的政治道德操行的考察，当然也不会重视对干部的政治道德操行的监督；同时又由于我们宝塔型的政治道德监督机制，往往造成上级监督太远，同级监督太软的状况，使监督很难到位；常常发现问题时已经太晚——腐败已经病入膏肓。第四是政治道德赏罚机制的缺陷。赏罚分明是治国之道，而有效的赏罚机制是保证政治道德运行的关键一环。一方面，对于一些具有高尚政治道德情操的干部，我们反而不太重视提拔。因为这些干部往往刚直不阿，不仅不会搞关系，拍马屁，反而敢讲真话、敢于揭短，常常得罪一些人，违反所谓的官场“潜规则”，因而长期得不到重用。另一方面，我们对于一些腐败分子的处罚过轻，甚至于“党票”、“官职”也可以作为减轻处罚的重要筹码，该杀的不杀，该抓的不抓，使赏罚的权威性严重地大打折扣，这也是造成腐败成本较低的重要原因。

当代中国政治腐败滋长的政治道德根源之四，是当代中国旧政治道德文化的不良影响。这种旧政治道德文化的不良影响，其一表现为私德主义文化的不良影响。中国传统社会家国同构，国是一家之国，不仅实行家族专制，更是实行一人专制。在封建专制下，“普天之下，莫非王土；率土之滨，莫非王臣”。君臣关系、君民关系实质上都是主仆关系；而小农经济和宗法制度，使家庭道德为社会道德之本，结果使中国传统社会有臣民，而无公民；有私德，而无公德。私德运行的边界，是“自己人”、“熟人”，它永远难以达至“外人”、“生人”的范围。因此，它不仅塑造了我们国民的双重道德人格，也产生了传统社会的双重道德评价标准。这种私德主义文化源远流长，根深蒂固，即使社会发展到今天，它还顽强地生存在中国的大地之上。这样的结果，就使得人们对腐败者的评价不一，如果是“自己人”和“熟人”腐败，人们往往默肯；而如果是“外人”和“生人”腐败，则无比痛恨。其二表现为家族主义文化的不良影响。中国传统社会是宗法社会，家族主义有着极其深厚的土壤。家族主义突出表现为家族利益至上，每一个人都有责任和义务为家族利益添砖加瓦，“光宗耀祖”是人生价值所在。

而中国传统社会有臣民而无公民，有私德而无公德的状况，使臣民之家与君王之国截然分开。因此，长期以来，盗国财变家财也同样受到“自己人”和“熟人”的默肯。这种家族主义文化在今天的影响，我们仅从一些普通百姓常常把“公家”的花木变成“自家”的花木这一小小的行为中即可见一斑。特别是有些人平时似乎十分痛恨腐败，但是一旦他自己有了腐败的条件时，就会“心安理得”狠狠地腐败上一把。而其三表现为情感主义文化的不良影响。中国传统社会既然私德主义文化和家族主义文化盛行，而私德主义文化和家族主义文化的深层是家庭利益共同体，其中层是一家之国、一人专制的专制主义，其表层则是以血缘亲情为纽带的情感主义文化。在中国传统社会里，情感高于一切，人们行为做事的正当性，首先讲的是情，依次才是理和法。如果合情合理又合法，当然是上上之选；如果合理、合法不合情，则不能得到肯定；只要是合情，即使不合理又不合法，依然可行。而“情”只能产生于“自己人”和“熟人”之间，因此，往往遇到“自己人”和“熟人”腐败，明知不合理又不合法，也会给予宽容、甚至纵容和包庇。就是在“自己人”和“熟人”搞腐败，一旦东窗事发时，于无奈中也会给予一份同情和安慰。正是上述这种深厚的中国旧政治道德的文化不良影响，为当代中国社会在转型期间的腐败滋长蔓延准备了肥沃的土壤，也使得当代中国社会反腐败的道路不仅异常艰难，而且“路漫漫”兮！

通过上述分析，我们可以发现，当代中国政治腐败滋长的政治道德根源有着特有的“远度”、“深度”和“广度”。从此我们可以得出如下结论：第一，要克制当代中国政治腐败的滋长，不能不加强社会主义政治道德建设。第二，要克制当代中国政治腐败的滋长，又不仅仅是要加强社会主义政治道德建设，还必须要加强和完善社会主义法制建设，加大反腐败制度建设的力度，要把德治与法治有机地结合起来。第三，要克制当代中国政治腐败的滋长，也不仅仅是要加强社会主义政治道德建设和加强社会主义法制建设，还要加强社会主义文化建设尤其是社会主义政治文化建设，只有彻底消除当代中国政治腐败滋长的旧政治道德不良文化土壤，社会主义政治道德建设和社会主义法制建设才有良好的新文化土壤，才能更好地克腐制胜。第四，要彻底克制当代中国政治腐败滋长的道路是极其艰难和漫长的，我们必须要有坚强的决心和毅力，要有高超的智慧和巨大的勇气；只有这样，我们才能把反腐败这条艰难而漫长的道路走到胜利的尽头。

（原载《伦理学研究》2005 年第 4 期）

官本位意识是构建和谐社会的宿敌

温家宝总理就“十一五”规划建议作说明时指出：“构建社会主义和谐社会，是我们推进经济社会发展的重要目标，也是经济社会发展的重要保障。”广东省委在其“十一五”规划建议中也指出：“要建立健全全民共享现代化成果的社会发展机制，维护社会公平正义，保持社会安定团结，构建‘富裕、公平、活力、安康’的和谐广东。”然而，要构建和谐社会与和谐广东，就必须扫除官本位意识；可以说，官本位意识是和谐社会的宿敌。

一、官本位意识的严重危害性

1. 官本位意识的表现。

何谓官本位？所谓“官本位”则是指以官为本，把这作为衡量人的价值的标准。或者说官处于中心位置，是说一切话只有当官的说了才是真理，一切事只有当官的干了才是符合政策的，一切社会活动都是为了做官，一切价值都以当官的价值为准绳。正如江泽民同志所指出：“所谓‘官本位’，就是‘以官为本’，一切为了做官，有了官位，就什么东西都有了，‘一人得道，鸡犬升天’。”

在当前，“官本位”意识主要表现在以下几个方面：

第一，官价值至上。“官本位”的核心是官与权的结合，一定的官职都有相应的权力，有此官则有此权。权又与“位”有密切的关系，在位则有权，不在位则无权力。“官本位”意识直接引发的价值观念是官价值至上。这种官价值至上首先表现为，既然官的权力是由其“位”确定的，他的社会作用和个人的名誉、财富，也都取决于其官位。而且，官场上又有许多礼仪严格地按官位来规定官僚的等级以及他们相互之间的关系。因此，一个人价值，取决于他的官位；官大则价值高，官小则价值低。其次，既然官价值至上，一方面导致了官比民贵，民比官贱的封建思想继续流行，时时处处只有“民让官”的份，决没有“官让民”的理；另一方面导致社会以追求当官为荣耀，在正面促使考公务员热年年升温，在反面造成跑官、要官、骗官、买官、卖官、以色换官等等屡禁不止。再次，由于官价值至上，社会各行各业的种种待遇，以官阶待遇为相应的参照标准，而在这种参照中，其待遇，一般只能比“相应”的官阶待遇低，而不能比“相应”的官阶待遇高。

第二，官“真理”至上。既然官阶与官权和人（官）的价值成正比，那么，在“官本位”意识中，官阶的高低也必然与其掌握的“真理”的多寡大小相联系。官越大，其把握的“真理”也就越多越大；反之亦然。因此，在群众中流传着这样一句顺口溜：“一把手是‘绝对真理’，二把手是‘相对真理’，三把手是‘小小真理’，一般干部是‘没有道理’，群众是‘岂有此理’。”在理论上是“真理面前人人平等”，然而，在实际生活中却往往是“官大一级压死人”；“有理的怕声大的，声大的怕官大的。”这种状况，同样反映到理论学术圈里。如果你只是一个普遍专家学者，真理把握得再多也没有多少分量；如果你不仅是个专家学者，而且还是一个官，那么，你掌握的真理再少，也有很重的分量。由此而来的“逻辑”是，你当的官越大，你说话的分量就越重，这与你是否掌握“真理”，掌握多少“真理”则没有多少关系。因此，这些年来，才会有越来越多的专家学者热衷于去从政或“学术行政双肩挑”。

第三，官利益至上。做官之所以有“价值”，是因为做官有利益。而利益是通过权力来保证的，同时官是掌握权力的，是权力的执掌者。这就存在着这样一种可能：权力的执掌者可以运用自己执掌的权力来获得自己的利益。在目前条件下，这种可能性就往往通过以下几个方面而在不同程度上变成现实性：一是一些权力的执掌者运用自己手中的权力，大搞树立自己形象功绩的“政绩工程”和“形象工程”。二是一些权力的执掌者在制定方针政策时，炮制出有利于自己及其单位部门的政策，以利于保证和获得最大限度的利益（例如某些地区搞“车改”，就不顾当地百姓的实际生活水平，过高地确定“车改”的补贴等）。三是一些权力的执掌者，一方面拼命去控制自己所掌握的政治社会资源，另一方面则最大限度地开发其他的可能控制的政治社会资源（例如一些单位部门在任用干部时，不但千方百计地去阻挡外来干部进来任用，而且还千方百计地把自己单位部门的干部派出任用等）。

第四，官僚主义泛滥。既然在官本位意识中，官价值至上，官“真理”至上，那么，顺理成章的是，官僚主义泛滥。邓小平同志早在改革开放初期的1980年就一针见血地指出：“官僚主义现象是我们党和国家政治生活中广泛存在的一个大问题。它的主要表现和危害是：高高在上，滥用权力，脱离实际，脱离群众，好摆门面，好说空话，思想僵化，墨守成规，机构臃肿，人浮于事，办事拖拉，不讲效率，不负责任，不守信用，公文旅行，互相推诿，以至官气十足，动辄训人，打击报复，压制民主，欺上瞒下，专横跋扈，徇私行贿，贪赃枉法，等等。这无论在我们的内部事务中，或是在国际交往中，都已达到令人无法容忍的地步。”① 改革开放以来，官僚主义虽有很大的收敛，但其问题的严重程度我们依然不可低估。

第五，官商勾结严重。在社会主义初级阶段，市场经济仍然不成熟的条件下，经商者都千方百计地寻求种种途径去与权力的执掌者建立某种密切的联系。因为他们清楚地知道，通过这种联系，可以获得种种“方便之门”。而一方面由于封建思想的严重影响，“当官发财”成为一些官员的人生价值追求，正如鲁迅先生在《南腔北调集》中尖锐地指出：“其所以要升官，只因为要发财，升官只不过是一种发财的门径。”另一方面，由于市场经济的负面效应，极端个人主义、拜金主义和享乐主义也侵蚀着他们的灵魂，因此，一些权力的执掌者就利用自己手中掌握的权力，在为一些经商者打开“方便之门”的同时，自己也从这些经商者那里得到了他们希望得到的“报酬”。正是在这种情况下，官商勾结蔓延开来，从而导致了腐败的滋生蔓延和市场的不公（煤业的官商勾结可见一斑）。

2. 官本位意识是建构和谐社会的重大障碍。

随着社会主义现代化建设的深入发展，官本位意识的危害已经越来越大。可以说，官本位意识是建构和谐社会的重大障碍，如果任其泛滥成灾，就不仅无法建构起和谐社会，还有亡党亡国之可能，这绝非是危言耸听。

第一，官本位意识会危害到党和政府的形象和声誉及其执政行政的能力。在官本位意识影响下，所造成的官价值至上、官“真理”至上、官利益至上、官僚主义泛滥和官商勾结等现象，一方面将败坏党的声誉，损害政府的形象，另一方面，会严重影响党的执政能力和政府的行政能力。在我们社会主义中国，党是领导我们事业的核心力量，政府是我们进行社会主义事业的具体领导者和组织者，社会主义现代化建设和和谐社会的构建，其关键在党，其关键在政府。由于官本位意识影响所造成的种种恶果，会在不同程度上影响党和政府的权威与执政和行政能力，因而，也必将会不同程度地影响到社会主义现代化建设和和谐社会建构的历史进程。

---

① 《邓小平文选》第2卷，第327页。

第二，官本位意识会危害到党群和干群关系。在官本位意识影响下，一是官与民形成潜在的等级关系；二是政府警卫森严，把官民形成一种隔绝关系；三是官员出巡，鸣锣开道，加剧了官民之间潜在的等级关系；四是官僚主义严重，破坏了应有的党群和干群关系；五是一些官员到基层考察，亲近的是干部，却远离了百姓。这种种现象，造成了党群干群关系的隔膜，引起了广大群众的强烈不满情绪，在不同程度上影响了党群和干群之间应有的鱼水之情。我们的党和政府是最广大人民群众根本利益的忠实代表，我们的党和政府是为人民执政和行政的，我们党和政府最大的政治优势是密切联系群众。然而，在官本位意识影响下，所产生的种种不良现象，则在不同程度上削弱和动摇了这一最大的政治优势，如果任其发展下去，正如原中共中央党校常务副校长郑必坚同志指出的，进而“就会危及我们党的执政地位，影响我们国家政权的性质，就会影响民心向背，就有自我毁灭、人亡政息的危险”。

第三，官本位意识会危害到民主和法制建设。在官本位意识影响下，一是“权力真理论”横行，一切决策和决定不是看客观真理的多少，而是视官阶的高低；结果这样一来，就不可能真正做到决策的民主化、科学化和法制化。二是人治必定横行，由于“真理”的多少，在于官阶的高低，因此官阶越高，其掌握的“真理”就越多；反之亦然。在这种情况下，唯有官的决策和决定才是“正确”的，唯有官阶高者的决策和决定才是“正确”的，而群众的建议、下级干部的意见就难以听得进去，更不可能对决策和决定产生什么影响。于是乎，一切按长官意志的决策做决定，一切以长官之是为是，之非为非。这样一来，就必定对社会主义民主政治制度和法制建设造成严重的阻碍。

第四，官本位意识会危害到经济建设。在官本位意识影响下，一是官价值至上所造成的官民等级关系，官“真理”至上所造成的言路堵塞，官利益至上所造成的对群众利益的伤害，官僚主义所造成的党群和干群关系的恶化，官商勾结所造成的市场不公，就会严重挫伤广大群众进行经济建设的积极性、主动性和创造性。二是官“真理”至上所造成的长官意志至上，决策缺乏民主化、科学化和法制化，就难以按客观经济规律办事，就迟早会受到客观经济规律的惩罚。三是官利益至上所造成的许多“形象工程”、“政绩工程”、“首长工程”等，在不同程度上成了“烂尾工程”、“亏本工程”、“负债工程”、“扰民工程”。这一切，都会在不同程度上影响到经济建设的发展。

第五，官本位意识会危害到社会主义精神文明建设。在官本位意识影响下，一是官价值至上所造成的官民等级关系，破坏了社会主义社会应有的人与人之间的平等友爱关系；二是官“真理”至上所造成的言路堵塞，特别是学术官僚的学霸作风，破坏了发展社会主义文化的“百花齐放，百家争鸣”的方针，阻碍了创新精神的发扬；三是官僚主义的种种劣迹，严重污染了党风干风，进而也严重污染了整个社会风气。所以邓小平同志说：“端正党风，是端正社会风气的关键。”党的十二届六中全会决议也指出：“党风问题是关系到党的生死存亡的问题。”由此可见，官本位意识不仅会危害到社会主义精神文明建设，而且还会危害到我们整个社会主义现代化建设事业，我们绝不能对其等闲视之。

二、官本位意识当代存在的根源

江泽民同志指出：“这种‘官本位’意识，流传了几千年，至今在我国社会生活中仍然有着很深的影响。”官本位意识在当代中国还有很大的市场，是有其深刻的社会历史根源和社会现实根源的。

1. 社会历史根源：

中国古代社会的经济基础是以一家一户为生产单位的自给自足的农耕经济，在这种经济基础上建立了封建宗法制度和家国同构的封建专制制度，这种制度的基本特色就是严格的封建等级制度。这种封建等级制度，以“三纲五常”为伦理核心，强调人间等级秩序的合理性、正当性，滋生出官本位观念、特权思想和人有差等的观念。中国古代的思想家也千方百计地论证和强化这些观念。儒家的创始人孔子就强调，治国的根本点是确立统治秩序，区分上下尊卑。“齐景公问政孔子，孔子对曰：‘君君，臣臣，父父，子子。’”① 并提出“学而优则仕”，而修身、齐家、治国、平天下，则是儒家最高的人生理想。

同时，中国封建社会就创立了人类古代历史上最完备的官僚体制。这种完备的官僚体制与封建专制的特点是相适应、相配套的。从夏朝建立我国历史上第一个奴隶制王朝，经过秦始皇统一中国，建立中央集权制封建国家，到清朝的皇帝统治下的省、道、府、县，“官”一直是居于社会的核心位置。所以，官在人们的意识中具有至高无上的地位。所以，官本位的观念在中国历史悠久，根深蒂固。其遗传性势必影响到今人的世界观、价值观和人生观的形成，尤其是各级领导干部身处“官场”，受害更深。

---

① 《论语·颜渊》。

2．社会现实根源：

官本位意识的社会现实根源，最主要体现在以下两个方面：第一，社会主义民主政治制度还不完善。改革开放以来，随着社会主义经济体制改革的发展，社会主义民主政治制度正在不断地建立和完善之中。但是，我国是从半封建半殖民地社会直接进入社会主义社会的，没有民主和法制的基础，尽管改革开放以来，我们在建立和完善社会主义民主政治制度和法治建设上做了大量工作，也有了很大的成绩，然而，目前我们的社会主义民主政治制度和法治建设还很不健全、很不完善。其一表现为民主化程度偏低。现在的民主选举主要是间接选举，一方面人们对许多被选举对象既不了解，也没有选举权，这就造成了当选者没有对人民群众负责的意识；另一方面是直选的范围狭小，人民群众的意愿和意志得不到充分表达，甚至有些官员根本不能代表人民群众的利益而人民群众又无可奈何。其二是领导干部的选拔、任用、管理制度还不完善。一是在选拔机制方面，通常情况下还是少数人说了算，特别是第一把手说了算，因此造成了被选拔上的干部只对上负责，甚至造成上下依附关系，结党营私。二是在干部的使用方面，主要是组织部门考察任命，广大群众的意见只作为参考，而往往这种群众投票不公开，搞“黑箱”操作，既侵犯了群众的知情权，又严重伤害了群众的感情。三是在干部管理方面既缺乏有力的监督，缺乏有效的制约机制，又实行的是只能上不能下的政策。其三，法制化程度不高，虽说这些年党和国家制定了一些法规、制度和准则，但有法不依和执法不严的情况依然相当严重，许多问题的处理都是流于形式，止于表层。这些弊端的存在，使得官本位意识难以消除。第二，社会主义市场经济的负面效应。改革开放以来，社会主义市场经济崛起。尽管十多年来，社会主义市场经济有了很大发展，但总体来说还远未成熟。这种尚未成熟的市场经济会带来三个方面的问题：其一是市场经济体制尚不完善，市场运作尚不规范，有关经济法律法规还有漏洞，从而为官商勾结提供了一定的条件；其二是市场经济会天然地滋生出“金钱拜物教”，使金钱本位观念突现并加速滋长蔓延，加大了对人们腐蚀的力度，进一步推动了官商勾结的发展；其三是社会竞争日益加剧，贫富不均现象突显，失业率不断增长，使从政成为一个工作条件优越、收入稳定且相对丰厚（包括正常的工资和“灰色收入”）的比较理想的职业。这一切，都在客观上有可能加剧官本位意识的滋长。

三、破除官本位意识的基本举措

官本位意识对构建社会主义和谐社会危害极大，必须坚决破除。江泽民同志早在中共十五届五中全会上的重要讲话中就指出："对于历史上遗留下来的'官本位'意识，必须狠狠批判和坚决破除。"

1．完善制度安排，深化政治体制改革。

历史唯物主义认为，社会存在决定社会意识，社会意识是社会存在的反映。要破除官本位意识，就必须首先完善制度安排。要完善制度安排，就必须要深化政治体制改革。首先，是加大社会主义民主政治制度建设的力度。一是逐步扩大人民群众直接选举的范围，用五到十年的时间，从镇到县到市，进行直接选举。二是逐步扩大党内民主，实行基层党委直接选举与市、省党代表直接选举。三是建立民主决策制度，重大问题的决策必须通过民主的程序，即民众征询与听证、党委集体讨论决定（第一把手只是召集人，只有一票权利）、人大表决三个基本程序。四是加大党委和政府各项工作的公开性和透明度，为群众创造参政机会。其次，是改革干部制度，进一步精兵简政。一是要拓宽干部选任的渠道，除了传统的上级任命之外，还可以实行公开聘任、公开选拔、推荐考试、实践考察等，并逐步加大后者的比例。在此有两点特别要注意：第一点是过分强调年轻化。改革开放初期，我国各级党委和政府班子都面临着一个青黄不接的问题，邓小平同志提出干部"四化"标准，非常及时。然而经过二十年左右的干部队伍建设，现在的问题已经不是青黄不接的问题，而是干部的质量尤其是人才问题，因此，再过分强调年轻化，就不合时宜了。现在最重要的是不拘一格选人才，年龄不能成为埋没人才的障碍。第二点是公务员考试不应过分强调学历。学历是重要的，但学历不能等同于能力和知识水平。因此，无论何人（正常的公民），都应当有考公务员的资格，考试面前人人平等。假如一个只有初中学历的农民考试成绩优良，只能说明他自学成才，而不能以学历为由剥夺其考任公务员的权利。二是建立干部能进能出的机制，建立淘汰制或轮换制，加大干部队伍的社会竞争力度，保持干部队伍的活力。三是强化监督机制，建立和实行弹劾和罢免制度。我们常说，不受监督的权力必然产生腐败，同样，不受监督的权力也必然滋生官本位意识。人是自律与他律的结合体。没有自律不成人，没有他律难成人。干部队伍的素质参差不齐，没有有效的监督就容易出问题；而出了问题没有相应的弹劾罢免制度，不把有问题的人及时清除出干部队伍，就会产生出更多更大的问题。最后，是加强法治建设，依法治国与依法行政。民主政治制度是要法治来保障和实施的，因此，必须要围绕着官员政治活动的方方面面，制定相应的法律法规，以保证官员在所有的公务活动中，都能够真正做到依法治国与依法行政、依法办事。

2．加强政治伦理建设。

破除官本位意识必须“两手抓”，一是抓制度建设，二是抓素质教育。官员和公务员是从政者，应当重点抓政治道德建设。抓政治道德建设一是抓思想教育，各级党委和政府应当长期抓执政为民、行政为民的教育，牢固树立“公仆意识”。在社会主义国家，一切官员无论职位高低，都是人民的勤务员、人民的公仆，所做的一切都是为人民服务、为人民谋利益的，是最广大人民利益的忠实代表。特别要认识到，“官本位”是与“民本位”根本对立的价值取向。所谓民本位，即“以民为本”。无论干什么事情或做何种决策都必须从人民群众的根本利益出发。“以民为本”是中国共产党的立党之本、执政之基、力量之源。二是抓法制教育，教育广大干部牢固树立“法治意识”，依法治国与依法行政、依法办事。三是抓道德教育，提高广大干部的政治道德素质。特别要指出的是，我们的干部特别是领导干部，是社会的管理者和领导者，应该成为遵纪守法的模范和社会公众的道德典型。美国和日本都有专门针对官员和公务员的“道德法”和“伦理准则”。如美国的《美国政府官员及雇员的行政伦理行为准则》、日本的《日本国家公务员伦理法》和《日本国家公务员伦理规程》。所有的官员和公务员都必须参加这些法和准则规范的学习教育。在这方面，应当加大各级党校和行政学院对干部进行政治道德教育的力度，包括开设专门的课程，安排专门的学习教育时间。四是抓公民的参政素质的教育的培养。社会主义民主的本质是人民当家做主，人民群众是我们国家的主人。但是，人民群众能不能管理好国家，这里还有一个素质问题。所以，必须提高群众的参政素质，树立参政意识，让他们认识到参政是自己当家做主的具体体现。

3．大力发展社会生产力，不断完善社会主义市场经济体制。

破除官本位意识，最终的还要依赖于经济的发展。因为经济基础决定上层建筑，人类社会的历史发展表明，思想观念是伴随着社会的发展，特别是经济关系的发展和经济水平的提高而不断变化发展的。在我国，官本位的生成是与自然经济直接相关的，而官本位的存在也与经济落后直接相关。因此，要解决“官本位”问题，就必须在发展社会生产力上下功夫，不断地提高社会的经济生活水平。而当前在我国，发展社会生产力的最佳经济体制，就是社会主义市场经济。因此，我们必须不断深化经济体制改革，不断完善社会主义市场经济体制，从而为破除官本位意识提供坚实的经济基础。我们相信，随着社会主义市场经济体制的不断完善，随着社会生产力的不断提高，特别是随着人民群众的经济收入和生活水平的逐步提高，一方面，他们的闲暇时间会越来越多，对政治的关切度就会越来越高；另一方面，他们从业的选择面也会越来越广阔，个人全面发展的前景也会越来越广阔，从政并不一定是他们最佳的职业选择；另一方面，他们与官员的实际收入差距缩小，人们的传统“官”念也会随之发生根本转变，当官也不再是社会上最令人羡慕的职业。同时，他们也就更加关注自己的素质，也有条件来提高自身的科学文化和思想道德素质，特别是政治素质，从而有能力去参政议政。在这种情况下，“官本位”也就自然而然失去了社会基础。

通过上述的分析，我们发现，官本位意识在当前还有相当严重和比较广泛的存在，对构建社会主义和谐社会，对构建和谐广东，都会造成严重的危害。因此，破除官本位意识，最大限度地克服官本位意识所造成的影响，的确刻不容缓。而破除官本位意识，是个系统工程，其中重点抓政治体制改革，抓政治伦理建设，抓发展社会生产力，把经济、政治和思想文化三个方面有机地结合起来。但是，产生官本位意识的根源是多方面的，因此，官本位意识及其表现的彻底根治，最后还有赖于社会生产力的高度发达和国家的消亡。然而，我们不能等待，必须尽最大努力在最大限度内去破除官本位意识，克服官本位意识的影响，只有这样，构建社会主义和谐社会的历史进程才能不断胜利推进。

参考文献：

1. 薛安泰：《中国当代官本位问题探微》，《学习论坛》2001 年第 8 期。

2. 龚书铎、杨共乐：《一切为了人民的利益——“官本位”、“钱本位”批判》，《中国特色社会主义研究》2002 年第 5 期。

（原载《嘉应学院学报》2006 年第 1 期。转载中国人民大学复印资料《思想政治教育》2007 年第 9 期）

弘扬我党反官僚主义的传统，努力改进党和政府机关的工作作风

官僚主义是领导机关和领导干部最容易犯的政治疑难病，是当前工作作风方面存在的突出问题之一，是我党多年来着力铲除的一个毒瘤。周恩来曾经就此明确指出，官僚主义是领导机关最容易犯的一种政治病症。官僚主义在我们执政的党内，在我们的国家机关内，的确是十分有害、非常危险的。在我们领导干部中，官僚主义严重的虽然是少数，然而，官僚主义的态度和作风已经给我们的工作造成许多损失，如果听其发展，不坚决加以克服，必将造成更大的危害。我们绝不能容许官僚主义再继续发展下去。因此，反官僚主义是我党执政兴国的重大政治任务，也是我党的一贯传统；特别是在新中国成立后，我党从革命党转变为执政党之后，对官僚主义进行了坚持不懈的斗争。

一、反官僚主义是我党执政兴国的重大政治任务，也是我党的一贯传统

早在新民主革命时期，我党就开展了对官僚主义的斗争。1933 年，毛泽东就指出："官僚主义的领导方式，是任何革命工作所不应有的，经济建设工作同样来不得官僚主义。要把官僚主义方式这个极坏的家伙抛到粪缸里去，因为没有一个同志喜欢它。"① 在党的七届二中全会上，毛泽东强调说，因为胜利，党内的骄傲自满、功臣自居、贪图享乐的情绪可能生长。官僚主义在执政条件下比在革命时期更容易产生，全党同志必须充分认识到反对官僚主义的紧迫性和重要性。1952 年元旦，毛泽东向全国发出号召，要大张旗鼓地，雷厉风行地开展一个大规模的反对贪污、反对浪费、反对官僚主义的斗争，将这些旧社会遗留下来的污毒洗干净！1956 年邓小平也指出："在党的组织和国家机关的许多工作人员

① 《毛泽东选集》第 1 卷，人民出版社 1991 年版，第 124 页。

中，正在滋长着形形色色的官僚主义的倾向。”[①] 党的八大，提出了要加强执政党的党风建设，要注意克服主观主义、官僚主义和宗派主义倾向。

改革开放后，邓小平重新强调反对官僚主义的必要性。他指出，中国共产党已经是执政的党，已经在全部国家工作中居于领导地位。执政党的地位，很容易使我们同志沾染上官僚主义的习气。脱离实际和脱离群众的危险，对于党的组织和党员来说，不是比过去减少而是比过去增加了。“官僚主义现象是我们党和国家政治生活中广泛存在的一个大问题。”[②] 2000 年江泽民在党的十五届五中全会上说：“现在，在工作作风方面存在的问题，群众反映最大的是两个问题，一是形式主义，二是官僚主义。这必须引起全党上下的高度重视，必须痛下决心把这两股歪风煞住，越快越好。”[③] 党的十五届六中全会通过的《中共中央关于加强和改进党的作风建设的决定》也明确指出，“官僚主义引发形式主义，形式主义助长官僚主义，已经成为影响我们事业发展的一大祸害。”必须坚决反对，下大力气加以克服。

新世纪新阶段，官僚主义陋习对于党群关系的负面影响仍然很大。对此，胡锦涛在中央纪委第三次全体会议上说：“由于这些问题的存在，致使一些本来可以做好的事情没有做好，一些本来应该解决的问题久拖不决，一些本来可以缓解的矛盾进一步激化。这些不良风气如不坚决刹住，势必严重削弱党员干部队伍的战斗力，势必损害党同人民群众的血肉联系，最终妨碍全面建设小康社会宏伟目标的顺利实现。”[④] 2006 年年初，胡锦涛在中央纪委第六次全体会议上又指出，形式主义、官僚主义，弄虚作假、铺张浪费现象，在一些地方和部门仍然比较突出，损害群众利益的事情仍然时有发生。2007 年，胡锦涛在中央党校作报告时进一步强调，我们党要带领人民夺取全面建设小康社会新胜利，开创中国特色社会主义事业新局面，关键是要抓好党的自身建设。要全面加强党的思想作风、学风、工作作风、领导作风和干部生活作风建设，大力改进学风和文风，反对形式主义、官僚主义和弄虚作假，反对奢侈浪费。2007 年 10 月，胡锦涛在党的十七大上的报告中又强调，切实改进党的作风，着力加强反腐倡廉建设。优良的党风是凝聚党心民心的巨大力量。要加强调查研究，改进学风和文风，精简会议和文

---

① 《邓小平文选》第 1 卷，人民出版社 2001 年版，第 221 页。
② 《 邓小平文选》第 2 卷，人民出版社 2001 年版，第 327 页。
③ 《江泽民文选》第 3 卷，人民出版社 2006 年版，第 132 页。
④ 胡锦涛：《在中央纪委第三次全体会议上的讲话》。

件，反对形式主义、官僚主义，反对弄虚作假。倡导勤俭节约、勤俭办一切事业，反对奢侈浪费。全党同志特别是领导干部都要讲党性、重品行、作表率。深入开展党风党纪教育，积极进行批评和自我批评，使领导干部模范遵守党纪国法，继承优良传统，弘扬新风正气，以优良的党风促政风带民风。

二、官僚主义的本质、表现、危害和根源

我党在反官僚主义的斗争中，对官僚主义的本质、表现、危害和根源等进行了深刻的揭露。

1. 官僚主义的本质及其表现。

官僚主义是指脱离实际、脱离群众、做官当老爷的领导作风。周恩来曾经指出，官僚主义是剥削阶级长期统治的遗产。官僚主义是领导机关最容易犯的一种政治病症，是一种长期存在的、复杂的社会历史现象。改革开放后，党的十五届六中全会的《决定》又指明："官僚主义的要害是，脱离群众，脱离实际，做官当老爷。"

毛泽东一生最痛恨官僚主义，他曾经形象地把官僚主义者比喻为"泥塑的神像"："一声不响，二目无光，三餐不食，四肢无力，五官不正，六亲无靠，七窍不通，八面威风，久坐不动，十分无用。"1960 年，毛泽东在《反对官僚主义，克服"五多五少"》一文中，指出要坚决反对官僚主义的"五多五少"表现：会议多，联系群众少；文件、报表多，经验总结少；人们蹲在机关多，认真调查研究少；事务多，学习少；一般号召多，细致地组织工作少。

1963 年，周恩来在中共中央和国务院直属机关负责干部会议上的报告中进一步指出，官僚主义与自由主义、个人主义、命令主义、事务主义、分散主义、本位主义、宗派主义，都是密切相关的。我们反对官僚主义，也就必须联系到反对这些主义。

1980 年 8 月，邓小平在《党和国家领导制度的改革》中又指出，官僚主义现象是我们党和国家政治生活中广泛存在的一个大问题。它的主要表现和危害是：高高在上，滥用权力，脱离实际，脱离群众，好摆门面，好说空话，思想僵化，墨守成规，机构臃肿，人浮于事，办事拖拉，不讲效率，不负责任，不守信用，公文旅行，互相推诿，以至官气十足，动辄训人，打击报复，压制民主，欺上瞒下，专横跋扈，徇私行贿，贪赃枉法，等等。

2. 官僚主义的危害和根源。

官僚主义是封建主义的余毒，其要害是脱离群众。1956年，邓小平就指出："官僚主义是过去人类历史上长时期剥削阶级统治的遗留物，在社会政治生活中有深远的影响。"① 中国是一个有着几千年封建历史的国家，封建主义的特权思想、等级观念和宗法观念根深蒂固。这些思想观念对人们产生重大影响，它们会通过官僚主义作风的形式表现出来。这些思想观念具有相对独立性，它们不会随着新的社会经济制度的建立而马上消失，相反，它会在很长时间内继续产生影响。对此，周恩来于1963年也指出，官僚主义是剥削阶级长期统治的遗产。中国长期是封建社会，一百年来又是半封建半殖民地社会，官僚主义更是有深远的影响。官僚主义的态度和作风已经给我们的工作造成许多损失，如果听其发展，不坚决加以克服，必将造成更大的危害。我们绝不能容许官僚主义再继续发展下去。

1980年，邓小平进一步指出："我们现在的官僚主义现象，除了同历史上的官僚主义有共同点以外，还有自己的特点，既不同于旧中国的官僚主义，也不同于资本主义国家中的官僚主义。它同我们长期认为社会主义制度和计划管理制度必须对经济、政治、文化、社会都实行中央高度集权的管理体制有密切关系。""官僚主义的另一个病根是，我们的党政机构以及各种企业、事业领导机构中，长期缺少严格的从上而下的行政法规和个人负责制，缺少对于每个机关乃至每个人的职责权限的严格明确的规定，……干部缺少规范的聘用，奖惩，退休，退职，淘汰制度，能进不能出，能上不能下，层次多，闲职多，机构臃肿，又必然促成官僚主义的发展。"② 反对和克服官僚主义关系到社会主义的前途和命运，关系到社会主义现代化的成败。同年，邓小平还明确提出，官僚主义是现代化建设的严重障碍。他说："现在国际国内普遍都感觉到我们人浮于事，官僚主义，办事拖拉，到处靠开会画圈过日子，许多问题一个电话就可以解决的，拖到半年解决不了。这样还搞什么四个现代化！"③ 要实现社会主义现代化的宏伟目标，就必须坚决克服各种形式的官僚主义。

2000年，江泽民在党的十五届六中全会上也指出："官僚主义，在很大程度上源于我国封建社会形成的'官本位'意识，即'以官为本'的思想。主要表

① 《邓小平文选》第1卷，人民出版社1994年版，第223页。
② 《邓小平文选》第2卷，人民出版社1994年版，第327－328页。
③ 《邓小平文选》第2卷，人民出版社1994年版，第262－263页。

现在一切为了做官，以为有了官位，就什么东西都有了。这种‘官本位’意识流传了几千年，至今在我国社会生活中仍然有着很深的影响。”并强调：“当前，‘官本位’意识的要害，就是对党和国家的事业不负责，对民族和人民的利益不负责，只对自己或亲属或小团体负责，其危害极大。”[①] 它甚至于关系到党的事业兴衰成败和党的生死存亡，必须与官僚主义进行坚决的斗争。

三、努力克服官僚主义，改进党和政府机关的工作作风

改革开放以来，广东作为中国改革开放的先行地区，在改革开放和现代化建设中一直走在全国前列，充分发挥了“试验田”、“窗口”和“示范区”的作用。广东历届省委、省政府团结带领全省人民，高举中国特色社会主义旗帜，发扬敢为天下先的精神和“杀出一条血路”的勇气，解放思想，实事求是，与时俱进，开拓创新，推动经济社会发展取得了举世瞩目的巨大成就。然而，我们还必须要有忧患意识，还应当清醒地看到，当前广东经济社会发展中还存在着一些矛盾和问题。主要是：对科学发展观的认识还有待进一步深化，贯彻科学发展观的举措还有待进一步落实，促进科学发展的体制机制还有待进一步健全。发展模式仍然粗放，自主创新能力不强，抗经济风险能力较弱。资源环境约束趋紧，节能减排难度增大。城乡区域发展不平衡，城乡居民收入增长仍然不快。企业生产经营困难，就业压力加大，社会治安形势不容乐观。一些基层党组织软弱涣散，一些党员宗旨观念淡薄，一些领导干部形式主义、官僚主义比较严重，等等。此外，当前我省经济发展受国际金融危机的影响越来越明显。世界经济增长明显减速，我省经济增长的外部拉动作用明显不足；新贸易保护主义正在抬头，技术、绿色等非关税壁垒将进一步增多，产品出口将受到更多限制；国际资金开始从发展中国家向发达国家回撤，我省吸收外资将面临更多困难；受原材料和产品价格暴涨暴跌的冲击，加上政策性成本上升的压力短期内难以化解，企业经营普遍困难，等等。对此，广东省委向全省党员和干部提出，面对前所未有的机遇和挑战，充分认识当前面临的困难，做好应对更加严峻局面的准备。各级党委、政府和领导干部一定要进一步增强忧患意识，增强政治责任感，真正做好打硬仗、吃大苦、受大累的思想准备和工作准备。全省干部特别是领导干部必须高举中国特色社会主义伟大旗帜，以邓小平理论和“三个代表”重要思想为指导，深入贯彻落实科

---

① 《江泽民文选》第3卷，人民出版社2006年版，第133页。

学发展观。抓落实必须要有良好的作风作保障。在前所未有的困难面前，要以前所未有的工作责任心、前所未有的工作力度、前所未有的工作作风，转变工作作风，必须坚决反对官僚主义。

首先，既然官僚主义是封建主义的余毒，并在很大程度上源于我国封建社会形成的“官本位”意识，因此，应当从加强教育、提高觉悟入手，坚持实事求是的思想路线。党的十五届六中全会通过的《中共中央关于加强和改进党的作风建设的决定》明确指出，“克服形式主义、官僚主义的顽症，要从加强教育、提高觉悟入手，从领导机关和领导干部做起。”要加强对各级干部特别是领导干部的政治理论思想教育，不断提高思想政治素质，树立正确的世界观、人生观和价值观，牢记党的宗旨，坚持实事求是的思想路线。正如党的十五届六中全会《决定》指出的，“要埋头苦干，扎实工作，坚持讲真话、报实情，力戒浮躁浮夸。”“最重要的是要体察民情，了解民意，集中民智，珍惜民力，诚心诚意为群众谋利益。”把党和人民的利益放在第一位，并以此作为一切工作的出发点和落脚点，真正做到想群众之所想，急群众之所急，解群众之所难，讲实话、鼓实劲、办实事、求实效，把中央的正确路线方针政策不折不扣地贯彻落实好。

其次，既然官僚主义的要害是脱离群众，就应当坚持群众观点，走群众路线。早在新中国成立初期，邓小平就指出，中国共产党已经是执政的党，已经在全部国家工作中居于领导地位。执政党的地位，很容易使我们同志沾染上官僚主义的习气。脱离实际和脱离群众的危险，对于党的组织和党员来说，不是比过去减少而是比过去增加了。邓小平强调：“在党的组织和国家机关的许多工作人员中，正在滋长着形形色色的官僚主义的倾向。”“因此，贯彻群众路线，克服官僚主义，也必须是一个长期的斗争。”① 群众观点是马克思主义的基本观点，群众路线是我党的根本工作路线。要着重进行党的群众观点和群众路线的教育，要“系统地改善各级领导机关的工作方法，使领导工作人员有足够的时间深入群众”，② 坚持群众路线，相信群众，依靠群众，从群众中来，到群众中去，一切为了群众，一切造福于群众。

最后，既然官僚主义与政治体制和机制直接相关，就必须进行政治体制改革，完善社会主义民主政治的体制和机制。邓小平认为，官僚主义现象是我们党

---

① 《邓小平文选》第1卷，人民出版社1994年版，第223页。
② 《邓小平文选》第1卷，人民出版社1994年版，第223页。

和国家的领导制度、干部制度的主要弊端之一。要克服官僚主义就必须改革领导制度和干部制度。他指出："必须从根本上改变这些制度。当然，官僚主义还有思想作风问题的一面，但是制度问题不解决，思想作风问题也解决不了。"① 邓小平强调，领导制度、组织制度问题更带有根本性、全局性、稳定性和长期性，从体制机制入手，堵住源头，是解决官僚主义问题的关键一着。过去我们虽也多次反过官僚主义，但是收效甚微，说到底就是没有从制度上解决问题。为此，各级党委和政府，要以对党和人民高度负责的精神，以改革创新的思路，改革各项行政制度，重点要改革财政制度，强化资金管理；改革干部制度，端正用人导向，建立起公开、平等、竞争、择优、依法管理的用人机制；改革监督机制，把党内监督、法律监督、行政监督、群众监督和舆论监督有效结合起来，把党的各级干部置于人民群众的监督之下，为从根本上遏制官僚主义提供体制、机制上的保证。同时，这里所说的制度，更根本的是既包括建立和完善民主制度，也包括建立和健全法制。邓小平指出："要发扬民主，充分发挥人民的智慧，调动人民的积极性。只有在民主的基础上，才能克服官僚主义、长官意志。"② 而"为了保障人民民主，必须加强法制。必须使民主制度化、法律化，使这种制度和法律不因领导人的改变而改变，不因领导人的看法和注意力的改变而改变。"③ 用法律明确相关部门和工作人员的权限和职责，规范和制约他们的行为，依法追究不履行法定义务的责任，是防止领导干部独断专行和克服官僚主义最有效的办法。

（原载《探求》2010 年第 1 期）

党的道德形象与党的政治生命

——党的发展与执政规律略探

从 1921 年中国共产党成立至今，她已经胜利走过了 90 周年的伟大历程。回

① 《 邓小平文选》第 2 卷，人民出版社 2001 年版，第 328 页。
② 《邓小平思想年谱》，中央文献出版社 1998 年版，第 113 页。
③ 《邓小平文选》第 2 卷，人民出版社 1994 年版，第 164 页。

顾我党这90年来极不平凡的历史，放眼世界各国政党发展的历史，探索党的发展规律特别是执政的规律，使我党更加自觉，更加成熟，是保证我党率领中国人民不断胜利前进的重要一环。

一、党的道德形象的好坏决定着党的政治生命的兴衰

总结我党90年来的历史经验，总结世界各国政党发展的历史教训，我们可以清楚地发现这样一个基本的规律：党的道德形象的好坏决定着党的政治生命的兴衰。党的道德形象好，党的政治生命就兴盛；没有政权可以取得政权。党的道德形象不好，党的政治生命就衰落；有了政权也会丧失政权。

1. 党的政治生命的根本命脉是人民。

自从资产阶级革命以来，掀开了人类社会政治的新纪元：从专制制度走上了民主制度，从君主政治走上了政党政治。如果说，在专制制度和君主政治中，人民对统治者的喜恶已经决定着其政治生命的兴衰，已经决定着其政权的稳固与否；那么，在民主制度和政党政治中，人民对执政党的态度更加直接决定着其政治生命的兴衰，更加直接决定着其政权的稳固与否。早在周朝，著名的政治家周公旦就指出：周之所以能够代商而拥有天下，完全是因为人民拥戴周而抛弃商。“王以小民受天永命。”① 而历经百战的唐太宗李世民也不无感慨地说，民如水，水能载舟，亦能覆舟。英国早期资产阶级政治思想家弥尔顿也看到，一切权力的源泉一向是来自人民的，过去如此，现在亦然。② 尔后，英国思想家洛克从他的天赋人权和社会契约论出发，指出一切权力来源于人民权力的委托，委托者高于受委托者；给予委托、解除委托者也都是人民。③ 在美国革命时期，美国政治思想家潘恩在其《人权论》中宣称：“国民是一切主权之源。”杰斐逊也明确地说：“人民，正是一个国家中所有权威的来源”，“人民是国家与政府的唯一立法者。”第一任美国总统华盛顿也指出：“宪法所赋予的权力永远掌握在民众手中。”④ 而唯物史观的出现，则为人民主权奠定了坚实的理论基础。人民群众是历史的创造者，不仅是物质财富和精神财富的创造者，也是社会变革的决定力量。中国共产党之所以具有极其旺盛的政治生命力，其秘密就在于她始终坚持“立党为公，执

① 《尚书·召诰》。
② 参见高建主编：《西方政治思想史》第3卷，天津人民出版社2005年版，第200页。
③ 参见高建主编：《西方政治思想史》第3卷，天津人民出版社2005年版，第292－293页。
④ 同上书，参见第十四章“美国革命时期的政治思想”。

政为民”。

2. 良好的道德形象是民心所向的根基。

既然人民是一个政党政治生命的根本命脉，是国家权力的真正来源。那么，取得民心就至关重要。在我国最早的经典《尚书》中就认识到：“天聪明，自我民聪明；天明威，自我民明威。”（民意即天意）“人无于水监，当于民鉴。”（尊重民意）孟子则进一步指出：“民为贵，社稷次之，君为轻。”[①] “得天下有道：得其民，斯得天下矣；得其民有道：得其心，斯得民矣；得其心有道：所欲与之聚之，所恶勿施，尔也。”[②] 要得民心就必须施仁政，行王道。施仁政，行王道的根本，就是爱民、惠民、安民、保民。如果说，以往的民本思想，只是把人民当作工具，其根本目的是为了更好地“牧民”，是为了保护统治阶级的根本利益的话；那么，中国共产党与其他所有剥削阶级政党的根本区别，就在于把自己当作实现最广大人民群众的根本利益的工具。正如邓小平所说：“同资产阶级的政党相反，工人阶级的政党不是把人民群众当作自己的工具，而是自觉地认定自己是人民群众在特定的历史时期为完成特定的历史任务的一种工具。”[③]

然而，要做好实现最广大人民群众的根本利益的工具，不仅要靠法制，也不仅要讲利益，更要靠高尚的道德情操。因为法制是靠强制实施，它以权力和暴力为边界；只有在权力和暴力到达的地方，它才能发生作用。道德虽然离不开利益，甚至于是以一定利益为基础，但如果道德永远都被利益所驱使，那么，就不可能有真正的道德。利益只能引导人们关注利益得失，它不可能产生真正的为人民服务的行为。道德是一种自律精神，是一种自愿自觉的行为，是一种信念和追求，它有着不是来自人外部而是来自于人自身的持久而巨大的力量。自古以来，真正能够流芳百世、受人景仰、万民拥戴的英雄豪杰，无不是德才兼备的人物。一个伟人，一个政党，只有树立起良好的道德形象，在广大民众中取得“道德信任”，树立起“道德威信”，才能得“民心”，也才能“得天下”和“安天下”。民心所背，是决定一个政党、一个政权盛衰的根本因素。早在周公旦时就认识到：“皇天无亲，唯德是辅。”[④] 周之所以代殷得天下，决不是偶然的，而是因为

① 《孟子·尽心下》。

② 《孟子·离娄上》。

③ 《邓小平文选》第3卷，人民出版社1993年版，第217－218页。

④ 《尚书·蔡仲之命》。

周的先王“亦既用明德”①。孔子则明确地说道：“为政以德，譬如北辰居其所而众星共之。”②“政者，正也；子帅以正，孰敢不正?”③华盛顿在第二任总统届满的《告别演说》中强调指出：“品行或道德是民主政府的必要的源泉。这条规则的确或多或少地对各种自由政府起支配作用”④，而政德之根本，就是为什么人的问题。这既是一个根本的政治立场问题，也是一个根本的政治道德问题。只有真正站在人民立场上，“立党为公，执政为民”就必定得“民心”、“得天下”和“安天下”。

3. 崇高的道德形象是我党革命执政不断走上胜利的重要保证。

中国资产阶级革命思想家章太炎曾说：“无道德者不能革命”，要革命，“则唯有道德者可以获胜”⑤。政德的核心是“立党为公，执政为民”；我党正是始终坚持“立党为公，执政为民”，在人民中树立起崇高的道德形象，从而使其立于不败之地。1921 年我党刚刚成立时，人数不足百人，他们凭什么吸引人民群众，让人民群众自觉自愿甘冒生命危险跟着他们走？1927 年国民党反动派实行反革命白色恐怖，千千万万个党员和工农群众倒在敌人的屠刀之下；但是，他们没有被敌人的屠刀所吓倒，仍然义无反顾地参加我党领导的革命斗争。1934 年底，中央红军开始了世界历史上最艰苦卓绝的二万五千里长征，战斗、饥饿、疾病、严寒等的侵蚀，红军大量地伤亡，到长征结束时，从苏区突围的 9 万人剩下已不足 3 万人。然而，红军不仅没有被消灭，还胜利开辟了以延安为中心的陕甘宁革命根据地。抗日战争中，我党在人民群众的支持下，经过 8 年的浴血奋战，由弱变强，驱逐了曾不可一世的日本侵略者；并在短短的三年解放战争中，打败了国民党反动派 800 万军队，建立了新中国。这是为什么？邓小平指出：“在长期革命战争中，我们在正确的政治方向指导下，从分析实际情况出发，发扬革命和拼命精神，严守纪律和自我牺牲精神，大公无私精神和先人后己精神，压倒一切敌人、压倒一切困难的精神，坚持革命的乐观主义、排除万难去争取胜利的精神，取得了伟大的胜利。”⑥ 新中国成立 60 周年，全国评选出李大钊等 100 位为新中

---

① 《尚书·梓材》。
② 《论语·为政》。
③ 《论语·颜渊》。
④ 参见《华盛顿选集》，商务印书馆 1983 年版，第 317 页。
⑤ 参见李光耀主编：《从政之道为民之德》，济南出版社 1999 年版，第 7 页、第 78 页。
⑥ 《邓小平文选》第 2 卷，人民出版社 1993 年版，第 367－368 页、第 361 页。

国成立作出突出贡献的英雄模范人物和雷锋等100位新中国成立以来感动中国人物。正是在我党我军中，拥有这样千千万万个具有崇高道德品德的先进人物，才使我党成为一个具有“立党为公，执政为民”崇高道德形象的党，才使我军成为真正的“仁义之师、威武之师”，才使我党革命执政不断从胜利走上新的胜利。

相反，腐败堕落是政德的大敌，也是人民的大敌。无数的历史事实反复证明，腐败丧权、败德亡国具有必然性。在我国，第一个王朝夏桀王，贪财好色，荒淫无耻，残杀忠良，暴虐无道，人民痛恨地说：“时日曷丧，予及汝皆亡。”① 最后被商汤所灭。殷商纣王也由于荒淫无耻，暴虐无道，最后因商朝奴隶和平民在前方倒戈而灭亡。秦始皇虽统一中国，然焚书坑儒，严法酷刑，荒唐淫逸，引起民众强烈的不满，死后不久，群雄并起，被汉所灭。隋炀帝骄奢淫逸，冷酷残暴，各地纷纷爆发起义，最后被唐所取代。唐末几代君主均昏庸无能，骄奢淫逸，把一个强盛的唐朝给侵蚀一空，结果被义军叛徒朱全忠所灭。北宋徽宗钦宗昏庸无能，荒淫糜烂，被金兵所掳。南宋皇帝依旧昏庸无能，荒淫糜烂，残杀岳飞等著名爱国将领，最后也被元朝所灭。元顺帝昏庸而无耻，腐败无能，结果被明所灭。崇祯昏庸无能，亲小人而远君子，残杀忠良，朝廷腐败，被李闯王打入首都，只好吊死在景山的一棵树上。李闯王率义军攻入皇宫，众将领骄奢淫逸，争权夺利，很快就被清所灭。清末一代不如一代，慈禧太后把持朝政后，朝廷腐败日甚，屡被国外列强所欺，丧权辱国，终被辛亥革命所推翻。国民党反动政府腐败无能，被人民所抛弃；而全国人民在我党的领导下，建立了新中国。在国外，法国路易·波拿巴以欺骗群众的方法，虽被选为总统，但他很快就暴露出自己复辟帝制，对内欺压百姓，对外疯狂扩张的丑恶面貌，结果巴黎爆发革命，路易·波拿巴被赶下了台。俄国沙皇政府昏庸无能，内压人民，外战失利，列宁与布尔什维克党领导人民推翻了沙皇政府，建立了苏维埃政权。德国纳粹党、意大利法西斯党通过欺骗民众上台，但是他们残害百姓，实行种族灭绝政策，对外疯狂侵略扩张，结果被全世界的人民所唾弃。美国总统尼克松虽然能力出众，并打开了中美建交的大门，但因“水门事件”丑闻而被迫下台；民主党克林顿执政后虽推动了美国的经济政治发展，但在谋求连任时，终因性丑闻而败北，共和党重新上台执政。20世纪90年代初，苏联共产党由于长期的腐败，遭到人民的痛恨，当苏联共产党被解散，红旗落地，苏联社会主义国家解体时，几乎没有任何

---

① 《尚书·汤誓》。

反响。尔后，东欧剧变，社会主义阵营崩溃。这一切都说明，任何政党政府腐败堕落，都必遭人民唾弃。

二、党的道德形象受损之社会历史根源

崇高的道德形象本是无产阶级政党的“题中应有之义”；然而，自从执政以来，特别是改革开放以来，我党的道德形象受到了前所未有的冲击；揭示和分析这些冲击源，对于我党不断保持其崇高道德形象，有着十分重要的意义。

1. 崇高的道德形象本是无产阶级政党的“题中应有之义”。

2007年党的十七大修改通过的新党章，在“总纲”中开宗明义地指出：“中国共产党是中国工人阶级的先锋队，同时是中国人民和中华民族的先锋队，是中国特色社会主义事业的领导核心，代表中国先进生产力的发展要求，代表中国先进文化的前进方向，代表中国最广大人民的根本利益。党的最高理想和最终目标是实现共产主义。”无疑，这样的党，必然具有崇高的道德形象。因为第一，这是由党的性质所决定。自从工业文明崛起以来，工人阶级成为社会先进生产力的代表，是最具有革命性、先进性、组织纪律性和大公无私品质的阶级，而由这个阶级的先进分子构成的无产阶级政党，代表先进社会生产力的发展要求，必然具有崇高的道德人格。第二，这是由党的思想指导所决定。我党以马克思主义作为自己的行动指南，代表中国先进文化的前进方向。马克思主义揭示了人类社会历史发展的规律，是颠扑不破的普遍真理，以这种先进思想文化武装起来的政党，必定有着崇高的道德境界。第三，这是由党的伟大理想所决定。我党的最高理想和最终目标是实现共产主义。一个政党的理想和信仰越崇高伟大，其前进的道德动力就越大，与其相应的道德意志也就越坚定。我党之所以在极其艰难困苦的情况下，都毫不动摇，坚定不移地闹革命，搞建设，就是靠着这种崇高理想和伟大信仰，靠着在这种崇高理想和伟大信仰支撑下的崇高道德精神，创造出了无数的人间奇迹。“为什么我们过去能在非常困难的情况下奋斗出来，战胜千难万险使革命胜利呢？这是因为我们有理想，有马克思主义信念，有共产主义信念。”①第四，这是由党的最高宗旨所决定。我党坚持全心全意为人民服务的根本宗旨，代表中国最广大人民的根本利益。人民是党的力量源泉，是党能够战无不胜，攻无不克的根本保证。“只要我们依靠人民，坚决地相信人民群众的创造力是无穷无

① 《邓小平文选》第3卷，人民出版社1993年版，第110页。

尽的，因而信任人民，和人民打成一片，那就任何困难也能克服，任何敌人也不能压倒我们，而只会被我们所压倒。”①

2. 党的道德形象严重受损之表象。

我党的崇高道德形象，自从执政以来，特别是改革开放以来，受到了前所未有的冲击；目前，对党的道德形象发生严重侵蚀的，主要是两类现象：一是腐败现象；二是官僚主义现象。

腐败既可特指公共权力职能的蜕变，也可广义地包含着国家公职人员特别是领导干部的思想道德败坏和作风堕落。因而，腐败现象可以分为“政治腐败”、“经济腐败”、“吏治腐败”、“思想腐败”、“作风腐败”。“政治腐败”主要是指党员干部在政治活动中为达到谋取私利的目的，“立党为私，执政为己”，进行不道德的活动和行为。主要表现为结党营私，拉帮结派；玩弄权术，阴谋活动；打击报复，陷害好人；助长歪风邪气，纵容坏人坏事；压制民主，欺凌群众；作奸犯科，害党害国；等等。“经济腐败”主要是指党员干部利用权力出租，换取经济利益特别是金钱的腐败现象，大量出现在与经济活动及其有关的领域。主要表现有行贿受贿，贪污盗窃，挪用公款，假公济私，移私作公；等等。“吏治腐败”主要是指党员干部利用权力在干部任免和用人上的腐败现象，大量出现在组织人事工作及其有关领域，主要表现有买官卖官，任人唯钱；跑官要官，任人唯亲；重才轻德，重青轻贤；专断独裁，欺上瞒下；暗箱操作，愚弄群众；等等。“思想腐败”主要是指党员干部在思想上的蜕变，被西方反共反华势力进行的“西化”和“分化”俘虏，丧失和背离共产主义的崇高理想和伟大信念，放弃和反对坚持四项基本原则。“作风腐败”主要是指党员干部在道德情操和生活作风上的蜕变。主要表现为利用权力玩弄异性，养情人、包二奶（爷）、通奸、卖淫嫖娼、性贿赂；花天酒地，纸醉金迷；好逸恶劳，铺张浪费；吹牛拍马，不讲诚信；等等。

官僚主义是指脱离实际、脱离群众、做官当老爷的领导作风。党的十五届六中全会的《决定》指明：“官僚主义的要害是，脱离群众，脱离实际，做官当老爷。”毛泽东一生最痛恨官僚主义，他曾经形象地把官僚主义者比喻为“泥塑的神像”：“一声不响，二目无光，三餐不食，四肢无力，五官不正，六亲无靠，七窍不通，八面威风，久坐不动，十分无用。”1963 年周恩来在中共中央和国务

① 《毛泽东选集》第 3 卷，人民出版社 1991 年版，第 1096 页。

院直属机关负责干部会议上的报告中指出，官僚主义与自由主义、个人主义、命令主义、事务主义、分散主义、本位主义、宗派主义，都是密切相关的。我们反对官僚主义，也就必须联系到反对这些主义。官僚主义具体表现有：一是脱离领导、脱离群众的官僚主义。二是强迫命令式的官僚主义。三是无头脑的、迷失方向的、事务主义的官僚主义。四是老爷式的官僚主义。五是不老实的官僚主义。六是不负责任的官僚主义。七是做官混饭吃的官僚主义。八是颟顸无能的官僚主义。九是糊涂无用的官僚主义。十是懒汉式的官僚主义。十一是机关式的官僚主义。十二是文牍主义和形式主义的官僚主义。十三是特殊化的官僚主义。十四是摆官架子的官僚主义。十五是自私自利的官僚主义。十六是争名夺利的官僚主义。十七是闹不团结的官僚主义。十八是宗派性的官僚主义。十九是蜕化变质的官僚主义。二十是助长歪风邪气，纵容坏人坏事；打击报复，违法乱纪，压制民主，欺凌群众；直至敌我不分，互相勾结，作奸犯科，害党害国，走上非常危险道路的官僚主义。1980 年邓小平在《党和国家领导制度的改革》中也指出，官僚主义现象是我们党和国家政治生活中广泛存在的一个大问题。它的主要表现和危害是：高高在上，滥用权力，脱离实际，脱离群众，好摆门面，好说空话，思想僵化，墨守成规，机构臃肿，人浮于事，办事拖拉，不讲效率，不负责任，不守信用，公文旅行，互相推诿，以至官气十足，动辄训人，打击报复，压制民主，欺上瞒下，专横跋扈，徇私行贿，贪赃枉法，等等。

3. 党的道德形象严重受损之根源。

我党的道德形象受到前所未有的冲击，这有着十分复杂的社会历史根源。究其原因，其中主要一是从革命党到执政党的转变，一些党员干部经不起执政的考验。我党从革命党变成执政党，从农村到了城市后，地位变了，生活条件变了，思想道德作风也容易发生变化。早在新中国成立前夕，毛泽东就高瞻远瞩地告诫全党：“因为胜利，党内的骄傲情绪，以功臣自居的情绪，停顿起来不求进步的情绪，贪图享乐不愿再过艰苦生活的情绪，可能生长。因为胜利，人民感谢我们，资产阶级也会出来捧场。敌人的武力是不能征服我们的，这点已经得到证明了。资产阶级的捧场则可能征服我们队伍中的意志薄弱者。可能有这样一些共产党人，他们是不曾被拿枪的敌人征服过的，他们在这些敌人面前不愧英雄的称号；但是经不起人们用糖衣裹着的‘炮弹’的攻击，他们在糖弹面前要打败仗。我们必须预防这种情况。……务必使同志们继续地保持谦虚、谨慎、不骄不躁的作风，务必使同志们继续地保持艰苦奋斗的作风。”① 特别是我们长期的执政地位，常常会使许多党员干部忘乎所以，不知道自己的权力是怎么来的，不知道自己的权力是应当干什么的。他们容易学到执政的一般性，滋生官僚主义和傍大款的坏习气；而常常忘记了我党的宗旨是全心全意为人民服务，我国是人民当家作主的社会主义国家；常常忘记了我党执政的特殊性——“为公立党，为民执政”，从而也常常忘记了人民，甚至于有意无意地站在与人民对立的立场上。二是市场经济负面效应的冲击，一些党员干部经不起市场经济的考验。社会主义市场经济的崛起，推动着中华民族振兴事业的迅猛发展。然而，无限求利性是市场经济的本性，它必然会造成货币崇拜和人的物化，滋生出拜金主义、极端个人主义和享乐主义。特别是商品交换原则泛化到政治领域，引发权钱交易，权力出租行为。而执政者首当其冲面对这种巨大的冲击，一些人往往经受不住这一严峻考验。三是全面对外开放西化的演变，一些党员干部经不起改革开放和外部环境的考验。改革开放以来，随着我国与世界的交往日益频繁，西方思想道德文化涌入国门。而西方文明已从工业文明进入到知识文明阶段，我国才正从农业文明向工业文明过渡。文明进化的规律是，先发文明对后发文明有着巨大的解构、渗透和同化作用；特别是前苏联解体，东欧剧变后，西方反共反华势力加紧了对我西化与分化攻势。在这种猛烈的攻势下，我们一些思想道德素质不高的党员干部被其逐渐演变过去。四是国人极端思维方式的影响，从一个极端走向另一个极端。中国传统社会是一个小农经济汪洋大海的社会，从小农意识中产生的极端思维方式，不是肯定一切，就是否定一切。在计划经济向市场经济转换过程中，人们在否定计划经济时代极左东西之时，也彻底地否定了计划经济时代重视思想政治工作，重视思想道德建设的好传统。于是见物不见人，重才轻德，重法否德等等新的极端现象又产生，使许多国人思想道德素质特别是党员干部的思想道德素质赶不上时代发展的要求。五是受剥削阶级和封建主义腐朽思想的侵蚀。腐败现象在本质上是剥削阶级的产物，官僚主义是封建主义的余毒。中国是一个有着几千年封建历史的国家，剥削阶级和封建主义的特权思想、等级观念和宗法观念根深蒂固，这些思想观念对人们会产生重大影响。周恩来于 1963 年指出，腐败现象和官僚主义是剥削阶级长期统治的遗产。2000 年江泽民在党的十五届六中全会上也指出：腐败现象，“官僚主义，在很大程度上源于我国封建社会形成的‘官本

---

① 《毛泽东选集》第 4 卷，人民出版社 1991 年版，第 1438 - 1439 页页。

位’意识，即‘以官为本’的思想。主要表现在一切为了做官，以为有了官位，就什么东西都有了。这种‘官本位’意识流传了几千年，至今在我国社会生活中仍然有着很深的影响。”①

三、必须保持和完善党的良好道德形象

早在改革开放初期，邓小平就指出，执政党的党风问题是关系到党的生死存亡的问题。他多次告诫说，极少数党员、干部的不正之风，非常不利于恢复党在群众中的威信。1982 年在中央政治局讨论打击经济领域严重犯罪活动的有关会议上，他严肃地指出："我们自从实行对外开放和对内搞活两个方面政策以来，不过一两年时间，就有相当多的干部被腐蚀了。卷进经济犯罪活动的人不是小量的，而是大量的。犯罪的严重情况，不是过去‘三反’、‘五反’那个时候能比的。”“如果我们党不严重注意，不坚决刹住这股风，那么，我们的党和国家确实要发生会不会‘改变面貌’的问题。这不是危言耸听。”② 为此，我们必须努力克服腐败现象与官僚主义现象，努力保持和完善党的良好道德形象。为此，目前应重点做好以下几方面的建设。

1. 加强党内民主和人民民主建设。

保持和完善党的良好道德形象，必须坚决清除党和政府中的腐败现象和官僚主义现象。而党和政府中的腐败现象和官僚主义现象的滋生蔓延，讲到底，首先是因为党内民主不完善和民主政治体制不健全造成的。早在延安时期，民主人士黄炎培先生向毛泽东请教，共产党能否跳出历代政权由兴到衰，及至灭亡的“周期律”时，毛泽东充满自信地回答，我们共产党人一定能够跳出“周期律”。其根本的办法就是实行“人民民主”和“人民监督”：“只有让人民监督政府，政府才不敢松懈，只有人人起来负责，才不会人亡政息。”③ 只有人民真正拥有选举权、参政议政权、监督权、弹劾权、罢免权、知情权等政治权力，只有党内和政府里的“官员”，都是通过真正的民主选举的，他们才能真正对人民负责；人民也才能真正实现对他们的监督权、弹劾权和罢免权。因此，必须加强党内民主建设和人民民主民主建设。真正落实党员、群众对党和政府各级干部的选举权、

---

① 《江泽民文选》第 3 卷，人民出版社 2006 年版，第 133 页。
② 《邓小平文选》第 2 卷，人民出版社 1993 年版，第 402 - 403 页。
③ 参见李光耀主编：《从政之道为民之德》，济南出版社 1999 年版，第 78 页。

批评权、监督权、罢免权。其中，党的十七大报告所说，“对干部实行民主监督，是人民当家作主最有效、最广泛的途径，必须作为发展社会主义民主政治的基础性工程重点推进。”

2. 加强党的思想道德建设，坚持依法治国（党）与以德治国（党）相结合。

一个政党，是由一个个党员构成的，保持和完善党的良好道德形象，必须从提高每一个党员、干部的思想道德素质入手。然而我党在比较长的一段时期里对此不重视，例如党校教育中，很多班次根本没有这样的教育内容与教育课程；许多省市级党校，连一个专门讲授这种课程与内容的老师都没有。有时为了贯彻党的有关精神（如当年胡锦涛总书记提出“八荣八耻”的社会主义荣辱观），也会开点专题课；但很快也就“形式主义”地过去了。在干部任用中，常常重才不重德，唯亲不唯贤，正直老实忠厚有德之人常常被挡在干部任用的大门之外；而满身带“病”的党员干部依旧提拔，阿谀奉承之辈青云直上，买官卖官成为进入官场的通行证，庸俗腐朽的官场潜规则左右着党员干部的命运。讲道德，讲原则居然成为被人耻笑的“傻瓜”。正是在这种政治道德普遍缺损的政治生态中，我们许多党员干部丧失了理想、信念和信仰，丧失了一个执政者应有的起码的政治道德良心，腐败现象和官僚主义于是乎便“流行”起来。然而，“中国共产党是在一个几万万人的大民族中领导伟大革命斗争的党，没有多数才德兼备的领导干部，是不能完成其历史任务的。”① 要培养德才兼备的党员干部，就必须加强马克思主义的学习，加强社会主义核心价值体系建设，加强党政干部的思想道德教育，把党政干部的道德建设制度化，坚持依法治国（党）与以德治国（党）相结合。制定《党员干部道德法》和《国家公务员伦理法》，加强党政干部的道德操守考核，去营造一个良好的思想道德建设政治生态。世界上许多国家都认识到执政者道德素质的重要性，纷纷推出各种道德法规。如1958年美国国会就颁布了关于联邦政府行政人员伦理的法案——《政府工作人员伦理准则》；1978年美国国会进一步通过了《美国政府伦理法》、《公务员道德法》；1992年美国政府颁布了由政府伦理办公室制定的内容更为详细、操作性更强的普遍适用于联邦政府的伦理行为标准，即《美国行政部门工作人员伦理行为准则》，并在美国众议院设立常设机构“伦理委员会”，负责对公务员伦理的监督考核工作。日本政府

① 《毛泽东选集》第4卷，人民出版社1991年版，第526页。

和韩国政府也基本仿效美国，在《国家公务员法》的基础上，由国会颁布《国家公务员伦理法》、《公职人员伦理法》，并由政府制定由总统或首相颁布《国家公务员伦理行为规程》、《公务员服务规定》。与此同时，还把重点放在反腐败上，如英国制定了《防止贪污法》，韩国制定了《韩国防止腐败法》，新加坡制定了《反贪污法》，瑞典制定了《反贿赂法》，法国制定了《政治家财产透明法》，进一步将行政伦理的重点法律化。

3. 加强党的组织建设和制度建设。

党的组织建设和制度建设，对于保持和完善党的良好道德形象是关键的一环。加强党的组织建设和制度建设，目前重点应当做好：一是科学发展党员。近年来我们发展党员，往往盲目发展，重数量轻质量，重文凭轻操守。虽然我们是一个拥有七千多万党员的大党，但是在这么多党员中，究竟有多少个不仅是组织上入了党，而且在思想上也入了党的真正的共产党员？“一个共产党员，应该是襟怀坦白，忠实，积极，以革命利益为第一生命，以个人利益服从革命利益；无论何时何地，坚持正确的原则，同一切不正确的思想和行为作不疲倦的斗争，用以巩固党的集体生活，巩固党和群众的联系；关心党和群众比关心个人为重，关心他人比关心自己为重。这样才算得一个共产党员。”① 我们的党员只有到达这种境界才是一个真正的共产党员，我们的党才真正有战斗力和凝聚力。同时，我们往往重发展而轻清退，许多混入党内的不合格党员，许多连普通百姓都不如的党员，却始终留在党内，得不到及时的清退与清除，从而动摇了我党对人民群众的向心力、吸引力、亲和力和凝聚力。二是做好任免干部工作。干部任免是一个十分重要的导向标。任用什么干部，人们就会向什么方向努力；而有时任用错了一个干部，就很可能对党的道德形象乃至党的事业造成重大损失。我党作为执政党，“党管干部”，因此，组织部门首先就必须过硬，不能近水楼台先得月，更不能假公济私，任人唯亲，任人唯利。干部任免必须由集体决定，不能由“一把手”说了算，更不能私下运作。要实行干部任免的公开化、透明化、民主化、程序化、法制化。三是加强党内监督。目前这方面存在的主要问题是监督成本过高，监督效益较低；向下监督较易，同级监督特别是向上监督很难；对“一把手”监督乏力，对集体腐败监督无力。要解决这个问题，最重要的一是发展党内民主和人民民主，二是应将纪检部门独立化，不受同级党委制约。三是要将监督

① 《毛泽东选集》第2卷，人民出版社1991年版，第361页。

法制化，加大监督的立法与制度化建设。

正如党的十七届四中全会决议所指出："全党必须牢记，党的先进性和党的执政地位都不是一劳永逸、一成不变的，过去先进不等于现在先进，现在先进不等于永远先进；过去拥有不等于现在拥有，现在拥有不等于永远拥有。世情、国情、党情的深刻变化对党的建设提出了新的要求，党面临的执政考验、改革开放考验、市场经济考验、外部环境考验是长期的、复杂的、严峻的，落实党要管党、从严治党的任务比过去任何时候都更为繁重和紧迫。全党必须居安思危，增强忧患意识，常怀忧党之心，恪尽兴党之责，勇于变革、勇于创新，永不僵化、永不停滞，继续推进党的建设新的伟大工程，确保党在世界形势深刻变化的历史进程中始终走在时代前列，在应对国内外各种风险和考验的历史进程中始终成为全国人民的主心骨，在发展中国特色社会主义的历史进程中始终成为坚强的领导核心。"

参考文献：

1. 本书编写组：《十七大报告辅导读本》，人民出版社 2007 年版。
2. 王伟等主编：《行政伦理学》，人民出版社 2005 年版。
3. 中共中央纪律检查委员会、中共中央党校：《新时期领导干部反腐倡廉教程》，中共中央党校出版社 2007 年版。
4. 徐大同主编：《西方政治思想史》，天津人民出版社 2005 年版。
5. 李光耀主编：《从政之道为民之德》，济南出版社 1999 年版。

（原载《岭南学刊》2011 年第 4 期。转载中国人民大学复印资料《中国共产党》2011 年第 11 期）

政治伦理与官德建设

政治伦理学在我国既是一门古老的学问，也是一门新兴的学科。说它古老，是因为至少在我国最古老的典籍——《尚书》中就已有大量有关政治伦理的探究；说它新兴，是由于它作为一门学科的系统研究，还是 20 世纪 80 年代以来的事情。然而，无论是在古老的探究中，还是在新兴的研究中，官德问题的探讨，都是政治伦理研讨中不可缺少的重要问题。

一、官德建设是政治伦理研究的落脚点

1. 从政治伦理学的研究对象来看，官德建设是政治伦理研究的落脚点。

一门学科的确立，最根本的是它必须要有自己明确的研究对象。政治伦理学是一门研究政治道德的学问和科学，它以政治道德为研究客体。而政治道德是人类社会道德的一种特殊表现形态，它是人们在政治生活中以一定的阶级道德或社会道德调整人与人之间的政治关系的道德现象的总和。政治道德通常具有广义和狭义两种理解。广义的政治道德主要指一定阶级的阶级道德，它以集团为道德的主体；也包含在政治道德活动中的一般道德。狭义的政治道德主要指政治活动中以政治为职业的政治家道德，它是以个体为道德的主体；也包括一般从政人员的道德。广义的政治道德又可以称作“社会政治道德”，因为广义的政治道德通常以占统治地位的阶级道德为主，而一定的阶级成为统治阶级之后，通常又以整个社会的代表者形象（而不论其真假）出现。狭义的政治道德又可以称作“个体政治道德”，也叫“官员道德”，简称“官德”更为贴切。因为无论是政治家还是一般的从政人员，在老百姓的眼里都是“官”，他们与政治活动中的其他个体根本不同的是，都掌握着一定的共同权力和公共资源。广义的政治道德与狭义的政治道德之间的关系，在一定意义上就是“社会政治道德”与“个体政治道德”的关系，在这两者的对立统一关系中，“社会政治道德”对“个体政治道德”具有重大的制约、影响作用；而“个体政治道德”则是“社会政治道德”运行的根基。因为官德建设只有落实到个体，整体的“社会政治道德”运行才有实际的载体。因此，官德建设理应是政治伦理研究的落脚点。

2. 从政治伦理学的研究目的与任务来看，官德建设也是政治伦理研究的落脚点。

政治伦理学是一门研究政治道德的本质及其发展规律的科学，其研究的目的与任务，不仅要创建中国特色社会主义政治伦理学，更要提高广大公民的政治道德素质，尤其是从政者的政治道德素质，推进社会主义民主政治建设。理论是实践的先导，没有理论指导的实践是盲目的实践，是失败为必然成功为偶然的实践。因此，推进中国特色社会主义政治实践的发展，必须要高度重视创建中国特色社会主义政治伦理学。然而，理论的目的是实践，离开实践的理论只是一种文

字游戏；而实践的目标，一是政治个体的至善；二是政治制度的至善。政治制度的至善，是政治伦理学研究的关键性目的；因为现代政治制度的时代潮流是民主政治制度。民主政治制度有两个本质规定性，一是人民主权（当家作主）；二是最大限度地满足人民的权利与权益的实现。前者为手段，后者为目的，是手段与目的的统一。然而，政治个体的至善，特别是官员个体的至善，则是政治伦理研究的落脚点。因为任何政治制度的制定、实施和维护，最终都必须落实到每一从政者身上；没有政治个体的至善，特别是官员个体的至善，政治制度的至善只是一种空中楼阁。改革开放30多年的历程证明，我国的政治制度虽在不断完善之中，然而，我国的官员道德却在不断退化之中；这一巨大的反差，使人民主权（当家作主）与最大限度地满足人民的权利与权益的实现，都变得步履艰难。

3. 从政治伦理的主体相互关系来看，官德建设还是政治伦理研究的落脚点。

政治伦理学研究政治道德规范体系，最重要的一是研究政治制度道德；二是研究政治行为道德。政治制度道德虽有不同的认识，但相当多的学者认为，政治制度道德包含两个方面的内容：一是制度的道德（伦理）化；即指作为政治制度的价值内核与精神支撑的道德（伦理）精神；二是道德（伦理）的制度化，即指一些特别重要的道德（伦理）演化为制度。无论政治制度道德的哪一方面的内容，都是借助于制度的他律性。而唯有自律性方显道德的本性；政治行为道德，是以主体为依托，依赖于道德主体的自律性，因而，政治行为道德是政治道德研究的主攻方向。政治行为道德既然以主体为依托，当然即是以道德主体为分类来研究政治行为道德；根据政治道德的两种含义，从阶级、集团、社会的角度来分，就有国家道德、政党道德、政府道德、社团道德等；从个体的角度来分，则有政治家道德、公务员道德、公民道德、党（会）员道德等。正如前面所述，狭义的政治道德是广义的政治道德运行的根基，因而，在主体视野中，官德（包括政治家道德、公务员道德）无论是对于整体主体还是对于其他个体主体来说，都具有“决定性”影响。尤其是作为“民德”对立面的“官德”，其对“民德”的“决定性”影响显而易见。两千多年前，孔子就指出，政治的根本是官德，官德不仅直接影响到治国，“其身正，不令而行；其身不正，虽令不从。”① 只要统治者以身作则，带头讲道德，治理国家是不困难的，只要统治者本身行为正当，不发布命令，事情也能行得通。还直接影响到“民德”的状况，因为“君

① 《论语·子路》。

子之德风，小人之德草。草上之风，必偃。”① 即是说，统治者的品德如风，老百姓的品德似草，风吹向哪边，草就倒向哪边；这就是上行下效。由此可见，官德建设无疑还是政治伦理研究的落脚点。

二、当前我国官德建设存在的问题及其根源

1. 当前我国官德建设存在的问题。

官德建设是政治伦理研究的最终落脚点，我们理应高度重视，使我国的官德建设走在世界的前头。然而，目前我国的官德建设情况却十分不乐观。

第一，政治腐败严重。腐败既可特指公共权力职能的蜕变，也可广义地包含着国家公职人员特别是领导干部的思想道德败坏和作风堕落。因而，腐败现象可以分为“政治腐败”、“经济腐败”、“吏治腐败”、“思想腐败”、“作风腐败”。“政治腐败”主要是指党员干部在政治活动中为达到谋取私利的目的，“立党为私，执政为己”，进行不道德的活动和行为。主要表现为结党营私，拉帮结派；玩弄权术，阴谋活动；打击报复，陷害好人；助长歪风邪气，纵容坏人坏事；压制民主，欺凌群众；作奸犯科，害党害国；等等。“经济腐败”主要是指党员干部利用权力出租，换取经济利益特别是金钱的腐败现象，大量出现在与经济活动及其有关的领域。主要表现有行贿受贿，贪污盗窃，挪用公款，假公济私，移私作公；等等。“吏治腐败”主要是指党员干部利用权力在干部任免和用人上的腐败现象，大量出现在组织人事工作及其有关领域，主要表现有买官卖官，任人唯钱；跑官要官，任人唯亲；重才轻德，重青轻贤；专断独裁，欺上瞒下；暗箱操作，愚弄群众；等等。“思想腐败”主要是指党员干部在思想上的蜕变，被西方反共反华势力进行的“西化”和“分化”俘虏，丧失和背离共产主义的崇高理想和伟大信念，放弃和反对坚持四项基本原则。“作风腐败”主要是指党员干部在道德情操和生活作风上的蜕变。主要表现为利用权力玩弄异性，养情人、包二奶（爷）、通奸、卖淫嫖娼、性贿赂；花天酒地，纸醉金迷；好逸恶劳，铺张浪费；吹牛拍马，不讲诚信；等等。

第二，官僚主义泛滥。官僚主义是指脱离实际、脱离群众、做官当老爷的领导作风。党的十五届六中全会的《决定》指明：“官僚主义的要害是，脱离群众，脱离实际，做官当老爷。”毛泽东一生最痛恨官僚主义，他曾经形象地把官

① 《论语·颜渊》。

僚主义者比喻为“泥塑的神像”：“一声不响，二目无光，三餐不食，四肢无力，五官不正，六亲无靠，七窍不通，八面威风，久坐不动，十分无用”。1963 年周恩来在中共中央和国务院直属机关负责干部会议上的报告中指出，官僚主义与自由主义、个人主义、命令主义、事务主义、分散主义、本位主义、宗派主义，都是密切相关的。我们反对官僚主义，也就必须联系到反对这些主义。官僚主义具体表现有：一是脱离领导、脱离群众的官僚主义。二是强迫命令式的官僚主义。三是无头脑的、迷失方向的、事务主义的官僚主义。四是老爷式的官僚主义。五是不老实的官僚主义。六是不负责任的官僚主义。七是做官混饭吃的官僚主义。八是颟顸无能的官僚主义。九是糊涂无用的官僚主义。十是懒汉式的官僚主义。十一是机关式的官僚主义。十二是文牍主义和形式主义的官僚主义。十三是特殊化的官僚主义。十四是摆官架子的官僚主义。十五是自私自利的官僚主义。十六是争名夺利的官僚主义。十七是闹不团结的官僚主义。十八是宗派性的官僚主义。十九是蜕化变质的官僚主义。二十是助长歪风邪气，纵容坏人坏事；打击报复，违法乱纪，压制民主，欺凌群众；直至敌我不分，互相勾结，作奸犯科，害党害国，走上非常危险道路的官僚主义。1980 年邓小平在《党和国家领导制度的改革》中也指出，官僚主义现象是我们党和国家政治生活中广泛存在的一个大问题。它的主要表现和危害是：高高在上，滥用权力，脱离实际，脱离群众，好摆门面，好说空话，思想僵化，墨守成规，机构臃肿，人浮于事，办事拖拉，不讲效率，不负责任，不守信用，公文旅行，互相推诿，以至官气十足，动辄训人，打击报复，压制民主，欺上瞒下，专横跋扈，徇私行贿，贪赃枉法，等等。目前我国的官僚主义现象日益严重，必须引起我们高度的警惕，否则我们就很有可能走上反面。

第三，形式主义猖獗。形式主义也可说是官僚主义的一种表现，由于它在现行“官场”上特别流行，为害甚烈，故特别突出指明。形式主义是一种极不负责任的政治行为，它敷衍了事，上面打了雷，下面只好吹吹风，应付一下，雷声一过，风即停止。形式主义也是一种瞒上欺下的政治行为，它哗众取宠，形式上轰轰烈烈，内容上脱离实际，好摆花架子，让人看起来很好看，但实际上却根本没有什么效果；形式主义更是一种投机取巧的政治行为，它做秀悦上，摸着上级的意思，搞搞新意，吸引人们的眼球，只要能哄得上级满意，对百姓有没有利益则根本不须去考虑。因此，中国共产党第十七届中央委员会第四次全体会议决议强调指出：“有些领导干部宗旨意识淡薄，脱离群众、脱离实际，不讲原则、不负责任，言行不一、弄虚作假，铺张浪费、奢靡享乐，个人主义突出，形式主义、官僚主义严重；一些领导干部特别是高级干部中发生的腐败案件影响恶劣，一些领域腐败现象易发多发。这些问题严重削弱党的创造力、凝聚力、战斗力，严重损害党同人民群众的血肉联系，严重影响党的执政地位巩固和执政使命实现，必须引起全党警醒，抓紧加以解决。”

2. 当前我国官德建设存在问题的主要根源。

第一，政治体制不完善。改革开放以来，我国在进行经济体制改革的同时，也相应地进行了政治体制改革，建立健全社会主义民主政治体制。30 多年来，社会主义民主政治体制在不断完善之中。然而，由于种种原因，我国的政治体制改革的步伐还不够大，因此，体制性的漏洞还不少。其中最突出的问题一是民主建设问题，二是法制建设问题。在民主建设上，党内民主机制不健全；例如至今为止，各级党委书记的候选人往往还只有一人，而且根本没有实行直选；民主集中制在实际上也蜕变为家长制，权力高度集中在“一把手”手上，特别是提拔干部，看第一把手脸色行事，任人唯亲，重亲轻贤，重才轻德；而所谓的民意测验，由于剥夺了群众的知情权和监督权，完全蜕变为欺上瞒下进行暗箱操作的工具。在社会民主建设方面，也存在着同样类似问题。群众的许多民主权利——选举权（许多都流于形式，致使选举人根本没有热情）、监督权、知情权、弹劾权等得不到真正的落实，各级官员几乎都不是民选（而是任命）的，百姓更没有可能真正监督他们，因而，官员们体验不到人民当家作主的实际权威，他们必然会渐渐地忘了自己权力的真正来源，忘了自己真正的身份，他们不仅开始看不起群众，而且渐渐习惯了当官做老爷，欺压甚至于鱼肉百姓。在法制建设方面，最重要的是缺乏一整套对各级官员卓有成效的监督制约机制。一方面，他们拥有各种特权，常常把群众与他们隔离开来，使群众难以了解他们；诸如各级党委和政府，本是为百姓办事的机构，然而却是警卫森严，百姓根本没有可能“越雷池一步”，去和官员“平等”打交道，更谈何监督；官员出行，个个前呼后拥，鸣锣开道，驱赶百姓，极尽官老爷之威风。另一方面，各种监督机构，由于其独立性不够，也由于其权威性（权力只能用权力去约束，而只有更高的权力才能制约住被制约的权力，而我们却有很多权力却没有更高的权力去制约；比如第一把手的监督和制约问题，至今都没有比较理想的方法）不够等等原因，监督效率低下，制约效果极差。就近十多年来看，我国每年受到法纪处理的党员干部就有十几万人。中纪委在向党的十六大的工作报告说：“1997 年 10 月至 2002 年 9 月，全国纪检监察机关共立案 861917 件，结案 842760 件，给予党纪政纪处分 846150 人，其中开除党籍 137711 人。被开除党籍又受到刑事追究的 37790 人。在受处分的党员干部中，县（处）级干部 28996 人，厅（局）级干部 2422 人，省（部）级干部 98 人。”中纪委在向党的十七大的工作报告又说：“2002 年 12 月至 2007 年 6 月，全国纪律检查机关共立案 677924 件，结案 679846 件（包括十六大前未办结案件），给予党纪处分 518484 人。查处陈良宇、杜世成、郑筱萸等极少数高级干部严重违纪案件。”

第二，两极思维模式作怪。在主观层面上，我们长期以来形而上学的两极思维模式普遍流行。传统社会以小农经济为基础，它注重经验、感觉、感情，形成两极思维方式。它对事物的认识不是肯定，就是否定；而这种否定不是扬弃，而是全盘否定和完全抛弃。在计划经济时代，我们强调精神万能，高举道德的旗帜猛烈地批判“物质刺激”、“金钱挂帅”与“白专道路”，忽视经济建设和法制建设；而在市场经济时代，我们则完全否定了精神的价值和道德的旗帜，高扬起“物质刺激”、“金钱挂帅”与“白专道路”的大旗，在高度重视经济建设和法制建设的同时，我们又忽视了道德建设。于是，我们必然走上一条高度重视物质文明建设，轻视精神文明建设的发展之路。邓小平在总结改革开放十年来的经验教训时严肃指出，我们十年来最大的失误是思想教育，物质文明和精神文明必须两手抓两手都要硬。可是，在把以经济建设为中心曲解为“以 GDP 为纲”的实际引导下，许多地方依然“见物不见人”，在不同程度上把社会主义精神文明建设特别是思想道德建设放在“说起来很重要，干起来就忘掉”的地位上，从而使 20 世纪末出现了“信仰危机”、“诚信危机”等一系列道德危机的状况。同时，在干部培养和选拔问题上，计划经济时期，受极左思潮影响，重德不重才，讲红不讲专；而改革开放以来，我们又在两极思维模式作怪下，走上重才不重德，讲专不讲红的极端。结果，一方面由于干部道德教育的长期缺失，另一方面由于干部培养和选拔上的价值导向，必然造成了我们官德建设的滑坡。

第三，市场经济的负面效应。改革开放以来，随着社会主义市场经济的崛起，我国经济社会发生了天翻地覆的巨大变化。然而，市场经济的负面效应给我们带来了前所未有的挑战。市场经济是现代的商品经济，它同以往一切经济形态的根本区别，就在于其他经济形态本质上是追求“使用价值”的，而市场经济则是追求“交换价值”的。马克思在《资本论》中曾经用两个不同的公式来表达这一根本的区别：W—G—W（自然经济），G—W—G′（市场经济）。无疑，市场经济的核心是“资本（G）”，而“资本家”则是市场经济时代的“宠儿”。早在150年以前，马克思就曾惊奇地发现并经典地强调：“如果有10%的利润，资本就会保证到处被使用；有20%的利润，资本就能活跃起来；有50%的利润，资本就会铤而走险；为了100%的利润，资本就敢践踏一切人间法律；有300%以上的利润，资本就敢犯任何罪行，甚至去冒绞首的危险。”① 作为人格化的资本，资本家的本性是由资本的本性所决定的，他的一切所作所为，都是由资本的本性所驱使的。无限地榨取剩余价值（利润），是资本家从事一切经济活动乃至非经济活动的出发点和最终归宿。资本家的这一贪婪本性，并不取决于他个人的禀赋和个性，而事实上是由他赖以生存的生产关系所决定的。不仅资本家本性如此，所有独立的经济主体作为经济人也在不同程度上受市场经济本性之影响。而市场经济的本性反映到人们的思想道德意识上来，负面演化为拜金主义、极端个人主义和享乐主义。它使人们唯利是图，不择手段谋求利益的主动性、积极性和创造性也充分发挥出来，由此，种种消极腐败的思想行为和违法犯罪行为也迅猛地蔓延开来，而各级官员无疑则首当其冲地受到冲击与考验。

三、加强我国官德建设的基本策略

各级官员掌握着公共权力和公共资源，掌握着管理国家的政治经济文化的行政大权，因此，他们存在的状态直接决定着党和国家的前途和命运，直接决定着社会生存发展的状况。这也就决定了加强官德建设，不仅极其重要，而且迫在眉睫。

1. 加快完善社会主义民主政治体制和法制。

社会存在决定社会意识。制度作为一种后天形成的社会客观存在，对于个体的人来说，有决定性意义。邓小平指出：“这些方面制度好可以使坏人无法任意横行，制度不好可以使好人无法充分做好事，甚至走向反面。”② 制度完善在官德建设中具有重要意义：第一，它是官德建设取得实效的保证。如果只是单纯进行官德教育与修养，而不进行相应的制度建设，没有制度的强有力的约束机制，官德建设便失去其应有的保证。第二，它是干部道德人格养成的必要途径。完善的道德人格的形成往往要经历一个从他律到自律的转化过程。而制度所具有的强

① 《马克思恩格斯全集》第17卷，第258页。
② 《邓小平文选》第2卷，人民出版社1993年版，第333页。

制性的约束力对于干部道德人格的养成是必要的。而加快完善社会主义民主政治体制和法制，当前最迫切地要抓四条：一是加快推进党内外民主机制建设，真正体现人民主权、人民当家作主。为此，必须稳健而切实地进行政治体制改革。诸如切实落实人民代表大会的权力，特别要落实其监督权。为此，人大代表必须进行直选，按照纵向和横向两个维度选举人大代表。纵向为行业；横向为区域。只有这样选举出来的人大代表，才有可能较好地代表民意与民利；选民也才有可能对代表们进行监督；代表们也才可能真正对选民负责。二是加大对干部任用的操守考察力度。"重点看是否忠于党、忠于国家、忠于人民，是否确立正确的世界观、权力观、事业观，是否真抓实干、敢于负责、锐意进取，是否作风正派、清正廉洁、情趣健康。注重从履行岗位职责、完成急难险重任务、关键时刻表现、对待个人名利等方面考察干部的德。"① 三是完善干部人事制度，要保证"让能干事者有机会、干成事者有舞台，不让老实人吃亏，不让投机钻营者得利。"②从而充分发挥干部人事制度的道德价值导向作用，引导广大干部自觉进行社会主义道德修养。四是加强反腐保廉的制度机制建设，加大打击腐败分子的力度，保持党和政府的廉洁性。我们党从革命党转变为执政党之后，特别是在社会主义市场经济发展的过程中，党和政府中的腐败现象日益严重起来，党和政府中的腐败分子也渐渐地猖獗起来，严重地损害了党和政府的形象和威信，严重地损害了社会主义国家的形象与威信，严重地威胁到党和国家的前途和命运；因此，必须严厉打击腐败现象和腐败分子，保持党和政府的廉洁性。这是我国目前面临着的一场最艰巨的政治斗争，也是党和国家在官德建设上面临着的一场最艰巨的政治思想斗争。

2．树立唯物辩证的思维模式。

我国传统思维缺陷——两极思维模式，不仅对于我们国人的影响是深刻的，而且对于我们党和政府的各级干部的影响也是深广的，我们要克服这种形而上学——两极思维模式的影响，就应当加强马克思主义哲学的学习，掌握唯物辩证的思维方法。唯物辩证的思维方法，就是一种普遍联系的思维方法，一种永恒发展的思维方法，一种对立统一的思维方法；就是要以全面的观点，变化的观点和矛盾的观点去认识世界。它能够有力地克服一切片面的、孤立的、静止的形而上学

---

① 《中共中央关于加强和改进新形势下党的建设若干重大问题的决定》。
② 《中共中央关于加强和改进新形势下党的建设若干重大问题的决定》。

思维方法。胡锦涛总书记曾指出，辩证唯物主义和历史唯物主义的世界观和方法论，是马克思主义最根本的理论特征。2006 年在中央经济工作会议上，胡锦涛总书记又说，科学发展观是指导发展的世界观和方法论的集中体现，是运用马克思主义的立场、观点、方法认识和分析社会主义现代化建设的丰富实践，深化对经济社会发展一般规律认识的成果，是我们推进经济建设、政治建设、文化建设、社会建设必须长期坚持的根本指导方针。深刻领会和准确把握科学发展观的科学体系，要求我们必须认真学习马克思主义哲学。要深入学习辩证唯物主义，坚持解放思想、实事求是、与时俱进，一切从实际出发，勇于开拓创新，善于用全面的、联系的、发展的观点认识和解决经济社会发展中的问题，努力促进人与人、人与社会、人与自然相和谐。要深入学习历史唯物主义，牢固树立人民群众是历史创造者的观点，坚持以人为本，充分发挥人民群众的积极性、主动性、创造性，始终把人民群众的根本利益放在首位。无疑，马克思主义哲学——辩证唯物主义和历史唯物主义是整个马克思主义的思想理论基础，是马克思主义世界观、方法论的理论体系，是整个马克思主义的核心与灵魂，是无产阶级政党制定正确的路线方针政策的哲学基础，是我们深入学习实践科学发展观的哲学基础。我们各级干部在不同程度上受到两极思维模式的影响，其中最重要的一个原因，就是我们各级干部长期没有很好地学习马克思主义的唯物辩证法。因此，要改变这种状况，落实贯彻科学发展观，就必须把加强马克思主义哲学的学习，作为一项紧迫的任务，在全体干部中形成一个认真学习马克思主义哲学的好风气，使广大干部牢固确立马克思主义的世界观，真正掌握马克思主义的唯物辩证法，从而不断深化认识、把握和运用人类社会发展的普遍规律、社会主义建设规律和共产党执政规律，才能不断提高自身的思想道德水平、执政水平和领导水平。

3. 以德治国与依法治国相结合。

官德建设是一项复杂的社会系统工程，它不仅要按照自身的规律进行，还需要一系列的经济社会条件予以支持。其中，政治制度和社会制度的合理安排，以及法治的根本保障是至关重要的条件；这就必须坚持以德治国与依法治国相结合的治国方略。在一定意义上，依法治国和以德治国历来是人类社会最基本也是最重要的治国方式。从根本上来说，安邦治国既需要法治，也需要德治，是由于法律与道德两者各有所长，各有所短；只有两者之间取长补短，相互支持，才能真正保证社会长治久安。如果从法治与德治的本质来说，法治属于政治文明的范畴，德治属于精神文明的范畴。政治文明以物质文明为经济基础，以精神文明为思想指导，在这一意义上来说，有什么样的精神文明，就有什么样的政治文明。同时，归属于政治文明范畴的法治，作为一种政治建设，重在制度建设；而归属于精神文明范畴的德治，作为一种思想建设，重在素质建设。在制度与素质的关系上，制度建设是首位，素质建设是关键。没有制度建设，素质建设就没有保障；没有素质建设，制度建设也就没有依托。由此可见，治国安邦，单靠法治也不行，单靠德治也不行；法治和德治对立统一，官德建设要依靠法制建设来保障，法制建设要以道德建设为根基；只有两者相互配合，才能产生最大最佳的效果。然而，计划经济时期，由于极左思潮的严重干扰，我们在客观上重视了“以德治国”，而严重忽视了“依法治国”；特别是在十年“文革”中，把法制建设几乎摧残至尽，从而使“以德治国”走上了邪路。改革开放后，我们拨乱反正，致力于建设社会主义法制国家和法治社会，推动法制建设迅猛发展，有力地保证了改革开放的顺利进行。然而，我们在强调社会主义法制建设的同时，一些人又逐渐地走上另一个极端，迷信法制，以为“法制包治百病”，从而轻视德治，尤其轻视官德建设。结果，我们不无遗憾地看到，法治建设在迅猛发展的同时，政治领域中的各种丑恶现象和违法犯罪现象依然呈锣旋式上升态势，每年数以万计的“官员”走进监狱。这些血淋淋的社会现实向我们警示，无论是依法治国还是以德治国，少了哪一样都不行。正如江泽民曾经在全国宣传部长会议上的讲话中强调的那样：对一个国家的治理来说，法治与德治，从来都是相辅相成、相互促进的。二者缺一不可，不可偏废。正是基于这样的认识，党的十六大政治报告在总结我党十三年来的基本经验时，把“坚持物质文明和精神文明两手抓，实行依法治国与以德治国相结合”作为其中的一条基本经验。

（原载《中共福建省委党校学报》2011 年第 11 期。转载中国人民大学复印资料《伦理学》2012 年第 2 期）

周公的“德治”政治伦理思想及其意义

周公，姓姬，名旦，亦称叔旦，周代第一位周公（约公元前 1100 年），因封地在周（今陕西岐山北），故称周公或周公旦。他是周文王的第四子，周武王的同母弟。武王死后，其子成王年幼，由他摄政当国。周公平定“三监”叛乱，大行封建，营建东都，制礼作乐，还政成王，在巩固和发展周王朝的统治上起了关键性的作用，对中国历史的发展产生了深远影响，成为西周初期杰出的政治家、军事家和思想家，被尊为儒学奠基人。其言论见于《尚书》诸篇，其中他的“德治”政治伦理思想是儒家“德治”政治伦理思想的基石，对中国社会历史发展具有重大意义。

一、周公“德治”政治伦理思想的基本架构

周公“德治”政治伦理思想的发生，既是他长期的政治军事实践经验总结的产物，也是他对以往历史经验总结的结晶。在文王征伐犬戎、密须，攻克黎国，灭商同姓国崇，于丰水西岸建立丰邑的过程中，武王和周公帮助他们的父亲成了西方的共主，奠定了灭掉商朝的基础。文王死后，武王即位，以周公为最主要的得力助手。在召公、毕公等帮助下，在盟（孟）津观兵，大会天下诸侯。接着，武王在周公等人的帮助下，率军渡过盟津。纣王发兵抵挡，结果纣军掉转矛头，往回冲杀，纣军溃败。纣王登上鹿台，自杀而死。灭商归来，由于日夜操劳，武王身染重病，不久病故。武王在临终前愿意把王位传给有德有才的叔旦——周公，周公涕泣不止，不肯接受。武王死后，太子诵继位，是为成王。成王不过是个十多岁的孩子，面对国家初立，尚未稳固，内忧外患接踵而来的复杂形势，成王是绝对应付不了的。这个责任便落到了周公肩上，周公执政称王，发挥了王的作用。周公以弟弟的资格称王，排行第三的管叔鲜等不服，灭殷后的第三年（公元前 1024 年），管叔、蔡叔鼓动起武庚禄父一起叛周。起来响应的有东方的徐、奄、淮夷等几十个原来同殷商关系密切的大小方国。这对刚刚建立三年多的周朝来说，是个异常沉重的打击。周公首先稳定内部，保持团结。第二年（公元前 1023 年）举行东征，讨伐管、蔡、武庚。经 3 年的艰苦作战，终于讨平了叛乱，征服了东方诸国，收降了大批商朝贵族，同时斩杀了管叔、武庚，放逐了蔡叔，把国都迁到洛邑（今洛阳），巩固了周朝的统治。周公讨平管、蔡之后，乘胜向东方进军，灭掉了奄（今山东曲阜）等 50 多个国家，把飞廉赶到海边杀掉，从此周的势力延伸到海边。

周公正是在长期的夺权与执政的实践中，于总结历史经验的基础上，提出了以“敬德保民”为核心的一系列“德治”政治伦理思想。

首先，周公认识到，政治的根基是政权的合法性；而这种合法性的根本就是“天命”。约公元前1027年，武王在商郊牧野集众誓师伐殷，誓词就是《尚书》中周公所作的《牧誓》。“今商王受惟妇，言是用，昏弃厥肆祀弗答，昏弃厥遗王父母弟不迪，……”痛斥商纣王只听妇人（妲己）的话，不祭祀祖先天地之神；连自己同祖兄弟都不进用，反而重用四方逃亡的罪人，让他们暴虐百姓，导致天怒人怨，招致殷纣王灭亡。而“今予发惟恭行天之罚”申明周王是躬行天罚。所以周代商，是“天命”之故：“非我小国敢弋殷命，惟天不畀允罔故乱，弼我。”（《尚书·多士》）但天命是不会永远不变的，“惟命不于常，汝念哉!”（《尚书·康诰》）那么，一个王朝是否得天之命，是否永远得天之命，靠什么?!周公明确指出：“皇天无亲，唯德是辅。”（《尚书·蔡仲之命》）天命能否眷顾，从根本上来说，就看一个王朝的统治者是否有“德”。周之所以代殷得天下，决不是偶然的，而是因为周的先王“亦既用明德”（《尚书·梓材》）。从而周公提出了“以德配天”的思想——其“德治”思想的基石。

其次，周公进而指出，既然天命以德为本，统治者如果想要永远保住政权，就必须“敬德”。殷亡国的根本原因，就是“惟不敬厥德，乃早坠命”（《尚书·召诰》）。所以，“天不可信，我道惟宁王德。”（《尚书·君奭》）只要“王其疾敬德，王其德之用”，就能“祈天永命”（《尚书·召诰》）。“敬德”的根本是“保民”：“王以小民受天永命。”（《尚书·召诰》）夏代的灭亡是因为夏桀违背了民意，人民痛恨地说：“时日曷丧，予及汝皆亡。”（《尚书·汤誓》）殷末也是由于“小民方兴，相为敌仇”（《尚书·微子》）最后奴隶和平民在前方倒戈而失败。周要“受天永命”就必须“以王之仇民、百君子。越友民，保”（《尚书·召诰》）。不仅要保护百姓，还要对所有民众一视同仁。至此，周公形成了他的“敬德保民”思想——其“德治”思想的核心。

要做到“敬德保民”，就要实行“仁政”。而要实行“仁政”，统治者自己首先要努力修养德行，成为一个有德之君。这是一个能否承受天命的决定性条件。正是由于周人的先王都是有德之人，如其始祖后稷，农业上有很多发明创造，“天下得其利，有功”。后稷的子孙公刘“积德行义”。周文王祖父王季“笃行仁义，”文王更是一个“笃仁、敬老、慈少、礼下贤者”，所以天才“眷命用懋，王其疾敬德”（《尚书·召诰》）。这不仅因为一个君主有德才能实行仁政，而且还能够起到极好的教化百姓的作用。“其惟王位在德元，小民乃惟刑用于天下，越王显”（《尚书·召诰》）这就是说，如果居于国家首位的王是品德最高尚的，那么，小民就会在下边效法，从而发扬王的光显。要实行“仁政”，统治者还必须通过“惠民”来保民。因为只有“惠于庶民”，才能“以民宁，不汝瑕，殄”。永保国祚延续。武王灭纣王后，对如何处置殷商遗民和上层贵族的问题，一时拿不定主意。他首先问太公望——姜尚。太公主张对殷人一个也不能保留，而要统统杀掉。武王不同意，又问召公。召公说，有罪的杀，没罪的留下。武王不同意，再问周公。周公说：“让殷人在他们原来的住处安居，耕种原来的土地。争取殷人当中有影响有仁德的人。”周公这种给以生路，就地安置，分化瓦解的政策，深得武王的赞许。武王命令召公释放被囚禁的箕子和被关押的贵族；修整商容故居，并且设立了标志；让闳夭培高王子比干的坟墓；命令南宫括散发了鹿台的钱财，打开钜桥的粮仓，赈济饥饿的殷民。这一切措施都有利于保民、惠民，对巩固周代新政权直接起到了十分重要的作用。

再次，周公认为，治国理政，既要做到刑德结合，更要注意特别慎用刑罚，加强道德感化。周公平叛以后，为了加强对东方的控制，封小弟康叔为卫君，令其驻守故商墟，以管理那里的商朝遗民。他将告诫前去上任的年幼的康叔的嘱言，写成《康诰》、《酒诰》、《梓材》三篇，作为法则送给康叔。周公告诫说：“予惟不可不监。告汝德之说，与行。”（《尚书·康诰》）意即：历代兴亡应为镜鉴，使我不能不明明白白地告诉你修明德行和谨慎刑罚的道理。“文王克明德慎罚，不敢侮鳏寡，庸庸，祗祗，威威，显民。用肇造我区夏。越一二邦，以修我西土。”（《尚书·康诰》）意即：你要如文王那样，修明自己的德行，对于刑罚做到小心谨慎，不敢轻看和虐待那些鳏夫寡妇，任用该任用的人，尊敬该尊敬的人，惩罚该惩罚的人。因此文王的德行在人民中间非常显著，这样，文王就开始把我们国家和我们几个友邦建立在中夏地区，把我们的西方治理得很好。由此，周公形成了他的“明德慎罚”思想——其“德治”思想的关键。事实上，《康诰》是三篇嘱言的核心所在，其目的就是要安定殷民，而要做到这一点，就必须“明德慎罚”。周文王因为“明德慎罚，不敢侮鳏寡”才有天下。“明德”的具体内容之一就是“保殷民”。“慎罚”，是依法行事，其中包括殷法的合理成分。刑罚不可滥用，有的案情要反复考虑才能判定。至于杀人越货，“不孝不友”的，要“刑兹无赦”。统治者要勤勉从事，不可贪图安逸。“天命”不是固定不变的，能“明德慎罚”才有天命。“明德慎罚”也不是一切照旧，而是参酌殷法，推行周法，使殷人“作新民”。康叔到殷墟后，牢记周公的叮嘱，明德慎罚，生活俭朴，爱护百姓，使当地吏民安居乐业。

最后，周公进一步看到，要使国家长治久安，还必须将“德治”制度化，为此，他“制礼作乐”——其“德治”思想的制度化。周公“制礼作乐”中的“礼”，强调的是“别”，即所谓“尊尊”；“制礼作乐”中的“乐”，主要作用是“和”，即所谓“亲亲”。有别有和，是巩固周人内部团结的两个不可分割的有机组成部分。“礼”萌生于夏代，发展于殷代，形成于周代。周代把夏、殷的“礼”这种原来祭祀等仪式的规定，改变而为包括宗教、政治、道德等在内的国家典章制度和“道德之器械”。周公“制礼作乐”，就是制定和推行了一套维护君臣宗法和上下等级的典章制度。主要有“畿服”制、“爵谥”制、“法”制、“嫡长子继承”制和“乐”制等。其中最重要的是嫡长子继承制和贵贱等级制。在殷商时，君位的继承多半是兄终弟及，传位不定。周公确立的嫡长子继承制，即以血缘为纽带，规定周天子的王位由长子继承。同时把其他庶子分封为诸侯卿大夫。他们与天子的关系是地方与中央、小宗与大宗的关系。周公还制定了一系列严格的君臣、父子、兄弟、亲疏、尊卑、贵贱的礼仪制度，以调整中央和地方、王侯与臣民的关系，加强中央政权的统治，这就是所谓的礼乐制度。①

从“以德配天”到“敬德保民”，再到“明德慎罚”和“制礼作乐”，形成了周公的“德治”政治伦理思想体系。这一政治伦理思想体系，对于儒家乃至传统中国社会的发展起到了极其重大的深刻影响。

二、周公“德治”思想是儒家“德治”思想的思想理论基石

儒家“德治”政治伦理思想是儒家伦理思想的核心，而儒家“德治”政治伦理思想直接根源于以周公“敬德保民”为核心的“德治”政治伦理思想。

孔子是儒家的创始人，是儒学的创建者。而孔子最崇敬的古代圣人，就是周公。《论语》中子曰：“甚矣吾衰也！久矣吾不复梦见周公。”孔子之后，孟子发展光大了孔子的伦理思想，成为儒家“正统”圣贤；而荀子则“几乎集先秦伦理思想之大成”②，对儒学发展作出了重要贡献。儒家“德治”政治伦理思想在先秦孔、孟、荀三大思想家的贡献下，基本形成。

首先，先秦儒家“德治”政治伦理思想进一步发展了周公“以德配天”的思想，提出了“道”的概念，突显了客观规律性与人的主观能动性的统一。儒

---

① 参见搜搜百科“周公”词条。

② 参见陈瑛等主编：《中国伦理思想史》，贵州人民出版社 1985 年版，第 124 页。

家“德治”政治伦理思想仍然以周公的“以德配天”思想为前提，论证执政的合法性。《论语·尧曰》中说：“尧曰：‘咨！尔舜，天之历数在尔躬，允执其中。四海困穷，天禄永终。’舜亦以命禹。曰：‘予小子履，敢用玄牡，敢昭告于皇皇后帝：有罪不敢赦，帝臣不蔽，简在帝心。朕躬有罪，无以万方；万方有罪，罪在朕躬。’周有大赉，善人是富。‘虽有周亲，不如仁人。百姓有过，在予一人。’”其大意是：尧说：“啊！舜啊，上天的运数落在了你的身上，得当地把握住它的正道。如果天下都困顿穷苦，上天的禄位就会永远终止。”舜也用这番话来告诫禹。成汤说：“在下后生履，冒昧地用黑色的公牛来明白地禀报伟大的天帝：有罪的人我不敢擅自赦免，上帝的臣属我不敢掩蔽遗漏，请上帝加以监察。我个人有罪，不要加罪于四方诸侯；四方诸侯有罪，责任在于我个人。”周室得到上天的赏赐，善人得以富有。周武王说：“即使有亲近之亲属，不如有仁德的人士。百姓有过错，责任在我一人。”[①]《孟子·万章上》中也记载：万章问道：“尧把天下送给舜，有这回事吗？”孟子说：“没有。天子不能把天下送给人。”万章问道：“那么，舜拥有的天下是谁给的呢？”孟子说：“天给他的。”[②]但是，这种天命，在先秦儒家特别是孔孟看来，它往往表现为“道”。这个“道”既是“天道”，“夫子之言性与天道，不可得而闻也。”（《论语·公冶长》）更是“人道”，“礼之用，和为贵。先王之道，斯为美。”（《论语·学而》）“人道”来自“天道”，“人道”反映“天道”。它既是宇宙万物运行的规律，也是人类社会发展的规律；它既是治国理政的根本原则，也是人与人相处的根本道理。“邦有道，危言危行；邦无道，危行言孙。”（《论语·宪问》）而“人道”虽外在于己，但可认知把握；“人道”被认知把握，就成为“德”。因此，认知把握住“道”，就上承天道，下顺人道；上知天命，下成圣贤。故孔子说“朝闻道，夕死可也”《论语·里仁》。

其次，先秦儒家“德治”政治伦理思想进一步发展了周公“敬德保民”的思想，提出“以德治国”思想和“民本主义”。孔子弘扬了周公“敬德保民”的思想，进而提出了他的著名的以德治国论。孔子明确地说：“为政以德，譬如北辰居其所而众星共之。”（《论语·为政》）即是说，用德行来治理国政，如同北极星处在自己的位置上而众多的星辰拱卫它。孔子还说：“道之以政，齐之以刑，

---

① 参见金良年撰：《论语译注》，上海古籍出版社1995年版，第240页。

② 鲁国尧、马智强译注：《孟子全译》，江苏古籍出版社1998年版，第153页。

民免而无耻；道之以德，齐之以礼，有耻且格。”《论语·为政》由此可见，孔子认为，既然德是道的内化，道是天命的表现形式，“以德配天”和“敬德保民”的根本就是以德治国。治国理政，只靠政治法律等专政机构进行镇压是远远不够的，因为尽管百姓害怕惩罚而不敢犯罪，但他们并未认识到犯罪可耻，所以再去犯罪的可能性仍然很大；只有用道德来教化指导他们，用礼来约束他们，百姓才不但不敢犯罪，而且有羞耻之心，以后再也不敢去犯罪了。孔子还十分赞同周公的意见，要以德治国，统治者自己首先就要成为一个有德之人。故孔子说：“政者，正也；子帅以正，孰敢不正？”（《论语·颜渊》）又说：“苟正其身矣，于从政乎何有？不能正其身，如正人何？”“其身正，不令而行；其身不正，虽令不从。”（《论语·子路》）只要统治者以身作则，带头讲道德，治理国家是不困难的，只要统治者本身行为正当，不发布命令，事情也能行得通。因为“君子之德风，小人之德草。草上之风，必偃”（《论语·颜渊》）。即是说，统治者的品德如风，老百姓的品德似草，风吹向哪边，草就倒向哪边；这就是上行下效。孟子在此基础上，进一步提出了三大思想：一是“性善论”。如果说，孔子在一定程度上还把德治的根基放在“以德配天”之上的话，那么，孟子还进一步把德治的根基放在了“性善论”的人性之上。在孟子看来，德不是外来的，而是内在的，德的根源就在于人性之中：“恻隐之心，人皆有之；羞恶之心，人皆有之；恭敬之心，人皆有之；是非之心，人皆有之。恻隐之心，仁也；羞恶之心，义也；恭敬之心，礼也；是非之心，智也。仁义礼智，非由外铄我也，我固有之也。”（《孟子·告子上》）正因为人性本善，所以搞德治，行仁政，施王道，是人性之内在要求。“人皆有不忍人之心，先王有不忍人之心，斯有不忍人之政矣。以不忍人之心，行不忍人之政，治天下可运之掌上。”（《孟子·公孙丑上》）二是“仁政王道论”。顺着性善论的逻辑，当梁惠王向孟子问政时，孟子大力推行其“仁政王道论”：“地方百里而可以王。王如施仁政于民，省刑罚，薄税敛，深耕易耨，壮者以暇日修其孝悌忠信，入以事其父兄，出以事其长上，可使制梃以挞秦楚之坚甲利兵矣。”（《孟子·梁惠王上》）“不违农时，谷不可胜食也；数罟不入夸池，鱼鳖不可胜食也；斧斤以时入山林，材木不可胜用也。谷与鱼鳖不可胜食，材木不可胜用，是使民养生丧死无憾，王道之始也。”（《孟子·梁惠王上》）三是“民本主义”。孟子发扬光大从夏商周以来特别是周公的“保民”思想，形成了他的民本主义。早在《尚书》和周公的思想中就有了民本思想的源流。《尚书》五子之歌中就说：“民可近，不可下；民为邦本，本固邦宁。”（民为邦本）在《尚书·皋陶谟》中也说："天聪明，自我民聪明；天明威，自我民明威。"（民意即天意）"安民则惠，黎民怀之。"（安民惠民）在《尚书·酒诰》中还说："人无于水监，当于民鉴。"（尊重民意）孟子认为："民为贵，社稷次之，君为轻。"《孟子·尽心下》有民才能有君，得民心者才能得天下。"得天下有道：得其民，斯得天下矣；得其民有道：得其心，斯得民矣；得其心有道：所欲与之聚之，所恶勿施，尔也。"（《孟子·离娄上》）要得民心就必须施仁政，行王道。施仁政，行王道的根本，就是爱民、惠民、安民、保民。因此，统治者应当牢记："乐民之乐者，民亦乐其乐；忧民之忧者，民亦忧其忧。乐以天下，忧以天下，然而不王者，未之有也。"（《孟子·梁惠王下》）"保民而王，莫之能御也。"（《孟子·梁惠王上》）爱抚百姓而统一天下，就没有谁能阻挡得住他。爱民、安民、保民最重要的是两点：一是教民，对百姓进行道德教化。二是惠民，使百姓有"制民之产"："是故明君制民之产，必使仰足以事父母，俯足以畜妻子，乐岁终身饱，凶年不免于死亡。然后驱而之善，故民之从之也轻。"（《孟子·梁惠王上》）荀子也认为"君人者，隆礼尊贤而王，重法爱民而霸"（《荀子·成相》）。因为，民如水，水能载舟，亦能覆舟。

其次，先秦儒家"德治"政治伦理思想进一步发展了周公"明德慎罚"与"制礼作乐"的思想，提出了"隆礼重法"思想。在孔孟虽有从"明德慎罚"发展而来的德法相依的思想，但更看重的是德治，是一种"重德轻刑"的思想。而对于"礼"，都十分重视。孔子明确指出："为国以礼。"（《论语·先进》）并认为："克己复礼为仁，一日克己复礼，天下归仁焉。"礼为表，仁为质；礼为用，仁为的。孟子也说："言非礼义，谓之自暴也。"（《孟子·离娄上》）"仁之实，事亲是也；义之实，从兄是也；智之实，知斯二者弗去是也；礼之实，节文斯二者是也；乐之实，乐斯二者，乐则生矣。"（《孟子·离娄上》）但荀子却不同，他提出了"隆礼重法"的主张。荀子既反对法家重法否德的看法，也不同意孔孟"重德轻刑"的认识，而主张德治与法治并重，把礼与法、刑罚与德教、德治与法治结合起来，使它们相辅相成，各自充分发挥自己应有的作用。故荀子说："治之经，礼与刑，君子以修百姓宁。明德慎罚，国家既治四海平。"（《荀子·成相》）荀子又说："有乱君，无乱国；有治人，无治法……故法不能独立，类不能自行。得其人则存，失其人则亡。法者，治之端也；君子者，治之原也。故有君子，则法虽省，足以遍矣；无君子，则法虽具，失先后之施，不能应事之变，足以乱矣。"（《荀子·君道》）就是说，有紊乱的"君主"，没有紊乱的

"国家"；国家可以靠人才来治理，不可能仅仅靠法律来治理。因为，法律是不能独自实施的；制度也不能自动来推行。得到人才，国家就能生存和发展；失掉人才，国家就会灭亡。法治是治理国家的开端，有道德的君子才是治国的根本所在。所以，只要有了君子，法律虽然简略，也足以平治天下；如果没有君子，就是法律十分完备，但由于颠倒了治国的先后次序，就无法应付事情的变化，其结果，就必然导致国家的混乱。当然，荀子与孔孟"重德轻刑"的主张之所以不同，根本上在于其对于人性的看法的根本不同。与孟子的"性善论"相对立，荀子提出了"性恶论"的看法："今人之性，生而有好利焉，顺是，故争夺生而辞让亡焉；生而有疾恶焉，顺是，故残贼生而忠信亡焉；生而有耳目之欲，有好声色焉，顺是，故淫乱生而礼义文理亡焉。"（《荀子·性恶》）人的本性是恶的，只有通过后天的教化，才能抑恶扬善。荀子说："然则从人之性，顺人之情，必出于争夺，合于犯分乱理而归于暴。故必将有师法之化，礼义之道，然后出于辞让，合于文理，而归于治。用此观之，然则人之性恶明矣，其善者伪也。"（《荀子·性恶》）既然人的本性是恶的，单凭德治靠不住；必须要有法治。只有把法治与德治相结合，才能真正起到抑恶扬善的作用。

三、周公和先秦儒家"德治"思想对当代中国法治与德治相结合治国方略的启示

国人易走极端，计划经济时代重德治而轻法治；改革开放后，则重法治而轻德治。在付出了20多年的沉重道德代价之后，国人才终于清醒过来。2001年1月10日，江泽民代表党中央提出了依法治国与以德治国相结合的治国方略；并在2002年11月8日召开的党的十六大上正式确定。那么，周公和先秦儒家"德治"思想对当代中国法治与德治相结合治国方略的实施有何启示呢？

启示一：法治与德治相结合治国方略的根基在于"民"。周公和先秦儒家都从不同的视角，指出了民为邦本，民保则国保，民安则国安；因此，要重视民意，爱民惠民，取得民心。当然，他们的民本思想，是站在统治阶级立场上，为统治阶级的长远利益和根本利益服务的，其立足点是"牧民"。但是，他们看到了人民对国家政权的存续具有决定性意义，这一真知灼见却并不过时。当代中国要实施法治与德治相结合的治国方略，其根基就在于"民"。中国共产党从革命党转变为执政党，她既要遵循执政的一般规律，更要遵循执政的特殊规律。执政的一般规律就是"民为邦本，民可载政，亦可覆政"。而执政的特殊规律就是，

我们的执政党是以全心全意为人民服务为宗旨的党，我们的国家本质上是人民当家作主的国家；因而，法治与德治相结合治国方略的根本，就是“要始终把实现好、维护好、发展好最广大人民的根本利益作为党和国家一切工作的出发点和落脚点，尊重人民主体地位，发挥人民首创精神，保障人民各项权益，走共同富裕道路，促进人的全面发展，做到发展为了人民，发展依靠人民，发展成果由人民共享”。[①] 然而，我们党和政府中的许多党员干部特别是领导干部，从革命转变为执政之后，渐渐地忘记了我们的政权是怎么来的，我们的权力是谁给的，我们执政的合法性是什么，官僚主义日益严重，渐渐地把人民群众忘到了九霄云外；有些甚至有意无意地站在了与人民对立的立场上，当官做老爷，骑在人民头上作威作福；贪赃枉法，腐败堕落，欺压百姓。这种状况如得不到有力的纠正，迟早会断送党和国家的前途和命运。

启示二：法治与德治相结合治国方略的关键在于统一。周公已经注意到，治理国家，应当“明德慎罚”与“制礼作乐”，把“法治”与“德治”相结合。荀子扬弃了周公与孔孟的“德治”思想，提出了“隆礼重法”的主张，并指出，法与德必须相辅相成。这一点，对于当代中国实施法治与德治相结合的治国方略，具有重要启示意义。我们知道，在计划经济时代，我们强调德治，忽视法治，结果导致了“文化大革命”这场浩劫，使国民经济走到了即将崩溃的边缘。而在改革开放后相当长的一段时期里，我们却走上了极端，在重视法治的过程中，轻视了德治。结果我们看到，虽然改革开放以来，法治建设在大踏步地前进，许许多多的法律法规不断出台，整个政法战线及至纪检监察队伍的人数夸张些说，几乎以几何级数的速度迅速增长；然而，腐败堕落的人数有增无减；违法犯罪的人员呈螺旋式上升。更要命的是：连孔子说的“民免而无耻”都不能实现，而是“民不免而无耻”——不少的死刑犯带着微笑走上刑场，不知诸君作何感想?！在已经付出了无数沉重道德代价的今天，如果我们的各级党委和政府还不警醒，不高度重视道德建设，以德治为法治之基，以法治为德治之盾，在人民利益的基础上结合起来、统一起来，就必将误民误党误国。

启示三：法治与德治相结合治国方略的重点在于人。周公和先秦儒家都发现，无论是德治还是法治，其根本在人。周公和孔孟都指出，德治的根本，一要

---

① 参见党的十七大政治报告：《高举中国特色社会主义旗帜，为夺取全面建设小康社会新胜利而奋斗》。

靠统治者的道德示范，二要靠对民众的教化指导。荀子则进一步指出，治理国家，最重要的是要有德才兼备的君子；如果执政者都是君子，法制简略也能国泰民安；如果执政者都是小人，法制再完备，国家也会混乱衰亡。因为，法制是靠人去制定的，法治是靠人去执行的。人既是法治之本，也是德治之本。这些认识，对于当代中国实施法治与德治相结合的治国方略，也具有重要的启示。一个国家的发展繁荣，一个国家的文明进步，从根本上来说，要靠全体国民素质的不断提升，特别要靠一大批德才兼备的领导干部和专业人才。然而，我们在相当长的一段时间里，重才不重德，重物不重人，从而导致了我们国民特别是干部的素质在不同程度上畸形发展。许多人道德缺失，情操低下，思想庸俗，趣味淫秽，信念丧尽，腐败成风，整个社会道德风气不良。如果这种局面得不到真正的遏止，我们难免会重蹈前苏联当年一夜之间就土崩瓦解迅速解体的覆辙，我们民族振兴的伟业就会毁于一旦。

参考文献：

1. 崔富章主编：《中国文化经典直解》，浙江文艺出版社 2002 年版。
2. 金良年撰：《论语译注》，上海古籍出版社 1995 年版。
3. 鲁国尧、马智强译注：《孟子全译》，江苏古籍出版社 1998 年版。
4. 罗国杰主编：《中国伦理思想史》，中国人民大学出版社 2008 年版。
5. 陈瑛等主编：《中国伦理思想史》，贵州人民出版社 1985 年版。

（原载《齐鲁学刊》2012 年第 3 期。转载中国人民大学复印资料《伦理学》2012 年第 8 期）

| 文化伦理篇 |

学术领域不正之风与学术道德建设

学术领地应是一块神圣的领地，因为它是人类探索真理、发现真理的神圣领地。在这块领地劳作的知识分子，实事求是，诚实守信，理应是他们追求真理必须具有的最基本的德性。然而，在市场经济的负面产物——拜金主义的严重影响下，唯利是图、见利忘义的思想行为也渐渐滋生蔓延起来，学术领域的不正之风正在严重地侵蚀着这块神圣领地。面对这一现实，我们在加强学术领域法制建设的同时，必须高度重视学术道德的建设。

一、学术领域不正之风的巨大危害性

必须高度重视学术道德的建设，首先是因为学术领域的不正之风会严重阻碍科学的发展。学术领地应是一块神圣的领地，因为它是人类探索真理、发现真理的神圣领地。要探索真理、发现真理就必须具备应有的科学精神。这种应有的科学精神主要是：（1）崇尚严谨和精确的理性精神；（2）注重观察和实验的求是精神；（3）提倡探索开拓的创新精神；（4）强调一切均须通过理论论证和实验（实践）的合理怀疑精神；（5）注重普遍与具体相结合的务实精神。这种应有的科学精神事实上也就是科学道德和学术道德的基本精神。它的根本点，就是实事求是，诚实守信。真理在本质上是一元的，人类的认识必须与客观存在相符合，它来不得半点虚假。因此，严重背离科学道德和学术道德的学术领域的不正之

风，必然会严重阻碍科学的发展。

必须高度重视学术道德的建设，其次是因为学术领域的不正之风会严重阻碍科教兴国战略的实施。随着知识经济的崛起，科学技术在社会生产力发展和社会进步上，具有举足轻重的作用。不仅自然科学是如此，哲学社会科学也是如此。我国是一个发展中的国家，要实行跨越式的发展，必须要实行科教兴国战略，大力发展科学技术。而科学技术的基础在教育，因而也必须大力发展教育。而严重背离科学道德和学术道德的学术领域的不正之风，一方面，造成了科学领域和学术领域中大量的假劣伪冒“成果”的涌现，使学术研究和科学探索走上邪路；另一方面，引发了科学领域和学术领域中大量的道德消极现象，严重地扼杀我们民族的创新力，从而必然会严重阻碍科教兴国战略的实施。

必须高度重视学术道德的建设，再次是因为学术领域的不正之风会严重阻碍民族素质的提升。我比较认同袁济喜教授的意见，“学术是一个社会文明水准的重要尺度，它代表着一定时期科学文化的进步。学术文化又是整个文化的精髓，它构成了道德良知的底蕴。中国的学术文化，从来就是作为社会文化的最高境界而受到推崇。”因此，历来学术文化象征着社会的良知，而从事学术文化创造的知识分子，也往往被视为人类的智慧与社会良心的代表。特别是他们中的大多数都在各类院校从事教研工作，是各类学生、研究生的老师和导师，他们被看作是“人类灵魂的工程师”，他们的科学水平与道德人格对其学生的深刻影响，很有可能是终其一生的。而各类学生，尤其是大学生、研究生是我国的人才，其科学水平与道德人格，直接代表着我们民族素质的高低，直接关系到我国社会主义现代化建设事业的成败。正如一些学者所指出的那样，学术领域不正之风的危害大于其他领域不正之风所造成的危害，机理在于其他的不正之风，伤害的是民族的“体”，而学术领域的不正之风，伤害的是民族的“魂”。学术领域的不正之风，首先扭曲“人类灵魂工程师”的灵魂，进而扭曲整个民族的灵魂。因此，严重背离科学道德和学术道德的学术领域的不正之风，对人们的荣辱观念的颠倒起到推波助澜的作用，进而引发社会科学水平的下滑和道德人格的扭曲，势必会严重阻碍民族素质的提升，阻碍着我国社会主义现代化建设事业的发展。

二、学术领域不正之风的表现

虽然说，学术领域的不正之风，古今中外都曾经在不同程度上出现过，但是当前我国学术领域的不正之风却是比较严重的。其主要表现在下述的十个方面。

1. 假：所谓“假”就是造假现象。这种造假现象在学术领域，可说是比比皆是。其中比较突出的一是成果造假，或制造伪发现、伪发明，或制造伪科学、伪理论，以假充真，以假乱真等；或制造假证明、制造假履历、制造假学历以骗取名誉地位和利益等。二是数字造假，或制造假的实验数据，或制造假的调研统计数字，或制造个人的科研成果假数字等。例如2000年5月，国家自然科学基金委员会宣布，一位研究员因为存在弄虚作假等学风不端行为受到严肃查处。这位科技人员在国家杰出青年科学基金申请书中虚报了SCI收录论文数。三是评奖造假，或评奖前就内定获奖者，评奖只是个掩人耳目的手段，或评奖中讲人情、讲印象而不看真实水平，或评奖中拉帮结派向某些地区、单位与群体倾斜等。四是会议造假，或以召开会议之名，行游山玩水之实；或以召开会议之名，行大肆敛财之实等。

2. 劣：所谓“劣”就是劣质精神产品和恶劣行径现象。在利益的诱惑下，浮躁心理滋生蔓延，学术领域的道德缺失引发的流氓习气上升，一是造成劣质精神产品涌现。一些研究者，或为了某种利益，或由于投机，或因为应付，或出于懒惰等，学术研究缺乏认真、严谨和刻苦的精神，粗制滥造，导致许多精神产品质量低下。二是出现反主流现象。学术界一些人，或由于逆反心理，或出于炒作的需要等，喜欢反主流，专门与主流认识唱反调。三是颠倒是非现象。一些人道德人格十分低下，基本的荣辱观念颠倒，在学术领域耍流氓，打着所谓“创新”的幌子，颠倒是非，歪曲事实，混淆视听。四是人身攻击现象。学术界的一些人，在学术争鸣中，不是就问题讨论问题，就观点讨论观点，而是对与自己不同意见和见解的人，进行人身攻击，恶意中伤等。

3. 伪：所谓“伪”就是作伪。这种作伪现象，主要表现为一是抄袭现象。当前学术领域的不正之风，最严重和最常见的一种现象，就是抄袭和剽窃行为。例如最近公开的王铭铭“抄袭事件”。某大学中文系博士生王晓生在《社会科学报》发表《北大博导剽窃，叫人如何不失望》一文。文章披露北大博导王铭铭1998年出版的著作《想象的异邦》共32万多字，却有10万字左右来自他自己所翻译的哈维兰的《当代人类学》。又例如杨敬安“抄袭事件”。合肥工业大学人工智能研究所杨敬安教授，博士生导师，在人工智能研究界广为人知。2000年，一位以色列博士向一学术网站投诉，反映杨敬安在一篇公开发表的论文里，几乎逐字逐句地抄袭这位博士的论文。2001年9月，合肥工业大学调查证实，截至1999年底，杨敬安有6篇论文严重抄袭国外学者的研究成果。再例如“胡黎明事件”。华东理工大学博士研究生胡黎明，从1991年毕业留校，到晋升教授，取得博士生导师资格，只用了两年时间，成为当时全国最年轻的博导之一。1997年，他在博士毕业论文里剽窃他人成果的丑闻被公开揭露。据调查，他将国外科学家送他阅读的尚未公开发表的论文的精彩内容攫为己有，再加上其他科学家的专著内容，拼凑成自己的博士论文。二是枪手现象。目前这种现象也比较严重和普遍。一些人或由于自己水平低下，或由于贪图安逸等，雇佣“枪手”，请他人代写文章，甚至著书立说。在许多高等院校和一些网点，甚至于公开“枪手”价格。三是注水现象。一些人为了某种利益，或为了场面的需要等，在文章或著作中大量注水。

4．冒：所谓“冒”主要就是冒名顶替现象。这种现象，最常见的就是实际作者被署名作者替代。这里常见的有三种情况：一是由于利益关系，实际作者自愿被署名作者替代。二是因为利害关系，实际作者被迫被署名作者替代。三是由于其他的某种原因，实际作者在不知情的情况下被署名作者替代。其次是挂名现象。这种挂名现象最常见的是，挂名者往往没有实际参与研究和撰写工作。这里也有三种最常见的挂名现象。一是一些单位或部门的领导，由于其居于作者领导的地位，利用职权在研究成果中挂名。二是一些导师，虽有指导学生的行为，但并没有参与实际的研究和撰写工作，也在学生的成果中挂名。三是由于利益关系或人情关系，把著作出版的资助者或亲者也变成“主编”或“作者”等。

5．庸：所谓“庸”主要就是庸俗与低俗的现象。这种庸俗与低俗的现象，首先表现为拉关系现象。在中国的传统文化中，家族主义精神和情感主义精神特别突出，深刻地影响到中国社会生活的方方面面。即使是到了今天，这种深刻的影响还普遍存在。因此，在学术领域中拉关系的行为也非常普遍。一是在发表论文和出版著作中拉关系，这里拉的主要对象是报纸杂志的主编和编辑，以及出版社的总编和编辑。二是在评职称、评科研成果奖中拉关系，这里拉的主要对象是评委。三是在各种审核中（如考评、审阅论文、答辩等）拉关系，这里拉的主要对象是审核人员。四是在评审学位授权点、科研基地等中拉关系，这里拉的主要对象是评审专家和掌握评审权的单位和部门。其次表现为媚俗现象。一些人或为了利益，或为了哗众取宠而出名等，研究与写作不是去追求真理，不是努力去创作精品，或是去迎合一些素质低下者的需要，或是去迎合某个领导、名人的需要，去制作媚俗的作品。

6．卖：所谓“卖”主要就是买卖现象。在市场经济的负面影响下，学术领域中原本许多不是商品，不能出卖的东西，也变成商品，拿去出卖。一是在境外的巨大利益诱惑下，出卖学术成果，甚至于有意无意地出卖一些国家机密。二是把自己的作品，出卖给一些买家。另外就是见利忘义现象。为了某种利益，出卖人格，按照买家的要求，昧着学术良心去炮制一些虚假的东西，甚至于颠倒黑白为买家歌功颂德。

7. 媚：所谓“媚”主要就是媚外现象。虽然学习国外的先进和文明的学术成果是必需的，但这种学习应当是一种批判继承、改造汲取，而不是盲目地照搬照套，更不能像一些人那样，在研究、写作、评比中，崇洋媚外，不分青红皂白，盲目地以外国特别是西方的学术观点、学术标准之是为是，以外国特别是西方的学术观点、学术标准之非为非。在这些人的眼中，总是外国的月亮就比中国的要圆。

8. 空：所谓“空”主要就是空而无物。一是表现为空洞现象。表面上洋洋洒洒，实际上空空洞洞，没有任何实际有价值的东西。二是表现为大话现象。表面上气势磅礴，很是吓人，实际上大话连篇，没有任何具体实用的东西。三是套话现象。表面上冠冕堂皇，似模似样，实际上没有一点自己的东西，更没有创新性，全是一些套话，重复别人的东西。

9. 霸：所谓“霸”主要就是霸权现象。学术界发展学术的基本方针是“百家争鸣，百花齐放”，允许有不同的意见和观点存在，更应当允许别人的批评。但是，目前在学术界中，一些有影响的流派和专家学者乃至主编，听不得别人的意见，更受不了别人的批评。常常以自己的是为是，以自己的非为非。对不同意见，特别是批评者，采取各种手段进行打压，实行霸权垄断。

10. 狡：所谓“狡”主要就是狡辩现象。搞学术最根本的应当是要有实事求是的精神，特别是要有知错就改的勇气。但是，当前在学术领域，有一些人，或为了利益，或为了面子等，明知是错，明知别人的批评是正确的，也死不认错，还千方百计地进行狡辩，甚至将错误坚持下去。

三、确立基本学术道德精神，改良学术风气

当前我国学术领域不正之风的滋生，是有其十分复杂的原因。可以说，既有体制的原因，又有社会的原因；既有历史的原因，也有现实的原因；既有文化的原因，又有素质的原因等。因此，解决当前我国学术领域的不正之风，不能单打一，而是一项系统工程。其中最重要的是法制、体制和素质问题。在这里，我们

仅从素质的角度来论述。

多年来，人的素质问题日益受到人们的广泛重视。但是，在人的素质问题上，当前我国最薄弱的环节，就是对提升人的道德素质不重视。在学术领域中，许多人的科学文化素质有了相当的提高，但是，十分遗憾的是，他们的思想道德素质并没有随之相应地提升。因此，要改变当前我国学术领域的不正之风，其中重要的一环，就是必须加强学术道德建设，确立基本学术道德精神，提升学术道德素质，塑造优良的学术道德人格。对此，全国“两会”期间，许多代表都有深切的看法。如胡亚美（全国人大代表、中国工程院院士、北京儿童医院名誉院长）指出：做人和做学问，毫无疑问做人在先，人做不好，学问做得再好又有什么用？我国在选拔人才时一向遵循德才兼备的原则，而其中以德为先。又如全国人大代表、中国科协主席周光召院士也认为，我国当前科研工作的物质条件还需要提高，但更需要弘扬科学精神与科学道德。我国科技工作者的“遗传基因”是追求真理，实事求是。这个“基因”的重要内涵就是坚持科学的批判精神。但让人痛心的是，少数科技工作者早已丧失了这个“遗传基因”，放纵学风败坏现象的发生，甚至不惜推波助澜。再如赵师庆代表说，“学风败坏不只是一个学术问题，从根本上讲，它是一个道德问题。遏制学风败坏，必须从道德入手。当然，这也离不开整个社会的道德建设，因为科学道德只是社会道德体系中的一个环节，一个领域。”而全国政协委员、中科院院士张存浩则指出：“在欧洲，学术机构非常重视对青年科学人员进行科学道德教育，大学里普遍设有科学道德课。我国有些地方的人才培养存在急功近利的倾向，只重专业知识，忽视科学道德的教育。应该尽快补上学术道德这一课。”

为了加强学术道德建设，提升学术道德素质，塑造优良的学术道德人格，学术界首先必须要确立以下一系列基本的道德精神。

1. 良心意识。道德与法律、体制最大的区别性特征，在于其自律性。如果说，道德义务是道德规范他律性最集中的表现形式，那么道德良心则成为道德规范自律性的最集中的表现形式。从根本上来说，良心是社会的客观道德义务经过道德规范从他律向自律的转化，是在道德主体的内心深处，以自律准则（内心的道德法则）的形式积淀下来的人的道德自制能力。在这个意义上可以说，没有良心，道德就难以发挥其重大的作用；或者说，没有良心，就没有真正的道德精神和道德自律；也可以说，良心乃是道德人格的核心要素。一个人是否有最基本的道德素质和道德人格，就看其是否有道德良心。因此，加强学术道德建设，提升学术道德素质，塑造优良的学术道德人格，首先就必须要有良心意识。要在学术实践活动过程中，去努力培育自己的学术道德良心；并能够不断地保持和提升自己的学术道德良心。从而构筑起一道最基础的道德防线，去抵御和抵制学术领域的不正之风。

2. 诚信品格。诚信是最基本的道德品格，自古以来，人们都认识到，“人无信不立，国无信不成。”特别在现代法治社会和市场经济条件下，社会的契约关系是一种最基本的社会联系方式，而社会契约关系的前提是社会诚信，是每一个契约人的诚信品格。学术活动，是一种求真去伪的社会实践，诚信品格乃是学术活动的内在要求。它既是学术活动能够得于正常和顺利进行的道德前提，也是学术活动能够取得应有的科研成果的一个重要保证。因此，加强学术道德建设，提升学术道德素质，塑造优良的学术道德人格，就必须要有诚信品格。

3. 责任观念。道德责任往往表现出两种基本的涵义，一种是指道德义务经过内化成为道德责任，它是道德他律性转变为道德自律性的基本表现形式。另一种是指道德行为及其选择所应当承担的道德责任，它升华为一种道德观念，表现为一种崇高的使命感和对社会负责的精神。前一种涵义上的道德责任，使道德主体的道德行为成为真正自觉自愿的行为，成为一种自律性的行为。后一种涵义上的道德责任观念，使道德主体在选择自己的道德行为时，能够超越自己或小集体狭隘的利益，把社会的利益，把大多数人的利益放在首位。责任观念是学术研究者应有的重要思想观念，只有这样，才能真正保证学术研究者的行为及其研究成果，有益于社会的文明进步。

4. 精品意识。学术研究，不仅要坚持“二为”方向，坚持“双百”方针，弘扬主旋律，提倡多样化，而且还必须多出精品。学术研究是一种追求真善美的精神活动，其活动及其成果的价值，就在于对真善美趋近的程度。只有越趋近真善美的学术研究活动及其成果，才具有越大越高的学术价值和社会价值；反之，那些越远离真善美的学术研究活动及其成果，就只有越小越低的学术价值和社会价值，甚至于是负价值。在人类社会发展的历史上，学术精品的价值永不磨灭；而那些粗制滥造的学术垃圾，很快就被扫进了历史的垃圾箱。因此，我们应当确立起精品意识，厉行节约，认真刻苦，不断地提升自己学术研究的学术价值和社会价值。

5. 科学精神。科学活动的价值核心是追求真理，是一种求真的活动。是一种具有客观性、求索性、创新性和求实性品格的活动。科学精神是科学活动内在品格的集中反映，它是一种尊重客观实际，探索和坚持客观真理，按照客观规律办事的精神。这种科学精神是科学研究必备的一种基本道德精神。在学术研究中要坚持严肃认真、严谨细致、一丝不苟的科学态度，不得虚报教育教学和科研成果，反对投机取巧、粗制滥造、盲目追求数量不顾质量的浮躁作风和行为。科学精神之所以成为一种基本的科学道德精神和学术道德精神，不仅在于其是真善美三者的统一，而且还在于科学精神本身所蕴涵的道德价值。其道德价值之一，科学精神是获得科学成果的必要条件，它对于科学繁荣和社会文明进步起着重要的作用。其道德价值之二，科学精神有助于深化人对自然的认识，从而改善人与自然的关系，使人与自然可持续发展。其道德价值之三，科学精神有助于深化人对社会的认识，不断改善人与社会的关系，促进人的全面发展和社会的全面协调发展。

6. 实践观念。认识来源于实践，又指导和应用于实践；同时，实践又是检验真理的唯一标准。当代中国，最大的社会实践是改革开放和社会主义现代化建设。因此，我们的着眼点必须落实在这一实践上。改革开放和社会主义现代化建设的基点，是中国的国情。中国最大的国情是底子薄，人口多；其次是从半殖民地半封建社会直接进入社会主义社会；这些决定了我国当前正处于社会主义初级阶段。因此，我们一方面不能倒退回去，全面复辟传统；只能是弘扬中华民族的优秀传统，抛弃其糟粕，实现传统的现代化。另一方面，我们不能全盘西化，而只能对西方的优秀文明要素进行改造性吸收。对西方世界的优秀文明要素，必须从中国国情出发，从当代中国的实践出发，绝对不能搞教条主义，更不能以西方之是为是，以西方之非为非。中国革命和建设的近百年历史显示，即使作为普遍真理的马克思列宁主义传播到中国后，由于我们曾经多次犯过教条主义的错误，也使中国的革命和建设遭受过惨重的损失。因此，学习西方的优秀文明成果，也必须要根据中国的国情和实践；离开了这一点，无论你有多么好的动机，只能带来连你也不想见到的恶果。在这个意义上，实践观念就不仅仅是一个“真”的范畴，而且也是一个“善”的范畴。

7. 服务意识。作为社会主义社会的学术研究者，其直接的社会价值，就是为社会主义服务，为人民服务。当然，在社会主义初级阶段，人们的劳动首先还是一个谋生的手段，因此，追求正当的个人利益是完全合理的行为。但是，从社会主义道德的基本原则——集体主义来说，追求正当的个人利益必须与集体利益、社会利益相结合。而社会主义市场经济的价值规律也指明，人们之间的劳动交换应当是等价交换；你要从社会和他人那里得到自己所需的利益，你就必须首先要为社会和他人提供相应的服务和利益。因此，无论是从社会主义的价值观来说，还是从社会主义市场经济的运行规律来说，我们都应当具有牢固的服务意识。

8. 国家思想。国家是每一个公民生存发展的家园，是每一个公民生存发展的保障。“国家兴亡，匹夫有责。”这是自古以来中国人就有的国家思想。热爱祖国，建设祖国，保卫祖国，是我们每一个公民义不容辞的道德义务和道德责任。作为学术研究者，其应有的国家思想的基本要求，从积极的方面来说，就是如教育部发表的《关于加强学术道德建设的若干意见》中指出的那样，要有献身科技、服务祖国的历史使命感和社会责任感。广大教师和教育工作者要置身于科教兴国和中华民族伟大复兴的宏伟事业之中，以培养人才、繁荣学术、发展先进文化、推进社会进步为己任，努力攀登科学高峰。要增强事业心、责任感，正确对待学术研究中的名和利，将个人的事业发展与国家、民族的发展需要结合起来，反对沽名钓誉、急功近利、自私自利、损人利己等不良风气。从消极的方面来说，在学术研究和学术交流中，不能泄漏更不能出卖国家机密，不能有损民族尊严、民族自信心、民族凝聚力和国格。①

9. 师表观念。学术研究者大多是教育战线的教师和教育工作者，是“人类灵魂的工程师”，他们的科学水平与道德人格对其学生们有着深刻的影响。因此，我们必须要弘扬“为人师表”的优良传统，努力践行教育部发表的《关于加强学术道德建设的若干意见》的要求，为人师表、言传身教，加强对青年学生进行学术道德教育。要向青年学生积极倡导求真务实的学术作风，传播科学方法。要以德修身、率先垂范，用自己高尚的品德和人格力量教育和感染学生，引导学生树立良好的学术道德，帮助学生养成恪守学术规范的习惯。②

10. 法律意识。现代社会是一个法治社会，我们每一个学术研究者，都应当牢固确立法律意识。这种法律意识，正如教育部发表的《关于加强学术道德建设的若干意见》中指出的，要树立法制观念，保护知识产权，尊重他人劳动和权益。要严以律己，依照学术规范，按照有关规定引用和应用他人的研究成果，不得剽窃、抄袭他人成果，不得在未参与工作的研究成果中署名，反对以任何不正

① 参见学术批判网（http：//www. acriticism. com/），2002 年 3 月 1 日，教育部发表的《关于加强学术道德建设的若干意见》。

② 参见学术批判网（http：//www. acriticism. com/），2002 年 3 月 1 日，教育部发表的《关于加强学术道德建设的若干意见》。

当手段谋取利益的行为。①

（原载《广东行政学院学报》2007 年第 5 期）

幸福文化本质上是一种道德文化

一、幸福与道德

自古以来幸福文化就离不开道德文化。幸福说，是西方思想史上十分重要的伦理学说。在西方 2000 多年的传统伦理学发展史上，主要有三大流派：经验主义伦理学、理性主义伦理学和宗教禁欲主义伦理学。然而无论哪一流派，都非常重视道德与幸福的关系。

经验主义伦理学，特别强调幸福对于道德的意义，主张“幸福就是道德”。古希腊梭伦是“在西方伦理思想史上，第一个对‘幸福’范畴作了理论的探讨，开创了幸福论伦理学的先河”②。在他看来，财富对于幸福是重要条件，但是他更注重德行，认为没有德行的财富，是不义之财，是不可能幸福的。③ 而德谟克利特则创建了西方最早的自然主义幸福论，认为人对幸福的追求是人的道德活动的出发点和动力，而人的道德活动的最终目的，就是要达到幸福。④ 德国哲学家费尔巴哈是经验主义幸福论发展的最高峰，他认为，人的本性都是追求幸福的，德行就是自己的幸福；离开了对幸福的追求，就不可能有什么道德。然而，“道德只知道同志式的共同的幸福”。⑤

理性主义伦理学，则更多地强调道德对于幸福的重大价值，主张“道德就是

① 参见学术批判网（http：//www. acriticism. com/），2002 年 3 月 1 日，教育部发表的《关于加强学术道德建设的若干意见》。

② 参见罗国杰、宋希仁编著：《西方伦理思想史》上卷，中国人民大学出版社 1985 年版，第 51 页。

③ 参见罗国杰、宋希仁编著：《西方伦理思想史》上卷，中国人民大学出版社 1985 年版，第 50 页。

④ 参见罗国杰、宋希仁编著：《西方伦理思想史》上卷，中国人民大学出版社 1985 年版，第 130 页。

⑤ 《费尔巴哈哲学著作选集》上卷，商务印书馆 1984 年版，第 575 页。

幸福”。古希腊柏拉图开创了理性主义幸福论，主张人生的根本目的就是达到至善，至善是幸福，人为了使自己幸福，就必须克制自己的情欲，必须用智慧和德性去追求善和至善。[①] 与柏拉图老师的思路有所不同，亚里士多德把至善和幸福的关系，作为他整个伦理学的出发点和归宿，并建立了他的现实主义幸福论。他认为，人生的目的固然是追求至善，这个至善就是现实的幸福。人生的幸福要具备三个条件：即身体、财富和德行。然而，“最优良的善德就是幸福，幸福就是善德的实现，也是善德的极致。”[②] 而德国哲学家康德认为，真正的幸福必须有赖于自然存在者的全部目的与和谐。实践理性并没有让人放弃现实生活的幸福，而是要求人们在涉及道德义务时，要绝对遵从理性法则。[③]

宗教禁欲主义伦理学，强调一种虚幻的天国的幸福，主张通过禁欲而求得幸福。基督教神学家就认为人真正的幸福，不是对财富、名誉、权力和肉欲的享受，而是在宗教德行中，在对上帝的热爱和追求中。人们只有对上帝的热爱和崇拜，才能返归天国，获得真正的幸福。说到底，尘世生活不过是返归上帝天国的旅途，德行是达到幸福的手段。中世纪著名的教父哲学家奥古斯丁就强调，物质的享受，财富的聚集，荣誉的引诱，或淫欲、声色和荣华富贵，对于许多人来说被当作幸福，其实这些只是世俗的幸福、虚幻的幸福、转瞬即逝的幸福。真正的幸福并不是这些，而是对真理的追求、对上帝的热爱。[④]

中国传统伦理学也同样十分重视道德与幸福的关系。儒家作为中国传统伦理学的主流，主张的是一种积极入世的幸福学说；提倡“内圣外王”，自强不息、厚德载物、奋发有为的理想人生：向内修身养性，形成仁、义、礼、智、信等诸美德；向外齐家、治国、平天下，建功立业，四海扬名，这样的人生才是幸福的人生。因此，儒家强调“德是福之基”。王充在《论衡·福虚》中说：“世论行善者福至，为恶者祸来，福祸之应，皆天也。人为之，天应之。”法家虽然也主张一种积极入世的幸福学说，但法家认为，德不仅不能带来福，反而会带来祸。只有重法严刑，才能去祸至福。故韩非子说：“严家无悍虏，而慈母有败子，吾

① 参见罗国杰、宋希仁编著：《西方伦理思想史》上卷，中国人民大学出版社 1985 年版，第 157 页。

② 亚里士多德：《政治学》，商务印书馆 1965 年版，第 118、364 页。

③ 罗国杰等编著：《西方伦理思想史》下卷，中国人民大学出版社 1988 年版，第 436 页。

④ 参见奥古斯丁：《忏悔录》，商务印书馆 1963 年版，第 8—10 卷。

以此知威势之可以禁暴，而德厚之不足以止乱也。"[①] 法家还强调幸福中的物质要素和感性要素更重要。因为"好利恶害，人之情也"[②]。墨家也主张积极入世的幸福说，然而，墨家强调对于幸福来说重要的既不是儒家的德，也不是法家的法，而是利。而这种利，又不同于法家的"私利"，而是"交相利"。[③]

道家主张一种消极避世的幸福学说，认为"人法地，地法天，天法道，道法自然"。[④] 主张"上德无为，而无以为；下德无为，而有以为"[⑤]。清静无为，顺其自然，返归自然，不争不夺，"人之道，为而弗争"[⑥]。去过"小国寡民"原始质朴和自由自在的田园生活。佛家则更进一步，主张一种消极出世的幸福学说。在佛家看来，人生本无幸福可言，有的只是生老病死等各种各样的痛苦，而这些痛苦根源于人的欲望，以及对佛理和佛性的无知；只有戒除欲望，修行念佛，积德行善，从而才能达到幸福的彼岸即"涅槃"。

二、道德文化是幸福文化的核心

从古今中外众说纷纭的"幸福学说"中，我们不难发现，幸福文化之所以离不开道德文化，则根源于这样一个事实：道德文化是幸福文化的核心。这是为什么？

首先，我们从幸福的涵义说起。关于幸福的涵义一般认为，幸福是人们对生活的追求和感受，其内涵是很丰富的，既涵盖物质生活和文化生活，也涵盖社会生活和政治生活。它涉及主观和客观两个方面的要素。

在主观方面，幸福的主体是人，幸福的客体是一种生活状态；幸福的动机根源于人的追求，幸福的效果在于人的感受。人的追求则根源于人的本性；人的本性问题，历来就是一个伦理学的基本问题，是道德建设的前提问题；正是对人性的不同认识，产生出不同的伦理学说，导致出不同的道德建设路径。而幸福的效果又在于人对人性满足程度的感受与评价；感受与评价问题，事实上就是一种以真为基础的价值评价问题，而这种价值评价的核心就是道德评价。因为感受与评

---

① 《韩非子》八说。难二。
② 《韩非子》八说。难二。
③ 《墨子·兼爱中》。
④ 《道德经》第25章。
⑤ 《道德经》第38章。
⑥ 《道德经》第81章。

价问题，受制于人们的“幸福观”；人们有不同的幸福观，就会出现不同的感受与评价。而正如上述古今中外的“幸福观”所显示出的那样，幸福观的核心问题，是一个道德问题；只有通过“伦理”的证明，“道德”的探究，才能说明什么是“真正的幸福”，才能解答“怎样才能取得真正的幸福”等幸福观的核心问题。

在客观方面，幸福客体——生活状态，包涵物质生活状态、政治生活状态和文化生活状态，因此，与此相适应，反映“幸福生活状态”的“幸福文化”，也必然分成“幸福物质文化”、“幸福政治文化”和“幸福精神文化”。幸福物质文化是幸福的物质基础。正如马克思恩格斯所说：“全部人类历史的第一个前提无疑是有生命的个人的存在。因此，第一个需要确认的事实就是这些个人的肉体组织以及由此产生的个人对其他自然的关系。”① 人作为一个生命体，要生存发展，就必须要有必要的物质生活条件，这是幸福的前提，也是幸福的物质基础。幸福政治文化是幸福的制度保障。只有民主法治、公平正义的政治制度，才能有效地克服专制性、等级性、特权性、人治性、随意性等弊端，才能真正保障每一个公民正当权利和权益的实现，也才能为人们的幸福提供坚强的制度保障。

幸福精神文化是幸福的精神支撑和精神保证。从根本上说，人本质上是一个社会动物，是一个精神动物，是一个具有主体性的动物，因此，人类的活动力量，人类的幸福追求，不仅仅有建筑于人的自然本能之上的物质动力，还有不可缺少的精神支撑和精神保证。幸福本质上是一种精神的感受，因此，人吃好穿好住好固然很重要，也是幸福最重要的物质条件，但是如果没有心理的平衡，良好的心态，和谐的人际关系，情感和精神的依归、支撑与愉悦，也不可能有真正的幸福感。幸福精神文化不仅是个人追求幸福的精神支撑和精神保证，同时也是幸福物质文化和幸福政治文化的精神支撑和精神保证。建设幸福物质文化，不仅需要强大的物质动力，也需要强大的精神动力和正确的精神保证。如果只有物质动力，而没有精神动力和精神保证，那么，幸福物质文化建设的动力不仅单薄，而且还不能持久；幸福物质文化建设的方向还可能走向畸形与异化。建设幸福政治文化，根本的是政治制度的合理安排，如果没有正确的科学的幸福精神文化的支撑和保证，就不可能进行政治制度的合理安排；如果没有民主法治、公平正义的精神理念的指引，也就不可能产生民主法治、公平正义的政治制度。由此可见，

① 《马克思恩格斯选集》第1卷，人民出版社1996年版，第67页。

幸福精神文化在整个幸福文化体系中，有着主体性的重要地位。

同时，我们还要看到，幸福道德文化是幸福精神文化的核心。因为在幸福精神文化中，可以分成两大部类：一是幸福科学文化，二是幸福道德文化。在这两大部类的精神文化中，幸福道德文化它集中反映了社会主义幸福精神文化的性质和方向。之所以这样，首先是由幸福道德文化的社会意识形态特性所决定。因为幸福道德文化反映的是社会经济基础的要求，反映的是人与社会的关系，属于社会意识形态范畴，具有鲜明的社会属性和阶级属性；而幸福科学文化主要反映的是社会生产力的要求，反映的是人与自然的关系，属于一般社会意识形式的范畴，不具有特定的社会属性和阶级属性；因此，幸福精神文化的性质只能由幸福道德文化的性质来决定。其次，又是由幸福道德文化的价值认识特性所决定。人类的认识方式最基本的有两类：一是真理认识，二是价值认识。真理认识是确定真假、是非的认识，是主观与客观相符合、相一致的认识，是以客观性为标准的认识，具有一元性特性；价值认识是确定利害、善恶、美丑的认识，是客体与主体相趋近、相完善的认识，是以主体性为标准的认识，具有多元性特征。真理认识主要以科学文化的形式表现出来，价值认识最主要以道德的形式表现出来，因而，幸福精神文化的发展方向主要由幸福道德文化来保证。

由此可见，一方面，幸福精神文化在整个幸福文化体系中，有着主体性的重要地位；而另一方面，幸福道德文化又是幸福精神文化的核心，因而，道德文化必然是幸福文化的核心。

三、追求幸福的根本途径是道德

既然自古以来幸福文化就离不开道德文化，既然道德文化是幸福文化的核心，那么顺理成章的是，追求幸福的根本途径必然是道德。

幸福的实现，需要物质条件、政治条件、精神条件的满足。然而，究竟用什么手段来获取这些条件的满足，则直接与幸福相关。

自古以来，无论是西方的经验主义幸福说，还是西方的理性主义幸福论；无论是中国的儒家，还是中国的法家和墨家，都无一例外地承认，必要的物质条件是幸福的重要要素。亚里士多德就提出，幸福的条件有三：即身体、财富和德行。然而，他虽然认为，这三个条件都是必要的，少了哪一个都不能幸福。可是他特别强调德行条件。他认为如果不具备德行条件而只具备其他两个条件，就不会有真正的幸福。“一个人要是没有丝毫勇气、丝毫节制、丝毫正义、丝毫明哲

（智慧），世人绝不称他为有福（快乐）的人。”[①] 事实上，就是充分肯定物质享受的经验主义幸福论者，也十分注意道德在获取与享用物质财富中的重要作用。德谟克利特就反复强调，精神和灵魂的快乐高于物质与感官的快乐，为了获得长久的幸福，必须要以道德来驾驭物质财富的获得与享用，“那些贪图财富并且被别人看作很有福气而又无时无刻不想着钱财的人，就会被迫不断地投身于某种新的企图，并陷入贪得无厌，终至做出某种为法律所禁止的无可挽救的事情来。”[②] 因此，“人们通过享乐上的有节制和生活上的宁静淡泊，才得到愉快。”[③]孔子也说：“邦有道，贫且贱焉，耻也；邦无道，富且贵焉，耻也。”又说：“饭疏食饮水，曲肱而枕之，乐亦在其中矣。不义而富且贵，于我如浮云。”[④]由此可见，没有必要的物质条件，难以言幸福；而不以道德的手段去获取物质财富，不以道德的手段去制约物质财富的运用，也不可能得到真正的幸福。

政治条件关系幸福者，最重要的一是政治制度，二是社会秩序。政治制度的合理安排，离不开民主法治、公平正义等道德理念。而社会秩序的良好状态，不仅有赖于法治，更有赖于德治。古今中外，社会秩序的维持，最主要的就是运用道德和法律这软硬两手。法治与德治，从来都是相辅相成、相互保障、相互促进的。法治以法律的权威性和强制性来规范社会成员的行为；德治则以道德的说服力、感召力和自觉性来规范社会成员的行为。然而，良好的社会秩序，应当是以和谐的社会关系为根本的。很显然，只有和谐的社会关系，才能有真正良好的社会秩序，也才能有真正的幸福。如果一个社会，人与人关系紧张、个人与社会关系紧张，即使这个社会有富裕的生活条件，人们也是不会感到幸福的。而和谐的社会关系，靠法治是做不到的，法治只能维持一个人们生存发展的底线社会秩序水平，它永远无法营造一个和谐的社会。因为和谐，靠的是一种心灵的、灵魂的认同，是一种善治的最佳状态，它靠的是一种道德自律的力量，而不是法治他律的力量。

至于精神条件关乎幸福者，除了丰富多彩的精神文化生活之外，最重要的是幸福观。幸福观本质上是在一定的世界观、人生观指导下产生的一种道德价值观。正如前述，从古今中外的“幸福观”中可以看出，幸福观的核心问题，根

---

① 亚里士多德：《政治学》，商务印书馆1965年版，第118页。
② 《古希腊罗马哲学》，三联书店1957年版，第118页。
③ 《古希腊罗马哲学》，三联书店1957年版，第115页。
④ 《论语》。

本上就是一个道德问题；只有通过“伦理”的证明，“道德”的探究，才能说明什么是“真正的幸福”，才能解答“怎样才能取得真正的幸福”等幸福观的核心问题。

（原载《伦理学研究》2012 年第 1 期）

学术强省与学术评价

广东省委、省政府在《中共广东省委办公厅广东省人民政府办公厅关于加快提升文化软实力的实施意见》中明确提出，建设文化强省，使广东成为在全国具有重要影响力的区域文化中心，发展社会主义先进文化的排头兵、提升我国文化软实力的主力省以及中国文化走出去的生力军。而要达到这样的目标，其文化根基就是要繁荣发展哲学社会科学，建设学术强省。

一、建设学术强省是广东文化强省建设乃至经济社会发展的文化根基

建设学术强省是广东文化强省建设乃至经济社会发展的文化根基，首先是因为它是当代广东经济社会发展之必然。党的十一届三中全会以来，广东作为我国改革开放的前沿阵地，充分发挥了自身的政策、人文和地理优势，推动了社会经济的迅猛发展，走在了全国的前列。即使在出现全球经济危机的 2008 年，广东省仍然是中国经济发展的重要引擎之一，国内生产总值达到 35700 亿元（ 相当于 5210 亿美元)，占中国国内生产总值的 12% 。在中国人均 GDP 3259 美元的情况下，广东省则已经达到 5400 美元了。2009 年，广东地区生产总值 39081. 59 亿元，按可比价格计算，同比增长 9. 5% 。三次产业增加值为 2006. 02 亿元、19270. 48 亿元和 17805. 09 亿元，分别增长 4. 9% 、8. 7% 和 11. 0% ，第一、第三产业增幅同比提高 1. 2 个和 0. 9 个百分点，第二产业回落 2. 7 个百分点。广东经济回升步伐超出预期，快于全国。然而，正如广东省 2010 年政府工作报告中所指出的，当前，我省经济发展最困难的时期已经过去。但我们清醒地认识到，国

际金融危机的影响仍在持续，我省面临的发展形势仍然严峻，经济社会发展水平被先进省市赶超的压力不断增大。不仅长期制约经济社会发展的城乡区域发展差距较大、经济增长方式粗放、资源环境约束加大、社会事业发展滞后等深层次矛盾和问题突出，而且受国内外复杂多变经济形势的影响，又面临一些新问题和新挑战：一是经济回升的基础不稳固不平衡。出口形势仍然不容乐观，工业增长恢复不快，民间投资活力有待进一步激活，农业基础比较薄弱，粮食生产能力有待提高，农民持续增收困难，保持经济平稳较快发展的压力较大。二是自主创新能力和产业竞争力不强。现有产业整体上仍处于产业链中低端，拥有自主知识产权、自主品牌的企业和产品不多，战略性新兴产业虽初见端倪但规模不大、发展不快。节能减排任务艰巨。三是财政收支平衡压力较大。财政统筹使用空间缩小，减收增支因素较多，多方面的支出仍需进一步科学调整和压缩。四是保障民生任务艰巨。就业、社保、教育、卫生等社会事业发展仍有待加强。五是政府工作还存在不足。转变政府职能和作风建设任重道远。我们必须正确面对存在的困难和问题，采取更加有力措施认真解决。而要解决这一系列存在的困难和问题，离开文化发展和理论学术的指导是不可想象的。无疑，在经济全球化的时代大背景下，广东省要继续争当实践科学发展观的排头兵，就必须站在世界发展的潮头上，去建立自己新的优势。而当今时代，文化已越来越成为综合国力竞争的重要因素。因此，广东要推动社会全面协调可持续发展，率先基本实现社会主义现代化，就必须建设学术强省和文化强省，从而才能为广东社会全面协调可持续发展提供强大的智力支持、学术支撑、精神动力和理论导航。

建设学术强省是广东文化强省建设乃至经济社会发展的文化根基，其次是因为学术文化在文化系统中的重要地位所决定。文化系统可以从不同角度进行认识，如果从直接来源上分，可以分成两大类别：一是反映自然与社会生产力状况的文化，统称为科学文化，它包括科学、教育、文化、体育、卫生等方面内容。二是反映社会经济基础状况的文化，统称为思想文化，它包括理想、道德、审美、情操、法纪等方面内容。如果从文化的层面上分，可以分成低俗文化、大众文化、普及文化和高雅文化、精英文化、学术文化。在这里，低俗文化与高雅文化、大众文化与精英文化、普及文化与学术文化表征着文化高低两个不同的层面。这两个文化层面，并非指向文化性质的高低，而是指向文化内涵的高低。从文化内涵上来说，高雅文化、精英文化和学术文化有联系，高雅文化、精英文化之所以是高雅文化、精英文化，其根本就在于其内涵的学术性。就一般指称而言，学术，就是指系统专门的学问，是对存在物及其规律的学科化论证，因此，学术常以学科和领域来划分。学术文化具有以下几个基本特征：科学性、系统性、抽象性、理论性。所谓科学性，就是指学术文化以追求科学为目标，实事求是去反映存在物及其规律。所谓系统性，就是指学术文化是以系统专门的学问形态出现，而不是零碎的杂乱的认识结果。所谓抽象性，就是指学术文化去反映存在物及其规律的形式，是理性抽象化的概念、判断和推理。所谓理论性，就是指学术文化以理性形式反映存在物及其规律的比较系统的认识。因此，学术文化在整个文化系统中具有根本性和基础性的重要地位。在这个意义上，我们甚至可以说，一个社会和地区学术文化水平的高低，直接反映了其科学发展水平的高低，决定了其整个文化发展水平的高低，也制约了其整个社会发展的速度和水平。因而，只有发展学术文化，才能更好地揭示客观事物的本质及其规律性，也才能真正建设文化强省，从而才能更好更快地推动经济社会的不断发展。

二、学术评价是学术文化建设的导向标

学术着眼于揭示客观事物的本质及其规律性，其终极的检验和评价标准应当是实践。然而，哲学社会科学的研究成果通过实践的检验和评价是一件十分复杂和漫长的过程。在直接的层面上，更多的往往是学术界相关机构和“专家”的权威评价和认定。这种学术评价和认定，对于学术文化建设的影响是巨大的，往往起到一种导向标的作用。因为这种学术评价和认定，一是对学术研究者的学术地位起到重大的确认意义；二是对学术研究者所拥有的学术研究资源起到重大的配置作用；三是对学术研究者的学术发展环境产生重大的影响；四是对学术研究者的学术研究方向产生重大的激励价值。这一切，都在客观上极其深广地影响着学术文化建设的速度、水平和方向。

然而，在改革开放的历程中，学术评价和认定出现了严重的扭曲，并已严重地影响到学术文化建设的发展。其主要表现如下：

一是学术评价腐败现象。由于学术评价的“权力”往往掌握在某些相关机构和专家手中，又由于这种学术评价和认定直接影响到学术单位和个人的学术前途和命运（背后是各种相关的利益），一些单位和个人，就运用各种手段“收买”这些相关机构和专家，从而达到其追求的目的。因此，每到学术评价和认定的特定时机，许许多多的学术单位和个人就在那里忙于“外交”，而其中的“外交”费用是十分可观的，也是十分惊人的。

二是学术评价好人主义现象。许多学术研究者，当自己的研究成果出来后，往往就去找自己的亲朋好友、老师学生、校友同学，给自己进行学术评价。在整个社会风气从“批评与自我批评”转向“表扬与自我表扬”后，整个学术界好人主义风行，大家相互吹捧，相互进行“学术评价交易”，在学术评价中大讲特讲所谓的“创新点”、“优点”、“特点”，大多数却没有实事求是的中肯性、科学性的评价，即使谈到所谓的不足，也常常是轻描淡写，装模作样，隔靴搔痒。

三是学术评价的行政主义和官僚主义现象。由于学术评价的相关机构往往都是“官办”的，在整个社会的行政主义和官僚主义流行的大背景下，学术评价的行政主义和官僚主义现象日益严重。它表现为外行管理内行，外行导引内行，行政干预学术评价活动，行政垄断学术评价资源。早在 1980 年 8 月，邓小平在《党和国家领导制度的改革》中就指出，官僚主义现象是我们党和国家政治生活中广泛存在的一个大问题。它的主要表现和危害是：高高在上，滥用权力，脱离实际，脱离群众，好摆门面，好说空话，思想僵化，墨守成规，机构臃肿，人浮于事，办事拖拉，不讲效率，不负责任，不守信用，公文旅行，互相推诿，以至官气十足，动辄训人，打击报复，压制民主，欺上瞒下，专横跋扈，徇私行贿，贪赃枉法，等等。这些官僚主义现象也在学术评价中不同程度地表现出来。

四是学术评价中的不良倾向。改革开放以来，我们在向西方开放学习的过程中，迅速地推进了我国学术研究的发展。但是，在西化分化的影响下，学术评价中，也产生了许多不良倾向。这些不良倾向表现为：一是对研究西方和外国的学术评价较高，而对研究中国的学术评价相对较低；二是对研究非马克思主义的学术评价较高，而对研究马克思主义的学术评价相对较低；三是对研究基础理论和历史现象的学术评价较高，而对研究应用理论和现实问题的学术评价相对较低；四是对以现代西方话语表达的学术成果学术评价较高，而对以中国话语或马克思主义话语表达的学术成果学术评价较低；五是对大量引用西方理论、观点和方法的研究成果学术评价较高，而对少引用或不引用西方理论、观点和方法的研究成果学术评价较低。从而，它造成了“学术的繁荣”与对解决现实无力的困境，造成了学术研究上的马克思主义、现实问题研究边缘化的难题，造成了学术研究上盲目崇拜迷信西方与缺乏自主创新的陷阱。

三、建设学术强省，必须确立良好的学术评价环境

当前，学术评价中存在着的种种问题，形成了我们建设学术强省的重大障

碍，必须坚决予以克服；否则，所谓的“学术强省”只不过是一种“虚假的繁荣”。因此，要开展真正的学术评价，建设学术强省，必须确立良好的学术评价环境。

要确立良好的学术评价环境，首先必须加强学术评价的制度建设。建设一整套适合学术评价规律要求的学术评价制度（包括体制与机制），做到学术评价的科学性、学术评价的民主性、学术评价的法制化，依法行政，依法办事，克服学术评价中的行政主义和官僚主义现象。

要确立良好的学术评价环境，其次必须坚决打击和消除学术评价中的腐败现象。要通过加强学术评价的制度建设，加强反学术评价腐败体系和廉政建设。腐败是学术评价的天敌，只要有腐败存在，就很难保证有真正的学术评价。要解决腐败问题，根本在法制。正如邓小平指出：“在整个改革开放过程中都要反对腐败。对干部和共产党员来说，廉政建设要作为大事来抓。还是要靠法制，搞法制靠得住些。”①

要确立良好的学术评价环境，再次必须加强学术评价道德建设。治国安邦要把依法治国与以德治国结合起来，要确立良好的学术评价环境，也要把法制建设与道德建设结合起来。学术评价只有做到科学、客观、公正、公平、正确，才能真正把学术研究推向一个健康发展的轨道。从客观上和从整个社会来说，法制是第一位的；从主观上和从个体来说，道德是关键性的。人是关键，人的道德素质是人的关键。法制治标不治本，法制治寡不治众，所以需要道德去治本，去治众。加强学术评价道德建设，提升学术评价道德素质，培养良好的学术道德人格，是确立良好的学术评价环境的关键一环。

要确立良好的学术评价环境，最后必须在学术评价中坚持科学发展观，坚持马克思主义的立场、观点和方法。坚持科学发展观，就是坚持以人为本的最高价值取向，就是坚持全面协调可持续的发展目标，就是坚持统筹兼顾的基本方法。坚持马克思主义的立场、观点和方法，最基本的就是坚持人民的立场、科学的立场；坚持唯物主义的观点，坚持实践的观点，坚持生产力观点，坚持群众观点；坚持唯物辩证的方法，坚持实事求是的方法，坚持群众路线的方法；等等。只有这样，才能不断克服学术评价过程中各种不良倾向，从而才能保证学术评价更加科学、客观、公正、公平、正确，才能更好更快地推动学术强省的建设。

---

① 《邓小平文选》第3卷，人民出版社1993年版，第379页。

参考文献：

1.《邓小平文选》，第2、3卷，人民出版社1993年版。

2. 本书编写组：《十七大报告辅导读本》，人民出版社2007年版。

（原载《岭南学刊》2011年第3期）

思想道德建设：广东文化强省建设的灵魂

一、建设文化强省：广东社会发展之必然

广东省委、省政府在《中共广东省委办公厅广东省人民政府办公厅关于加快提升文化软实力的实施意见》中明确提出，建设文化强省，使广东成为在全国具有重要影响力的区域文化中心，发展社会主义先进文化的排头兵，提升我国文化软实力的主力省以及中国文化走出去的生力军。广东省委、省政府这一决定，无疑顺应了广东社会发展的必然要求。

建设文化强省是当代广东经济社会发展之必然。广东改革开放以来，不仅经济建设取得了辉煌的成就，文化建设也取得了重大的进步。一方面，文化产业已成为广东的核心支柱产业（国际上对“支柱产业”的界定，是指占GDP总值6%以上的产业）。2008年广东文化产业产值已经占全省GDP的6.8%，可以说文化产业已经成为广东的核心支柱产业。同时，广东的文化产业规模总量居全国之首。广东已经初步形成较完整的产业体系，包括新闻出版业、广电服务业、文化娱乐业、会展业、广告业、旅游业、电子信息业、文化产品和设备制造业等。2008年广东省文化产业增加值为2720亿元，连续五年名列各省市之首，占全国的比重超过1/4；文化产业已成为经济新增长点，连续五年年均增长率为14.6%。另一方面，广东已经进入文化消费时代。随着广东全面建设小康社会的向前发展，丰富的精神文化生活越来越成为民众的热切愿望。而通常人均GDP超过3500美元，社会就进入汽车消费时代；人均GDP达到10000美元，社会就

进入文化消费时代。广东省无疑是中国的一个最重要的文化消费区域之一。珠三角地区人均 GDP 已经超过 10000 美元，可以说，珠三角地区特别是广州、深圳市等已经提前进入文化消费时代，此时提出建设“文化强省”目标是水到渠成。

建设文化强省是广东争当实践科学发展观排头兵之必然。党的十一届三中全会以来，广东作为我国改革开放的前沿阵地，充分发挥了自身的政策、人文和地理优势，推动了社会经济的迅猛发展，走在了全国的前列。即使在出现全球经济危机的 2008 年，广东省仍然是中国经济发展的重要引擎之一，国内生产总值达到 35700 亿元（相当于 5210 亿美元），占中国国内生产总值的 12%。在中国人均 GDP 3259 美元的情况下，广东省则已经达到 5400 美元了。当然，在经济全球化的时代大背景下，广东省要继续争当实践科学发展观的排头兵，就必须站在世界发展的潮头上，去建立自己新的优势。而当今时代，文化已越来越成为综合国力竞争的重要因素。在世界的范围内，随着上个世纪末知识经济的崛起，文化产业迅猛发展，它已经成为当今世界最有发展前途和发展潜力的朝阳产业。这种潮头的涌现，给我们发出了重要的信息：文化既在精神领域具有重大的精神价值，也在经济领域中具有巨大的经济价值，文化已经是一种国家软实力，越来越成为综合国力竞争的重要因素。因此，建设文化强省，打造广东经济社会发展的新优势，是广东争当实践科学发展观排头兵的必然要求。

建设文化强省是广东社会全面协调可持续发展之必然。广东要推动社会全面协调可持续发展，率先基本实现社会主义现代化，就必须建设文化强省，从而才能为广东社会全面协调可持续发展提供强大的智力支持、精神动力和方向导航。当代世界是知识经济的时代，在世界范围内日益激烈竞争的焦点就是国民素质的竞争，就是人才的竞争。广东在社会全面协调可持续发展中，特别是珠江三角洲依托现代高科技的社会全面协调可持续发展中，不仅急需具有较高科学文化素质的民众和大批专业人才，而且也急需具有率先解放思想、实事求是、与时俱进、勇于进取、努力开拓、不断创新精神，坚定不移地走中国特色社会主义道路的民众和大批人才。建设文化强省，必将推动着广东科学文化建设的大力发展，从而也必将迅速地提升其民众的科学文化素质，造就大批的人才，使以国民素质和人才竞争为核心的国际竞争力不断增强，为广东社会全面协调可持续发展提供强大的智力支持。同时，建设文化强省，也必将推动着广东思想道德建设的大力发展，从而也必将迅速地提升其民众的思想道德素质，在建设中国特色社会主义事业的伟大事业中，充分发挥其主动性、积极性和创造性，为广东社会全面协调可持续发展提供强大的精神动力和方向导航。

二、思想道德建设是广东文化强省建设的灵魂

广东文化强省建设，最主要的有七个方面：提高公民素质工程，文化精品工程，文化改革创新工程，公共文化服务体系建设工程，文化产业提升工程，文化“走出去”工程，高端文化人才培养和引进工程。无疑，这七个方面的内容都是广东文化强省建设中的核心内容；然而，思想道德建设却是广东文化强省建设的灵魂。

思想道德建设之所以是广东文化强省建设的灵魂，从根本上来说，是因为它集中反映了社会主义文化建设的性质和方向。文化建设主要一是思想道德建设，二是科学文化建设；而这两方面内容的社会特性是不同的。思想道德建设反映的是社会经济基础的要求，反映的是人与社会的关系，属于社会意识形态范畴，具有鲜明的社会属性和阶级属性。科学文化建设主要反映的是社会生产力的要求，反映的是人与自然的关系，属于一般社会意识形式的范畴，不具有特定的社会属性和阶级属性。因此，文化建设的性质只能由思想道德建设的性质来决定。广东文化强省建设要保证其自身的社会主义特性和正确的发展方向，就离不开社会主义思想道德建设。否则，就有可能使广东文化强省建设迷失前进的方向而步入歧途。从另一个视角来看，文化是人类认识成果的结晶，而人类的认识方式最基本的一是真理认识，二是价值认识。真理认识是确定真假、是非的认识，是主观与客观相符合、相一致的认识，是以客观性为标准的认识，具有一元性特性；价值认识是确定利害、善恶、美丑的认识，是客体与主体相趋近、相完善的认识，是以主体性为标准的认识，具有多元性特征；价值认识以真理认识为基础，真理认识以价值认识为指导。真理认识主要以科学文化的形式表现出来，价值认识主要以思想道德的形式表现出来，因此，文化建设的方向主要由思想道德建设来指引。

思想道德建设之所以是广东文化强省建设的灵魂，从广东特殊的地理位置和历史现实状况来说，是由于它具有其特殊的价值和意义。广东位于东亚大陆边缘、南海之滨。一方面远离中原，较少受到传统文化的封闭性和保守性影响，另一方面与外域文化有更多更早接触的机会，从而形成了广东历来就具有的独特的开放兼容的文化特征和道德精神。更为重要的是，得天独厚的地理条件使广东很早就成为一个商业比较发达的地区。特别是改革开放以来，广东在发展社会主义市场经济方面更先行一步，成为当代中国市场经济最为发达的地区，进一步造就

了广东浓郁的开放兼容的文化色彩和道德精神。无疑，广东这种文化特色和道德精神，使广东在建设文化强省中具有了自身的优势。改革开放以来，广东人在“排污不排外”的方针指导下，主动积极地批判、改造和汲取其他外域文化的精华，结合广东改革开放的伟大实践，形成和发展了适应社会主义市场经济内在要求的一系列新的思想道德观念，有力地推进了广东社会全面协调可持续发展。然而，也正是由于广东这种独特的地理位置和历史现实状况，使广东在建设文化强省具有更多的机遇的同时，也具有了更大的挑战。当今世界激烈的综合国力竞争，不仅是国家硬实力的竞争，也包括国家软实力的竞争。世界多极化、经济全球化的深入发展，引起世界各种思想道德相互激荡。总体上处于弱势地位的广大发展中国家，不仅在经济发展上面临严峻挑战，在文化发展上也面临严峻挑战。这种严峻挑战突出地表现在思想道德和价值观方面。我们只有把思想道德建设自觉地摆在文化强省建设的灵魂地位，切实加强社会主义思想道德建设，特别是社会主义核心价值体系建设，才能有效地抵御来自西方资本主义的腐朽落后的思想道德观念的侵蚀，才能保持和发展本民族文化的优良传统，才能坚持文化发展的社会主义性质和方向。为此，胡锦涛总书记曾指出，要始终高举社会主义文化旗帜，在文化观念上决不照抄照搬，在发展模式上决不简单模仿，坚决防范和抵御各种腐朽落后的文化观念侵蚀干部群众的思想，确保国家的文化安全和社会稳定。

思想道德建设之所以是广东文化强省建设的灵魂，从它与七大工程的关系来说，是缘于它具有特殊的导向作用。广东文化强省建设的重点，主要有七大工程，然而无论是哪一个工程，如果没有思想道德建设作导向，都难以搞好。首先，从思想道德建设与提高公民素质工程和高端文化人才培养和引进工程关系来看。这两项工程都是主体建设工程，前者着眼于普遍性（基础性），后者着眼于特殊性（高端性）。但无论何种主体，都涉及科学文化素质与思想道德素质；而思想道德建设不仅是提高人们思想道德素质必不可少的重要途径，也是引导人们提升科学文化素质必不可少的重要手段。离开了思想道德建设，所谓提高公民素质和培养高端文化人才就是一句空话。其次，从思想道德建设与文化精品工程和文化改革创新工程的关系来看。这两项工程都是一种创新性工程，前者着眼于文化产品发展，后者着眼于文化整体发展。但无论何种发展，都离不开思想道德建设的定性和动力作用。由于思想道德的社会属性定性功能，可以引导文化精品工程和文化改革创新工程始终沿着为人民服务、为社会主义服务的正确道路前进。由于思想道德的调节和保障功能，可以为文化精品工程和文化改革创新工程建立与理顺各种社会思想道德关系，并提供强大的精神动力，从而有力地推动它们的顺利实施。最后，从思想道德建设与公共文化服务体系建设工程、文化产业提升工程和文化“走出去”工程的关系来看。前者和后者着眼于公益性，中者着眼于非公益性。没有思想道德建设对公益性文化事业的指引，就不能保障其公益性。而文化产业虽是当代世界经济文化一体化的必然产物，既是一种朝阳产业，又是一种现代文化发展的重要途径和形式。然而，文化产业的发展不仅涉及经济、技术、政治、法律和文化等诸问题，也涉及思想道德问题。正如思想道德与经济的关系那样，文化产业的发展，离不开思想道德为其进行道义辩护，离不开思想道德为其进行社会关系的调整，离不开思想道德为其确立各种合理的规范，离不开思想道德为其指引前进的正确方向，离不开思想道德为其提供必不可少的精神力量。总而言之，离开了思想道德建设，文化产业的发展就完全有可能走入邪路，走向灾难。因此，广东在建设文化强省的伟大历史进程中，必须坚持把思想道德建设作为建设广东文化强省的灵魂，切实加强社会主义思想道德建设。

三、必须切实加强广东的思想道德建设

既然思想道德建设是广东文化强省建设的灵魂，就必须切实加强广东的思想道德建设。

必须坚持和巩固马克思主义特别是中国特色社会主义理论体系在思想道德建设中的指导地位，用科学发展观指引文化强省建设。马克思主义深刻地揭示了人类社会历史发展的客观规律，是当代最科学、最先进、最革命的理论，它既以先进文化为基础，又是一切先进文化的旗帜；它既是思想道德建设的核心内容，又是思想道德建设的根本指导。中国特色社会主义理论体系是当代中国的马克思主义，是中国人民进行社会主义革命和建设的指导思想，也是当代中国先进文化的宝贵结晶和伟大代表。如果动摇或放弃马克思主义的指导地位，全党和全国人民就会失去共同的思想准则；如果在思想道德建设上搞指导思想上的多元化，就会导致思想道德的混乱和社会动荡。坚持马克思主义指导地位不动摇，是我们党在21世纪继续代表中国先进文化的前进方向，创造性地进行思想道德建设乃至整个社会主义文化建设的根本政治保证。科学发展观是对马克思列宁主义、毛泽东思想、邓小平理论和“三个代表”重要思想的继承和发展，反映了当代世界和中国的发展变化对党和国家工作的新要求，是推进我国社会主义自我完善和发展的强大理论武器，是全党集体智慧的结晶，是党必须长期坚持的指导思想。在新

的历史条件下，加强思想道德建设，推动中国特色社会主义文化的大发展大繁荣，最根本的就是要用科学发展观指引广东思想道德建设乃至整个文化强省建设。

必须做到思想道德建设与社会主义市场经济相适应、与社会主义法律规范相协调、与中华民族传统美德相承接。经济基础决定上层建筑，思想道德建设必须与社会主义市场经济相适应，才能实现为社会主义市场经济发展提供强大的精神动力和方向保证的历史使命。思想道德建设要与社会主义市场经济相适应，突出地表现在两个方面：一方面，必须培养和树立适合社会主义市场经济发展内在要求的思想道德观念，坚决清除一切阻碍社会主义市场经济发展的思想道德观念，为社会主义市场经济的发展开辟广阔的前进道路。另一方面，必须培养和树立适合社会主义发展规律和世界发展潮流的先进思想道德观念，坚决抵制和抑制市场经济负面效应引发的极端个人主义、拜金主义和享乐主义的影响，引导社会主义市场经济的健康发展。

社会主义市场经济既是法制经济，也是道德经济，应把道德建设和法制建设协调起来。思想道德建设与社会主义法律相协调，集中体现为：一方面，两者在内容上相互衔接、相互渗透。中国共产党是执政党，其根本宗旨是全心全意为人民服务；社会主义法律是人民意志的集中体现，是人民利益的根本保障；社会主义道德是社会主义经济关系的反映，以人民利益为基础；因此，社会主义法律和道德在内容上必然相互衔接、相互渗透。另一方面，两者在作用上相辅相成、相互促进。法律和道德既有自己的优势，也都有自身的弱势，因此需要互补才能发挥最佳效能。道德以其自律性和导向性，成为实施法律广泛而坚实的社会思想道德基础；法律以其他律性和强制性，作为实施道德坚强有力的社会制度保障。

切实加强思想道德建设，应当对中华民族优秀传统思想道德批判性继承发展。中华民族在历史长河中形成了优秀的传统文化，这是我们民族赖以生存和发展的根基。我们必须尊重自己的历史，离开了中国的传统文化，离开了民族的文化特色，就谈不上建设中国特色的社会主义思想道德，就谈不上建设中国特色的社会主义文化。虽然我们现在正处在一个经济、文化全球化浪潮汹涌澎湃的时代，但是，经济、文化的全球化决不意味着民族文化的消亡。因此，切实加强广东社会主义思想道德建设，必须与中华民族传统美德相承接，特别是与岭南文化优良传统相承接，在弘扬本民族本地区的优秀思想道德传统的同时，增进不同民族不同区域思想道德文化之间的交流和文明对话，求同存异，发展创新，使广东优秀思想道德文化走向全国，使中华优秀思想道德文化走向世界。

必须切实加强社会主义核心价值体系建设，确立全体社会成员共同遵循的价值取向和行为准则。改革开放以来，我国社会各个领域都发生了巨大变化。特别在思想道德领域，计划经济时代的许多思想道德观念和行为准则，已经不能适应市场经济发展的要求；而新的思想道德观念和行为准则一时还未能完全建立起来，因而造成了改革开放过程中特有的“失范”现象，严重地影响了改革开放的发展进程。因此，切实加强社会主义核心价值体系建设，确立全体社会成员共同遵循的价值取向和行为准则，已经成为广东文化强省建设的一项紧迫任务。根据广东经济社会发展的要求，把加强社会主义核心价值体系建设与广泛开展社会主义精神文明创建活动结合起来。社会主义精神文明创建活动是做人的工作，是塑造人的灵魂的工作，必须要进行长期的耐心细致的思想政治工作和道德教育工作。而思想道德教育要有实效，又需要通过长期的有针对性的精神文明创建实践活动，才能将外在的思想观念和道德准则转化为内在的思想道德素质，从而才能达到加强社会主义核心价值体系建设之根本目的。

必须紧紧抓住抓好“党德、官德”建设这一关键环节。中国共产党是执政党，是全中国各族人民的领导核心。共产党员特别是党的领导干部的思想道德水平，对于社会主义思想道德建设有着关键性的示范作用。因此，必须加强对党员特别是党的领导干部的思想道德建设，使党和政府各级领导班子和各级领导干部真正做到立党为公、执政为民。实践充分证明，我们一些党员干部由于不重视思想道德建设，特别是不重视自身的思想道德建设，道德价值观发生变异，思想道德素质不断下降，而最终堕落腐化，成为人民的罪人。由于党员干部的领导地位，由于中国文化中特别重视领导者的榜样示范作用，一些党员干部的堕落腐化，在广大群众中造成了极坏的影响，不仅严重地损害了党群干群关系，既威胁到我党执政的合法性，也成为当今中国思想道德建设的巨大障碍。因此，加强思想道德建设，必须紧紧抓住抓好“党德、官德”建设这一关键环节。为了使这一关键环节能够获得有效的制度性保障，必须借鉴国外公务员道德建设的经验，在党内，设立党员道德法；在党外，设立公务员伦理法。把依法治国与以德治国相结合。只有这样，才能保持党员特别是党的领导干部的先进性，才能真正发挥党员与领导干部在思想道德建设中的先进模范带头作用，也才能在全社会的范围内真正推进社会主义思想道德建设。

（原载《岭南学刊》2010 年第 2 期）

| 道德建设篇 |

蔡元培人道主义伦理思想初探

蔡元培（1868—1940）是我国著名的民主革命家、教育家和思想家，他一生伦理学著作很多，伦理思想极为丰富，其特点是“兼容而并包”。形成这一特点的原因，从客观上讲，是由于他处于国弱民穷、内忧外患的艰难时期。为了救国图强，他与其同时代的先进人物一样，在中国共产党出世以前，似有“饥不择食”之势，从英法哲学到德美哲学，从康德、叔本华到杜威和罗素，从自然科学到社会科学，从进化论到空想社会主义等，都在不同程度上一一加以吸收。从主观上说，他深受儒家思想的影响，中庸之道既是他的哲学方法论，也是他的治学方法。这种治学方法，长处是能集众家之长，补充、丰富和提高自己；短处则是博而杂乱，甚至自相矛盾。然而，仔细考察，我以为贯穿于其伦理思想始终的红线是人道主义。

蔡元培特别推崇法国资产阶级革命时期的人道主义。他在其《传略》中宣称：“孑民所谓公民道德，以法国革命时代所揭著之自由、平等、友爱为纲。”其所以如此，主要是由于法国资产阶级革命不仅以人道主义为思想基础，掀起了一场声势浩大的启蒙运动，而且直接从政治方面来批判封建制度，走向了以夺取政权为目的的斗争。而这一点正适合蔡元培等有识之士实现其所持的推翻清朝封建王朝宗旨的需要。

蔡元培对法国资产阶级的人道主义并不是囫囵吞枣，而是按照中国资产阶级民主革命的需要，经过消化改造，成为他自己的思想。

首先，在人道主义的涵义上，有其独特见解。他认为，人道主义有广狭两义：狭义就是专指以人为中心，以人为本位，追求人的价值，人的尊严，特别是追求人类全体幸福的思想；广义则是以“凡识论”为标准，即所谓宇宙万物以至人类都是“有识者”，都有“盲瞽的意志”。人道主义不仅关乎人类自身，而且还关乎宇宙万物。因此，他主张世界主义，反对狭隘民族主义；提倡蔬食主义，爱及禽兽。

其次，蔡元培不仅充分肯定了法国资产阶级人道主义的内容，而且注入中国的传统文化思想。他认为：“所谓自由，非放恣自便之谓，乃谓正路既定，矢志弗渝，不为外界势力所征服。”即是说，自由并非放任自流，随心所欲，而是坚定不渝地按照一定的道德原则和规范去做人。这就是孟子所说的：“富贵不能淫，贫贱不能移，威武不能屈。”因而，自由就类似儒家的“义”。所谓平等，他认为“非均齐不相系属之谓，乃谓如分而与，易地皆然，不以片面方便害大公。”即是说，平等并非平均和并列，没有区别，而是各有该享之权利，不应当追求个人私利而损害他人权利和群体利益。这就是孔子所称“己所不欲，勿施于人者”。平等就相当于儒家的“恕”。而博爱，就是要“爱人”，这就是孔子所谓“己欲立而立人，己欲达而达人”，相似于儒家的“仁”。这样一来，蔡元培把先秦儒学中仁、义、恕等观念所包含的人道因素引入到资产阶级的人道主义中，用它适合中国资产阶级的要求，并找到了它的历史根源和中国土壤，符合中华民族的社会心理特点，更易于传播和接受。当前，我们在对外开放、进行中西文化交流过程中，也存在一个如何吸收外国文化的问题。我以为，一种外来文化，要在中国大地上生根开花，必须要有两个基本条件。第一，具有真理性；第二，和中国文化融为一体。蔡元培的人道主义，在很大程度上正是基于这两个条件。

再次，蔡元培把他的人道主义思想贯穿于其伦理思想的始终。他把“自由、平等、博爱”作为他的道德纲领，统领各种人道主义的原则和规范。他根据人道主义精神，提出群体主义道德原则。这一原则包含三个层次：即自他两利原则、利他主义原则和绝对利他原则。在国际关系上，他主张爱国主义和人道主义的统一，提倡世界主义；在两性领域，他主张男女平等，互相友爱，婚姻自主，离婚自由；在道德教育上，他主张以自由平等博爱为中心内容，造就全面人格的资产阶级新人；在道德修养上，他主张科学修养，克己博爱，达到人道主义的理想境界。

最后，蔡元培不仅把人道主义建筑在抽象的人性论的基础上，而且还在人道主义中引进了进化论的思想。蔡元培同法国启蒙学者一样，认为自由、平等、博爱是人的本性所具有的，如他说：“人类本平等”，“抱不平之心，则人所皆有”，“人苟有亲仁之心”，“人生而有爱己爱他之心象”，等等。同时，他认为在达尔文的进化论中，本兼有竞存与互助两条假定义，但达氏所列证据是竞存一面较多，其后学者遂多说互竞之必要，特别是尼采专以互竞为进化条件，并用于人群，以汰弱存强为人类进化之公理，演化为军国主义。而克鲁泡特金提出，在自然法中，久存与进步的，并不在互竞而实在互助。“互助主义，是进化论的一条公例”，互助是人类本性，是人道主义的自然基础。蔡元培把他的人道主义和进化论的互助主义融为一体，从而使他的人道主义独具特色，可称之为进化论的人道主义或互助论的人道主义。

从进化论的人道主义出发，蔡元培看到，道德虽然发于人的天性，但是它又是运动进化的；道德的进化，是一个由低级向高级发展的历史过程。这个过程可以描述为：小己——社会——人道主义。

蔡元培认为，小己是道德进化的最低阶段。在这个阶段上又有三个由低级向高级发展的小阶段：自存——自利——自成。基于保种要求，人类首先是维持自我的存在。因此“一切行为，皆以有裨于小己之生存者为有价值也。”但是人生有苦也有乐，人类总是趋乐避苦，追求幸福，不仅要追求物质幸福，也要追求精神幸福。这就使“自存”进化到“自利”。然而，自利只是以个体的现时幸福为目的，还未顾及他人和未来之幸福。由于个人总是离不开群体的，要谋取体魄和精神的进步，以达将来完满生活之境，就必然从“自利”进化到“自成”。

蔡元培认为从道德上对小己阶段进行价值判断应当具体分析。

首先，他认为以自我之小己为最高价值的利己主义不能成为道德的最高目的和最终归宿，它违背人道主义精神。

其次，他认为以他人之小己为最高价值的利他主义也不能成为道德的最高目的和最终归宿. 因为第一，他人之“小己”的一一相加，其价值仍然等于他人之小己，“例如数学中，积大多数之0，其价值不能大于一0也。”第二，这种利他主义的前提和归宿，都是自我之小己。因此，这种利他主义实质上“不过利己论之扩充者耳”。

接着，他提出另外一种纯粹利他主义，其根源不在于以自我为目的而利他，而是出自人类天性，即人类天生具有的利他本性。对于这种纯粹利他主义，应当从主客观两个方面来评价。在主观上，应以人性为标准，凡是符合人性，符合人道主义精神的则有道德价值。在客观上，以社会贡献为标准，贡献愈大价值愈高。

最后，他认为，小己阶段的道德价值也应当从主客观两方面来评价。在主观上，无论是自存、自利还是自成，都是从自我出发，追求个体幸福，因而无所谓价值。在客观上，“则对于最大之鹄的，而自有一种相当之价值”。为什么呢？他以历史证明之，说在社会历史发展过程中，英雄伟人，圣贤豪杰，他们所追求和获得的个体幸福，随着历史的发展而成为陈迹，但是他们的丰功伟绩却伴着历史的进化而与世长存。因此，自存、自利的价值，因局限于个体幸福，“皆不免随历史而消亡”。惟有自成，因利他，助进化，合人道，所以具有道德价值。“惟自成主义，则与人道主义之鹄的，相为关系焉”。这种道德评价的标准我以为基本上是正确的，尽管有其阶级和时代的局限，但在基本精神和主要方向上仍不失其进步意义。

道德向前进化，由小己到社会。社会的道德价值，可分为公众幸福和公众进化，二者互为因果关系。蔡元培认为，公众进化推动公众幸福，而社会以谋求公众幸福为目的，又能集中公众意志推动公众进化。社会的范围愈大，个体为社会进步和公众幸福作出的贡献就越大，道德价值也就愈高。社会的范围，最小是家庭，最大为国家。虽家庭与个人关系至为密切，然家庭不仅集合意志较少，且往往顾虑所及，不过子孙，曾玄之后，就不免漠然，个体价值相对难以得到提高和久存。而国家，集大多数人之意志，常超现在而计将来，常在数百年之外，个体价值相对来说，就显得更高，保存得更为久远。

尽管在社会阶段上，人们的道德价值要远胜于小己阶段，但是以社会为道德最高目的仍有局限，因为在社会范围内，道德价值不仅在空间上受到一国利害之限制，而且在时间上也受到国家谋划久远的制约，因此“社会之生命，在吾人意识中，仍不能不有制限也”。

既然社会也不为人们道德之最高目的，那么就必然向前进化，从而进入人道主义阶段。人道主义，不仅追求人类全体幸福，还要推及宇宙万物。人道主义是人类道德进化的最高阶段和最高层次，也是道德的最高理想、最高目的、最高价值和最终归宿。人道主义在空间上包揽一切，无边无际；在时间上无限久远，永无终极。因而，一切以人道主义为最高鹄的道德行为都具有永垂不朽之道德价值。“如是，则一切小己，虽推之无涯之远，无穷之久，而无不包括于此主义之中。吾人道德之行为，以是为鹄的，则庶乎所致力者，永无消歇之顾虑矣。”然而，人道主义的大鹄的，在实际上是永远也达不到的。因为第一，人道主义在时空上是无限的。第二，人道主义作为全世界共同之关系，必须合全世界而共同经营才能达到，但是，“人类所具之道德心，与其所处之地位，常不能一致”。第三，从历史上看，真正以人道主义为鹄的“而直接尽其达此鹄的之义务者，常旷世而一遇”。因而，人道主义之大鹄的，只是一种心目中的理想和信念。它只能逐渐接近而不能达到。这样一来，人道主义之大鹄的，是无法以理性和意志来把握的，而“止能以情感迎合之”。在蔡元培那里，理性的形式是哲学，意志之形式是伦理学，情感的形式是美学。因此，人道主义这种最高道德价值的实现，只能通过美感教育来完成。因为“人道主义之最大阻力，为专己性。关感之超脱而普遍，则专己性之良药也”。在蔡元培看来，任何伦理道德都关乎功利，唯有美感，一是超脱功利，全无利益之关系；二是人心所同；三是无鹄的之可指，而自有其赴的之作用；四是人性所固有，而无待乎外铄。所以，人们要达到人道主义的道德境界，美感教育是唯一途径。

人道主义既然不能以知识概念来把握，只能凭借信仰和情感才能达到，这样，人道主义最后变成了神秘莫测的彼岸物，这无疑是深受康德等人影响的结果。蔡元培也和康德一样，把世界划分为现象和实体两部分。现象世界就是物质存在，实体世界即是精神实体。现象世界存在于一定的时空中，其运动变化隶属因果规律范围，它是相对的；实体世界超脱于时空，不受因果规律的制约，它是绝对的。然而，现象世界和实体世界是一个世界的两个方面，互为表里，其本质都是意志。实体世界有一个最高的盲瞽意志，主宰一切；现象世界有无法计量的、大小不一的、各有自己特性的意志。但是，“现象世界各各之意志，则以固向本体为最后之大鹄的”。实体世界是人类追求、信仰的最高理想境界，人们的精神只有最终超脱现实的一切，才能实现这种人道主义的鹄的。然而，他那个实体世界，由于客观上并不真实存在，因而他关于实体世界的描述也就不可避免地含有浓厚的神秘色彩，从而在一定程度上使人道主义成为一种宗教物。当然，他的人道主义和宗教蒙昧主义是完全不同的。宗教以否定现象世界来肯定本体世界，以否定现世幸福来肯定来世幸福，以否定人的价值来肯定神的价值；而蔡元培坚决反对宗教的虚无主义、禁欲主义和神道主义。他主张“现世幸福，为不幸福之人类到达于实体世界之一种作用”。

无疑，蔡元培的人道主义中的这种矛盾，是基于其建立在唯心主义基础上的哲学，如同他把世界的本质看作是意志一样；在伦理道德上，也把道德价值看作是主观意志的产物。他认为，伦理学是研究道德范畴和道德律令以及社会伦理关系的必然法则的科学；因而，伦理学也是“道德哲学”或“道德论”。而道德则是“价值论之实现者”。那么，“何谓价值？不外乎意识中悬一种之鹄的，而欲有以达之，事物之与意志及情感无关者，即无所谓价值……然则事物之价值，无不由主观之意志而发生，明也”。蔡元培虽看到了价值的主观性和相对性，但他把这种主观性和相对性过分夸大，从而否定了价值的客观性和绝对性，走上了唯心主义的道路。既然在他看来，价值是人的主观意志的产物，那么道德价值作为一切价值的归宿，也成为一种主观物了。

正是从唯心主义出发，蔡元培把推动道德由小己——社会——人道主义不断进化的内在力量，看作是人们一种不断追求道德价值永存不灭的意识和意志。这种意识和意志，是一种永不满足的心理状态。在这种心理意识的推动下，人类不断自我超脱，从小己进而社会，再进而人道主义。他说：“然则吾人所超越小己之鹄的而嬗于社会者，以为小己之意识，而于一时，不若社会之久远。以社会为道德行为之鹄的，而吾人行为之效果，乃不至俄焉消灭焉。虽然，社会之意识，亦不能不有界域，则道德行为之效果，仍不能不有一种消灭时期之意识，此又非吾人所能满意也，于是进而为人道主义之鹄的。”这样一来，他就把道德进化和发展的根源完全归结为人的意识和意志，从而过分地强调了人类自我完善的内在心理要求，掩盖了社会客观存在和社会经济状况对道德发展的决定性意义，使其道德论滑入了唯心主义的泥坑，成为一种历史唯心主义的道德论。

蔡元培对人道主义的格外推崇，在有两千多年封建专制历史的中国，对人们的思想解放、个性解放和社会的进化无疑具有重要的影响。但是他认为，只要人人都从共同的人性出发，奉行人道主义，遵守自由、平等和博爱的公民道德，就可以和平共处，各得其所——这在现实的社会生活中不仅是不切合实际的幻想，而且在客观上还往往起到一定的迷惑和欺骗作用。

同时，蔡元培把人道主义视为道德发展的最高阶段，人类发展的最高理想，这在实际上，也和西欧资产阶级思想家一样，把一种抽象的、永恒的真理和永恒的正义当作一种社会理想。事实上，在历史上作过这种宣传的资产阶级思想家，没有一个能超出资产阶级利益的狭隘范围。他们所说的永恒真理、正义，他们所许诺过的理性王国、人道乐园等等，都不过是理想化的资产阶级国家。蔡元培一生也正是致力于建设资产阶级共和国。尽管他在主观上企图超越阶级的局限，追求进步，但在客观上却常常无法做到这一点。这种阶级局限性，导致了他在1927年大革命时期一度走入反共的歧途。但终其一生追求进步，坚持反帝反封建的进步立场，为民族解放和民主政治的实现而斗争，则又与他的人道主义分不开。

注释：

本文引用蔡元培论述，均引自《蔡元培全集》第2卷：《哲学大纲》、《社会改良会宣言》、《中国伦理学史》、《华法教育会之意趣》、《华工学校讲义》、《对于新教育之意见》，以及《蔡元培全集》第3卷：《传略》（上），《大战与哲学》。

（原载《天津社会科学》1987年第5期）

简论中国传统伦理文化的德性主义精神

江泽民总书记在党的十五大报告中指出："中国文化有着辉煌的历史"，"它渊源于中华民族五千年文明史"。建设中国特色社会主义文化，必须批判继承中国传统文化的优秀成分，而其前提，则是对中国传统文化进行科学的反思和清理。

中国传统伦理文化，是中国传统文化的核心。在中国传统社会的土壤上生长起来的德性主义精神，是中国传统伦理文化的基本精神之一，它不仅曾经对中国传统伦理文化予以深刻影响，而且至今还在影响着当代中国社会的伦理生活。因此，认真反思德性主义精神，对于社会主义新时期伦理文化的建设，有着重要的理论意义和现实价值。

我们知道，人类认识世界，最基本的方式有两种：一是事实判断，以探讨事物的真假、本质及其规律问题；二是价值判断，以探讨事物的善恶、美丑及其意义问题。前者是后者的基础和依据，后者是前者的目的和功用。伦理学上，道德准则、道德观念等主要作为一种价值判断，属"应然之则"；而其"必然之理"则是一种事实判断，是"应然之则"的客观依据。中国传统伦理文化在寻求

“必然之理”时，往往指向人性，并将人性归结为道德之性，形成了中国传统伦理文化中的德性主义精神。

一、中国传统伦理文化中的人性论

在中国传统伦理文化中，最早一个谈及人性的，当属孔子。孔子曾说：“性相近也，习相远也。”① 就此而言，孔子认为人的天性都是相近的，后来的相异，皆由于习。但孔子又说过：“人之生也直。”② 也就是说，正直这一德性是人所生来就具有的。尽管孔子论人性之言不多，但也可看出已有德性主义的萌芽。

将德性主义发扬光大的是孟子，其人性论基本上成为中国传统伦理文化中的主流精神。孟子认为，人与动物的根本区别，在于人有道德，而人的道德来之于人的天性之中。人性本有仁义礼智四大善端。“恻隐之心，人皆有之；羞恶之心，人皆有之；恭敬之心，人皆有之；是非之心，人皆有之。恻隐之心，仁也；羞恶之心，义也；恭敬之心，礼也；是非之心，智也。仁义礼智，非由外铄我也，我固有之也”。③

孟子提出性善论，主要是针对与孟子同时的告子的“性无善恶论”。告子认为性无善恶，善恶都是后来才有的，原始的性既非善亦非恶。孟子提出性善论后，荀子反其道而行之，针锋相对地提出了性恶论。他认为人性是好利多欲的，性中并无礼义，一切善的行为都是后来勉强训练而成的，“人之性恶，其善者伪也。今人之性，生而有好利焉，顺是故争夺生而辞让亡焉；生而有疾恶焉，顺是故残贼生而忠信亡焉；生而有耳目之欲，有好声色焉，顺是故淫乱生而礼义文理亡焉。然则从人之性，顺人之情，必出于争夺，合于犯分乱理而归于暴，故必将有师法之化，礼义之道，然后出辞让，合于文理而归于治。用此观之，然则人之性恶明矣。其善者伪也”。④

继荀孟之争后，又先后产生出五大人性论。

一是性超善恶论，以道家为代表。道家认为人性既不是孟子的仁义，也非荀子的情欲；人性本来圆满，顺人之本性，当下便是最好的生活。由此看来，其实

---

① 《伦语·阳货》。
② 《伦语·雍也》。
③ 《孟子·告子》。
④ 《荀子·性恶》。

质可说是一种绝对的性善论。[①]

二是性有善有恶论，亦为性善恶混论。该说始于战国时世硕；经汉代董仲舒发展，终于前汉末扬雄。扬子说："人之性也，善恶混。修其善则为善人，修其恶则为恶人。"[②]

三是有性善有性不善，后发展为性三品说。其代表为王充。王充认为人性有善、中、恶三等。他说："生而兆见，善恶可察。……以孟轲言人性善者，即中人以上也；孙卿言人性恶者，中人以下者也；扬雄言人性善恶混者，中人也。"[③]

四是性两元论，其创始于张载，精炼于程颐，大成于朱熹。该论认为，人性实有二，一是"天地之性"，或"义理之性"，是纯善的；二是"气质之性"，则有善有恶，故须以道德修养返归天地之性。

五是性一元论，其代表是明代王守仁。此说认为性唯有一，不须分别天命与气质；气质之性，即是本然的，即是纯善的。王守仁说："性善之端，须在气上始见得，若无气亦无可见矣。恻隐，羞恶，辞让，是非，即是气。程子谓：论性不论气不备，论气不论性不明，亦是为学者各执一边，只得如此说。若见得自性明白时，气即是性，性即是气，原无性气可分出。"[④]

由此可见，尽管众说纷纭，但是中国传统伦理文化在人性观上的特点依然是十分鲜明的：一是以善恶论人性，从而以价值判断代替了事实判断；二是在主流上，往往把人性的内容归结为道德之性，从而呈现出中国传统伦理文化上浓厚的德性主义色彩。

二、德性主义精神的衍生

德性主义精神是中国传统伦理文化的理论根基。在这个根基上，构筑出一整套传统伦理的观念和准则，其中，最高观念和准则是传统的人生理想和生命目的。张岱年在《中国哲学大纲》中指出："中国哲学之中心部分是人生论，人生论之中心部分是人生理想论。人生理想即是关于人生最高准则的理论"。[⑤] 在中国，重要的哲学家和伦理学家，也都是人生哲学家、生命哲学家。孔子是一个重

① 张岱年著：《中国哲学大纲》，中国社会科学出版社 1982 版，第 194 页。
② 张岱年著：《中国哲学大纲》，中国社会科学出版社 1982 版，第 203 页。
③ 张岱年著：《中国哲学大纲》，中国社会科学出版社 1982 版，第 205 页。
④ 张岱年著：《中国哲学大纲》，中国社会科学出版社 1982 版，第 222 页。
⑤ 张岱年著：《中国哲学大纲》，中国社会科学出版社 1982 版，第 254 页。

要源头，他以“仁爱”为中心的哲学和伦理体系，不但给个体的生命赋予意义，也为群体的生命指出了一个永恒的目标。这是一切创造的源泉，伟大的始基。孟子承续孔子的思想，进一步把追求“仁义”，追求道德的完善作为人生理想和生命的目的。而宋代张载则将儒家所体认的人生理想和生命目的，更为明晰地表达出来：“为天地立心，为生民立道，为往圣继绝学，为万世开太平。”① 在以儒家为主体的伦理思想引导下，中国传统社会把“内圣外王”作为人生的最高理想，把“立德、立功、立言”作为生命的最高目的。唯有此，才能真正实现人生的最高价值。

德性主义，对中国传统伦理文化影响最为深远的是对道德修养的重视。孟子以其性善论为根基，发展出一整套道德修养理论。孟子认为，人性本善，人性中天生就具有善端，因而，人们只要通过对自身本性的内在修养，就可以成为道德之人。这种修养的基本方法，是“存心”、“养心”，也即“求放心”的内省方法。所谓“存心”，是说保持住善性善心而不忘掉。所谓“养心”，是指培养善性善心而发扬光大。所谓“求放心”，就是寻求“放心”，把失去的善性再找回来。要做到“求放心”，必须寡欲、诚意、自反、养浩然之气，以及动心忍性。②除了内在的道德修养之外，还应当在艰苦中磨炼：“故天将降大任于斯人也，必先苦其心志，劳其筋骨，饿其体肤，空乏其身，行拂乱其所为，所以动心忍性，曾益其所不能。”③ 经过这样一番内修外炼，就一定会成为一个顶天立地的大丈夫。这种大丈夫，是一种最高的道德人格。他称赞这种大丈夫：“居天下之广居，立天下之正位，行天下之正道；得志与民由之，不得志独行其道；富贵不能淫，贫贱不能移，威武不能屈，此之谓大丈夫。”④

三、德性主义精神之得失

中国古代哲学家和伦理学家们探讨人性问题，其目的是为伦理寻求理论的依据。既然中国传统伦理文化主张个人利益服从家族利益、整体利益，以功利需要服从道义原则，追求“内圣外王”的人生理想和“立德、立功、立言”的生命目的，那么，将仁义礼智等德性说成是人性固有之内容，甚至是人与动物的根本

① 韦政通：《中国的智慧》，中国和平出版社 1988 年版，第 260 页。
② 陈瑛等主编：《中国伦理思想史》，贵州人民出版社 1985 年版，第 143 页。
③ 《孟子·告子下》。
④ 《孟子·滕文公下》。

区别之所在，对于增强道德的可行性，提高道德的至上性来说，无疑具有既自然又方便的价值。

从德性主义精神出发，中国传统伦理文化所确定的人生理想和生命目的，无疑有其合理因素。它注重人生的精神追求，强调人生的道德价值，注重对社会的奉献，这对于个体的精神文明和社会的精神文明发展，都具有一定的积极意义。而其道德修养论，看到了道德修养在培植人们的道德品质，提高人们的道德素质中的重要作用；它强调了道德主体的主观能动性，把这种主观能动性视为道德主体在道德修养中是否成功的关键，也符合道德建设的客观规律；它注重气节，发现了道德内修与外炼的相辅相成关系，强调修养过程，是一个艰苦的磨炼过程，只有经得起金钱、权势、美色诱惑的考验。不为生死利害贫富威武所动摇，才能真正成为一个顶天立地的大丈夫。这种思想，一方面培育了中国历史上无数的仁人志士，谱写了许许多多可歌可泣的英雄乐章，也被中国历史上一些有骨气、有气节、有抱负的英雄人物所发扬。对于在社会主义市场经济条件下的道德建设来说，也有一定的启迪意义：第一，市场经济是一种求利性经济。求利的巨大冲动，既是市场经济发展的强大动力，也是诱惑人们利欲熏心、恶性膨胀的强大驱力。要使这种求利的冲动，沿着健康的轨道发展，不仅要用法律、道德等社会规范来引导人们的行为，还要通过道德的修养，来提高自身的道德素质和自律性，才能抵御金钱、权势、美色等的巨大诱惑，才能经得起市场经济的考验。第二，近二十多年来，道德修养被整个社会所忽视，造成了人们道德素质下降，道德意志力尤为薄弱。社会上产生的消极现象和违法犯罪行为，主要不在于“认知”素质。许多人明知其行为不对而为之，其根源（主要根源）就在于道德意志弱化、软化，无力抵御外界金钱、权势、美色等的诱惑和重压。这就要求人们必须高度重视自身的道德修养，通过自觉的锤炼，成为“富贵不能淫，贫贱不能移，威武不能屈”的大丈夫。

德性主义把道德的根源归结为人性；这在理论上是一种重大缺失。道德作为社会意识中的一种特殊形态，其根源不在于人性而在于社会的经济关系之中。恩格斯早就指出：“人们自觉地或不自觉地，归根到底总是从他们阶级地位所依据的实际关系中——从他们进行生产和交换的经济关系中，吸取自己的道德观念。”[①] 中国传统伦理文化的基本精神也同样不是来自人性，而是来自中国传统

① 《马克思恩格斯选集》第 3 卷，第 133 页。

社会的经济关系；就连人生自身，在本质上也为社会存在所决定。正如马克思指出的："人的本质并不是单个人所固有的抽象物。在其现实性上，它是一切社会关系的总和。"① 因此，人性、道德、伦理精神，都具有鲜明的社会性、历史性和时代性，都必将随着社会存在特别是社会经济关系的变化而变化。

德性主义精神强调自觉进行内心的道德修养，却忽视了建立和完善人们道德素质的监督机制和依靠机制。事实上，人们道德素质的培育和提高，是一个他律与自律相结合的发展过程。特别在现代社会中，这种结合更为密切。一方面，以市场经济为基础的现代社会的发展，要求人们加强自律性，以适应现代化发展进程的时代要求；另一方面，又必须加大他律性的力度，使监督机制完善，使道德监督社会化、制度化、法律化。以全方位的态势，来规范和引导人们的社会行为，保证现代化的发展进程。

四、德性主义精神和自然主义精神

中国的家族主义精神、中和主义精神何以必要，尚义主义精神、情感主义精神和制欲主义精神等何以成立，实乃在于中国的德性主义精神。在这个意义上说，德性主义精神乃是中华民族传统伦理文化的理论基石。

德性主义精神把道德的根基归结为人性，而人性的本质在于其道德性。人与万物之区别就在于人有道德，而道德发源于人的本性之中，发生于人的善端。因此，对善的追求是人性的根本要求，以道制欲是人性修养的要义，而强调整体利益，追求中和境界，重情义节操乃是最基本的善。

德性主义精神，注重人生的精神追求，强调人生的道德价值，注重对社会的奉献，强调人的道德修养，培育了中国历史上无数的仁人志士，谱写了许许多多可歌可泣的英雄乐章，造就了中华民族讲骨气、讲气节、讲抱负的民族特性。但是，德性主义精神把道德的根源仅仅归结为人性，这在理论上是一种重大的缺点。道德作为社会意识形态的一种特殊形式，其根源最根本的不在于人性，而在于社会的经济关系之中。

西方社会提倡的个人主义精神、功利主义精神等，其理论的基石则在于自然主义精神。自然主义精神着眼于人性的自然属性，并把这种自然属性作为人性的全部内容和根本性质。这种伦理文化传统，从古希腊起，几乎贯穿了整个西方社

① 《马克思恩格斯选集》第1卷，第18页。

会的历史过程。古希腊思想家伊壁鸠鲁认为：人的本性是趋乐避苦的。因此，快乐的追求符合人性的要求。也就是善。文艺复兴时期的人文主义思想家，大大地发扬了古希腊思想家的这种认识。意大利人道主义的先驱者乔万尼·薄伽丘认为：人的七情六欲就是人的本性。满足情欲就是善，就是幸福。① 在资产阶级革命进程中，自然主义精神也进一步得到了发展。英国思想家托马斯·霍布斯提出：人的本性必然是追求感官快乐、逃避感官痛苦的。人都是追求于己有利的事物，因而人的本性是极端利己的。人生就是一个无限追求个人欲望满足的历程。② 英国哲学家洛克也认为：道德上的善恶取决于人的趋乐避苦本性。法国启蒙思想家爱尔维修也继承了这种看法，把趋利避苦的自爱自保视为人的本性，进而提出合理的利己主义。德国哲学家费尔巴哈强调：人作为自然的产物，人的至高本质“就是人的一切本能的需要和本质之总和”。③

西方社会的自然主义精神，重视人的自然属性的要求，重视人的物质利益和情感欲望的满足，有利于人的个性解放和发展。但是，自然主义精神把道德的根源和标准仅仅归结为人的自然本性和人的本质要求，也和中国德性主义精神一样犯了理论上的重大错误。同时，自然主义精神把人的自然本能与人性和善相提并论，在客观上推动了个人主义精神和享乐主义精神的发展，最终造成了西方社会的文化精神矛盾和危机。

（原载《华南师范大学学报》1998 年第 5 期）

略论中国传统伦理文化的制欲主义精神

建设社会主义道德，离不开对传统道德的扬弃；而扬弃传统道德的前提，必须冷静地对传统道德进行反思和清理。

---

① 章海山著：《西方伦理想史》，辽宁人民出版社 1984 年版，第 209—210 页。
② 章海山著：《西方伦理想史》，辽宁人民出版社 1984 年版，第 263 页。
③ 章海山著：《西方伦理想史》，辽宁人民出版社 1984 年版，第 480 页。

中国传统伦理文化源远流长。在中国传统社会土壤上生长出来的制欲主义伦理精神，是中国传统伦理文化的基本精神之一，它对中国传统伦理文化以深刻影响，至今还影响着中国社会的伦理生活。因此，重新审视制欲主义，对于社会主义新时期婚姻家庭道德建设，具有理论的价值和实践的意义。

一、制欲主义精神生成的社会根源

在东亚大陆这块优越而又封闭的辽阔土地上，孕育了华夏民族以农耕为主体的自给自足的自然经济，产生了君主专制制度和以血缘关系为纽带、含有一定血缘温情的宗法制度相结合而成的"家国同构"的社会政治结构，塑造了注重人伦的伦理中心主义的"德性文化"。正是在这种中华民族特有的社会经济、政治和文化土壤中，滋生起中国传统伦理文化的制欲主义精神。

1．小农经济是制欲主义精神的经济根源。

中国传统社会的经济基础，主要有两个基本特点：第一，在以农耕为主体的自然经济体制下，基本上是以一家一户为单位的自发的、以简单劳动工具为依托的简单再生产。第二，个体农业和家庭手工业结合，地主经济与小农经济的结合，其生产的目的是为了直接满足生产者个人或经济单位的需要，是一种自给自足的自然经济。这种经济基础，直接产生两种后果：第一，以家庭为单位的简单再生产，使得物质生产表现出规模狭小、简单重复的特征，必然导致生产力在低水平上不断重复发展。社会物质财富的贫乏，也就要求人们必须省吃俭用，克制对物质利益和感官满足的欲求。第二，个体农业和家庭手工业的结合，特别是男耕女织，构成自给自足的自然经济，缺乏发展生产力的强大的动力，要求人们"知足常乐"、"安贫乐道"。而地主经济和小农经济的结合，造成地主经济和小农经济互为盈缩的矛盾运动，从而使社会经济发展总是处于一种萎缩破坏—恢复发展—萎缩破坏的循环往复之中，使得社会经济发展的速度十分缓慢，导致中国传统社会长期的贫困落后。这就必然要求人们通过对自身物质欲求的抑制，以适应贫困的物质生活状况。

2．家国同构、君权至上的封建专制主义是制欲主义精神生发的政治基础。

中国传统社会的政治结构，主要有两个基本特征：第一，家国同构。文明的发展是由家族到国家，国家混合在家族里面。统治者利用国家政权的强制力量，利用宗法血缘的生理和心理基础，将氏族制发展为宗法制，用宗法血缘的纽带将家和国联结起来。第二，君权至上。在宗法制基础上建立起来的封建专制主义，其根本特征是君权至上，皇帝是最高统治者，一切政事都由其独断，皇帝的意志就是法律。国家的一切皆为以皇帝所代表的皇族一家所有，“普天之下，莫非王土；率土之滨，莫非王臣”①。这种政治结构，必然使人们毫无个人权利和个人利益可言，人们必须无条件地服从君主的绝对权威，这就在客观上要求人们克制个人权利和个人利益的追求。

3. 强烈的道德理性精神是制欲主义精神滋生的文化基础。

在中国传统文化中，人是道德理性的人，而非生物学意义上的人。这种具有强烈道德理性的人，追求道义，把达到“至善”作为道德上的最高境界。而达到“至善”之境，关键在于使自我的情感、欲望的满足与社会的理性要求相统一。儒家主张“发乎情，止乎礼义”；道家认为“其耆欲深者，其天机浅”；佛家则提出“戒是一切善法之梯蹬”，都要求人们以义制欲，以义导欲。从总体上来说，中国传统文化既反对否定感情和欲望满足的禁欲主义，又反对无理性、无节制的纵欲主义。中国重视的是情理结合，以理节情的平衡，是社会性、伦理性的心理感受和满足，而不是禁欲性的官能压抑，也不是理知性的认识愉悦，更不是神秘性的情感迷狂或心灵净化。

二、制欲主义精神的主要表现

制欲主义精神作为中国传统伦理文化的基本精神，贯注于伦理生活和道德活动的方方面面。诸如在群己关系上，重群轻己，个人服从群体；在人我关系上，克己利他；在公私关系上，抑私为公；在义利关系上，重义轻利；等等。然而最突出的体现，是在人类两性关系领域。

在中国传统伦理文化中，对男女两性之间的情感，采取一种十分强烈的抑制态度。其秘密就在于，在宗法制度下，一方面，在公共职务和私有财产的继承方面，根据的是严格的父系单系世系原则。它不允许超出父系血亲范围，而且规定嫡长子为第一继承人。因此，必须要依靠严格的婚姻制度，来保证生育确凿无疑的出自一定父亲的子女。另一方面，家庭（族）是由血缘关系为纽带而组织成的一个利益共同体，在这个利益共同体之中，家庭（族）成员的命运紧紧相连。一旦“一人得道”，就连鸡犬也可沾光而“升天”；然而一人获罪，九族也要遭受牵连。在这种家庭制度下，家庭（族）的共同利益、整体利益具有至上性，

---

① 《诗经·小雅·北山》。

任何个人的利益都必须要无条件地服从家庭（族）的整体利益。而在宗法社会里，婚姻决不仅仅是（甚至根本就不是）男女当事人两个人的“私事”，而是直接关联着整个家庭（族）的兴衰荣枯的“公事”。因此，男女之间的婚姻大事，必须要由家庭（族）共同利益、整体利益的代表父母亲（主要是父亲）来决定。为此，它必须要把男女之情排斥在外，因为这种个人的私情往往由于其猛烈之甚，而导致对严格的婚姻制度的破坏和对父母之命的顽强抗拒，结果使整个家庭（族）利益受到损害。

因此，在中国传统伦理文化中，把男女之间的情感视为洪水猛兽、万恶之源。为了防止这种洪水猛兽的滋生冲击，设立一整套规范制度。所谓“发乎情，止乎礼义”，礼义之一就是“男女有别”、“男女授受不亲”，阻隔男女间的“私自来往”。礼义之二就是贬损男女之情，视其为罪恶之首，从道德心理上构筑防线。礼义之三就是“父母之命，媒妁之言”，把男女婚姻权柄牢牢地掌握在家长手上。礼义之四就是“三从四德”，把女性严格控制起来。礼义之五就是专为女性而设立的贞操观，要求妇女“从一而终”，宣扬“饿死事小，失节事大”，主张“存天理，灭人欲”，以彻底防止“洪水猛兽”的蔓延。

在中国传统社会，由于伦理道德生长的土壤极其肥沃，结果，确实做到了“以礼制情”、“以理制欲”。男女一生下来，就分别生存在两个不同的世界里，性变得十分神秘，男女之间爱的冲动让位于夫妇间的伦理感情，对妇女贞节的崇拜弥漫着整个社会。在汉代，妇女为贞节而死，就已经受到公开的敬仰，并为其立“牌坊”，或由皇帝赐予一个什么称号。“到了明代，这种贞节守寡的教条成了官方的一项制度。凡 30 岁以下开始守寡直到 50 岁达 20 余年者，官府要为她立‘牌楼’，以资鼓励。其家庭可免去一切赋税。于是，不仅崇敬妇女品德的纯洁是非常道德而高尚的事情，家庭里男性成员如果这样也给自己带来一系列的好处。贞节寡妇不仅受男人及其家属的欢迎，也是妇女使自己出人头地最方便的方法。她给自己的家庭，也为整个村庄带来了荣誉。这样，寡妇的贞节成了人人津津乐道的品格，只有少数有独立思想的人曾经做出过几次抗议。正是这种贞节观导致了儒家在‘文艺复兴’的 1917 年遭到批评，被称作‘吃人的礼教’”。[①]

① 林语堂：《中国人》第 118 页，浙江人民出版社 1988 年版，第 118 页。

三、制欲主义精神的功与过

制欲主义精神对中国社会生活的影响，从根本上来说是过远远大于其功。它虽然对于中华民族重群体、重大局、重他人、重德智、讲节操，抵制纵欲主义，反对性自然主义，都起了一定的积极作用，但是就其在社会历史的实际生活中的影响来说，有巨大的消极意义。特别是男女两性生活领域。它对性与爱的极端贬抑态度，严重地压制了人们正常情感欲望的满足和正常人性的实现，导致了人性的扭曲。

本来，爱情是人类社会历史发展进程中的一朵鲜艳的文明之花，它凝结着人类的真善美的追求，是婚姻的道德基础，它开辟了人类两性关系的文明之路，它是兽性沉抑人性高扬的积极成果。因此，古往今来，无数的文人哲士无不为之而高歌赞颂。恩格斯对于爱情在人类社会历史上的降临，给予了高度的评价："从一夫一妻制之中——因情况的不同，或在它的内部，或与它并行，或违反它——发展起来了我们应归功于一夫一妻制的最伟大的道德进步：整个过去的世界所不知道的现代的个人性爱。"① 而正是这种"最伟大的道德进步"，在制欲主义精神的重压下，在一个号称"礼义之邦"的国度里，却几千年来被打击、被践踏、被摧残。无数的青年男女为此流尽了泪水，牺牲了青春和生命。

现代社会的精神，是追求个性的解放和完善，是追求人性的升华与高扬，是追求人类男女两性生活的文明与幸福。因此，爱情被推上了受人尊崇的宝座，以爱情为纽带的男女两性交往和以爱情为基础的夫妻婚姻生活，是道德的人类两性生活。要使种文明的男女两性生活方式成为现代社会的常规，不仅要反对西方社会中腐朽的性纵欲主义，也要反对中国传统伦理文化中的制欲主义精神对人类男女两性美好情感的扼杀。

四、制欲主义精神和享乐主义精神

中国家族主义的本质，就在于使个人利益无条件地服从整体利益，从而必然抑制个人利益的要求；西方个人主义的本质，则在于整体利益成为个人利益实现的工具，从而必然推崇个人对自我利益的追求。中国尚义主义重义轻利，重视道德生活，轻视物质生活，从而必然要求人们抑制对物质的欲求；西方功利主义重

① 《马克思恩格斯选集》第4卷，第65页。

利轻义，重视物质生活，轻视道德生活，从而必将鼓励人们贪求现世财物与肉体的享乐，并视之为最大的人间乐趣。

由此，中西伦理文化各执一端：一执制欲主义；一执享乐主义。制欲主义精神充满中国伦理文化，儒家发展到宋明理学时，竟主张“存天理，灭人欲”；道家认为“祸其大于不知足”、“其耆欲深者，其天机浅”；佛家视情欲为地狱之门，主张“戒是一切善法之梯蹬”。享乐主义精神则弥漫西方伦理文化，德谟克利特首创快乐论，伊壁鸠鲁发扬为快乐主义。文艺复兴后，快乐主义演变为享乐主义，并在现代发展为纵欲主义。

中西两种对立的伦理精神最突出的体现是人类两性关系领域。制欲主义把性欲与爱情混为一谈并斥之为“万恶之源”。它强调以道制欲，强调婚姻中的义务，将爱情从男女两性关系领域驱逐出去，强调“父母之命，媒妁之言”，提倡“三从四德”、“从一而终”，推崇针对女性而言的片面的“贞德”与“节操”，大树大立“贞节牌坊”，大褒大奖“贞女烈妇”。享乐主义则把性与爱视作人生的一种享受，提出将“性”、“爱”与婚姻三分离思想，主张“性”的享受不必有“爱”，而“爱”的追求不必与婚姻相联系，婚姻之外的“爱情”追求也是人生的合理享乐，并由此演化为纵欲主义。在这种享乐主义传统下，现代西方社会的思想家罗素提出了“性解放”理论，弗洛伊德也创立了泛性欲主义，蒂洛则提出了“性自由主义”学说。在性生活上，他公开声明“我的伦理学体系一般地同意自由主义观点，这种观点认为，除通奸以外，色情文艺、同性恋、手淫、非一夫一妻的婚姻以及婚外性行为都是私人的性行为，不应该立法加以反对。至于‘反常’性活动，除了兽奸以外，其他一切形式，只要是自愿的成人进行的，我都予以宽恕。”① 这一切，都在客观上推动了西方社会现代“性革命”运动的爆发，导致了性纵欲主义泛滥成灾。

制欲主义精神对中华民族重德智、讲节操，抵制纵欲主义，反对性自然主义和自由主义，都起了积极作用。但是，制欲主义对性与爱的猛烈的贬斥态度，往往压制了人们正常情感欲望的满足和正常人性的生长。而享乐主义精神，形成了西方民族重消费、讲爱情的传统倾向，有利于自由平等博爱精神的发育。然而，享乐主义过分强调了性的自然性、爱的至上性，并将性欲、爱情、婚姻三者完全割裂开来，导致了纵欲主义的泛滥，造成了西方社会婚姻、家庭的巨大危机。

---

① 引自吴灿新：《情爱的探索》，湖南人民出版社 1998 年版，第 273 页。

社会主义伦理文化，既反对制欲主义，也反对享乐主义；既反对对人类正常情感与欲望的扼杀，也反对情感至上主义和纵欲的放纵态度。它主张既促进人类正常情感与欲望的满足，又需要以道德制约人们情感欲望的畸形恶性发展，培养人们健康、文明和科学的生活态度，使人性不断得以完善。

（原载《道德与文明》1999年第2期。转载于中国人民大学复印资料《伦理学》1999年第7期）

伦理精神的本质及其价值

伦理精神是文化精神之一，是民族精神的一个方面。学术界在对文化精神或民族精神的研究中，通常从两个角度去把握。一个角度是直接指向文化精神和民族精神中的基本内容。例如张岱年、方克立主编的《中国文化概论》就指出，中国文化基本精神的主体内容是天人合一，以人为本，刚健有为，贵和尚中。另一个角度则把文化精神和民族精神进行分类研究，按照不同的分类方法把文化精神和民族精神分成不同的方面或类别，然后再深入去研究每一个方面或类别中的主要内容。例如按照社会意识的不同形式，可以分成哲学精神、政治精神、法律精神、宗教精神、伦理精神、文艺精神、科学精神，等等。如果说前一种研究视角为“宏观”方法，那么后一种研究视角则为“微观”方法。伦理精神则是以“微观”视角去研究的所揭示的一种文化精神，一个方面的民族精神。

作为一种文化精神或一个方面的民族精神的伦理精神，其涵义是什么呢？

要对“伦理精神”的涵义要有一个较准确较全面的认识，必须要把握伦理精神的本质及其特征。

一、伦理精神的本质

伦理精神作为一种“精神”现象，当属社会上层建筑范畴，首先是社会存在尤其是社会经济基础的反映。

社会存在决定社会意识，社会意识是社会存在的反映。这是唯物史观的根本观点和根本基础。伦理精神作为一种社会意识现象，本质上是社会存在的反映。社会存在主要包括地理环境、人口因素和生产方式三大要素。地理环境是一个民族生存发展的自然空间，它决定了一个民族最早的生产、生活模式，制约着一个民族生存发展的基本路径，创造了一个民族的文化基因，对一个民族的伦理精神起着历史性的深刻影响。可以说，离开了尼罗河流域、两河流域这种被山岭沙漠包围的冲积平原这一特定的地形地貌，就无法解开古埃及、巴比伦文明之谜；离开了古希腊半岛山海相间的自然环境，也无法了解古希腊文明的底蕴；离开了黄河流域这个七八十万平方公里的黄土高原和冲积平原，也同样无法说明中国文明的命运。

人口因素包括质和量两个方面，它对社会意识乃至伦理精神的影响，往往是通过其对社会生产方式的制约而发生作用。从根本上来说，对伦理精神起到决定性影响的主要因素，是社会生产方式。生产方式是生产力和生产关系的统一体，决定着社会的生存和发展，也决定着伦理精神的性质、内容和特征。当然，生产方式中，直接对伦理精神发生决定性影响作用的是生产关系。生产关系的总和谓之经济基础，与此相对应的是社会的上层建筑。伦理精神作为思想上层建筑现象，本质上是社会的经济基础的反映。因此，要了解一个民族、一个社会的伦理精神，不仅要了解一个民族、一个社会所特有的生产方式，更重要的还必须了解一个民族、一个社会所特有的经济基础。

其次，伦理精神是以善恶的形式对社会经济关系的反映。

思想上层建筑是社会的意识形态，各种意识形态对社会经济关系的反映形式是截然不同的。古希腊著名哲学家柏拉图曾经把人类的认识形式高度概括为三类，一是真假的形式，这是一切科学和哲学的反映形式；二是善恶的形式，这是伦理道德的反映形式；三是美丑的形式，这是文学艺术和美学的反映形式。到了近代，德国著名哲学家康德重申真、善、美，承继了柏拉图的观点，认为哲学以“真”的形式去认识世界，伦理学以“善”的形式去认识世界，美学以“美”的形式去认识世界。

事实上，伦理道德去认识世界，反映社会经济关系，总是以善恶的形式去进行的。在现实的伦理道德生活中，人们总是从一定的社会经济关系及其立场出发，把一切符合一定的社会经济关系要求的行为叫做善；反之，则把一切不符合于一定的社会经济关系要求的行为叫做恶。从而肯定善，否定恶，达到扬善抑恶、维护一定的社会经济基础的目的。

伦理精神作为一种“伦理”的精神，也无疑以善恶的形式去反映一定的社会经济关系。虽然从根本上来说，善恶的依据最终来自于一定社会的经济关系，但直接的依据却来自于一定社会或阶级的道德原则和道德规范。即在现实的道德生活中，人们总是把符合一定社会或阶级的道德原则和道德规范的行为看作是善；反之，则看作是恶。由于伦理精神是伦理意识的结晶，是道德准则体系的内核，而道德原则和道德规范则是伦理精神的外化和具体展开。因此，伦理精神本身在伦理道德生活中，就成为区分善恶的根本标准。也就是说，凡是符合一定民族、社会或阶级的伦理精神的行为就是善，反之，就是恶。

再次，伦理精神是通过善恶矛盾从根本上集中地反映社会的利益关系。

在伦理学上，善与恶通常是作为道德与不道德的同义语使用的。讲道德和明善恶是一致的。善恶矛盾不仅是道德领域中最基本的社会道德现象，也是贯穿全部道德生活发展始终的一对社会矛盾。然而，善恶矛盾的根源则是社会的经济关系特别是利益关系。恩格斯曾经指出：“每一个社会的经济关系首先是作为利益表现出来。”① 早在法国大革命时期，唯物主义哲学家爱尔维修就明确地提出，利益是道德的基础。恩格斯对爱尔维修的观点给予了高度的评价和肯定，认为一定社会的经济利益关系，是一切社会道德现象的基础和本质，只有以全部社会利益关系为基础所表现的，以行为价值为内容的善恶对立，才构成了道德生活的特殊内容，成为特殊的道德关系。社会道德生活中的善恶对立是社会利益的对立在道德上的表现。

伦理精神正是通过善恶矛盾来反映社会的利益关系的。但是，它不是一般的反映，而是从根本上集中地去反映。也就是说，伦理精神反映一定社会的利益关系，不是从表象上去反映，而是从本质上去反映；不是从次要的方面去反映，而是从主要的方面去反映；不是反映这种利益关系的外在要求，而是反映这种利益关系的内在要求；不是反映这种利益关系的偶然性要求，而是反映这种利益关系的必然性要求。因此，这种反映不是非根本的、零星的，而是根本的、集中的。这种反映的成果——伦理精神，也无疑是伦理意识的结晶，是道德准则体系的内核，对人的道德活动和道德行为起着根本性的价值导向作用。

① 《马克思恩格斯选集》第 2 卷，第 537 页。

二、伦理精神的基本特征

伦理精神作为以特有的善恶形式从根本上集中地反映社会存在尤其是社会经济利益关系的一种社会意识形态现象，必然有着其自身独具的基本特征。

1. 在空间上，伦理精神具有民族性和社会性。

任何民族，在其历史发展进程中，由于受其特定的生存空间所制约，形成了特定的生产方式、生活方式、经济基础、政治条件和语言环境，造就出特定的文化传统，并孕育出该民族所特有的伦理价值体系，影响和支配着该民族每一成员的思想行为，从而使其伦理精神打上了深刻的民族性烙印。例如中华民族在几千年的历史发展进程中，形成了整体主义的伦理精神；而西方民族则形成了与此截然相反的个人主义伦理精神；即使同在东亚的日本民族也形成了与中华民族不同的团体主义伦理精神。正像恩格斯在《反杜林论》一书中所指出的那样：“善恶观念从一个民族到另一个民族、从一个时代到另一个时代变更得这样厉害，以致它们常常是互相直接矛盾的。”①

当然，每一个民族在其历史发展进程中，也都曾活跃在特定的社会历史舞台上。而每一个特定的社会，都有其特定的生产方式、生活方式、经济基础和政治条件，从而使每一个民族的伦理精神，在不同的社会发展阶段上，呈现出浓郁的社会属性色彩。中华民族在长期的封建社会中，受以农耕为主体的自给自足的自然经济和以宗法制度为基础的君主专制政治社会范式的规定，产生了整体主义伦理精神。到了社会主义社会，在以公有制为主体多种经济成分并存、共同发展的基本经济制度和工人阶级领导的、以工农联盟为基础的人民民主专政的民主政治制度制约下，形成了社会主义集体主义的伦理精神。

2. 在时间上，伦理精神具有历史性和时代性。

每一个民族，在自己的社会历史发展进程中，形成了其特定的伦理精神后，它作为该民族的根本价值导向，又反过来规约着该民族的整个生活过程，指导着该民族的行为方式。它一方面向内渗透，造就着该民族特有的民族心理和民族性格；另一方面向外扩张，形成了该民族特有风俗习惯，从而成为该民族的传统。伦理精神这种反规约的过程，不仅是一个历史的过程，是以往历史的积淀，而且也是一个历史的扬弃，是未来历史的选择。

---

① 《马克思恩格斯选集》第3卷，第433页。

伦理精神不仅有其历史性，也有其时代性。伦理精神不仅在每一个民族、每一个社会都不同，而且在同一个民族、同一个社会的不同时代也不相同。其根本的原因，是“一切以往的道德论归根到底都是当时的社会经济状况的产物”。①随着每一个时代的社会经济状况的根本性转换，伦理精神也必然不以人的主观意志为转移地发生根本性的转换。在中国社会主义计划经济的时代，由于其追求单一的公有制结构，追求平均主义的分配模式；建立高度集权的庞大国家行政管理体系，对经济生活实行计划管理；限制商品经济的存在等，孕育了强调绝对服从的集体主义精神、突出领袖的“三忠于”精神、强调互助的平均主义精神、突出精神至上的理想主义精神等伦理精神。但在改革开放的历史进程中，随着市场经济的崛起，原有的伦理精神正在消亡，适应市场经济发展要求的新的伦理精神正在滋生起来。如主张社会（国家）、集体和个人三结合（兼顾）的新集体主义精神、反对个人崇拜和特权现象的平等民主精神、强调效率优先与兼顾公平的精神、突出实事求是的务实精神，等等。

3. 在表象上，伦理精神具有共同性和稳定性。

每一个民族，在其特定的生存空间和历史环境中所孕育的伦理精神，除了反映不同社会不同时代的特殊要求之外，还反映了该民族生存发展的共同要求；它受到该民族每一个成员的认同，成为制约着该民族全体成员思想行为的根本价值导向，为他们共同景仰和称道。它往往超越了一定的阶级性、社会性和时代性的钳制，成为各个阶级、各个社会和时代所共同认同和遵循的价值观念。诸如，中华民族在其历史发展长河中，生发出来的仁爱孝悌、谦和好礼、诚信知报、精忠爱国、克己奉公、修己慎独、勤俭廉正、见利思义、笃实宽厚、勇毅力行等精神，几千年来，一直为中华民族全体成员所景仰和称道。时至今日，依然熠熠生辉。

伦理精神受到该民族全体成员的认同和遵循，景仰和称道，也必将在历史发展的进程中积淀下来，成为该民族特有的民族心理、民族性格和风俗习惯，从而使伦理精神表现出巨大的稳定性。这种稳定性在发挥正向效应时成为社会历史发展的强大精神力量，而在其产生负向效应时因其巨大的惯性和惰性，也会成为社会历史发展进程中巨大的精神障碍。例如中华民族在封建时代所形成的等级主义伦理精神，所滋生出来的“官本位”价值观念、特权思想、家长制作风严重地

---

① 《马克思恩格斯选集》第3卷，第435页。

阻碍着中国改革开放的深化发展，成为建立社会主义市场经济体制和社会主义民主政治体制的巨大障碍，导致经济体制和政治体制改革的步履艰难。

4. 在地位上，伦理精神具有内核性和支配性。

伦理精神无疑可以看作是一种伦理意识和道德准则，但它不是一种普通的伦理意识和道德准则，而是其他所有的伦理意识和道德准则的结晶、积淀；在所有的伦理意识和道德准则群内，这种具有特殊意义的伦理意识和道德准则的伦理精神，处于核心地位，是所有的伦理意识和道德准则体系的内核；而其他所有的伦理意识和道德准则，则是伦理精神的外化和具体展现。

由于伦理精神在所有的伦理意识和道德准则群内居于核心地位，因此，伦理精神又是起着支配作用的“决定性”的伦理意识和道德准则，这不仅对其他所有的伦理意识和道德准则起支配作用，规约它们伸张的边界和精神本质，而且它本身就是一种最高的、最根本的道德价值标准，对人们的道德生活和道德行为发挥着最深刻、最强大的导向作用。

5. 在结构上，伦理精神具有整合性和系统性。

作为其他所有的伦理意识和道德准则结晶的伦理精神，不是一种个别的、具体的伦理意识和道德准则，而是对许多个别的、具体的伦理意识和道德准则的抽象，是这许多个别的、具体的伦理意识和道德准则的共同精神和根本精神的集合，它集中反映了特定社会道德生活的某一根本要求。如在中国传统社会中，广泛流传着“贵和”的价值观念，孔子强调过“和为贵”,[1] 孟子则提出“天时不如地利，地利不如人和”,[2] 而要达成“和”，最根本的途径又在于“中庸”，故《中庸》说：“喜怒哀乐未发谓之中，发而皆中节谓之和。中也者，天下之大本也；和也者，天下之达道也。致中和，天地位焉，万物育焉。”同时，与此相适应的，又是一系列大同观念、和平主义、兼容并包胸怀、息事宁人意识和委曲求全、忍让克制的态度。而这一切伦理意识和道德准则的抽象、集合和结晶，则是中和主义伦理精神。

伦理道德的根本功能是调节功能，它通过善恶评价等方式来指导和纠正人们的行为和实际活动，以协调人们之间、个人同社会集体之间的关系。人类社会生活是极其庞杂的，人类社会关系也是极其庞杂的。这些社会关系不仅有纵向的关

① 《论语·学而》。
② 《孟子·公孙丑下》。

系，也有横向的关系；既有人与社会的关系，亦有人与自然的关系；既有个人与他人之间的关系，也有个人与自我的关系；既有家庭生活、职业生活与公共生活方面的道德关系，亦有经济活动、政治活动和文化活动方面的伦理关系；等等。因此，调整这众多庞杂的社会关系的伦理道德及其伦理精神，就不可能是单一的、个别的，而只能是一个具有层次性的有机结构的系统。因而，伦理精神也就必然具有系统性的特征。

根据我们对伦理精神的本质的分析及其基本特征的揭示，我们大概可以将“伦理精神”的涵义规定如下：

伦理精神，是一定的民族在其特定的生存空间的社会生活环境基础上，于其历史发展进程中，逐渐形成、积淀起来的一种以善恶形式来从根本上集中地反映社会经济利益关系的特殊社会意识形态现象；是伦理意识和道德准则的结晶，是为广大民族成员所景仰和称道的整合性的道德价值体系；是居于伦理意识和道德准则群核心地位的稳定性的价值观念，对人的道德活动和道德行为起着根本性的导向作用。

三、伦理精神的价值

伦理精神具有重大的社会价值，这种重大的社会价值可以从两个角度来认识。

（一）伦理精神的主体性价值

首先，从主体的角度，伦理精神的重大社会价值主要体现在以下三个方面：

1．伦理精神是民族（社会）成员强大的精神支柱。

人与万物的根本区别，在于人有意识、人有精神。因此，人的生存发展状态，与其精神的存在状态分不开。一个人的精神有所寄托，一个人有强大的精神支柱，就会热爱生活，就会朝气蓬勃，就会勇往直前，不屈不挠，就会创造生命的奇迹，使人生变得绚丽多彩。反之，一个人如果精神空虚，无所寄托，缺乏强大的精神支柱，就会厌恶生活，就会萎靡不振，就会畏缩不前，自暴自弃，就会游戏人间，践踏生命，行尸走肉。因而，精神支柱是人的真实生命，是人的力量源泉。一个人最可怕的，不是他的贫贱状况，而是他的精神委顿；一个民族最悲惨的，不是它的贫弱状态，而是它的精神疲软。

一个人只要有点精神，就能改变他的贫贱面貌；一个民族只要精神振奋，就能改变其贫弱的状况。伦理精神是人的强大精神支柱之一，也是人的最重要的精神支柱。它使人懂得人生的意义、生命的价值；它使人了解自身行为的深层底蕴，何者为应当，何者为不应当；它使人知道人应当如何面对自然、面对社会、面对人生；它使人明白该追求什么，该放弃什么，该选择什么。总之，一个人只要有了优良的伦理精神的支撑，就会使平凡的生命及其生命活动放射出不平凡的光芒。

2. 伦理精神是民族（社会）成员根本的价值指向。

大脑对外物的反应，最根本的就是依据人的一定意识和观念，作出一定的判断、选择，产生一定的态度和行为。对人的行为发生最大影响的意识观念，则是人的根本的价值取向，它是人的世界观、人生观的集中体现，是人的诸意识观念的统帅，它不仅影响人的具体行为，而且影响人的终生路向。

伦理精神是道德体系的精神内核，它不仅把这种精神外化为各种各层具体的道德观念和道德准则，而且其本身就是最根本的道德观念和道德准则。人们的道德行为都受到各种各层的道德观念和道德准则的支配。可以说，有什么样的道德观念，按照什么样的道德准则去行动，就有什么样的道德行为。一个信奉“人不为己，天诛地灭”的人，往往“拔一毛而利天下”而不为；一个信仰“毫不利己，专门利人”的人，往往会为了他人的生命安全，而奋不顾身地进行救援，甚至献出自己的生命也在所不惜。伦理精神作为一种最根本的道德观念和道德准则，它不仅仅是一种道德价值取向，而且是一种根本的价值取向；它既影响一个人终身的道德行为，也影响一个人终身的发展路向。

3. 伦理精神是民族（社会）成员深层的道德素质。

道德素质主要包括道德认知素质、道德情感素质、道德意志素质、道德信念素质等。伦理精神是客观必然性和主观能动性相结合的产物，是最根本和最重要的道德认知对象和认知内容，因此，对伦理精神的认知状况直接关涉人们道德认识素质的高低。而道德认知素质是道德情感素质、道德意志素质、道德信念素质等提高和发展的前提和基础。故古希腊著名伦理学家苏格拉底就提出了一个著名的命题：“美德即知识”。在他看来，美德既是善的，那么它就是有益的；美德既是有益的，必定是当它被正当利用时才会是有益的，而正当利用的美德一定是由理性指导的，也就是由智慧来指导的。所以，如果美德是有益的，它必定是一种智慧，也即知识，也只有在道德认知的基础上，才能生成相应的道德情感、道德意志和道德信念。一定的伦理精神一旦成为人们的道德信念（仰），就必然成为人们的强大精神支柱和根本价值取向。正是从这个意义上，伦理精神才成为民族（社会）成员深层的道德素质。它对于人们自觉按照伦理精神的要求，来选择行为、调节行为和评价行为，是极为重要的一环。

（二）伦理精神的客体性价值

伦理精神的重大价值，还可从客体的视角来认知，它主要表现为以下三个方面：

1. 伦理精神对社会发展具有重大的辩护价值，可以为新事物的发展提供道义支持，为其鸣锣开道。

人类认识世界的目的，是为了更好地利用客观规律去改造世界，但是人类在改造世界的过程中，不仅要知道怎样做，而且更要知道为什么去做。而后者不仅涉及一个真理性的问题，更重要的还要涉及一个合理性的问题。支撑合理性的依据固然不少，但其中最重要的根据之一就是伦理性。只要一个行为、一个活动、一场运动合符人类的伦理精神，人们就会大胆地、积极地，甚至义无反顾地去做；反之，就会退缩不前，甚至断然拒绝和奋起反抗。

就伦理精神和生产方式的关系而言，也不例外。一定的生产方式决定着一定伦理精神的产生，一定的伦理精神形成后，必将对其生产方式进行道德辩护，为其提供合理性的依据，从而推动这一生产方式的发展。同时，对其他生产方式，予以伦理上的否定，阻挠其发展。

西方学者马克斯·韦伯在其著作《新教伦理与资本主义精神》中，从理论和历史实践的结合上，论证了新教伦理所内含的资本主义精神对生产方式的巨大辩护和推动作用。正是对物质利益的追求的合理性和合法性所构成的新教徒的伦理精神，为资本主义生产方式的确立和发展起到了鸣锣开道的巨大作用。

社会主义市场经济的崛起，是对以往自然经济和传统计划经济的否定。曾经在自然经济和传统计划经济基础上衍生的伦理观念，必然会对社会主义市场经济这一新的经济形态予以抵制和否定，从而会阻碍社会主义市场经济的确立和发展。因此，就必须首先以新的伦理精神来为社会主义市场经济的确立和发展提供道义支持，批判和否定旧的伦理精神，为社会主义市场经济的崛起开辟合理性的道路。

2. 伦理精神可以为社会发展提供巨大的精神动力，其有着重大的促进价值。

人类社会的发展，有着与自然界根本不同的规律，它不仅需要强大的物质动力，而且还需要有强大的精神动力。甚至在一定的条件下，精神动力对社会发展所起的作用更大。因为人类社会发展的根本动力，是社会生产力，而在社会生产力中起主导作用的是人而不是物。特别是在现代社会，随着经济增长方式从粗放型向集约型的转变，从劳动力密集型结构向科技密集型结构的转变，人在经济发展中的作用愈来愈大，对人才的呼唤，对“以人为本”的重视，已经成为当今世界的共同要求。而人，是物质与精神的统一体，是以精神为主导的物质体，精神的力量是人所特有的强大力量。它对于社会生产力乃至整个社会的发展都有着不可缺少的重大价值。

伦理精神作为一种主要的精神力量，对社会经济发展的促进作用，往往是通过以下两个途径来实现的。

途径一是通过伦理精神的内化，成为人们行动的精神动力。伦理精神一旦被人们所认同，所接受，就会内化为一种信念，调动起人们的主动性、积极性和创造性。例如随着市场经济的兴起，义利统一的伦理精神被人们所认同，所接受；它不仅有力地清除了以往自然经济和传统计划经济条件下流行的“重义轻利”的道德观念，而且对人们通过自己的辛勤劳动发财致富的思想行为提供了道义的基础，从而极大地调动了广大人民群众进行改革开放、建设社会主义的主动性、积极性和创造性，使社会经济迅速发展。

途径二是伦理精神作为社会经济发展的一种价值取向，引导社会经济不断朝着正确的方向前进。伦理精神来源于现实，又超越于现实，是现实性与理想性相结合的结晶。来源于现实，使它具有广泛性，被广大人民大众所认同和所接受；超越于现实，使它具有先进性，能够引导广大民众不断走上理想的王国。例如当代的社会可持续发展的思想，既是一种社会经济发展的战略，又是一种伦理精神。它来自于生态遭到破坏、引发了社会经济发展危机的严峻现实，使人们认识到以破坏生态为代价的社会经济发展，必将把人类推向万劫不复的深渊；只有在保持生态平衡的基础上，社会经济才能健康、持续发展．从而引导着社会经济发展朝着正确的轨道前进。

3．伦理精神具有维系社会经济正常运转的重大价值，通过规范的功能保证社会经济正常发展的必要秩序。

任何社会经济的发展，都需要与之相适应的必要社会秩序，只有这样，才不至于激化各种社会矛盾，造成社会的混乱而导致社会经济的崩溃。人类维持社会经济秩序的主要手段，主要是法制和道德。在现代社会，法制是规范人们行为、保证社会经济秩序的主导力量。但是，法制由于其现实性、确定性和他律性的局限，不可能调整所有的社会关系，也不可能规范人们所有的行为，因而，必须要辅之以道德的手段。道德具有法律（制）不可能具有的理想性、广泛性和自律性等特点，能在所有的社会领域和社会层面上发生其规范行为、调整关系的作用。可以说，凡是法律不允许的、禁止的行为，也往往必定是道德所否定的行为；而许许多多法律并没有明文规定不允许的、禁止的行为，也可能是道德所反对的行为。更重要的是，法律往往只有在行为产生现实的负面后果，并被掌握确凿证据的情况下，才能发生作用，它并不能减少已发生的损失，而只能警阻尚未再发生的损失；而道德主要着眼于人们对自己的行为自律，虽然它也包括对人们行为产生现实的负面后果的惩处，但它往往能够在人们的行为发生前或进行时，就能起到警阻的作用，以减少对社会造成的损失。因此，在现代法治（制）社会里，道德的价值不仅不会减弱，而且由于社会对人自律性的迫切要求而有增无减。

（原载《现代哲学》2001 年第 4 期）

略论社会主义新时期道德机制

社会主义道德是人类精神文明发展的新境界，为了适应市场经济时代社会发展的要求，克服当前道德建设的“疲软”局面，必须重视研究和建立与完善社会主义新时期道德机制，从而有效地推进社会主义新时期道德建设的蓬勃发展。

道德机制，是道德活动各个构成要素、组成部分相互协调、相互促进的联结方式和运作方式。社会主义道德应当是人类道德机制发展的最新成果，是道德机制与社会主义社会特殊条件相结合的产物，在现阶段则是与社会主义市场经济特殊条件相结合的结晶。

道德机制从道德主体来划分，可以分为个体道德活动机制和社会道德建设机制。前者主要是从个体道德行为的运行方式和道德素质自我建设过程的角度来探讨和规定道德机制；后者主要是从社会道德活动的运行方式和道德建设的内在结构的角度去探讨和规定道德机制。

因此，社会主义新时期道德机制的研讨和确立，是立足于社会主义社会历史条件下，特别是立足于社会主义市场经济特殊条件下，去探讨和规定个体道德活动机制和社会道德建设机制。

一、社会主义新时期个体道德活动机制

个体道德活动机制包括道德动机发生机制、道德行为选择机制、道德后果评价机制和道德素质培养机制。

道德动机发生机制是指道德动机产生和运作的方式。道德动机的发生有两方面的原因：一是内部原因，二是外部原因。内部原因是道德需要，在道德需要的基础上，首先形成一定的道德兴趣，道德兴趣是道德动机的初级形式和基本要素之一。道德兴趣作为主体的一种认识和实践倾向，它既与人际利益关系有关，又与人们的道德境界相关。在社会主义市场经济条件下，由于物质利益的追求成为市场经济发展的强大动力，市场主体的激烈竞争成为市场经济发展的强有力杠杆，因此，在兼顾国家、集体、个人三者利益的前提下，追求个人正当的物质利益，以及在独立自主的前提下，追求个人的价值和尊严，将成为人们普遍的道德兴趣。这就决定了新时期道德建设，必须重视义利统一原则、物质利益原则和加强导向原则，既充分肯定人们的这种普遍道德兴趣，成为道德行为的巨大原动力，又应当把人们这种道德兴趣，引向更高的层次。

在道德兴趣的发展中，会形成道德意图，它是道德动机的中级形式和基本要素之一，道德意图具有道德兴趣所不具有的相对稳定性，是主体具有确切指向的道德动机，可以贯穿道德行为的全过程，成为一种持续的道德动因。道德意图具有企图（道德主体在明确意识到需要的条件和准备利用的手段时所形成的预谋动机）、幻想（道德主体通过想象活动而创造出来的本人希望达到的形象）和理想（道德主体以对社会发展规律等的认识为基础而形成的具有某些现实因素的未来形象和目标）三种基本形式。当道德意图发展到理想状态，就进入到动机的高级形式，这就是道德信念。它是道德主体对世界、社会、人生等某种坚定、执着的理解和信仰，是激励人们按照这一理解和信仰去行为处事的高级道德动机。在社会主义市场经济条件下，人们的道德意图和道德信念具有多层性和多样性，因而，引导个体的道德意图和道德信念向较高层次和最佳状态发展显得格外重要。

道德动机的外部原因是道德刺激。道德刺激来自于道德主体所处的社会道德环境。社会道德环境包括在一定社会经济、政治、文化制度和体制下所形成的道德关系状态、社会舆论导向、社会道德风尚等。当前，我国社会处于转折时期，

由于社会道德关系的动荡性与复杂性，社会舆论导向的不确定性与多样性，造成了外部道德刺激的多样性、多层性和复杂性，给道德刺激的正向强化带来了一定的难度。因此，加强社会道德建设，完善道德建设机制以给个体道德的正向强化创造良好条件，是十分关键的一环。

道德行为选择机制是指道德主体在一定道德动机驱使下选择和采取一定道德行动的运行机制。它主要包括确立道德目标、道德目标导向和确定道德手段等要素。

确立道德目标是道德行为的前提。道德动机虽然激发了道德行动，但其本身既不等于行动，也没有确定的道德目标，仅仅提供了目标的可能性，从而在开始阶段就使行为呈现出几种可能的发展趋势。因此，行动和首要环节是确定目标，摆脱由动机构成的自身不确定状态。当然，确立道德目标不仅仅受道德动机的影响，还受道德主体的知识、态度和意志倾向的左右。从根本上来说，道德目标的确立不过是主体内在价值观在行为过程开始的投射，因此，道德主体的价值取向对道德目标的确定有着极为重大的影响。

道德目标导向，是一个动态过程。确定一定的道德目标后，如何始终如一地保持行动的方向，仅有目标是不够的，还必须有“方向盘”和“驾驶员”，不断地进行航向的协调和导向。在这里，所谓“方向盘”，就是把握正确的价值取向，正确处理各种利益关系，力求做到个人利益与他人利益的契合，个人利益与集体利益的统一，局部利益与整体利益的结合，眼前利益与长远利益的一致。所谓“驾驶员”，就是要有清醒的道德理性和坚毅的道德意志，使行动能够始终如一，不为各种负面因素所困惑、所动摇、所中止。

道德手段的选择，是道德行动中难度最大的一环。人们的行动不仅要符合正确的道德目标，而且要采取道德的手段。但是，一方面由于道德手段是十分具体的，另一方面手段的道德性质在特定条件下会变化，因此，造成了人们行动的难度。为保证道德手段的正当合理性，还应当遵循以下原则：

一是以低就高原则。在道德准则体系中，不同的道德准则，所处的地位不同，在两者冲突时，应以低就高进行选择。例如孝亲与卫国，在一般情况下是统一的，但在战争年代就某个人而言，往往会冲突，这时孝亲应当服从卫国。二是功利主义原则。在一般情况下，不能简单地运用功利主义，但是，在特定条件下，可以采用功利主义。这时，当一个行动会引起弊大而利少，或会损害多数人利益时，无论这一行动本身的道德性质如何，都应当放弃；相反，应当选择。三是人道主义原则。人的价值是世间最高的价值，它与其他事物的价值相比，总是排在首位，当人与物的价值发生冲突时，应当以人的价值、以人道主义为选择取向。当然，在许多场合下，人道主义原则要与功利主义原则综合在一起来定取舍。四是推己及人的原则，当道德主体把握不住道德手段的取舍时，应当按照推己及人原则进行选择。这一原则，孔子曾经这样表述过："己所不欲，勿施于人"，进一步则"己欲立而立人，己欲达而达人"。

道德后果评价机制，就个体而言，是指道德主体对行动后果进行评判的内在运行方式，它包括道德理性和道德良心。道德理性是道德主体站在认知和思维的高度，运用道德理性原则对行为后果自觉进行评判的一种机制。道德理性原则在社会主义市场经济条件下具体表现在三个方面：

一是道德责任的确定。人们的道德选择，要受到种种主客观条件的制约，因此，人们对行为后果的道德责任的确有一定的限度。这种限度，通常由三个因素综合构成。第一，当代社会已形成表达历史必须性的道德行为要求，使人们能够根据这种要求来抉择行为。第二，当时道德选择处境的几种可能的行为决定中，包括人们应当选择的行为决定。第三，个人具有或可以具有的认识和支配符合历史必然性的行为的能力。凡是在这样的范围内，个人就应当而且必须对自己的行为承担责任。今天，随着社会文明的发展，道德主体性的不断增强，道德选择自由的范围的扩大，个人对自己行为的后果应负的责任也会增强和提高。这就相应地要求每个人都应当不断提高自己行为选择的能力，增强道德自律性。

二是道德评价标准。道德评价标准的根基在于一定社会和时代的根本利益，在社会主义市场经济条件下，三个"有利于"标准，既是衡定我们一切工作的最根本的是非标准，也应当是评判我们一切道德行为的最根本的善恶标准。当然，在具体的道德评价中，还有一系列奠基于三个"有利于"标准之上的道德原则和道德规范等，这些也是道德评价的标准，它们构成一个道德评价标准体系，而社会主义集体主义原则，则是这一道德评价体系的核心。

三是道德行为后果的价值依据。从静态分析，道德行为的价值首先来自主体，而道德行为是主体能动地作用于对象的活动，因此，其主体价值的依据在于主体与对象的统一上。从动态分析，道德行为也是从动机到效果的过程，因此，其价值的依据又在于动机与效果的统一。同时，道德行为价值的实现还有赖于目的与手段的统一，因为任何行为都只有使用一定手段实现预定的目的，才能表现出行为主体的价值倾向，才能达到主体尺度与对象尺度的统一，即实现行为的价值。

除了道德理性之外，道德良心就是道德行为及其后果评价的最普遍最重要的要素。道德良心是个体意识中一种强烈的责任感，是个体意识中进行自我评价的能力，它既可以在个体行动前，对选择行动的动机起检查作用，也可以在行动进行中，对主体的情感、意志、信念以及行动方式和手段，起着监控作用，还可以在行为之后，对行为的后果和影响起着评价作用。可以说，道德良心是道德主体内心的法庭，它通过对主体行为后果的道德审判，形成一种巨大的扬善抑恶的力量。在社会转型时期，经济价值的过分提升，道德价值的过分沉沦，导致人们对培育自身道德良心的轻视和忽视，造成个体自觉扬善抑恶的力量的软弱，引发大量消极和不道德现象的出现。因此，加强道德良心的培育，是当代社会最迫切的任务之一。

为了保障道德个体的道德动机发生机制、道德行为选择机制、道德后果评价机制的完善和良性运行，道德素质培养机制的确立与完善极为重要。

道德素质培养机制的根本内容在于道德主体自觉而不懈的道德修养。在社会主义市场经济条件下，一方面，社会发展的自由度、开放度、自主度日趋提高，对道德主体的自律性提出了更高的要求，相应地，也对道德主体进行道德修养的自觉性提出了更高的要求；另一方面，社会生活的日益复杂化、快节奏化和商品化，也给道德主体进行道德修养带来了很大的难度，造成了当今道德主体自律性与道德素质较低的矛盾。而解决这一矛盾的根本出路，就道德主体而言，依然在于自觉而不懈的道德修养。只有通过自觉而不懈的道德修养，才能将外在的道德要求，变成道德主体的内在需要及内在道德素质，从而保证道德主体的道德行为的正向道德价值。

道德修养包括道德认识的修养、道德情感的修养、道德意志的修养、道德习惯的修养、道德信念的修养五个方面。道德认识的修养，是一个自我教育、自我学习的过程，通过这一环节，提高道德行为选择的能力和识别善恶的能力。道德情感的修养，在于培养道德主体爱善恶恶的感情，使道德主体既爱且乐于自觉自愿于行善，形成扬善抑恶的情感力量。道德意志的修养，培育道德主体克服一切困难、坚持不懈行善止恶的制控能力。道德信念的修养，使道德主体把扬善抑恶的外在要求变为内在的坚定信仰，成为人生的精神支柱。道德习惯的修养，使道德主体的道德行为变成一种自然而然的行为，内化为道德主体的人格和品德。通过这五个方面和环节的道德修养，就能有效地提高道德主体的道德素质，形成道德主体强有力的道德自律能力，保障道德个体整个道德行为机制的良性运转。

二、社会主义新时期社会道德建设机制

社会道德建设机制主要由管理机制、教育机制、监督机制和赏罚机制四个方面组成。

社会道德建设管理机制，是社会道德建设机制中最重要的机制。社会道德建设，是一项复杂而艰巨的系统工程，它牵涉方方面面、上上下下，需要人、财、物的支持和投入，因而矛盾和冲突在所难免。为了保证社会道德建设的顺利进行，必须有领导、有组织、有计划地协调进行。并且，在市场经济条件下，虽然市场经济的发展为社会道德建设奠定了坚实的物质基础，提供了丰富的道德实践经验，但是，社会道德不会自然而然地发展。同时，退一步来说，社会道德的发生虽有一定的自发性，但这种自发性不仅层次低，而且往往鱼龙混杂，急需社会有领导、有组织地将道德实践经验提升到社会的道德理论理性高度，使社会道德具有普遍性和明晰性，否则，社会道德难以发展起来，更难以发挥其在促进社会经济发展中的重要作用。

社会道德建设的管理机制，从根本上说，就是建立和完善社会道德建设的管理体系和管理方式，并通过其有效的管理，使社会道德建设在良性运作的基础上，获得社会道德建设的最佳成果。

社会道德建设的管理机制，又包括领导机制、决策机制和协调机制三个方面。

（1）领导机制。精神文明是我国建设有中国特色社会主义的根本特征之一，具有重要的战略地位。在我国，从中央到地方，从事业到企业，都必须建立相应的领导机构。其中各级党组织或工会组织应该负起主要的责任，发挥其在社会道德建设中的主导作用，克服道德建设和精神文明建设领导不力和“一手硬一手软”的局面。

（2）决策机制。社会道德建设的领导机构，同时也是社会道德建设的决策机构。但是，这种决策机构比领导机构更复杂。由于市场经济条件下社会生活的复杂化，社会道德建设有相当的难度，因此，社会道德建设决策机构应由三大部分组成。一是最高决策机构，主要由各级党组织或工会组织与各级行政首长或企业厂长经理组成。二是专职决策机构，主要由专职的部门及其人员组成。三是专家咨询决策机构，由社会道德建设的专家学者组成。后两者主要是通过调查研

究，提供决策信息，制定社会道德建设的具体步骤和初步方案，最后供最高决策机构进行决策。

（3）协调机制。社会道德建设的进程，是一个平衡与不平衡不断转化发展的过程。因为社会道德建设规划的实施，要涉及方方面面，难免会遇到各种矛盾和问题。当这些矛盾和问题出现后，就会出现一个不平衡的局面。而这时，要保证市场经济条件下道德建设的顺利进行，就必须进行及时协调。协调机制的基本形式主要通过党或工会与政府或企业领导机关的联席会议来实现，各有关部门首长也应当参加会议。通过这种具有权威性的协调形式，来使社会道德建设的运作从不平衡转化为新的平衡。

社会道德建设的教育机制，是社会道德建设的核心，它的根本任务，就是提高每一个社会成员的道德素质。

社会道德教育机制，主要由理论建设机制、教育组织机制和教育实施机制构成。

理论建设机制，是社会道德教育机制的基础，没有必要的道德理论作为指导，社会道德教育实践只能是陷入盲目性和自发性，尤其在市场经济条件下，出现了一系列新情况、新矛盾和新问题，而原有的道德理论和道德规范体系已被冲破，新的道德理论和道德规范体系又尚未形成，就更急需重视加强道德理论建设。

道德理论建设，首先要有一支科研队伍。其次，要重视国家的宏观调控。随着市场经济的发展，市场日趋社会化、国际化，作为社会主义的国家，又要把社会主义的价值取向与市场经济的多样性统一起来，因此，社会道德理论和准则要求多层性与一元化相结合。而这只能通过国家有意识地引导道德理论工作者达成共识，进而组织道德理论工作者把社会丰富的道德经验和市场经济内在的客观道德要求，提升为理性认识，形成相对统一的社会道德理论体系和道德规范体系，以指导和规范新的历史条件下人们的道德活动。最后，在微观上，社会道德理论建设，要坚持理论和实际相结合的原则，把一般的道德准则，具体化为各个领域、各个方面、各个层次的具体规则和要求，使其具有明晰性、实在性和可操作性，以便让社会成员接受和履行。

教育组织机制，是社会道德教育机制的中心环节。在我国，社会道德教育一般分为三大方面：一是家庭道德教育，二是社会公德教育，三是职业道德教育。每一个方面的教育，应有相对的组织机构。

教育实施机制是道德教育机制的关键环节。要保证教育的有效性，首先，要实现道德教育的制度化。只有把道德教育作为社会生活和社会生产不可缺少的一个重要环节或方面，以制度的外化形式确定下来，才能保证道德教育的正常实施。其次，要加强道德教育队伍的建设，包括其数量的保证和素质的提高。不仅要重视专业道德教育队伍的建设，也要重视非专业道德教育队伍的培养。在今天，特别应重视大众传播媒介工作者在道德教育中的作用。由于现代社会大众传播媒介在社会生活中的巨大作用和影响，致使大众传播媒介工作者在道德教育中起着举足轻重的作用，他们进行道德教育的正确性、导向性、积极性、自觉性都对道德教育发生着巨大的影响，而提高他们自身道德素质的任务也是刻不容缓的。最后，是道德教育的灵活性。应当依据现代社会和市场经济发展的特点，多渠道、多形式、多方法地开展教育。可以说，凡是有效地促进社会成员道德素质不断提高的教育渠道、形式和方法都应该大胆运用，解放思想，不拘一格。

社会道德建设的监督机制。是社会道德建设的基本保证。道德的践行，虽然从根本上说依赖于道德主体的自觉性，但是，第一，道德主体的成长是一个过程，其自律性的养成需要一个由不自觉逐渐转化为自觉、由外在道德要求逐渐内化为内在道德需要的发展过程。在这个过程中，外在的道德监督，是这种转化得以实现的必要条件。第二，道德主体的成长没有最终的完结点，社会实践总是不断地向前发展，各种现实矛盾总是不断涌现，道德主体要保证自我健康发展，不断完善，不仅要依靠自身自觉的修养锤炼，而且还需要借助于外力——道德监督，才能使这种保证不仅有主观的依据，还有客观的基础。第三，市场经济条件下，利益不仅成为人们积极向上的巨大驱动力，也可以异化为人们走向堕落毁灭的巨大诱惑力，在这种巨大的诱惑力面前，对绝大多数人来说，由于修养和境界的程度所限，仅仅指望自身的主观抵御力是远远不够的，还必须有外在的道德约束和监督，从而把道德践行奠定在客观的基石之上，避免主观随意性和动摇性。第四，市场经济的多层性和开放性，使人们的行为多样化和复杂化，人们履行各种道德准则时往往遇到各种矛盾和冲突，由于个人或某一团体认识的局限性，往往会发生各种误差，这就必须运用道德监督，对其进行必要的导向和监控。

社会道德监督机制，主要由社会组织自我监督、政府监督和社会监督三大方面构成。

社会组织自我监督，主要由社会经济内部的专门机构对组织内各成员的道德行为，以及对整个组织自身的道德活动状态进行监督。政府监督，是对整个社会的监督，主要由监察、纪检、宣传部等有关监督部门组成。社会监督机制，是一种自我监督和外部监督相结合的监督机制，它包括有行业协会监督、民众团体监督、群众社会组织监督和新闻部门监督等多种监督机构。当前，社会主义市场经济体制尚处在建立的初始阶段，许多道德监督机构尚未建立或尚未完善，因此，尽快建立和完善各种道德监督机构，并加强相互间的协同合作，形成一个强大而广泛的监督网络，是当前社会道德建设的重要而迫切的任务。

社会道德建设的赏罚机制，是社会道德建设的监督机制有效性的重要保证。监督机制主要对道德活动现象和道德行为进行检查、监察和揭露，而赏罚机制则依据监督机制对道德活动现象和道德行为检查、监察和揭露的问题和结果，进行评议、裁决和奖赏或惩罚。通过这种机制来维护和保证监督机制的权威性，发挥其扬善抑恶的巨大作用。

道德赏罚机制，从根本上来说，就是对人们道德行为进行强化激励的一种机制。这种强化激励机制是通过对人的需要的肯定或否定，从而实现扬善抑恶，保障社会道德建设顺利进行和社会经济有序健康发展之目的。

道德行为的赏罚，依据人的需要，可以概括为两大类，物质赏罚和精神赏罚。由于人的需要是多方面的、多层次的，因此，物质赏罚和精神赏罚不可偏废，应当结合起来。当然，依据不同的人和行为的性质等具体情况，偏重于物质赏罚或精神赏罚也是必要的。

道德赏罚机制，包括行政赏罚、舆论赏罚、组织赏罚和法律赏罚四个方面。

行政赏罚，是一定的行政主体，对其所隶属的人员，依据他们道德行为的性质和影响程度，给予一定的行政奖励或处罚，达到扬善抑恶的目的。行政赏罚是在一定的单位和行政区域内发生作用的一种机制，具有赏罚的直接性、强制性和有效性，是物质赏罚与精神赏罚的结合。舆论赏罚是一定的社会舆论主体对某一种道德现象或道德活动进行善恶评价，对高尚的道德行为和良好的道德现象予以赞扬、歌颂，对卑鄙的不道德行为和恶劣的不道德现象予以谴责、鞭挞。它可以在不同范围发生作用，甚至在社会和国际上发生作用，具有赏罚的间接性、广泛性和巨大影响性，主要是进行精神赏罚。组织赏罚，是一定的团体主要针对其内部成员或内部成员相关的道德现象和道德行为进行道德评价，依据评价结论作出物质性和精神性的赏罚。法律赏罚是国家执法机关对严重违反道德准则并已构成违法犯罪行为的当事人依法制裁，它具有强制性、惩戒性和权威性等特点，是现代社会道德建设赏罚机制的一个重要方面。

法律赏罚之所以成为道德建设赏罚机制的重要因素，首先在于不仅法律规范内包含着相应的伦理精神，而且许多法律规范和道德规范具有重叠性。其次，法律规范虽是一元性的，与道德规范的多层次性相区别，但作为一个社会占统治地位的道德规范则是一元性与多层性的结合，因而，这种一元性与法律规范的一元性是相通的，共同反映了统治阶级的根本利益。再次，在现代社会中，市场经济作为一种法治经济，导致着道德规范的法规化发展趋向，相当一部分道德规范已逐步进入法规化的范畴。最后，法律赏罚与道德赏罚紧密结合，道德赏罚是法律赏罚的道义依据和道义支撑，而法律赏罚是道德赏罚的一种补充和保障。

社会道德建设的机制，是一个复杂的系统，该系统内的各个要素之间都相互联系、相互渗透、相互作用，构成社会道德建设的有机体。因此，建立和不断完善道德建设机制，发挥其整体功能和整体效应，是现代社会道德建设的根本。

（原载《哲学研究》1996 年第 5 期）

恶“德”
——一种特殊的道德现象

自古以来，在人类的社会道德生活领域，常常会发生一些人们不愿意看到的恶的活动或行为，诸如偷盗、抢劫、强暴、卖淫、赌博、绑票、杀人，等等；这些恶的活动和行为，在不同程度上损害了他人的利益，破坏着人类社会的文明与秩序，人类不断地致力于改造和完善着自身的主观世界和其赖以生存发展的客观世界，以期不断控制这些恶的活动和行为的发生，并最终将它们彻底消灭之。然而，在迄今为止的社会历史条件下，这些恶的活动和行为还不可能完全消灭，如何在最大的限度内控制这些恶的活动和行为，以及如何在最大限度地减少这些恶的活动和行为所造成的危害，就成为人类迫切研究的重大议题。而我们在此由于课题研究的局限，仅从“道德”角度，特别是从恶“德”的视角，去重点探讨

“如何在最大限度内减少这些恶的活动和行为所造成的危害”之问题。

一、恶“德”研究的意义

对恶“德”的研究，既是一个沉重的话题，也是一个非常敏感的课题。自古以来，“德”只能与“善”相提并论，又岂能与“恶”相联系。早在《卜辞》中，“德”就与“得”相通；东汉时刘熙对“德”的解释是：“得也，得事宜也”；许慎的解释是：“外得于人，内得于己之说也；以善德施之他人，使众人各得其益，此外得于人之说也。”① 而“恶”，历来与“善”相对立，有“凶”、“丑”、“坏”、“害”之意；《易·大有》说“君子以遏恶扬善，顺天体命”；《尚书·毕命》中也有“彰善瘅恶”之语；许慎的解释是：“恶者，过也。”在伦理学意义上，“恶”表现为一种道德负价值。那么，我们所说的恶“德”究竟是个什么东西呢?

我们所谓的恶“德”，是指堕落罪恶之人在进行恶的活动或行为时，他们所应当遵守的那些特殊的游戏规则。因此，第一，我们所谓的恶“德”，其前提是“绝对”的恶；第二，我们所谓的恶“德”，是“绝对”的恶中的“相对”的“善”；第三，我们所谓的恶“德”，从本质上来说，是社会为了防止从事恶的活动的人和进行恶的行为之人堕入更大的罪恶的警戒性要求。

认识恶“德”最大的障碍之一，就是人们对恶的认知的绝对化。长期以来，人们总是认为，恶就是恶，善就是善，岂能是恶中合有善，善中有恶。事实上，社会生活是极其复杂的，“纯粹”和“纯洁”的社会生活从来就不是常态。相反，矛盾的社会生活和社会生活中的矛盾，才是普遍的。不仅从事正当职业的人们，为了社会生活的正常运转，为了自身职业的根本利益，必须要遵守一定的职业道德规范，而且从事恶的“行业”和活动的人群，为了自身的整体利益、根本利益以及最大利益，也往往不得不去遵守其特定的游戏规则。这些游戏规则，虽然从根本上来说，其前提也是一种“绝对”的恶，但是在相对的意义上来说，却有了一定的“善”。比如中国古代社会就有所谓“盗也有道”的说法。在此，其“盗”无疑是一种绝对的恶，其“道”则是一种相对的“善”也。具体来说，我们所谓的恶“德”，也即是在这样两个方面有了相对的“善”的价值：一方面，它从客观上可以起到阻止进行恶的活动或行为的人犯下更大的罪恶；另一方

① 转引自罗国杰、马博宣、余进编著：《伦理学教程》，中国人民大学出版社1985年出版。

面，它在客观上也可以起到防止人民群众的生命财产遭受到更大的损失。

因此，从直接的意义上，研究恶“德”的意义就在于，是为了在最大的限度内去减少各种恶的活动或行为对社会文明进步所造成的危害；更进一步来说，也是为了在最大的限度内去减少各种恶的活动或行为对人民财产所造成的损失。

当然，我们研究恶“德”的最终意义就在于，为人类最终消灭各种恶行更好地创造主客观方面的条件。改造世界的前提是认识世界。要消灭恶行，首先就必须要认识恶行。而要认识恶行，首要的就要认识“恶”是如何产生的以及“恶”的根源是什么。

事实上，“恶”的萌发滋长也和“善”一样，既非天生，亦非单一因素所致。它是人类社会发展到一定历史阶段的产物，是主客观交互作用的结果。从主客观方面来说，“恶”产生的历史前提是社会生产力发展到剩余产品的出现，利益的分化，造成了社会利益与个体利益的分离；特别是私有制的出现，以加速度的趋势推动着恶的扩张。从主观方面来说，“恶”产生的根本原因是利己主义的驱使。正如近代德国著名哲学家黑格尔所说，罪恶生于自觉，这是一个深刻的真理：因为禽兽是从主客观两方面入手；在改造客观世界的同时，改造人们的主观世界。而改造主观世界是一个由浅入深、由低往高的过程。可以说，恶“德”对于改造行恶者的主观世界虽然有着最低限度的价值；但在一定意义上却可以说，这种价值又是一种无法替代的重要价值。因为它在遏止恶向着更深重堕落的同时，也为行恶者向善准备了一个起码的基点。如果一个连恶“德”都没有的行恶者，他事实上也给自己判处了死刑，其结果可想而知。他必定会在恶道上越走越黑，最终必然堕入罪恶的万丈深渊，而成为社会的渣滓被社会所彻底淘汰。

恶“德”的研究，不仅有其理论价值和历史价值，也有其重大的现实价值。当前，中国正在进行社会主义改革开放和现代化建设，这是中国历史上最伟大的事业。短短的二十多年来，整个社会在经济、政治和文化上都取得了全方位的巨大进步。社会主义市场经济的确立与发展，极大地推动了社会生产力的迅速提高和物质文明的迅速进步；社会主义民主政治体制不断完善，社会主义政治制度文明水平快速提升；中国特色社会主义的文化建设不断发展社会主义精神文明取得长足进步。然而，由于社会的转型，体制的转轨，特别是由于社会主义初级阶段上市场经济的不完善及其内在的二重性，一方面造成了原有的社会道德调控体系的崩溃，另一方面造成了新的社会道德调控体系尚未建立，从而产生了当代中国改革开放中不可避免的道德“失范”问题，引发了一系列社会道德堕落、消极和腐败现象。这种社会道德的堕落、消极和腐败现象具有广泛性、群体性和猖獗性。为了一点蝇头小利，一些人可以不顾任何廉耻，可以不惜采取任何手段。特别是许多违法犯罪之人，为了获得不义之财，连最起码的“盗也有道”也丢到了九霄云外，走上了穷凶极恶之途。从而给整个社会和人民的生命财产带来了巨大的威胁，给国家和政府去制止各种违法犯罪行为和消灭罪恶造成了极大的困难。由于恶的根源从主观方面来说，最根本的在于人们的主观世界的堕落，因而，要挽救这种堕落就必须从人们的主观世界的改造开始；对于行恶者来说，这种挽救也只能从恶“德”的教化开始。他们主要能够遵守这些最起码的恶“德”，不再往下继续堕落，向善才能成为可能。今天，我们只有正视现实，从基础做起，逐步推进，才能扎扎实实地不断推进社会主义道德建设健康发展，逐步将恶限制在最小的范围和限度内。

二、恶“德”的基本准则

恶与善是道德矛盾的统一体，当人类道德现象出现之日起，善恶就如影随形同时存在。人类之善每向前一步，人类之恶也随之向前一步。尤其在私有制条件下，人类之善步履艰难，人类之恶不断膨胀，给人类带来了数不胜数的痛苦和灾难。就人类个体而言，在极其复杂的社会中生活，历来也是向善不易，入恶不难。然而，为了人类的共同利益，世世代代的人类总是坚持不懈地竭尽努力，千方百计地引导人们向善，制止人们入恶。在这种种努力之中，有法律的手段、政治的手段，有经济的手段、宗教的手段，还有道德的手段；有正向的手段，也有负向的手段。而恶“德”则可谓作负向的道德手段。

那么，恶“德”的基本要求是什么呢？我们认为，恶“德”的基本原则应当如下：

第一，生命原则。

人的生命，在无限的时空中，具有唯一性。对于每个个人而言，生命只有一次，它是人的全部生命活动的生物性基础。正因为生命这种唯一性，从而突显出生命的无比珍贵。每一个个人，来到人世间是那样的偶然，匆匆之百年后归于永寂。这种唯一性的偶然性的人生，使我们每一个个人，都应当爱护生命，珍惜生命。既要爱护自己的生命，珍惜自己的生命，也要爱护他人的生命，珍惜他人的生命。因此，行恶者在进行恶行时的第一原则，就是必须以不残害他人的生命为原则。因为在残害他人的生命的同时，也等于在残害着自己的生命。凡是残害他人生命的恶行，自己都必然或迟或早地要付出自己生命的代价。行恶者所进行的种种恶行，从根本上来说，只不过是为了自己某种欲望的满足；从这个意义上讲，以付出生命为代价的恶行，在本质上也彻底违背了行恶者自己的根本利益；从而对于行恶者自己而言，这种以付出生命为代价的恶行，最终不仅变得毫无意义，而且还使自己陷入万劫不复之地。

第二，人性原则。

根据达尔文进化论以及人类的现有科学证据，它们都表明，人类是从动物进化来的，因而人类仍然保留着某些动物的本性（这种动物本性我们往往把它称之为“人的自然属性”）。但人类却在自身的进化进程中，以自己的特有社会本性，划出了人类与所有其他动物根本相区别的历史鸿沟。因此，人之为人，有着自己质的规定性。这种质的规定性可以表现在许多方面，但正如孟子所说，其中最基本的就是人的道德性。而在人的道德性中，最基本的和最起码的规定就是，人对人的处境与尊严要有最低限度的恻隐与尊重。这种最低限度的恻隐与尊重，就是对于受害者不能极尽污辱与玩弄之能事。因为这种对于受害者的身心污辱与玩弄，只能不断地加深行恶者自己的堕落，以致最终丧失自身的人性，沦为禽兽不如的社会垃圾，深深地加重自己的罪孽，成为被人类不齿并欲除之以后快的败类。

第三，最小原则。

行恶者在进行其恶行时，必然会对行恶的对象造成不同程度的损失和伤害。而社会法律的惩罚原则，是以事实为根据，以对被损害对象的实际受损失和受伤害的程度为比照，来进行量刑和“度量”惩罚。也就是说，行恶者的恶行对行恶的对象，所造成的损害越大，其将受到的惩罚就会越重；反之，所造成的损害越小，其将受到的惩罚就会越轻。最小原则，对于行恶者在进行恶行时的要求是，在最大的限度内去减轻与减少被损害对象的损失和伤害。这一原则，无疑在主观上，是要让行恶者应为自己的将来打算，即为了在将来以便自己的恶行一旦东窗事发后，能够最大限度地去减轻对自己的惩罚；但在客观上，却一方面能够在最大的限度内使受害者所遭受到的损害减少到最小的程度，而另一方面，也能够阻止行恶者去造成更大的罪恶。比如，盗贼入房行窃时，不能伤害房主，也不能放火烧屋。倘若盗贼这样做的话，那么他就不仅仅是犯下了盗窃罪，还犯下了杀人放火之大罪。结果可想而知，他必然是数罪并发，也就不仅仅是坐坐牢而已，而是被送上那可耻又可悲的断头台。

第四，事主原则。

每个行恶者在进行其恶行时，都有一个（或数个）特定的对象。这些行恶的对象都可能是无辜者，是受损害者。而这些行恶的对象之外的一些人，在确定的意义上讲，则无疑是无辜者。所谓“事主原则”，就是行恶者在其行恶的过程中，不能伤害特定对象之外的其他人。借用一句俗语不适当地比喻说，就是所谓的“冤有头，债有主”。比方说，黑社会内部的争斗，不能牵连其无辜的亲属，更不能波及其他的无辜者。还比如说，行恶者在进行复仇时，也不能伤害其复仇对象之外的任何一个人。因为每一个行恶者在行恶时，都是根据自己的行恶动机和行恶目的选择特定的对象的。而行恶者在行恶时，如果去伤害其特定对象之外的无辜者，这不仅对行恶者自己的利益而言，毫无益处，而且还必将使自己在犯罪的不归路上走得更远，从而也损害了自己的根本利益。

第五，目标原则。

每一个行恶者，他在行恶的时候，都有一个特定的目标指向。也即是他企图运用某种恶的手段和途径，去满足自己的某种特定的欲望。因此，所谓“目标原则”，就是要求行恶者在行恶之时，只能指向其特定的目标，而不能节外生枝，进行其特定目标之外的恶行。如果他违反了这一原则，就必定会大大地增加其罪恶，也必将会受到更重的惩罚。这一点从根本上来说，也无疑会损害他自身的根本利益。比如说，一个拐卖妇女的罪犯，其目标（的）只不过是想通过这种恶行来获取金钱。但是他在这个过程中，还奸污被拐卖的妇女，甚至于杀害被其奸污的妇女，那么，他就违反了“目标原则”，使自己偏离了原来的目标，犯下了更大的罪恶。同样，一个小偷，其目标（的）也只不过是想通过偷窃的恶行，来获取一定的钱财，但是，他在这个行窃的过程中，如果还将其偷窃的对象进行人身伤害，结果必将损害了自己的根本利益，置自己于死地。

三、恶“德”的实施可能吗?

恶“德”的指向主要是行恶之人，因此，对行恶之人实施恶“德”是否可能的问题就必然浮现出来。

我们认为，恶“德”的实施是可能的。理由如下：

其一，是基于人性的可塑性。关于人性问题，人类思想史上争论了几千年，真可谓是众说纷纭，莫衷一是。且不说西方社会就有“神赋论”、“自然论”、“进化论”等等说法，就中国而言，在古代社会中，就有性善论、性恶论、性无善恶论、性善恶混论等等。这种种认识从根本上来说，都没能真正从人的现实社会性上理解人性，因而都是非科学的。人的本质在其现实性上，“是一切社会关系的总和”。[①] 人的自然本性虽然说是与生俱来，但人的社会本性却无疑是后天生成的。一方面，在人的本性之中，不仅人的社会本性居于主体的和主导的地位，是人的本质的属性，而且人的自然本性也要受到人的社会本性的制约，或者说，人的自然本性只有通过社会的形式才能成为真正意义上的人性。且不说先天的自然本性也有变化的可能，后天的社会本性更是可以改变的。这一点说明了人的本性的可塑性。既然如此，行恶者的社会本性也无疑是可以改变的，只不过是这种改变的过程更为艰难和缓慢一些。

其二，基于行恶者之间的差异性。世界上的万事万物，都有其质和量的差异性，这是一事物与另一事物相互区别的内在根据和外在依据。这一真理性的认识对于行恶者也不会例外。事实上，行恶者并不都是一个样式，而是有着千差万别的。行恶者之间的差别，如果从其道德素质来看，虽然总体上都可归为道德素质低下之类，但是还是有比较低下（例如一般的小偷）、非常低下（例如绑架勒索者）和特别低下（例如行凶杀人者）等之分；如果从行恶的动机特点来看，有的是主动自觉性的，有的是受人指使被动性的，有的是被人胁迫性的；如果从行恶的原因来看，有的是主观故意的，有的是主观无意的，有的是不慎落入陷阱的；等等。因此，除极少数是难以教化挽救者外，绝大多数还是可以进行教化挽救的。因此，对于绝大多数行恶者来说，实施恶“德”是完全可能的。并且在实施恶“德”的基础上，还有可能将他们一步一步地引向重新做人的光明大道上来。

其三，基于社会发展的总的进步趋向。人类社会的发展虽然并非是一个直线性向前发展的过程，但是，社会发展的总趋势是进步的、光明的。因为人类的物质文化生活需要是不断发展的，人类为了满足自身这种不断增长的物质文化需要的生产劳动也是不断发展的。在这种不断发展的社会生产劳动中，社会生产力总是最活跃、最革命的因素，它总是或迟或早地要向前发展；社会生产力作为整个社会发展的根本力量，其发展，必然决定性地推动着社会生产关系乃至整个社会上层建筑也要或迟或早地向前发展。在人类社会的不断进步的历史进程中，不仅经济不断发展，物质文明水平不断提高，而且政治和文化也不断进步，政治文明

① 《马克思恩格斯选集》第1卷，人民出版社1995年版，第18页。

和精神文明水平也不断提升。这种不断发展进步的社会环境，必将给行恶者止恶向善、改恶从善提供着越来越有利的社会条件和社会氛围。从唯物论的角度来说，人是环境的产物，环境对人的本性、人格的塑造、影响和改变是起决定性作用的。正如邓小平所说，环境和制度是第一位的东西，在好的环境和制度下，坏人不容易作恶，而在不好的环境和制度下，好人也难以发挥作用。因此，我们相信，随着社会的不断进步，恶“德”的实施也是完全可能的。

四、制恶机制与恶“德”实施目的之实现

恶“德”实施的直接目的，是制止更大的恶行之产生，而其根本目的则是为了人们更好地向善止恶。然而，要达此目的，还必须要建立和完善一种有效的制恶机制。

制恶机制应该包括个体制恶机制和社会化制恶机制。

在探讨个体制恶机制和社会制恶机制之前，我们首先要探讨这样一个最简单最基本的问题：人们为什么要向善？一般说来，人们之所以要向善，主要直接源自于这样两个动机之一，或出于道德义务（内化为道德责任），或出于道德权利（外化为道德报偿）。于是，由这样两个向善的动机，引申出两种制恶机制：即以出于道德义务（内化为道德责任）为前提的个体制恶机制，以出于道德权利（外化为道德报偿）为前提的社会制恶机制。

人们向善为何能够“出于道德义务”？所谓“道德义务”，是一种依靠人们的内心信念自觉地履行的道德责任。因而，道德义务具有两个特殊性：一是道德义务的产生，来自于人们对道德关系事实认识和价值认识的统一；二是道德义务的履行，依靠于人们的内心信念。这里所说的“人们内心信念”，就是人们的道德信念，它是人们对某种道德理想和道德要求等的正确性和正义性的深刻而有根据的笃信，以及由此而产生的对履行某种道德义务的强烈责任感。它是深刻的道德认识、炽热的道德情感和顽强的道德意志的有机统一。因此，当人们一旦形成了自己特定的道德信念，就会自觉自愿地去履行道德义务。这时，他的行为登记就能够“出于道德义务”。也就是说，这时道德主体形成了一种内在的道德制约机制，凡是符合道德义务的行为，他就会“义不容辞”地去做；反之，凡是违背道德义务的行为，他就坚决不去做。这种道德制约机制，从正面来说，就是向善机制；从反面来说，就是制恶机制。

自古以来，在伦理思想史上，许多伦理思想家如孔子、孟子、亚里士多德、

康德等人，都看到了人们履行道德行为这种特殊性，强调道德行为就应当是“出于道德义务”的行为，形成了伦理思想史上著名的“义务论”。

“义务论”无疑在个体道德内部具有其合理性。但是它的合理性却被限制在这样一个范围内：一是以道德主体确立一定的道德信念为前提，即以道德的自律性为前提；二是以个体道德为对象。一旦走出个体道德、道德自律进入社会伦理的视域时，马上就会产生一系列问题：人们为什么一定要自律（自觉自愿地去履行道德义务）？或者说道德义务的合理性基础是什么？伦理的目的是什么？或者说，伦理的目的就是造就至善的个体？个体的德性是否就一定造就道德化的伦理社会？要解决这些问题，当然又回到人类社会何以需要道德这个根本问题上来。

人类在长期的社会生活过程中，经过无数次的经验教训，并逐渐升华为理性认识，发现了无论是人类个体还是社会整体的道德生活，都有着人的行为的某种因果律。如果遵循了这些因果律，个人和社会就能够较顺利地发展，就能够更好地走上幸福生活；反之，就要受到挫折，陷入困境，甚至导致巨大的灾难。在道德生活中，人们把前者指称为“善有善报”，后者指称为“恶有恶报”。因而，这种人的行为的某种因果律，在伦理学上则称作为“善恶因果律”。伦理学意义上的善恶因果律，已经不仅仅是一种事实存在，而且也是一种价值存在。因为伦理的规律，既以客观规律性为基础，但是它又体现着人的目的性和理想性，体现主体的价值追求与价值理想。人类就是将种种人的行为的善恶因果律提炼为种种伦理法则和道德准则，形成道德义务。然而，伦理的目的不仅在于个体的至善，还要造就社会的至善。社会至善的标准之一，就是伦理的善不仅停留于伦理的理念王国中，而且要外化为现实，外化为个体与社会的至善的生活。要做到这一点，就必须在社会道德生活中建立起一种有效的奖惩机制，以保证“善有善报，恶有恶报”。奖励重在“善有善报”，重在保障人们道德权利的享受；惩罚重在“恶有恶报”，重在对行恶的人或行为进行制裁。前者在于激励人们向善，为导善机制；后者在于警戒人们止恶、去恶，为制恶机制。如果一个社会不能建立起自己有效的奖惩机制，特别是有效的制恶机制，只尽道德义务，没有道德权利，“善无善报，恶无恶报”，那么，人们既不怕作恶，也不可能去向善。

制恶机制不仅包括个体制恶机制和社会制恶机制，而且还包括道德制恶机制、纪律制恶机制和法律制恶机制。道德制恶机制主要依赖于两个方面：一是社会舆论的谴责与鞭挞；二是行为主体良心的自责。纪律制恶机制主要依赖于各个行为主体所在的社会组织、社会团体按照组织纪律、团体纪律给予相应的纪律制裁；其中包括经济上的惩罚、职务的下降或革除、工作岗位的调换或除退等。法律制恶机制主要依靠国家暴力机器来执行，依照法律对行为者作恶所产生的实际后果的情况，予以相应的法律制裁，其中包括有期徒刑、无期徒刑和死刑等。当社会建立起（并不断完善）自己有效的制恶机制时，不仅恶“德”的实施成为可能，恶“德”实施的目的之现实也必成为可能。

（原载《伦理学研究》2004 年第 1 期）

当前我国思想道德领域存在的六大挑战

我国改革开放 30 多年来，整个社会发生了天翻地覆的历史性变迁和史无前例的社会进步。然而，在这种社会巨大变化和进步的同时，由于我们民族传统思维基本模式——两极思维的强大惯性影响，由于我们长期以来“一手硬，一手软”问题的客观存在，随着我国改革开放的不断深化发展，当前我国思想道德领域的六大挑战先后凸显了出来。我们必须清醒地看到，思想领导权的问题是一个关键性的问题，有了思想领导权，没有政权可以取得政权；没有了思想领导权，有了政权也会丧失政权。如果不能及时和较好地应对这一系列挑战，牢牢掌握思想领导权，和谐社会的建构以及社会主义现代化建设就难以实现，甚至于还有可能会引发巨大的社会动乱，造成中国社会发展的严重倒退。

一、政治腐败可能引发政治信念动摇的挑战

从革命党到执政党的转变，是一个巨大的历史性的转变。这个转变的根本点，就在于从无权者到掌权者。掌握权力者，其最大的诱惑就是来自于权力寻租，即可利用权力去换取一切。而这个寻租交易是否成行，在很大程度上视寻租交易成本的高低而定。寻租交易成本越低，寻租交易者和寻租交易行为就越多，政治腐败就越严重。当然，由于诱惑力的大小不一，以及掌权者政治道德素质的高低不同，也影响到寻租交易者和寻租交易行为的多寡，从而也影响到政治腐败的程度。因此，一方面我们可以看到，古今中外所有的政府都有不同程度的政治

腐败；另一方面我们也可以看到，防反腐败的体制和机制越健全，掌权者的政治道德素质越高，政治腐败的程度就越低。我们党从革命党转变为执政党后，我们经历了两个不同的历史阶段。第一个阶段是计划经济阶段。在这个阶段上，由于高度的中央集权和群众专政机制，由于政治运动的不断持续，由于广大党员干部保持着牢固的政治信念，使权力寻租必须要付出极大的代价，因此，相对而言，政府的廉洁度相当高。然而随着改革开放特别是市场经济的发展，原有的体制和机制完全被冲垮，新的体制和机制还没有完全确立和健全；同时，我们长期忽视了对党员干部的政治道德教育，政治信念越来越淡漠，政治道德素质越来越下降。在这种情况下，一方面寻租交易成本很低，另一方面自我约束能力低下，寻租交易行为开始滋生蔓延起来，政治腐败问题已经成为当前直接关系到我们党和政府生死攸关的难题。

当前政治腐败的现象还不仅仅如此，它表现得相当广泛：诸如贪污受贿、贪赃枉法、买官卖官、专横跋扈、欺上瞒下、滥用职权、铺张浪费、不守信用、弄虚作假、任用亲信、营私舞弊、拉帮结派、形式主义、打击报复，等等。

这些政治腐败现象极为严重地损害了党和国家的形象，有可能会引发一系列的政治信念动摇的挑战：对党和政府缺乏应有的信任，对党和政府的干部缺乏必要的信心，继而引发对马克思主义和社会主义发生怀疑，要求多党制和三权分立的政治思想开始流行，如果任其发展下去，就会直接动摇中国共产党执政地位的合法性。要应对这一严峻挑战，一方面我们必须尽快健全防反政治腐败的体制和机制，使政治腐败者要为自己的政治腐败行为付出惨重的代价；另一方面，必须加大对党员干部进行政治道德建设的力度，锤炼他们的党性，提升他们的自我约束力。并在此情况下，加强对广大群众的引导工作。

二、社会腐败可能引发社会观念错乱的挑战

在政治腐败的影响之下，尤其在市场经济的负面影响之下，各行各业的不正之风逐渐泛滥成灾。唯利是图已经成为许多行业、单位和部门的价值取向，见利忘义的行为比比皆是。这既是当年全民经商留下的恶果，也是各行各业全面商品化造成的恶果。无疑，市场经济追求经济效益是天经地义的事情。但是，我们必须要看到，一方面并不是所有的行业、单位和部门都必须追求经济效益；另一方面，追求经济效益必须要遵守法律和道德的要求。这样的市场经济才是健康有序的市场经济，才是社会主义市场经济。然而，我们非常遗憾地看到，一方面几乎

所有的行业、单位和部门都在追求经济效益；另一方面许多行业、单位和部门在追求经济效益的过程中，都在不同程度地破坏着社会法律和道德的规范。例如医疗行业，其本质是救死扶伤，应当以保障民众生命健康安全为己任，应是一个社会最基本的福利事业。自古以来，人类都给予医疗卫生工作者最崇敬的称号：白衣天使。但是，在医疗市场化改革导向下，整个医疗卫生行业唯利是图，许多"白衣天使"沦为"黑衣魔鬼"，使广大的患者雪上加霜，导致广大民众怨声载道。又例如教育行业，其本质是教化人，培育人才，应当以提高整个民族素质为己任，是一个社会最神圣最重要的公益事业。自古以来，人类也给予教育工作者最崇高的尊称——人类灵魂的工程师。然而，在教育市场化的导向下，整个教育行业也开始沦落，把教育资源当成一棵摇钱树，整个教育发展方向发生了严重的偏差。之所以这样，还有一个重要的原因，就是一些领导把国外的医疗、教育"经验"引进中国，以为这样才能把中国的事情办好。可惜的是，他们却忘记了中国最大的国情：一是人多，二是落后，三是社会主义。不仅就目前这样照搬照套不行，就是将来中国现代化了，也同样不行。

社会腐败可能引发的社会观念错乱的挑战，主要表现为，社会腐败就会使广大民众对党和政府的执政能力产生怀疑，就会使人们对改革开放发展前景缺乏信心，就会使人们对社会主义的信念发生动摇。还会进一步使人们产生这样一些思想观念：只要能解决中国的社会腐败问题，无论哪个党执政都无所谓；照此下去，搞社会主义与搞资本主义没有什么差别；中国的发展似乎正在变成有钱人的世界，没有金钱就没有一切等等一些糊涂思想观念。这些糊涂思想观念的发生发展，对于我们坚持四项基本原则，既是极其不利的，也是极其困难的。应对这一挑战，我们必须要对社会发展问题进行深刻的反思，在整个社会特别是在各级党委和政府领导班子中，牢固树立科学发展观，使整个社会全面、协调、可持续发展。同时，必须加强社会主义民主法治建设，加强职业道德建设，在最大限度内把社会腐败降到最低程度。

三、马克思主义边缘化可能引发思想信仰危机的挑战

马克思主义是我国进行社会主义革命和社会主义现代化建设的指导思想。在马克思主义的指导下，我们在长达 90 多年的革命与建设的伟大历史征程中，取得了一个又一个的巨大胜利。没有马克思主义的指导，就没有中国共产党的领导地位；没有中国共产党的领导，就没有中国革命的成功，就没有社会主义现代化

建设的胜利进行。因此，否认马克思主义的指导地位，将会在根本上动摇四项基本原则。我们进行社会主义现代化建设，机遇与挑战俱在。从机遇方面说，我们可以充分利用以“和平发展”为主题的国际环境，可以利用西方发达国家的先进科学技术、管理模式和优秀文明成果，跨越式地实现我国的现代化。从挑战方面说，由于我国社会文明发展正处在从农业文明向工业文明的过渡，而西方发达国家，其社会文明已经发展到后工业文明甚至于知识文明。根据社会文明发展的一般规律，先发的文明必将对后发的文明具有强大的渗透、挤压和同化的作用。1840 年鸦片战争之后，被西方帝国主义打败的中国，开始了被西方工业文明渗透、挤压和同化的历史进程。就一般而言，农业文明向工业文明过渡，这既是历史的必然，又是历史的进步。问题是这一历史进程，是主动的还是被迫的？是以弘扬民族文化与核心价值观为前提，还是以毁灭民族文化与核心价值观为前提？我国改革开放以来，我们主动地向西方工业文明学习，推动了我国社会主义现代化建设的发展。然而，由于两个社会文明之间的差距，随着我国全面对外开放，东西方交流的不断发展，西方意识形态正在向我国大量渗透，日益严重地影响着我们的广大民众；我们的民族文化和社会主义价值观被挑战。同时，随着我国政治腐败的滋生蔓延，加剧了人们的逆反心理，马克思主义正在边缘化。

马克思主义正在边缘化的突出表现是：马克思主义的教育研究在许多高校和科研单位不受人重视，许多学科都热衷于讲西方的东西，甚至于还把马克思主义作为批判的对象；同时，许多所谓的“学术”标准，不是坚持马克思主义的立场、观点和方法，而是盲目地以西方标准为标准；还有相当多的单位和部门，把马克思主义只是作为门面，大搞形式主义；甚至于还有的人千方百计地以“发展马克思主义”为幌子，实质上在抛弃马克思主义最基本的立场、观点和方法。马克思主义边缘化可能引发的信仰危机的挑战，就是动摇人们对马克思主义的信仰，动摇马克思主义的指导地位，动摇人们对社会主义和共产主义的信仰；继而，就必将会动摇四项基本原则。我们应对这一挑战，必须在对外开放过程中，有所引进与有所抵制相结合。即引进西方发达国家的先进科学技术、管理模式和优秀文明成果；抵制资产阶级和资本主义的腐朽思想和生活方式。特别要警惕西方反华反共势力利用其先发文明的优势，对我国进行西化和分化的图谋。同时，一方面要大力扶持马克思主义的发展，强化马克思主义的指导地位；另一方面要大力开展爱国主义精神的教育，增强民族的自信心、自尊心和凝聚力。

四、荣辱观错位可能引发道德缺失的挑战

几乎在所有的后发国家，在进行现代化建设的过程中，都不同程度上付出了沉重的社会代价：环境污染、政治腐败、道德下滑……我国作为后发国家，在进行社会主义现代化建设的过程中，也没能完全幸免于此。一方面，我们在经济领域取得了辉煌的成就；而另一方面，思想道德建设却远远没有跟上经济发展的步伐。我们除了大面积的环境污染、政治腐败滋生蔓延之外，就是道德混乱。改革开放以来，特别是发展社会主义市场经济以来，我们最严重的问题是“一手硬，一手软”的问题。而这种“一手硬，一手软”的问题，其中直接反映为思想政治工作的薄弱。思想政治工作是我党的政治优势，凭着这种优势，我党牢牢掌握着思想领导权，不仅夺取了政权，而且率领中国人民走过了60多年社会主义建设的伟大历程。然而目前，我们这一优势正在退化。虽然在表面上和口头上，各级领导都“十分重视”思想政治工作，但在实质上和实际上，却没有真正重视过。所谓的重视，大多都是搞形式主义，“一阵风”。思想政治工作队伍没有真正得到有力的建设，许多“难以安排”的干部、人员或“不太好用”的干部、人员往往被安排去搞政工工作。这样，一方面导致了政工工作人员的心理失落，另一方面许多政工工作人员的素质远远跟不上形势发展的需要。从而造成了大量的政治思想工作没人做、不愿做、做不好的局面。结果，一方面急剧变化发展的时势涌现了大量的思想道德问题，另一方面由于思想政治工作的薄弱，从而就会引发一系列的思想道德混乱状况。

同时，在全面开放的态势下，多元价值观念生成，文艺的娱乐功能不断被强化，反之，文艺的教育功能不断被削弱。过去，我们更多的是把文艺传媒看成是一种教化的工具，而现在更多的是把文艺传媒看作一种商品，并日益商业化。因而，唯利是图的价值导向正在严重地侵蚀着文艺传媒这块精神领地。在这种价值导向下，庸俗化、性化、暴力化、流氓化等倾向日趋严重。任意歪曲事实，随意颠倒历史，大肆嘲弄英雄、疯狂讥讽神圣等渐成流行病。特别是一些传媒，在唯利是图的价值导向下，不仅对此推波助澜，而且还打着所谓“更新观念”、“创新理论”的幌子，传播一些腐朽、落后、反科学、错误的思想观念，对社会进行错误的价值导向，进一步加剧了整个社会思想道德的混乱。

长期以来，这种思想道德混乱的状况，突出表现在许多荣辱观念发生错位甚至于颠倒：诸如把爱国说成是狭隘的民族主义；把为民说成是假大空；把讲科学

说成是作秀；把辛勤劳动说成是没有本事；把团结互助说成是别有用心；把诚实守信说成是傻瓜；把遵纪守法说成是笨蛋；把艰苦奋斗说成是老古董；把爱情看成是性游戏；把夫妻忠贞看成是封建主义；把爱岗敬业看成是保守；把克己奉公看成是不识时务；把集体主义看成是专制主义；把无私奉献看成是疯子；把拒贿廉洁看成是胆小怕事；等等。总之，许多人将一切神圣、崇高、纯洁、美德的东西都嗤之以鼻，而认为只有自私自利才符合人的“真正本性”。

荣辱观错位可能引发的道德缺失，首先是整个社会的诚信缺失；其次是人与人之间的信任缺失；再次是整个社会道德价值的缺失。这种严重的社会道德缺失，严重地污染了人心，使人们的良心遮蔽，羞耻心淡薄；导致大量的道德失范现象、消极现象、腐朽现象、腐败现象滋生蔓延，造成整个社会风气的不良，成为各种违法犯罪的温床，严重地影响到社会的安定团结，严重地影响到和谐社会的建构，严重影响到我国的长治久安。我们应对这一挑战，必须坚持科学发展观，坚持依法治国与以德治国相结合的治国方略，高度重视思想道德建设，高度重视思想政治工作，从而才能为构建社会主义和谐社会奠定坚实的思想道德基础。

五、吏治导向错误可能引发从政道德变异的挑战

自古以来，政德特别是官德在整个社会道德风气中起到导向的作用。我国最早的典籍《尚书》就把政德特别是官德比喻为风，将民德比喻为草，认为“风向哪边吹，草就向哪边倒”。因此，政德特别是官德的建设，是我国道德建设的关键。而政德特别是官德的建设，又直接受到我国政治制度安排特别是干部人事制度安排的巨大影响。完全可以说，在中国，吏治导向实际上就是一个价值导向，就是一个从政道德价值导向。长期以来，我国的干部人事制度都存在着不少问题。由于改革开放以来，一方面在事实上强化了各级领导班子第一把手的权力，另一方面由于唯利是图的价值导向也弥漫到政治领域，再加上中国传统整体主义和情感主义的负面影响，造成吏治中存在着一系列最突出的问题：一是买官卖官，二是任人唯亲，三是黑箱作业，四是形式主义，五是脱离群众，六是选用标准片面化。从而，造成了吏治腐败的滋生蔓延。

吏治腐败产生的导向错误可能引发的从政道德变异的挑战，一是由于各级领导班子第一把手的权力过大，一些人就有可能利用自己掌握的官职资源进行权钱交易，从而导致官职商品化，强化了干部拜金主义的价值导向，进而造成更深度

的政治腐败。因为有钱才能当官和升官，因此就必须不择手段地敛财；而花了钱得到的官职，反过来也就必然会利用其职务权力进行疯狂地敛财。因为只有这样，一方面才能取回“本”和“利”，另一方面也才能有本钱去追求更高的职位。二是由于各级领导班子第一把手的权力过大，加上中国传统整体主义和情感主义的负面影响，一些人就有可能在干部人事安排上搞任人唯亲，从而导致了“自己人”效应，强化了干部吹拍奉承的庸俗之风。因为要成为领导眼中的“自己人”，就必须要跟领导搞好关系；要搞好关系，“吹拍表忠”是基本功。可怕的是，此“功”甚至于在许多领导和组织人事部门的眼里，正恰恰是一种必要的“领导才能”。在这种吹拍奉承的庸俗之风愈演愈烈的情况下，正直之士往往就被排斥在干部尤其是领导干部的选用之外，这也就是当前政治腐败不断蔓延的重要原因之一。三是由于各级领导班子第一把手的权力过大，权力都集中在第一把手手上，所谓的“民主集中制”，民主是形式，集中是实质；而集中的实质，就是第一把手一个人说了算，从而造成民主的虚化，进一步强化了干部对百姓毫无顾忌之心，他们一门心思应对领导与组织人事部门。只要领导喜欢，无论多么荒诞的事情也可以做；只要领导不喜欢，多么正确的事情也不可做。四是由于干部“政绩”考核的唯 GDP 化，以及干部选用标准过分看重年轻化，一方面引导干部热衷于搞“政绩工程”，即使是劳民伤财也“在所不惜”；还引导出干部弄虚作假，所谓“数学出官，官出数字”，就是对这种现象的形象概括。另一方面造成了干部对年龄的过度敏感，造成了许多干部大有“生不逢龄”之感。引发了许多干部虚报年龄、改小年龄的现象；甚至于产生大量的“39”、“49”、“59”现象。应对这一挑战，必须加大对干部人事制度改革的力度，加大对第一把手的监督力度，加大对第一把手权力的制约力度，加大对干部任用的道德操守考察的力度。必须尽快制定和出台《公务员伦理法》，必须尽快推动干部人事制度的民主化、科学化、法治化、公开化的进程，使干部人事制度安排成一个“阳光工程”，一个真正能够发现、使用德才兼备的“千里马”的“伯乐工程”。

六、传统思维的两极化可能引发思维极端性的挑战

中国传统社会是一个小农经济的汪洋大海，两极思维模式根深蒂固。而随着马克思主义哲学在当代中国的淡化甚至边缘化，形而上学思维更加严重。在这种思维中，否定是一种彻底的否定，肯定也是一种完全的肯定。从而造成了我们对许多问题的认识走上极端化、片面化。例如对改革开放前过分强调政治与精神的

作用的否定，走上极端化、片面化的结果，就是过分强调经济与物质利益的作用，完全忽视政治和精神的作用，造成了许多干部不讲政治，不讲精神，长期“一手硬，一手软”，引发了大量的思想道德混乱现象。又例如我们对过去强调“红”而忽视“专”的否定，走上极端化、片面化的结果，就是只讲“专”不重视“红”，更不重视“德”，造成了相当一部分干部缺乏理想信仰，缺乏必要的马克思主义修养，缺乏做人的基本德性，这也是引发政治腐败滋生蔓延的一个重要原因。又例如我们对过去大搞“阶级斗争”为纲的否定，走上极端化、片面化的结果，就是毫无阶级斗争观念，大搞好人主义，对坏人坏事从不斗争，对政治腐败的斗争软弱无力，把党的“批评与自我批评”的优良传统完全庸俗化，甚至变异为“表扬与自我表扬”的不正之风，这又是造成政治腐败滋生蔓延的一个重要原因。再例如我们对过去干部职务终身制的否定，走上极端化、片面化的结果，就是过分强调年轻化，把相当一部分久经考验的干部排斥在选用的范围之外，把相当一部分缺乏党性考验的年轻干部提拔到重要岗位，也又是造成政治腐败滋生蔓延的重要原因之一。还例如我们把过去的思想道德建设彻底否定，把它批判为“假、大、空”。然而，认真想一想，我们就会发现，其实过去的思想道德建设的“假、大、空”，只是做法上的“假、大、空”，而并非所有的内容都是“假、大、空”。无疑，过去把先进性的思想道德要求全体人民去遵守，固然是“假、大、空”；然而，我们却没有看到，先进性的思想道德本身就是人类的美德，这不仅不是“假、大、空”，反而是人类应该大力倡导的东西。结果，正如鲁迅先生当年指出的那样，我们在给孩子洗完澡后，把洗澡污水连同孩子都一起倒掉了。这样一来，致使所有一切神圣、高尚、纯洁、崇高的东西都变成了“假、大、空”，而似乎只有自私自利才是“实实在在”的东西，从而把一个社会的崇高美德也给彻底否定了，使我们走到了不得不千方百计地去守住社会的“伦理底线”的可悲地步。

总之，形而上学目前在中国社会相当严重，尤其在一部分党政领导干部中相当严重，从而导致中国当代社会发展中大量的社会矛盾和社会消极现象滋生凸现。这种情况如果再不引起我们的高度重视，就会危及和谐社会的构建和中国社会主义现代化建设的顺利实现。应对这一挑战，我们必须高度重视学哲学、用哲学，认真学习唯物辩证法，改造我们的传统思维。

解决思想道德领域的挑战，从根本上来说，就是解决思想领导权的问题。而思想领导权的问题是一个至关重要的问题。众所周知，人们的行为的指挥棒在于人们的思想，治国的根本在于治思。思想领导权是执政党执政的前提和根本。过去在旧中国，中国共产党没有执政权，但是中国共产党掌握了思想领导权，吸引和团结了广大人民群众，夺取了执政权。前苏联和前东欧等社会主义国家，虽然其共产党曾经掌握过执政权，但是随着其思想领导权的丧失，执政权也从此丧失。以美国为首的反华反共势力，早在20世纪的50年代就看到了思想领导权的巨大作用，因此，他们长期以来对社会主义国家实行的“和平演变”和西化战略，从根本上来说，就是要夺取共产党的思想领导权。历史的经验教训我们必须要高度重视，在改革开放的历史进程中，我们党必须要主动应对思想道德领域的一系列重大挑战，牢牢地掌握思想领导权，这样才能团结和率领全中国人民去构建和谐社会，实现振兴中华的伟大理想。

参考文献：

1. 《中共中央关于构建社会主义和谐社会若干重大问题的决定》。

2. 《全面建设小康社会，开创中国特色社会主义事业新局面——在中国共产党第十六次全国代表大会上的报告》。

（原载《探求》2007年第3期。转载中国人民大学复印资料《思想政治教育》2007年第9期，《马克思主义文摘》2007年第8期）

思想道德教育效果偏低探源

党的十七大报告指出，推动社会主义文化大发展大繁荣，建设和谐文化，培育文明风尚，是构建社会主义和谐社会和全面建设小康社会的重要任务与必然要求。而其中，进行思想道德教育，加强思想道德建设是十分关键的一环。虽然改革开放以来，我们在思想道德建设方面取得了长足的进步；然而，我们也不能不遗憾地看到，长期以来，我们的思想道德教育的效果偏低。如果不改变这种状况，就难以夯实社会和谐的思想道德基础，培育文明风尚。因此，寻找思想道德教育效果偏低效根源，以及改变这种状况的良策，是势在必行。

一、思想道德教育社会环境的严峻挑战

改革开放的发展，使我国无论是在经济建设、政治建设，还是在文化建设和社会建设上，都取得了有目共睹的巨大成就，从而使我国的思想道德建设有了前所未有的良好机遇。但是，在当代中国，我们进行思想道德教育，也同样碰到了前所未有的严峻挑战。这种严峻的挑战主要来自三个方面：第一，多元价值观对主流价值观的冲击。一方面，在全面对外开放的态势下，国外特别是西方各种思想道德价值观念随着经济全球化的浪潮涌入国门；同时，在社会主义市场经济条件下，多种经济成分的迅猛发展，利益主体的不断分化，反映这些多种经济成分和不同利益主体要求的思想道德价值观念如雨后春笋般地涌现，当今中国的思想道德价值观念已经从传统的一元化转向多元化。然而，任何社会的主流价值形态和思想道德观念在核心体系上总是一元化的，也正因此当前我国提出了建设社会主义核心价值体系的重要思想；但是，利益主体多元化和多元化的利益诉求必然引起其思想道德价值观念多元化与一元化的矛盾。这种一元化与多元化的矛盾，固然有益于人们解放思想，有利于“百花齐放、百家争鸣”方针的贯彻执行，激发人们的创造力。但是，它给我们带来的冲击是前所未有的。这种巨大的冲击，造成的直接后果，一方面由于多元的思想道德价值观念对主流的思想道德价值观念的传播，会形成一种强大的阻隔和消解力量，极大地影响到主流的思想道德价值观念的传播的效果；而另一方面，则使人们在众说纷纭的价值评价中，无法把握是非真假、善恶美丑，容易造成价值观念、荣辱观念的颠倒，由此引发了中国改革开放以来遭遇到的道德困境——道德失范现象的滋生蔓延。而道德失范又进一步推进了社会各种消极、腐败现象的增长。

第二，西方发达国家的先发文明对中国后发文明的冲击。随着中国全面对外开放政策的推进，中国的文化与文明和西方发达国家的文化与文明，发生了全面的交流与冲撞。当然，其有利的一面是，中国大跨步走向世界，使世界更加了解中国；中国更好地向世界特别是西方发达国家学习引进它们的先进科学技术、先进的管理办法、优秀的文明要素，实现后发优势——跨越型发展。而不利的一面是，西方发达国家以其先发的强势文化与文明，对于后发的弱势文化与文明，形成巨大的冲突力，极易引发民族文化与国家文化的安全危机。中国正处在社会主义初级阶段，也就是说，正处在农业文明向工业文明过渡的历史阶段。而西方发达国家在上个世纪末，已经从后工业文明进入到一个崭新的文明——知识文明阶

段。按照文明发展的规律，先发的文明必然会对后发的文明发生强大的渗透、挤压和同化的作用。在这种作用下，一方面，西方文化霸权主义对中华民族的文化安全产生了巨大的威胁；另一方面，西方敌对势力对中国的分化、西化战略，以其先发的强势文明为载体，向中国猛烈出击，造成了对以国家文化安全为表层的和以社会主义核心价值体系为中心的主流文化的巨大威胁。在这种巨大的威胁下，我国相当一部分人（包括一部分党员、干部）的思想道德价值观念已经在不同程度上发生了演化，从而造成了社会各个领域的消极腐败现象的滋生蔓延。

第三，市场经济负面效应对思想道德领域的冲击。改革开放 30 多年来的实践证明，走社会主义市场经济之路，是中国富民强国的必由之路。然而，市场经济的一般性所产生的负面影响，也给我们带来了前所未有的挑战。市场经济的本性，就是资本的本性，就是一种无限的求利性。在这种本性支配下，人被不断地物化，“物”的代表者——金钱，成为一个无所不能的“神”，在它的统治下，似乎一切都成为它的臣民，受它役使。因而，拜金主义浪潮席卷整个社会，许许多多的人在它面前神魂颠倒，迷失本性。经济上大量的假冒伪劣现象，行业的不正之风逐渐泛滥成灾，政治上的权钱交易的腐败行为，文化上的庸俗下流，社会上的偷盗诈骗，等等，正是这种迷失人之本性的诠注。

正是来自这三方面的严峻挑战，使当代中国思想道德教育遭遇到一种极具挑战性的社会环境。如果我们对这种极具挑战性的社会环境没有一个清醒的认识，如果我们不能在这种极具挑战性的社会环境中把握好我们的发展方向和发展方针，我们就会面临着主流价值观被颠覆的危险。为此，我们一方面要坚定不移地走中国特色社会主义道路，走改革开放之路，走社会主义市场经济之路，推动物质文明、政治文明、精神文明、生态文明和社会文明的全面进步；另一方面，必须坚持社会主义先进文化的前进方向，大力建设社会主义核心价值体系，以社会主义核心价值体系引领多元的社会思潮，既尊重差异、包容多样，又坚决有力抵制各种错误和腐朽思想道德的影响；大力弘扬中华民族的优秀文化，大力弘扬爱国主义、集体主义、社会主义思想道德，战胜挑战。

二、思想道德教育心理出现误区

如果说，问题出在当代中国思想道德教育遭遇到一种极具挑战性的国际国内社会环境的话，倒不如说，问题的主要方面还是由于我们的思想道德教育本身出了问题。而思想道德教育心理出现误区，则是其中的首要问题。

思想道德教育是一项塑造人类心灵的伟大而又艰苦的工程。思想道德教育的一个重要前提是，受教者必须要愿意接受教化。特别是道德与法律等其他社会规范的根本区别，就是道德是一种“内化的规范”，它主要依靠于人的“自律”；而法律等往往是一种“外在的规范”，它主要依靠的是国家的“他律”。因此，只有“愿意”，人们才能“听得进”、“入得脑”、“化得心”，才能真正成为人们的一种“内化的规范”，化入人们的血与肉之中，凝聚锻造成为人们的内在德性。

然而，改革开放以来，由于“文革”后遗症——教化厌恶症与逆反心理的交互作用，不少人对思想道德教育产生了一种厌恶心理，既没有兴趣听，也不愿意听，往往对思想道德教育厌而远之。虽然常常由于外在的强制力，不能不去“听”，然而实际上也没有多少效果。同时，由于逆反心理的作祟，无论我们思想道德教育的内容有多大的“真理性”和“价值性”，在其心中，都是一些“荒谬性”和“无意义”的东西。在这种被扭曲的心理面前，思想道德教育要取得良好效果，几乎不太可能。

此外，市场经济的负面效应和宣传的绝对化，也给思想道德教育造成了巨大的心理障碍。市场经济对最大经济效益的无限性追求，把物质利益原则和金钱的价值抬到了“至高无上”的地位，造成了拜金主义的泛滥成灾，引发了人们对“思想”、“道德”等“精神性”的东西的轻视甚至于蔑视心理。而我们对“文革”以及“文革”前的思想道德建设的“假、大、空”的批判，走上了绝对化，在批判“把先进性的要求变成全民性的要求”的“假、大、空”的“左”的错误的同时，又把人类许许多多崇高的美德也给抛到九霄云外了。正如给孩子洗澡时，最后把洗澡水连同孩子都一起“统统”给倒掉了。它的后果就是，人们不再相信这个社会还会有“高尚”、“崇高”和“神圣”。在这种“虚无主义”和拜金主义的交错影响下，荣辱观往往被颠倒，道德被一些人肆意而疯狂地践踏。在这种态势下，客观规律开始无情地向我们展开了惩罚——从而产生了当代中国社会最严重的道德危机——整个社会的诚信缺失。

要解决这些思想道德心理的误区问题，需要做大量的工作。其一，必须始终坚持“解放思想，实事求是，与时俱进”的思想路线，大力发扬求真务实的精神，坚决抵制宣传教育的绝对化和片面性，重新建立宣传教育的信誉。其二，必须保持清醒的头脑，既要看到市场经济的双重效应，在使我们的思想道德建设“适应”市场经济客观要求的同时，又必须要以先进的思想道德“引领”市场经济的发展，最大限度地抑制市场经济负面效应的影响。其三，必须牢固树立科学发展观，坚持以人为本，不仅要重视经济建设、政治建设与社会建设，还要重视文化建设特别是思想道德建设，推动人的全面发展和社会的全面进步。其四，必须努力探索适应现代人心理的教育方式，一切从实际出发，追求思想道德建设的实效。如此长期坚持下去，思想道德心理的误区就会渐渐被消解。

三、思想道德教育走上知识化

思想道德教育固然包括思想道德知识的传播，而且受教者掌握一定的思想道德知识，也是形成思想道德认识的环节。早在几千年之前，古希腊著名的伦理学家苏格拉底就提出过“知识即美德”的名言。然而，思想道德教育这种人文教育与科学教育毕竟不同。如果说，科学教育以知识教育为主的话，那么，思想道德教育是以人格教育为主。前者的教育，在于培养人们具有良好的科技素质；而后者的教育，则在于培养人们具备良好的道德人格。

从根本上说，道德不仅是一种特殊的社会意识，不仅是一种行为规范，而且是人类的实践精神，是人类把握世界的特殊方式，是人类完美发展自身的活动。马克思在《1857—1858年经济学手稿》中，曾把人类把握世界的方式分为四种，即科学理论的、艺术的、宗教的和实践精神的。道德是社会意识，是一种思想关系，因此它是一种精神。但是道德作为精神又不同于科学、艺术等其他精神，而是一种以指导行为为目的、以形成人们正确的行为方式为内容、并最终塑造人们良好的道德人格的精神，因此它又是实践的。在这种本质层面上，我们看到，道德在本质上，不是去传播思想道德知识，而是塑造道德人格；传播思想道德知识只是塑造道德人格的必要手段与必经过程而已。

然而，改革开放以来，所有学校的思想道德教育课程，全变成了学习思想道德知识的课程。本来，在所有的学校开设思想道德教育课程，并作为必修课与各种升学甚至于求职的必考科目，是我国对学生德育高度重视的一种体现。我国此举的初衷，就是把学生培养成为有理想、有道德、有文化、有纪律的社会主义接班人。然而，随着市场经济的崛起，社会竞争日趋激烈，利益的杠杆发生了决定性的作用，学校教育日益沦落为一种“应试”教育。学校的根本指标，就是看学生的升学率。分数决定一切，分数高于一切。为了多拿几分，从学校的老师到校长，从学生到家长，都绞尽脑汁。在这种态势下，本来应当是生动活泼的塑心育人课程，变成了机械呆板的知识传播课程。为了应试，老师不得不大讲特讲什么“概念”、“范畴”、“原理”、“观点”等诸如此类的东西；而学生也不得不死背硬记什么“概念”、“范畴”、“原理”、“观点”等诸如此类的东西。结果，德育课程、政治课程等思想道德教育课程在不同程度上走上了异化：思想道德教育知识化的后果，不仅造成上思想道德教育课学生普遍没有兴趣，而且造成了思想道德知识与道德人格培育严重脱离，甚至于造成了许多青少年在不同程度上的“双重道德人格”——说的一套，行的又是一套。从而使最重要的思想道德教育阵地——学校的思想道德教育效果显著偏低。

如何从这种思想道德教育的异化中走出来？从根本上说，就必须把学校教育从现在的应试教育，改变为素质教育。然而，这种情况人们多年前就已经认识到了，并且政府还三番五次地下达“红头文件”，要求将应试教育改为素质教育。结果是，“红头文件”发了又发，人们呼吁了一年又一年，可是应试教育还是一年又一年地“坚持”了下来。问题的症结在于，在今天的中国，由于教育资源还不够丰富，由于“分数”还是“最公平”的东西，因此，我们不能不考试，考试不能不以分数为标准，既然以分数为标准，学校教育就必然搞应试教育。这种死结到今天依然是一种“剪不断、理更乱”的状态。

难道说，我们就任由这种思想道德教育的异化状态继续下去吗？决不能，再这样下去就会误人误国。既然这种异化是“考试—分数”引起的，我们就必须从根子上动手。也就是说，必须在目前这种应试教育一时还难以改变的情况下，废除中小学校的德育课程、政治课程等思想道德教育课程的所有（升级考试、毕业考试、升学考试、求职考试等等）应试考试。代之以一种实践操行评价式的考评，还思想道德教育课程的本来面目，给思想道德教育课教师予根据统一教学大纲要求而自主选择教学形式的权限，把重点放在道德养成与道德人格教育的重点上，不拘一格育人才。

四、思想道德教育过于形式化

思想道德教育固然离不开一定的形式，思想道德教育的效果也与思想道德教育形式直接相关。然而，如果思想道德教育仅仅停留于形式上，大搞形式主义，思想道德教育就难以取得良好的效果。

思想道德教育本质上在于人的心灵的陶冶与锻造，而人的心灵的陶冶与锻造既不能“立竿见影”，更不能“毕其功于一役”；而是一项“循序渐进”的持久而复杂的系统工程。就仅从道德教育过程来看，就要经历提高道德认识、陶冶道德情感、锻炼道德意志、树立和坚定道德信念、形成道德习惯等一系列环节，而这些环节都具有重复性和渐进性的特点。只有通过耐心持久的道德教化，才能使人们在量的不断积累的基础之上，达成质的飞跃，形成良好的道德人格。而且，道德人格一旦形成，固然有其稳定性，但也不是一成不变的，而是随着社会的实践发展和人们自身人生道路的展开而发生变化。因此，思想道德教育对于每一个个体而言，都是终其一生的。

然而，一方面由于受市场经济负面效应之一——拜金主义的冲击，造成人们对精神道德追求的轻视；另一方面，由于唯“GDP”的片面政绩观和干部人事制度“重才轻德”与“对上负责制”的弊端；还由于整个社会弥漫着的一种“急功近利”的浮躁心态，使整个社会走上与改革开放前的另一个极端：重经济、轻文化，重物质、轻精神，重法治、轻德治，重制度、轻教化。因此，每当党和政府提出一个思想道德建设的号召或出台一个思想道德建设的决议等，许多机关和事业单位就不得不形式地搞一下“活动”，以便向上“汇报”。这种思想道德教育形式化的后果，就是造成思想道德教育的低效化。

为了改变思想道德教育形式化所造成的思想道德教育的低效化，首先必须在全社会牢固树立科学发展观，特别在各级党委与政府中，加强科学发展观的学习，破除唯“GDP”的片面政绩观，推动社会全面协调可持续发展。其次，必须加快干部人事制度的改革，建立健全考察干部的科学而全面的指标体系和制度，加大民主在干部任用中的分量与力度，把“对上负责”与“对下负责”结合统一起来。再次，必须建立健全各个单位的思想道德建设制度与机制，使各个单位的思想道德建设制度化、持久化。最后，加强各个单位的思想道德建设专业人员的培养与使用，建立一支有责任心、有能力的思想道德建设专业人员队伍。

五、思想道德示范的相对薄弱

道德作为一种实践精神，重在行动，重在实践，因而，道德榜样的示范意义非常重要。正如人们常说的：“榜样的力量是无穷的。”在人类社会历史上，许多杰出的道德人物就曾经深刻地影响着人们道德人格的生长。在新民主主义革命和社会主义建设时期，许许多多杰出的道德英雄人物如方志敏、刘胡兰、董存瑞、黄继光、雷锋、时传祥、王进喜、焦裕禄、欧阳海、王杰、张海迪、徐洪刚、徐虎、孔繁森、牛玉儒等，就曾经深刻影响和不断鼓舞着千千万万个青少年茁壮成长。

然而，正如前面所分析的那样，在拜金主义的肆虐下，人们变得越来越“实在”，道德英雄们的光辉，在这些“实在”的眼光下变得暗淡无光。更不用说，当一些人在道德虚无主义的支持下，冲破社会良知的底线，对道德英雄大肆“恶搞”，疯狂丑化道德英雄，斩断了社会道德榜样的“标杆”。于是，道德示范的个体化渐渐地被群体化所替代。而在我们这个社会，具有社会道德示范效应的群体，主要是四类：一类是经济社会的“英雄”——企业家（主）群体，一类是经济社会的“美女”——明星群体，这两类是时代的宠儿；后两类一类是传统示范群体——“官员”群体，一类是历来是社会良知的代表者——知识分子群体。那么，这四类道德示范群体的道德效应又是如何的呢？

首先我们来看企业家（主）群体，这是时代的“天之骄子”，驰骋商场，成功人士，拥有人人羡慕的“财富”。在我国社会主义初级阶段和社会主义市场经济初级阶段走上历史舞台的企业家（主）们，他们无疑在中国的经济建设中作出了巨大的贡献，成为经济时代的英雄；然而，我们不能视而不见的是，他们中的一小部分人并非真正以知识与美德获得财富，而是以充满着“原罪”的方式获得财富。因而，他们在成功与财富不断增长的同时，并没有给社会提供多少有益的道德资源。相反，在他们的纸醉金迷、声色犬马的生活方式和偷税漏税、行贿盘剥的生财方式中，给社会洒下了大量的污水烂泥。

其次我们来看明星群体，这是时代的宠儿，搏击于文艺大潮，脱颖而出，不仅拥有人人向往的“名声”，更拥有人人羡慕的“金钱”。因此，他们的后面总是跟着那么一大群的崇拜者。这些明星，总体上来说，他们对于建设和发展中国特色的社会主义文化，发挥了十分重要的作用。然而，快速的成名，甚至于有些人通过不正当途径的“成名”，使他们中的一些人都还来不及搞清楚自己是谁，就往往把圈子里的“潜规则”当成社会应当之则；特别在他们中的一小部分人通过“潜规则”出卖了自己而获得成功后，往往更多地变成了负道德资源的供给者。其中更有极少数人，已经到了不惜一切出卖人格，甚至出卖国格的恬不知耻的地步。

再次，我们来看看“官员”群体。这个群体在当代中国的今天，应当说，绝大多数都是社会精英，德才兼备者济济一堂，为建设有中国特色的社会主义作出了卓越的贡献。然而，这个群体掌握着国家的权力，具有极大的影响力。早在中国古代的典籍《尚书》中就指出“官德如风，民德如草”，风向哪边吹，草就往哪边倒。因此，其中的小部分贪官污吏，就可以对整个社会造成了极其恶劣的影响。自古以来，政德特别是官德在整个社会道德风气中起到导向的作用。因此，政德特别是“官德”的建设，是我国道德建设的关键。而政德特别是“官德”的建设，又直接受到我国政治制度安排特别是干部人事制度安排的巨大影响。完全可以说，在中国，吏治导向实际上就是一个价值导向，就是一个从政道德价值导向。长期以来，我国的干部人事制度都存在着不少问题。由于改革开放以来，一方面在事实上强化了各级领导班子第一把手的权力，另一方面由于唯利是图的价值导向也弥漫到政治领域，再加上中国传统整体主义和情感主义的负面影响，造成吏治中存在着一系列突出的问题：一是买官卖官，二是任人唯亲，三是黑箱作业，四是形式主义，五是脱离群众，六是选用标准片面化。从而，造成了吏治腐败的滋生蔓延，严重地损害了党和政府的形象。中纪委向中共十七大的工作报告指出，2002 年 12 月至 2007 年 6 月，全国纪律检查机关共立案 677924 件，结案 679846 件（包括“十六大”前未办结案件），给予党纪处分 518484 人。查处陈良宇、杜世成、郑筱萸等极少数高级干部严重违纪案件，依纪依法严肃处理，表明我们党反对腐败的坚强决心和鲜明态度。

最后，我们来看看知识分子群体。这个群体代表着社会的良知，他们的渊博知识生成的智慧，洞察社会的方方面面，以批判的眼光去审视这个世界，以他们的良知去推动社会的不断进步与发展。他们长期追求真理的生涯，铸造了他们良好的德性，自古以来，他们之中不仅“立言”者众，“立德”者也众。然而，在市场经济大潮中，拜金主义的狂风暴雨也横扫知识分子群体，其中一些人也开始堕落，为了名利出卖自己的社会良知，使社会道德建设雪上加霜。

虽然在这些示范群体中，产生负面道德示范效应的都是少数人；但他们的负面影响却很大。当社会道德示范群体出现这种状况之时，我们的思想道德建设效果就大打折扣。如果我们看不到这一问题的严峻性而采取相应的对策的话，那么，我们就会处于一种思想道德建设的艰难之境。因此，要解决思想道德教育效果偏低的问题，就必须首先把这四类群体教育好，特别要把其中这一小部分产生负面道德示范效应的人的问题解决好。可以说，在一定程度上，这四类群体的思想道德素质高低直接影响到整个民族的思想道德素质高低，直接关系到整个社会风气的好坏。

六、思想政治工作队伍的相对弱化

思想政治工作是我党的优势，是我们发展中国特色社会主义的重要思想道德保障。我们取得的一切成就，既离不开坚实的经济基础，坚强的政治保障，也离不开文化建设和思想政治工作的作用。这无疑是我们过去不断走向胜利的一条成功的经验。然而，我们的思想政治工作已经出现了不少问题，其中严重的问题是，思想政治工作队伍没有真正得到有力的建设，许多“难以安排”的干部、人员或“不太好用”的干部、人员往往被安排去搞政工工作。这样，一方面导致了政工工作人员的心理失落，另一方面许多政工工作人员的素质远远跟不上形势发展的需要。从而造成了大量的政治思想工作没人做、不愿做、做不好的局面。结果，一方面急剧变化发展的时势涌现了大量的思想道德问题，另一方面由于思想政治工作的相对薄弱，从而就会引发一系列的思想道德混乱状况。

同时，思想政治工作队伍的相对弱化和思想政治工作的相对薄弱，还突出地反映在文艺传媒中。不可否认的是，文艺传媒的工作者，也是塑造人类灵魂的工程师，在弘扬社会主义核心价值体系和建设社会主义文化方面，也作出了杰出的贡献。然而，我们又不能不看到，在全面开放的态势下，多元价值观念生成；文艺的娱乐功能不断被强化，反之，文艺的教育功能不断被削弱。过去，我们更多的是把文艺传媒看成是一种教化的工具，而现在往往走向另一个极端，更多的是把文艺传媒看作一种商品，并日益过度商业化。因而，唯利是图的价值导向正在严重地侵蚀着文艺传媒这块精神领地。在这种价值导向下，庸俗化、性化、暴力化、流氓化等倾向日趋严重。任意歪曲事实，随意颠倒历史，大肆嘲弄英雄、疯狂讥讽神圣等渐成流行病。特别是一些传媒，在唯利是图的价值导向下，不仅对此推波助澜，而且还打着所谓“更新观念”、“创新理论”的幌子，传播一些腐朽、落后、反科学、错误的思想观念，对社会进行错误的价值导向，进一步加剧了整个社会思想道德建设的艰难，削弱了思想道德建设的效果。为此，加强思想政治工作队伍的建设，提高思想政治工作队伍的思想道德素质，也是刻不容缓的。

从上述可见，造成我国思想道德教育的效果偏低问题，有着复杂的社会根源；而要解决思想道德教育效果偏低问题，又绝非三年五载之功。但是我们只要认真努力、坚持不懈地去推进这些方面的工作，我们就一定能够解决这一难题，就能够不断把思想道德建设推向前进，从而为发展中国特色社会主义提供坚实的思想道德基础。

参考文献：

胡锦涛：《高举中国特色社会主义伟大旗帜　为夺取全面建设小康社会新胜利而奋斗——在中国共产

党第十七次全国代表大会上的报告》，人民出版社2007年出版。

（原载《伦理学研究》2008年第3期。转载中国人民大学复印资料《思想政治教育》2008年第11期）

新中国60年道德建设得失之反思

新中国至今已经走过了60年波澜壮阔的岁月，在这60年的伟大历程中，社会主义道德建设取得了长足的发展和进步，但也有过不少深刻的教训。今天，我们对新中国60年来道德建设得失进行冷静地反思，大约可以概括出以下基本经验。

一、物质文明建设与精神文明建设必须两手抓两手都要硬

物质文明是人类改造客观物质世界的进步状态和积极的物质成果；经济建设的结晶体现为物质文明。物质文明的构成要素主要包括：社会生产力的状况、物质财富的积累程度、人们的生活水平、经济关系的状态与形式。而精神文明则是人类认识世界和改造主观精神世界的进步状态和积极成果；文化建设的结晶体现为精神文明。精神文明的构成要素主要包括：科学文化要素——教育、科学、文化、体育、卫生；思想道德要素——理想、道德、审美、情操、纪律。物质文明和精神文明是辩证统一的关系。物质文明为包括道德建设在内的精神文明建设提供物质条件、物质动力和理论源泉。“没有经济的发展，社会发展和精神文明建设就没有物质基础。”① 首先，科学教育文化的发展，思想道德的建设都离不开必要的物质条件，正如古代思想家管子所言：“仓廪实则知礼节，衣食足则知荣辱。”② 随着经济建设的发展，物质财富的增长，物质设施的建设，物质生活水平的提高，从而为道德建设乃至精神文明发展提供良好的物质条件。其次，社会

① 《江泽民论有中国特色社会主义》（专题摘编），中央文献出版社2002年版，第383页。
② 《管子、牧民》。

发展的根本动力是社会生产力和生产关系的矛盾运动，随着社会生产力的提高、社会生产关系的进步，必将推动着包括道德建设在内的精神文明向前发展。最后，实践是认识的动力、源泉、目的和真理性的检验标准，生产劳动是社会最根本、最重要的社会实践，正是生产实践、物质生活实践、劳动经验为道德建设和精神文明的进步提供了源源不断的重要理论源泉。而同时，精神文明则为物质文明发展提供思想保证、精神动力、智力与德力支持。首先，精神文明是真善美的结晶，是合规律性与合目的性的统一，从而为物质文明发展提供正确的发展导向。其次，物质文明的发展不仅需要坚实的物质力量，还需要强大的精神动力。精神文明是正义性、合理性、高尚性的统一，能够为物质文明发展提供强大的精神力量。最后，人类的认识能力和水平，科学教育文化的进步状态，思想道德的水平直接决定了人类社会文明进步的程度；而精神文明建设则有力地促进了人们的科学素质、文化素质、思想素质、道德素质、心理素质的提升，为物质文明发展提供智力和德力的支持。

正是基于这种认识，1979 年国庆前夕，叶剑英同志代表党中央在庆祝建国 30 周年大会上的讲话中第一次明确提出，我国社会主义现代化的目标，不限于生产力的发展；我们要在建设高度物质文明的同时，建设高度的社会主义精神文明。从此后，在我党的一系列重要文献中，包括道德建设在内的社会主义精神文明建设既作为我国社会主义现代化的战略目标，也是社会主义社会的重要特征和社会主义现代化建设的重要保证。当然，我党这种认识无疑是来自于新中国 60 年道德建设实践经验教训的总结。计划经济时代，我国在进行社会主义革命和建设中，非常重视精神文明建设特别是思想道德建设。但在“左”的思潮严重干扰下，我们在客观上忽视了物质文明建设，特别是在十年“文革”中，把经济建设引向了即将崩溃的边缘，从而使思想道德建设和精神文明建设走上了歧途。改革开放后，我们拨乱反正，以经济建设为中心，推动着物质文明迅猛发展。然而，我们在客观上又忽视了思想道德建设和精神文明建设，从而导致了 1996 年的资产阶级自由化和 1989 年的政治风波。邓小平同志在总结改革开放十年来的经验教训时严肃指出，我们十年来最大的失误是思想教育，物质文明和精神文明必须两手抓两手都要硬。尤其是此后从中央到地方的各级精神文明建设指导委员会的建立和文明办的设立，推动了两个文明的迅速进步。可是，在把以经济建设为中心曲解为“以 GDP 为纲”的实际引导下，许多地方依然“见物不见人”，在不同程度上把社会主义精神文明建设特别是思想道德建设放在“说起来很重要，干起来就忘掉”的地位上，从而使20世纪末出现了“信仰危机”、“诚信危机”的状况。针对这种情况，科学发展观的提出，不仅强调物质文明和精神文明要两手抓两手都要硬，而且强调物质文明、精神文明、政治文明、生态文明以至社会文明要全面协调可持续发展。

二、以德治国与依法治国相结合

依法治国，就是广大人民群众在党的领导下，依照宪法和法律规定，通过各种途径和形式管理国家事务、管理经济文化事业、管理社会事务，保证国家各项工作都依法进行，逐步实现社会主义民主的制度化、法制化，使这种制度和法制不因领导人的改变而改变，不因领导人看法和注意力的改变而改变。依法治国，建设社会主义法治国家，已载入国家根本大法，成为国家的最高法律规范。以德治国，就是以马列主义、中国特色社会主义理论体系为指导，以为人民服务为核心，以集体主义为原则，以爱祖国、爱人民、爱劳动、爱科学、爱社会主义为基本要求，以职业道德、社会公德、家庭美德的建设为落脚点，建立与社会主义市场经济相适应的，与社会主义法律体系相协调，与传统美德相承接的社会主义思想道德体系，并使之成为全体人民普遍认同和自觉遵守的行为规范。以德治国通过建立与社会主义市场经济发展相适应的思想道德体系，为社会主义法治国家的建设奠定坚实的伦理道德基础。在一定意义上，依法治国和以德治国历来是人类社会最基本也是最重要的治国方式。当然，现代的“德治”与“法治”，固然与古代的“德治”与“法治”不同；但是，不论其有多么的不同，其根本点却是相同的——运用“法”与“德”两手来治理社会和国家。自古以来，人们就认识到，治理社会和国家必须“两手抓”：既要有“硬”的一手，又要有“软”的一手；既要有“大棒”，又要有“胡萝卜”；既要有“制度”，又要有“教育”；既要有“法治”，又要有“德治”。只不过由于每一个民族的社会历史发展具体道路不同，对“德治”与“法治”的实际运用也有所差别。在西方文明的摇篮——古希腊，雅典著名的政治家梭伦（公元前639—公元前559年）在其担任执政官期间，不仅大刀阔斧地进行社会改革，实行“法治”，实现了古代希腊社会从宗法氏族制时代向法制时代过渡的历史使命，而且同时也注意到了法治的局限性。因此，他在加强法治的同时，还注重德治。他不仅提出了一些重要的伦理思想和道德规范，而且还以各种形式去推动伦理道德的实践。几乎在同一时期的东方中国，著名的中国儒家创始人孔子提出了德法兼用的思想。他指出，“宽以济猛，猛以济宽，政是以和”，认为“德治”与“法治”要并用；法制是统治社会的根本制度，国之存亡所系。“天下法守”，“小人犯刑，国之所存者幸也”。然而，德治也非常重要，“道之以政，齐之以刑，民免而无耻；道之以德，齐之以礼，有耻且格”。

从根本上来说，安邦治国既需要法治，也需要德治，是由于法律与道德两者各有所长，各有所短；只有两者之间取长补短，相互支持，才能真正保证社会长治久安。首先，法律依托的主要力量是国家暴力机器，是一种强制性、他律性力量；道德依托的主要力量是人们的内心信念，是一种自觉性、自律性力量。其次，法律发挥作用，主要是在人们的行为产生结果之后，重在惩罚和警示；道德发挥作用，主要是在人们的行为发生之前，重在引导和激励。再次，法律具有明确性和现实性，人们的行为即使产生了再大的恶果，如果法律上对此没有明确的条文，法律只能“望其兴叹”；道德具有模糊性和理想性，尽管社会发展进程中会不断产生出许多尚未形成具体规范要求的新的行为，但是道德可以按其一定的观念和准则进行推延性的指导和规范。因此，社会对人们行为的调节，必须要强制性和自觉性相结合，他律性和自律性相结合，惩罚和激励相结合，警示和引导相结合，明确性和模糊性相结合，现实性和理想性相结合。如果从法治与德治的本质来说，法治属于政治文明的范畴，德治属于精神文明的范畴。政治文明以物质文明为经济基础，以精神文明为思想指导，在这一意义上来说，有什么样的精神文明，就有什么样的政治文明。同时，归属于政治文明范畴的法治，作为一种政治建设，重在制度建设；而归属于精神文明范畴的德治，作为一种思想建设，重在素质建设。在制度与素质的关系上，制度建设是首位，素质建设是关键。没有制度建设，素质建设就没有保障；没有素质建设，制度建设也就没有依托。由此可见，治国安邦，单靠法治也不行，单靠德治也不行；法治和德治对立统一，只有两者相互结合，才能产生最大最佳的效果。

然而，我们认识到这一点，也是来之不易的。计划经济时期，我们在进行社会主义革命和社会主义建设中，由于“左”的思潮的严重干扰，我们在客观上重视了“以德治国”，而严重忽视了“依法治国”；特别是在十年“文革”中，把法制建设几乎摧残至尽，从而使“以德治国”走上了邪路。改革开放后，我们拨乱反正，致力于建设社会主义法制国家和法治社会，推动法制建设迅猛发展，有力地保证了改革开放的顺利进行。然而，我们在强调社会主义法制建设的同时，我们一些人又逐渐地走上另一个极端，迷信法制，以为“法制包治百病”，从而轻视德治，轻视道德建设，讥笑“道德无用”，甚至提出“良心究竟值多少个钱”之荒唐疑问。结果，我们不无遗憾地看到，法治建设在迅猛发展的同时，社会上的各种丑恶现象和违法犯罪现象依然呈锣旋式上升态势。特别是青少年违法犯罪现象日益突出，全国的青少年违法犯罪率每年以 12% 的速度递增，而处于全国改革开放最前沿的广东，其青少年违法犯罪率每年则以 20% 的速度递增。这种血淋淋的社会现实向我们警示，无论是依法治国还是以德治国，少了哪一样都不行。正如江泽民曾经在全国宣传部长会议上的讲话中强调的那样：对一个国家的治理来说，法治与德治，从来都是相辅相成、相互促进的。二者缺一不可，不可偏废。正是基于这样的认识，党的十六大政治报告在总结我党十三年来的基本经验时，把“坚持物质文明和精神文明两手抓，实行依法治国与以德治国相结合”作为其中的一条基本经验。而《中共中央关于构建社会主义和谐社会若干重大问题的决定》在建设和谐文化的举措中，也强调必须“坚持依法治国与以德治国相结合”。

三、先进性与广泛性相结合

道德建设的先进性要求，就是反映与先进社会生产力的发展要求，与先进社会制度的内在要求，与先进文化的进步要求，与最广大人民的根本利益要求，与高尚的道德理想相适应的道德准则，它体现为人类最高尚的美德和具有共产主义道德因素的崇高道德。道德建设的广泛性要求，体现的是反映人类社会存在和发展的基本要求，反映最大多数人的道德素质水平，并为最大多数人能够践行的基本道德准则。道德建设的先进性要求是道德建设的广泛性要求的发展方向，对不断提升人们的道德素质和道德境界具有价值导向作用；道德建设的广泛性要求，是道德建设的先进性要求的坚实基础，对保障当下的社会秩序和社会发展具有重要作用。

把道德建设的先进性要求和广泛性要求结合起来，是从我国正处于并将长期处于社会主义初级阶段这一最大实际出发，坚持最低纲领与最高纲领的统一，强调道德建设要区分层次，着眼多数，鼓励先进，循序渐进。既大力倡导共产党员和各级领导干部带头实践社会主义、共产主义道德，以高尚的思想道德要求和鞭策自己，在全社会做出表率；又注意把先进性要求与广泛性要求结合起来，引导人们在遵守基本行为准则的基础上，不断追求更高层次的道德目标。

新中国成立前 30 年，我国在社会主义道德建设方面，无疑取得了重大的进步。但是，由于一方面我们对中国国情还没有真正认识和把握，脱离我国社会生产力发展水平的实际，脱离我国文化科学发展水平的实际，脱离我国广大群众的道德素质水平的实际，在生产关系上盲目追求“一大二公”的同时，在道德建设上则盲目追求共产主义道德的崇高要求，以同一高层次的道德准则去规范全体人民，违反了道德建设的基本规律，使道德建设逐渐流变为“假、大、空”。十年“文革”，更是将此推到了登峰造极的地步，要求全体人民“灵魂深处闹革命”，“狠斗私字一闪念”，致使人们道德人格分裂，严重摧残了社会主义道德建设。改革开放以来，我们痛定思痛，把道德建设的先进性要求和广泛性要求结合起来，使道德建设从天上回到了人间，从而有力地推动了社会主义道德建设的发展。然而，在此过程中，我们不仅过低地降低了全体人民的道德要求（例如“不损人”的所谓“底线伦理”——事实上，“不损人”的要求，既非不道德的行为，也不是道德的行为；即只是一种“合理”行为，而非“合宜”行为），而且更要命的是把先进性的道德要求视为“不合时宜”的东西，甚至予以讥讽和批判（例如对雷锋精神的讥讽和批判）。我们应当明确的是，道德的先进性要求，是人类美德的结晶，反映着人类道德发展的前进方向，过去的错误只有在于将它强求于全体人民，而不是其本身的“假、大、空”。我们决不能在批判以往“假、大、空”的做法时，把道德的先进性要求也一起否定掉了。对广大共产党员特别是各级领导干部，一定要特别强调先进性的要求（而这一点正是目前我们最忽视的，使许多共产党员特别是各级领导干部混同于一般群众，甚至于还不如一般群众），这是毫不含糊的。因为一旦失去了先进性的示范、凝聚作用，广泛性的要求就会难以保持。在市场经济时代，我们要防止一种倾向掩盖另一种倾向：我们既要避免把道德要求无限拔高的现象，但也不能忽视高标准被低标准所同化、先进性被广泛性所淹没的现象。

四、科学文化建设与思想道德建设相协调

社会主义文化建设和精神文明建设主要包含两大方面的内容，其一是思想道德建设，其二是科学文化建设。科学文化建设的主要内容包括教育、科学、文化、体育、卫生。思想道德建设的主要内容包括理想、道德、审美、情操、纪律。而这两方面内容的社会特性是不同的。思想道德建设反映的是社会经济基础的要求，反映的是人与社会的关系，属于社会意识形态范畴，具有鲜明的社会属性和阶级属性；科学文化建设主要反映的是社会生产力的要求，反映的是人与自

然的关系，属于一般社会意识形式的范畴，不具有特定的社会属性和阶级属性。因此，科学文化建设是思想道德建设的文化基础和智力支持；而思想道德建设则是科学文化建设的方向指引和精神动力。因此，社会主义文化建设和精神文明建设的根本任务是提高全民族的综合素质，既包括提高科学文化素质，也包括提高思想道德素质，两者对立统一，缺一不可。

新中国成立60年来，我们在社会主义文化建设和精神文明建设取得辉煌成就的同时，也走过不少弯路，有过不少沉痛的教训。在计划经济时代的30年，我们在提高人们的科学文化素质和思想道德素质的过程中，受到“左”的思潮的严重影响，过高地去追求提升人们的思想道德素质，而相反则刻意地去贬损人们的科学文化素质。从反右运动起，特别到十年“文革”时期，到处拔所谓的“白旗”，大批所谓的“白专道路”，把知识分子打成所谓的“臭老九”，狠斗所谓的“学术权威”，鼓吹“读书无用论”，使整个国家的文化科学事业发展受到严重摧残，导致人们以无知为荣，导致我国的科学技术水平落后于西方发达国家几十年。在改革开放以来，特别是社会主义市场经济发展以来，我们懂得了“知识就是力量”，懂得了“科学技术是第一生产力”，确立了“科教兴国”战略，从而极大地促进了文化科学建设的突飞猛进。在今天，以知识为荣，以无知为耻；追求知识，热爱科学的社会风气已经建立，知识分子成为受人尊敬的阶层。然而，我们也不无遗憾地看到，当全民都在高度重视科学文化建设的同时，却对思想道德建设相对十分轻视。特别是我们目前的教育制度，素质教育久久不能落实，应试教育却蓬勃发展，大中小学教育都“以分数为纲”，德育课变成了纯粹的“知识课”，忽视了青少年的道德养成，使不少青少年变成知识上的“高人”，道德行动上的“矮子”，更导致了青少年违法犯罪率的居高不下。对于这种状况，我们决不能掉以轻心，必须要坚持科学文化建设与思想道德建设相协调，把青少年培养成建设中国特色的社会主义的德才兼备的接班人，这才是我国全体人民之福。

五、理论建设与道德实践相结合

理论与实践相结合，是我党的优良传统，也是我们建设中国特色的社会主义的制胜法宝。在道德建设上，也只有实行理论与实践相结合，道德建设才能真正取得实效。在理论上，我们都清楚，道德实践是道德理论的源泉、动力、目的和检验其真理性和价值性的唯一标准；而道德理论是道德实践的指南，正确的道德理论才能带来道德实践的硕果，道德理论的发展才能推动道德实践的进步。

然而，我们要在实践上，真正做到理论建设与道德实践相结合并非易事。新中国成立前30年，我们在理论建设与道德实践相结合方面虽然取得了很大的成绩，诸如马克思主义伦理学的建立，社会主义道德体系的初步确立，涌现了一大批如向秀丽、雷锋、王杰、欧阳海、王铁人、焦裕禄等英雄模范人物。但是，由于对科学文化的轻视，道德理论上的发展受到极大的制约；特别是曾一度受到前苏联学科整顿的影响，伦理学被视为“伪学科”而取消；在“左”的思潮干扰下，理论脱离实际，刻意拔高道德建设的要求，使道德实践也脱离了中国的实际，带来“假、大、空”之祸患。改革开放后，我们接受了以往的教训，开始重视理论建设与道德实践相结合。在理论上，我们从中国的国情出发，发展中国特色社会主义的道德理论。在“百花齐放、百家争鸣”的方针推动下，伦理学的理论和学术研究蓬勃发展，伦理学从“冷学科”变成了“热学科”；在大专院校中，普遍开设伦理学课程，硕士点和博士点如雨后春笋般涌现；适应社会主义市场经济要求的社会主义道德体系正在建立，许多新的道德观念、道德准则、道德行为正在流行。然而，我们不能不指出的是，我们有些学者不仅对道德实践的研究毫无兴趣、漠不关心，他们只醉心于西方话语，自我陶醉在一系列西方话语的“新概念”之中，而且挥舞着“理论性”、“学术性”这根大棒，对道德实践研究的成果极其轻视，大加排斥。同时，由于脱离实际的理论不能有效地指导中国道德建设，由于学校德育的“知识化”，更由于我们的学者只重视自己的理论研究，而不重视自己的道德修养，因而，造成了我们今天道德建设中的一大难点——许多人实际存在的双重道德人格。

六、传承与创新相结合

道德的传承，是精神文化相对独立发展的基本规律在道德建设上的体现。道德的发展，从其纵向来说，离不开对以往优秀道德遗产的批判继承；从其横向来说，离不开对其他异类道德成果的批判吸收。因此，中国特色社会主义道德建设，一方面必须继承和发扬中华民族优秀的道德遗产，特别要大力继承和弘扬中国革命传统道德；另一方面，必须学习吸收人类文明发展特别是西方发达国家的一切优秀道德成果。当然，传承是为了更好地创新，更好地为社会主义现代化建设服务；因此，传承必须是“古为今用，洋为中用，以我为主，为我所用”。而要做到这一点，就必须创新；而创新，则会更好地实现传承。只有创新，以我国社会主义初级阶段的国情为前提，以最广大人民的根本利益为出发点，以建设中国特色的社会主义实践为准绳，反映时代的精神，在生动丰富的中国特色社会主义建设实践中，创造出人类先进的道德文明，才能真正推动社会主义现代化建设。

我国传统道德文化，源远流长，博大精深，既有宝贵的精华，也有封建性的糟粕。但是自从“五四”运动以来，我们国人就偏向于对传统道德文化的全盘否定；到了“十年动乱”时期，这种否定已经登峰造极。在极左的思潮严重影响下，以往的一切几乎都成了“封、资、修”的东西，统统属于被彻底扫荡之列，连道德修养也成了“黑修养”，从而在很大的程度上割裂了社会主义道德文化与传统美德的传承关系，使许多优秀传统美德，难以为继；也使许多社会主义新道德，缺乏浓厚的文化传统根基，而难以深入人心。而在新中国成立的前30年，我们以阶级斗争为纲的意识形态，把一切资本主义的东西，特别是把一切西方发达国家的东西，都视为粪土，统统丢进历史的垃圾箱，从而使我们在现代化建设的道路上落后了一大截。改革开放后，我们逐渐认识到，我国优秀传统道德文化和国外特别是西方发达国家的优秀传统道德文化，在建设中国特色的社会主义道德文明中有着重要的价值，开始继承和发扬我国优秀的传统道德文化，努力学习国外特别是西方发达国家的优秀传统道德文化。然而，一些国人好走极端的本性又一次发作了。某些国学者打着所谓“弘扬传统文化”的旗帜，把儒学、“国学”又捧上了天，好像只有儒学、“国学”才能“真正发展”中国，甚至于鼓吹其所谓的“正宗”地位。而某些西方文化的崇拜者则打着所谓“学习西方文化”的旗帜，鼓吹“十五的月亮还是西方的圆”，以为只有西方文化才能“真正发展”中国；他们打着“更新观念”的旗号，把一些资产阶级的腐朽思想观念奉为至宝（例如某些所谓的知名性学家，不遗余力地贩卖就连西方也早已抛弃的一些“性解放”观念，为“换偶制”、“一夜情”等“正名”；还提倡把妓女改名为“性工作者”——如果按照这种荒唐的逻辑，那么，强盗就应更名为“强力工作者”，小偷就应更名为“手技工作者”，杀手就应更名为“生命工作者”，等等，这正应了中国的一句古话“要做婊子，又要立牌坊”）；甚至于要求文化发展指导思想上的多元化，企图以西方资本主义文化取代马克思主义的指导地位。对此，我们应当要有足够的警惕，坚决反对崇洋媚外思想，要用批判的精神进行辨别和审视，尤其要把应该学习借鉴的优秀伦理思想和必须摈弃的资产阶级的腐朽价值观念严格区分开来。

七、一元与多元相统一

在此“一元”是特指主流价值观、道德观；而“多元”是特指与此相对应的多种多样的非主流价值观、道德观。一元与多元矛盾的生成，一方面是随着我国改革开放的深化发展，在全面对外开放的态势下，国外特别是西方各种思想道德价值观念随着经济全球化的浪潮涌入国门，日益影响着我们的广大民众；另一方面是我国在社会主义市场经济条件下，多种经济成分的迅猛发展，利益主体的不断分化，反映这些多种经济成分和不同利益主体要求的思想道德价值观念也如雨后春笋般地涌现；在这种“外入”与“内生”双重夹击与交错发展的形势下，当今中国的思想道德价值观念已经从传统的一元化转向多元化。然而，任何社会的主流价值形态和思想道德观念在核心体系上总是一元化的，也正因此当前我国提出了建设社会主义核心价值体系的重要思想；但是，经济主体多元化和多元化的利益诉求必然引起其思想道德价值观念多元化与一元化的矛盾。

要解决这一矛盾，就必须通过社会主义文化大发展大繁荣，建立和完善社会主义核心价值体系和社会主义道德规范体系，使全体人民有一个共同的社会规范和价值导向，以解决“道德失范”现象的滋生蔓延。一方面，我们不能以“一元”否定或取代“多元”。另一方面，又必须用社会主义核心价值体系引领、统摄、整合多样化的价值观，通过倡导积极的，支持有益的，改造落后的，抵制腐朽的，来实现社会主义核心价值体系主导下的社会思想道德价值观的和谐。我们应坚持“尊重差异、包容多样”的方针，使核心价值体系与多样化价值观、道德观之间既“一元统领”、“协调有序”，又有“兼容共生”、“和而不同”的一元性与多样性的统一、主导性与宽容性的统一。然而，在新中国成立的前 30 年，我们曾在强调一元的同时，完全彻底地否定和排斥了多元性与多样性，使社会主义道德建设走入了歧途。在改革开放以来的 30 年，我们则有相当一部分人（特别是某些学者）缺乏清醒的头脑，强调多元化而否定和排斥一元化，否定和排斥马克思主义伦理思想的指导地位和社会主义道德的主导地位。这种经验教训我们决不能忘记。

八、建设与批判相统一

道德建设要坚持“重在建设，以立为本”的方针。重在建设是我们党领导包括社会主义道德建设在内的社会主义精神文明建设的重要经验。在计划经济时代，在以阶级斗争主纲的指导下，我国的道德建设重在批判，重在“破”。当然，新中国刚刚成立时，我们这样做有一定的合理性。因为刚刚从战争的废墟上建立起来的新中国，在思想道德方面，还受到几千年来的封建主义思想道德的严重影响，还受到资产阶级、殖民主义等落后腐朽思想道德的影响，只有扫除这些腐朽思想道德的影响，才能更好地进行社会主义思想道德建设。但是，我们在“左”的思潮逐渐占据主导地位后，我们只“破”而不能“立”，从而造成了“十年动乱”的一场浩劫。针对这种沉痛的教训，1980 年邓小平同志在《党和国家领导制度的改革》的重要讲话中指出：“不能认为只要‘破’字当头，立就在其中了。历史经验证明，用大搞群众运动的办法，而不是用透彻说理、从容讨论的办法，去解决群众性的思想教育问题，而不是用扎扎实实、稳步前进的办法，去解决现行制度的改革和新制度的建立问题，从来都是不成功的。因为在社会主义社会中解决群众思想问题和具体的组织制度、工作制度问题，同革命时期对反革命分子的打击和对反动制度的破坏，本来是原则上根本不同的两回事。”党的十二届六中全会通过的《关于加强社会主义精神文明建设指导方针的决议》也指出：“加强精神文明建设，就是牢记历史教训，正确处理社会主义社会的各种矛盾，坚持对思想性质的问题采取讨论的方法、说理的方法、批评自我批评的方法，就是说，用教育和疏导的方法去解决；坚持一切着眼于建设，把注意力集中到团结人民、充分发挥人民的社会主义积极性和创造精神上来，集中到满足人民的文化和精神需要上来，集中到加强思想道德建设和教育科学文化建设上来，归根到底，集中到促进社会生产力的发展上来。”党的十四大又进一步明确提出“精神文明重在建设”。十四届六中全会通过的《中共中央关于加强社会主义精神文明建设若干重要问题的决议》强调，精神文明建设要坚持重在建设的方针。党的十五大又把这一方针作为建设有中国特色社会主义文化的一项基本政策，写进了党在社会主义初级阶段的基本纲领。

然而，我们一些人，又把建设与批判对立起来，走上了另一个极端。目前，我们无论是在思想道德建设上，还是在日常工作和生活中，都正在丧失一种批判的精神。大家对落后腐朽的思想道德观念和行为，都是睁一只眼闭一只眼，名曰“和谐”（这事实上是对“和谐”的亵渎）。特别在一些党内生活中，“表扬与自我表扬”已经取代了“批评与自我批评”，党的先进性正在被消解。尤其是对一些西方资产阶级的腐朽思想道德，一些人津津乐道，甚至于视为“神圣”，根本碰不得，否则，一顶顶“老左”、“保守”、“落后”的高帽就会立即飞来。我们应当知道，道德建设固然要以建设为重，但批判本身也是建设的重要手段，如果不清除废墟，就不能建立起万丈高楼大厦。如果我们否定批判的意义的价值，没有是非曲直、善恶好坏之辨，社会主义道德也不可能真正建设起来。

（原载《理论前沿》2009 年第 4 期）

道德发展变化的基本形态

人类的道德发展变化极其复杂，既有纵向变化，又有横向变化；既有宏观变化，又有微观变化，我们把这种种变化统称为“道德流变”。因此，道德流变既包括宏观上的道德演变，也包括微观上的道德变易。

一、道德变易形态

所谓道德变易，主要是指道德在微观范围内的变化发展，它是一个主客观辩证统一的过程。如果从道德主体的道德行为过程来看，它从道德主体的主观动机出发，通过相应的手段，造成一定的客观效果。然而，从动机到效果，由于主客观的相互作用，往往会发生种种道德变易，造成动机与效果的不一致。我们可以依据动机与效果之间的关系，将种种道德变易现象，概括为三种最基本的形态：动果单向型、动果多向型、动果交向型。

1. 动果单向型道德变易形态。

道德的动机与效果，是伦理学中关于道德评价的一对十分重要的概念，也是道德行为过程的两个非常关键的方面。在伦理学意义上，所谓动机就是指道德行为主体在同社会和他人的关系中，自觉追求一定目的的自觉愿望或意图。它反映了道德行为过程的主观方面，是道德意识的重要内容，是道德行为的基本动因或出发点。道德动机在人们的道德行为过程中，有着十分重要的作用，它的正确与否直接规定和影响着人们的行为方向。而伦理学意义上的效果，则是指道德行为主体的个别的或一系列的行为，给社会或他人所带来的实际后果。它反映了道德行为过程的客观方面，是道德实践的重要内容，是道德行为的客观结果。道德效果在人们的道德行为过程中，也有着十分重要的意义，它的善恶与否直接决定和影响着人们的道德行为的性质。在此，我们研究的重点不在于通过动机与效果的辩证关系，去明辨人们道德行为的善恶性质；而是重点研究人们的道德行为从动机出发到效果的过程中，动机与效果善恶性质变易的根源及其规律。

在现实的道德行为过程中，动机与效果之间通常会出现这样三类最基本的关系模式：一种动机，造成一种效果；多种动机，造成多种效果；一种动机，造成多种效果，或多种动机，造成一种效果。当人们在道德行为过程中，出于一种动机并造成一种效果，且动机与效果达成一致时，我们就把这种状况称之为“动果单向型”道德变易形态。

“动果单向型”道德变易形态主要有两种表现形式：一种是从善的动机出发，最后取得了善的效果。也就是说，从善良的道德目的（目标）出发，通过正当和正确的道德手段的运用，最后取得了同质等量“善”的预期结果。用公式表示，即善——善。在中国历史上“商鞅立信”的故事就颇具典型。战国时期，卫人商鞅入秦，说秦孝公变法强国之术。商鞅认为推行变法首要立信。为此，令取三丈之木，立于城门，使吏守之，令曰：“有能徙此木于北门者，予以五十金。”百姓观者甚众，皆中怀疑怪，莫测其意。忽一人独出荷其木，竟至北门立之。商鞅取五十金奖励他说：“你真是一个好百姓，能够听从我的命令！而我也决不会失信于你们百姓的。”市人互相传说，皆言左庶长令出必行，预相诫谕。于是变法之信立。从这个故事中我们可以看到，商鞅为了推行变法，必须首先要确立威信；于是，他从立信这一“善”的动机出发，运用了“徙木重赏”这一正确的道德手段，从而最终达到了在百姓中确立威信这一同质等量“善”的预期效果。

另一种是从恶的动机出发，最后达成了恶的效果。也就是说，从恶毒的道德目的（目标）出发，通过相应的道德手段的运用，最后造成了同质等量“恶”的预期结果。用公式表示，即恶——恶。战国时期，晋献公宠爱骊姬，骊姬为了使自己的亲生儿子将来能够接上王位，就阴谋多次陷害太子申生。一次，晋献公出巡，骊姬使太子祭祀，送胙于父王。六日后，晋献公方归。骊姬以鸩入酒，以毒付肉。晋献公欲尝酒肉，骊姬止之，以狗与侍者试之，皆立死。晋献公大怒，发兵讨之。太子见状，悲愤自缢而亡。在这个历史事例中，骊姬从陷害太子申生的恶毒动机出发，制造了太子弑父“君”罪恶的假象，结果，昏君愚父晋献公果然中计，冤杀了太子申生，使骊姬达到了其罪恶的目的。

在动果单向型道德变易形态中，动机与效果是达成一致的。在这里，动机与效果之所以能够达成一致，是因为它是以手段的合宜、条件的适宜为前提的。也就是说，从特定的动机出发，只要采取了与动机、目的相一致的有效手段，在外部条件不发生重大变化的情况下，往往就能达成与动机相一致的效果。因而，在此最突出的问题是动机的善恶与否。善的动机带来了善的效果；恶的动机带来了恶的效果。那么我们怎样才能使人们常怀善念呢？善念出自善心，善心出自善人，善人出自道德的教化和自觉的道德修养。因此，一个社会，必须要高度重视对人们的道德教化，引导人们自觉进行道德修养，不断提高人们的道德素质，从而使人们成为一个道德的人，一个善良的人，一个高尚的人。

2. 动果多向型道德变易形态。

在人们的道德行为过程中，除了动机与效果完全达成一致的情况之外，我们还可以发现，由于主客观情况的复杂性，往往更多的情形下是表现出动机与效果之间的不一致。而我们把多种动机，造成多种效果这种关系模式，称之为“动果多向型”道德变易形态。

“动果多向型”的道德变易形态，主要有以下四种表现形式：

第一种表现形式是，善恶混合的动机，造成善恶两种效果。这种表现形式最常见的情形是，善的动机占主导地位，而恶的动机占次要地位。但有时也会出现善的动机占次要地位，恶的动机占主要地位；以及善恶动机各占其半的情况。当然，行为效果也会出现以上这些情形：或善的效果占主导地位，或恶的效果占主导地位，或善恶效果对半。然而在这里，我们重点探讨的不是动机与效果之间的善恶量变（这个问题将另行探讨），而是动机与效果之间的善恶质变。事实上，人们在道德行为过程中，动机往往不是单一的，而造成的效果也往往不是单一的。善恶相混的动机，造成善恶相应的效果，这是一种常见的道德变易形态。如用公式表示，即是善恶——善恶。例如中国近代史上的“洋务运动”。洋务运动的出现，就主观上来说，其动机是善恶相混的，这是由当时中国内忧外患的历史状况所决定。而在客观上，“洋务运动”也造成了善恶两面的效果：即在加深中国半殖民化（恶）的同时，也推动了中国社会的发展（善）。

第二种表现形式是，善中恶混合的动机，造成善中恶多种效果。这是一种动机最复杂，效果最多样的道德变易形态。它除了具有明显的善与恶的动机外，还有一种非善恶的动机；在这多种多样动机的驱动下，进行道德活动，并在客观上也造成了善中恶多种后果。如用公式表示，即是善中恶——善中恶。

第三种表现形式是，善恶相混的动机，造成善中恶三种效果。在这种形式中，动机本无非善恶的东西，然而在行为的结果中却产生出非善恶的东西。如用公式表示，即是善恶——善中恶。例如在我国改革开放的过程中，曾经一度时期里在提拔干部的问题上，由于过分地片面地强调所谓的“政绩”，致使这样的现象常常出现：上任到某个县市当主要负责人的领导，到任后，往往要大搞一些“工程”，硬上些“项目”。究其动机，多半的情形是：他一方面也想为当地做点好事，改善一下当地群众的生活（这固然是“善”）；另一方面也企图通过大搞一些“工程”，硬上一些项目，做出一些“政绩”，以便使自己好提拔（这是一种特殊形态的“以权谋私”，必然流于“恶”）；于是往往不顾当地的实际情况（比如资金、资源、市场供求、环境等），大搞“政绩工程”。结果往往是，工程上去了，项目完成了，但有些刚剪完彩，就陷入进退两难的困境；有些红火了一阵子后，就很快亏损破产，成为一副烂摊子；有些虽然“成功”了，但给后任政府留下了一身难以还清的债；有的虽然经济上去了，但整个生态环境受到了严重的污染和破坏。由此可见，造成这些种种后果的一个重要原因，主要就是由于这些领导人的私心杂念作怪，以至于求功心切，“利令智昏”，不讲科学，独断专行。

第四种表现形式是，善中恶混合的动机，造成善恶两种效果。在这种形式中，动机是最复杂的，它还包含着非善恶的动机，但是结果却丧失了其非善恶的因素，只保留了善恶的因素。如用公式表示，即是善中恶——善恶。

在动果多向型道德变易形态的行为模式中，从善恶或善中恶相混的动机出发，产生善恶或善中恶多种后果。这种行为模式在社会生活中也是常见的一种社会现象。在此，我们首先要尽可能去净化我们的动机；在一时难以做到完全净化动机的情况下，最起码也应当让善良的动机占据主导地位。如果我们撇开动机来说，在这种行为模式中，造成后果的性质主要受外部客观条件与主观手段选择的影响。因而，当客观条件既定时，主观手段的选择就成了关键的因素。也就是说，尽管我们的行为在开始阶段上还存在着善恶相混的动机，如果要使行为的后果向着善的方面发展，就必须在道德手段的选择上下功夫，尽可能去选择有利于结成善果的手段。

3. 动果交向型道德变易形态。

动果交向型这种道德变易形态，是指上述动机与效果之间的三类基本关系模式中的第三类模式而言，即一种动机，造成多种效果；或多种动机，造成一种效果的关系模式。在这类关系模式中，既包含着两种相反数量的道德变易形式，又包含着两种性质相反的道德变易流向。由于在这类关系模式中，不仅动机与效果之间的数量不等，而且其道德变易流向在性质上也是不等的，并呈现出交错变易的流向，因此我们就把这部分的道德变易形式统称为“动果交向型”道德变易形态。它有四种具体的道德变易形式：

第一种表现形式是，从善的动机出发，结果却造成了善恶甚至善中恶多种效果。如用公式表示，即为善——善恶、善中恶。在当代中国，由于社会生产力水平还不高，其分布状态呈梯形，从而严重地制约了中国社会的全面发展。为了迅速地发展社会生产力，早日改变中国贫穷落后的面貌，以增强综合国力，提高人民生活水平，必须进行改革开放，建立和发展社会主义市场经济。可以说，改革开放是从善的动机出发，造就了当代中国社会的全面进步，这是善的一面，这是主流；但是，我们也不无遗憾地看到，各种社会消极腐败现象也在不同程度地滋生蔓延起来，尽管这是社会前进中出现的问题，是支流，但毕竟是丑恶的东西。同时，在社会发展中引发的种种新的社会矛盾，是社会发展一定阶段上难以避免的社会问题，在道德上不具有善恶的性质，是一种中性的社会现象。因此，我们必须要用辩证的观点去认识这些问题。在此，我们看到，从善的动机出发，结果却造成了善恶甚至善中恶多种效果，主要原因是由于客观存在所制约。面对这种情况，我们必须努力去推进善的一面不断发展；同时也必须努力去抑制恶的一面滋生蔓延，将恶的影响限制在最小的限度内。

第二种表现形式是，从恶的动机出发，结果却造成了善恶以至善中恶多种效果。如用公式表示，即为恶——善恶、善中恶。在世界历史上 20 世纪三四十年代发生的第二次世界大战，就是一个典型。这次世界大战先后有 60 多个国家和地区、20 亿以上的人口卷入了战争。在这次大战中，由于法西斯的疯狂烧杀掠夺，数以上亿的人数伤亡，各国财产损失不计其数，到处血流成河，尸横遍野，白骨累累，废墟满目，制造了人类历史以来最大的罪恶。同时，大战的结果也大大削弱了帝国主义的势力，大大促进了社会主义运动的发展，大大推动了世界民族解放运动的高涨，从而使包括中国在内的许多社会主义国家崛起，许多曾经沦为殖民地的国家获得了独立，许多被欺凌被压迫的民族和人民获得了解放。这种从恶的动机出发，结果却造成了善恶以至善中恶多种效果的形式，主要是因为客观条件和环境的影响。因此，我们要发挥人的主观能动性，去创造产生善的效果的条件和环境，促使恶的动机和手段失效，促使善的效果出现。

第三种表现形式是，从善恶甚至善中恶相混的多种动机出发，结果却出现了单一的善的效果。如用公式表示，即为善恶、善中恶——善。从善恶以至善中恶的多种动机出发，之所以造成单一的善（相对意义上）的结果，最主要的有四个因素：一是在多种动机之中，善的动机占据了主导方面（它可能从一开始就占据了主导方面，也可能在行为的过程中逐渐占据了主导方面）；二是有外部的比较强烈的善的诱导因素；三是以善的行为和活动作为达到善的效果的主要手段；四是把恶的动机清除干净，把不可避免要使用的恶的手段及其后果尽可能控制在最小的范围和最低的程度内。

第四种表现形式是，从善恶以至善中恶相混的多种动机出发，结果却出现了单一的恶的效果。如用公式表示，即为善恶、善中恶——恶。从善恶以至善中恶的多种动机出发，之所以造成单一的恶的结果，最主要的有三个因素：一是在多种动机之中，恶的动机占据了主导方面（它可能从一开始就占据了主导方面，也可能在行为的过程中逐渐占据了主导方面）；二是有外部的比较强烈的恶的诱导因素；三是以恶的行为和活动作为达到恶的目的的主要手段。

在动果交向型道德变易形态的模式中，我们要使行为的后果成为善性，一方面要重视行为动机的善恶；尽可能保持善的动机，修正恶的动机。另一方面，要重视行为过程中道德手段的选择（因为道德手段的善恶性质往往会影响到效果的善恶性质），尽可能选择正确的道德手段，以保证行为效果往善性的方面发展。当然，客观条件和环境对行为后果善恶性质的影响也很大。有时虽然人们是出于善良的动机，但由于客观条件和环境的制约和干扰，也会产生出出人意料之外的恶的后果。当这种情况出现后，我们必须尽最大努力去进行补救，把恶果造成的损失减少到最低的程度。并且要对此进行认真的检讨和反思，总结出经验教训，避免重蹈覆辙；假若某些恶果不可避免，也要尽可能采取一切可以采取的措施，去把恶果造成的损失降低到最低的限度。

二、道德流变的基本形态

如果说道德演变主要是从客体研究的视角，着重研究道德在宏观范围里的纵向性变化发展；而道德变易则主要是从主体研究的视角，着重研究道德在微观范围内的横向性变化发展；那么，道德流变则主要是从主客体统一的研究视角，着重研究道德在宏观与微观，纵向与横向相统一立体性的变化发展。道德流变的基本形态，主要有善恶性质流变形态、善恶程度流变形态和善恶质量流变形态三种。

1. 善恶性质流变形态。

“善”与“恶”是评价社会道德现象特别是人的道德行为或事件的最一般的概念。在伦理学的最一般的意义上，所谓善，就是指某一社会道德现象特别是人的某一行为或事件，符合于一定时代、社会或阶级的道德准则所表达的要求；而所谓恶，则是指某一社会道德现象特别是人的某一行为或事件，违背一定的时代、社会或阶级的道德准则所表达的要求。从根本上来说，对社会道德现象或个体道德现象的善恶评价，虽然要以事实判断为基础，但它本质上却属于价值判断的范畴，由于评价主体的不同，还由于评价的标准的不同等等，因而其相对性是显而易见的。然而，当人们去评判某种道德现象或去研究一定的道德现象的时候，为了评价与研究的可能，都必须去确定一个相对的“绝对善恶”前提。只有从此出发，才能去评价某种道德现象或去研究一定的道德现象，也才能去研究社会道德现象与个体道德现象的善恶流变。而当一定的社会道德现象或个体道德现象在变化发展中，相对于特定的“绝对善恶”已发生了性质、程度的流变时，我们就将这些道德现象的发展变化统称之为“道德流变”。

道德现象在变化发展中，当其发生了善恶性质上的流变时，我们就把这种道德流变现象称之为“善恶性质流变型”。这是道德流变的第一类基本形态，它主要有四种表现形式：

第一种表现形式是，原本为善的道德现象却在发展变化的过程中，流变成为一种恶的道德现象。如用公式表示，即为善——恶。从善的动机出发，却导致恶的结果，这其间的原因可以是多方面的。一可以因对事物认识上发生错误而导致恶果。二可以因在情况不明甚至是虚假信息的误导下作出错误的决策。三可以因脱离实际，主观主义（教条主义或经验主义）地作出错误的决策。例如在中国革命史上，在第五次反围剿的斗争中，我党就曾经犯了教条主义的错误，与强大的国民党军队进行所谓的“阵地战”、“堡垒战”，结果使革命根据地几乎损失殆尽，使中央红军损失惨重。四可以因采取了不当或恶的途径、方法和手段导致了恶的结果。五可以因造成善的道德现象的诸条件和诸因素，在发展中发生了根本性的变化而使善变成了恶，等等。

第二种表现形式是，原本为恶的道德现象却在发展变化的过程中，流变成为一种善的道德现象。如用公式表示，即为恶——善。中国古代社会，在以农耕为主体的自给自足性的自然经济，世代承袭的君主专制官僚政体和以伦理为中心的内向稳定性的文化背景下，形成了一整套适合当时社会发展要求的伦理道德体系；而凡是违背这一整套伦理道德体系所要求的思想行为，都曾经被当时的社会所认定为“恶”的思想行为。然而，随着古代社会向近现代社会的转换，特别是随着自然经济、计划经济向社会主义市场经济的转换，许多原本所谓“恶”的思想行为则流变成为一种“善”的思想行为。例如讲自立、自主、竞争、效率、平等、民主，以至讲爱情等的思想行为，在中国古代社会为恶，而在现代社会则流变为善。

第三种表现形式是，原本是善或恶的道德现象却在发展变化的过程中，流变成为一种非善恶（非道德）也即中性的社会现象。如用公式表示，则为善、恶——中性。在此，我们来讨论一下离婚问题。人类两性之间的婚姻，如果从文明社会的一夫一妻制出现开始，也有数千年的历史了。一夫一妻制婚姻从它一出现，就造成了三种现象：一是丈夫对妻子的统治，二是作为一夫一妻制婚姻补充的“杂婚制”，三是只有丈夫掌握主动权的离婚。事实上，这种情况不仅使婚姻难以离异，而且离婚成为（至少对妇女而言）不道德（恶）的行为。然而自从资产阶级革命以来，特别是工业革命和现代市场经济出现以来，随着平等观念的深入人心，随着妇女走上社会参加工作而获得了经济上的独立性，随着恩格斯的名言“如果说只有以爱情为基础的婚姻才是合乎道德的，那么也只有继续保持爱情的婚姻才合乎道德”[①] 被社会所广泛认同，离婚已经不再成为一件“可耻”的事情，而成为了男女两性之间婚姻生活过程中的一种合理（无所谓善恶——中性）的现象了。

第四种表现形式是，原本是非善恶（非道德）也即中性的社会现象，却在其发展变化的过程中，流变成为一种或善或恶的道德现象。如用公式表示，则为中性——善、恶。在工业文明之前的传统社会中，人类主要依赖于自然经济生活，除了农耕、畜牧之外，还有渔猎。在自然经济时代，自然生态状况良好，人们捕捉各种鱼类，猎食种种动物，都是合理（非善恶——非道德）的行为。可是随着工业革命的爆发，工业文明的迅猛发展，人类对自然进行了近乎疯狂的掠夺，严重地破坏了自然生态的平衡，反过来又严重地威胁到了整个人类生命财产的安全。于是，人类不得不反思自己的行为。20 世纪 60—70 年代，一批科学家就已经向人类这种对自然掠夺性、摧残性的行为发出了严重的警告。1972 年 6

① 《马克思恩格斯选集》第 4 卷，人民出版社 1995 年版，第 81 页。

月，在瑞典的斯德哥尔摩召开了联合国人类环境会议，并发表了《人类环境宣言》。1983 年联合国第 38 届大会通过了一项决议，决定成立世界环境与发展委员会。该委员会在经过调查之后，写出了一份著名的报告《我们共同的未来》，并提出了“可持续发展”的思想。正是在这一背景下，人类对自己与大自然相关的种种行为进行了规定和约束，其中包括以往的渔猎行为。人类根据现有物种的生存状况，定出了保护的各种级别，越来越多的物种特别是动物物种进入被保护、被禁杀、被禁食的范围。因此，对保护的各种物种尤其是动物物种的伤害、渔猎和食用都成了一种不道德的行为，成了一种“恶”的行为。

2. 善恶程度流变形态。

道德流变的第一类基本形态“善恶性质流变形态”，是从“质”上去考察道德的流变；而道德的流变除了“质”上的流变外，在善恶性质尚未发生根本质变的时候，也会发生“量”上的流变。

我们就把这类在“程度”、“数量”上的道德流变，称之为“善恶程度流变形态”。

这类善恶纯量上的道德流变，主要有如下四种表现形式：

第一种表现形式是，原本具大善的道德现象，在其发展变化的过程中，却流变成为只有小善的道德现象。如用公式表示，则是大善——小善。在中国古代宗法社会中，家庭具有举足轻重的地位，家长具有至高无上的权力；为了维护这种权力，“孝”成为最重要的道德规范，成为一切道德准则的根基和核心。因此，“孝”的思想行为也就成为“大善”的思想行为。而在现代社会，由于大家庭结构向核心家庭结构演化，亲子关系不再成为家庭关系的核心；而传统社会的两层结构模式也向现代社会的三层结构模式转型，家庭生活日益成为单纯的“私生活”领域；特别是由于传统自然经济被现代市场经济所替代，人人平等的思想观念深入家庭，因而，传统的“孝”的涵义地位都发生了根本性的变化。如“父要子亡，子不得不亡”、“父为子纲”、“不孝有三，无后为大”等封建主义糟粕已被淘汰，而尊敬父母、赡养老人等合理因素也得到了扬弃，注入了现时代的新内容。在今天，“孝”的行为无疑还是一种善的行为。但是，这种善行却在量上发生了重大的变化，由传统的“大善”相对地流变为“小善”。

第二种表现形式是，原本为小善的道德现象，在其发展变化的过程中，却流变成为具大善的道德现象。如用公式表示，则是小善——大善。从社会方面来说，过去在传统社会里，一些受佛教思想影响的人士，对一些动物作出“放生”

的行为，还只是一种“小善”的行为。而在现代社会，由于自然生态的危机，人们对动物所作出的“放生”行为，可以说已经变成了一种“大善”的行为。

第三种表现形式是，原本具大恶的道德现象，在其发展变化的过程中，却流变成为只有小恶的道德现象。如用公式表示，则是大恶——小恶。在中国古代宗法社会中，为了维护私有财产的需要，保证“生育有确凿无疑的生父的子女”，对妇女提出了忠贞的道德要求。并随着私有制的日益发展，“忠贞”成为最重要的道德规范。与此相适应，“通奸”的行为也就成为最不道德的事情，成为“大恶”的行为。在现代社会，由于传统自然经济被现代市场经济所替代，人人平等的思想观念深入人心，妇女也不再是生儿育女的工具，婚姻家庭生活日益成为“私生活”的领域，因而，传统的“忠贞”道德规范的涵义与地位也都发生了根本性的变化。在当代中国社会，婚姻家庭领域的基本伦理精神，是“男女平等精神”、“两性爱情观念”、“夫妻忠诚精神”等；可见，“通奸”的行为在一般情况下无疑还是一种恶的行为。但是，这种恶行却在量上发生了重大的变化，已由传统的“大恶”流变为“小恶”。

第四种表现形式是，原本只有小恶的道德现象，在其发展变化的过程中，却流变成为具大恶的道德现象。如用公式表示，则是小恶——大恶。在人类社会历史上，曾经发生过无数的因贪恋女色而铸成大恶的事例。例如中国西周末期，“千金买笑”——周幽王为博红颜一笑而导致亡国的故事。

3. 善恶质量流变形态。

如果说，道德流变的第一类基本形态“善恶性质流变形态”，仅仅是从“质”的视角去考究道德的流变，而第二类基本形态“善恶程度流变形态”，又仅仅是从“量”的视角去考察道德的流变的话，那么，道德流变的第三种基本形态“善恶质量流变形态”，则是从“质”与“量”统一的角度去考察道德的流变。从这个视角去考究道德的流变，就可以发现，道德现象的流变，不仅会发生“质”上的流变，而且同时也会发生“量”上的流变。

善恶质量流变形态，也有四种主要的表现形式：

第一种表现形式是，原本具大善的道德现象，却在其发展变化的过程中，流变成为一种具小恶的道德现象。如以公式表示，即为大善——小恶。中国封建社会，在以农耕为主体的自然经济和等级森严的宗法制度的基础上，确立起封建君主专制制度。与这种封建君主专制制度相适应，君臣之间必须建立起紧密的人身依附关系。与此相适应，忠君之德为“大善”之德；反之，不忠行为乃为十恶不赦的“大恶”行为。在现代中国，随着改革开放的深化，社会主义市场经济的崛起，“平等”、“民主”、“自立”等一系列新观念广泛流传，社会主义民主政治体制得以确立并不断完善。在这种新的时代背景下，“忠君”的思想和“愚忠”的行为，显得是那么的格格不入，它不仅不再成为一种“大善”的行为，而且还成为一种只会被人蔑视的“小恶”行为。

第二种表现形式是，原本具大恶的道德现象，却在其发展变化的过程中，流变成为一种具小善的道德现象。如以公式表示，即为大恶——小善。第二次世界大战结束前，美国使用原子弹对日本广岛和长崎两市进行了惨绝人寰的大轰炸。这次大轰炸，共杀伤约45万日本居民，大量的房屋和建筑都被摧毁，有的甚至化为灰烬。美国此举是想夺取最后战胜日本的胜利果实，并用原子弹恐吓世界人民，作为战后夺取世界霸权的资本。可以说，在太平洋战区，对日战争的胜利已经是无疑的了，美国对日使用核武器，虽然对加速这场战争的胜利起到了一定的作用（小善），但是却以45万日本居民的死伤为代价（大恶）。这种以大恶的手段去取得小善的行为，时至今日，依然受到了全世界各国人民的强烈反对。

第三种表现形式是，原本具小恶的道德现象，却在其发展变化的过程中，流变成为一种具大善的道德现象。如以公式表示，即为小恶——大善。

第四种表现形式是，原本具小善的道德现象，却在其发展变化的过程中，流变成为一种具大恶的道德现象。如以公式表示，即为小善——大恶。

（原载《学术研究》2011年第2期）

中国改革开放历史进程中的道德代价

中国改革开放30多年来，取得了令世界为之瞩目的辉煌成就。这是国人的福祉，这是国人的荣耀，这是国人的骄傲。然而，在这一派太平盛世的景象之中，却埋藏着一种深重的道德危机——中国改革开放历史进程中付出的沉重道德代价。

一、改革开放历史进程中所付出的道德代价

回首中国改革开放的历史进程，随着社会主义商品经济的发展、社会主义市场经济的崛起，中国发生了天翻地覆的变化。一方面，经济社会的发展取得了巨大的进步；另一方面，经济社会的发展也付出了沉重的代价。其中，也包括付出了沉重的道德代价。那么，我们究竟付出了什么样的道德代价呢?

一是拜金主义。市场经济是商品经济发展的最高阶段。马克思在其闻名遐迩的巨著《资本论》中，以历史与逻辑相统一的方法，揭露了商品经济随着其历史的发展，必然产生商品拜物教和货币拜物教，由此，拜金主义自然而然、广泛而深刻地影响着人们的道德观念。中国改革开放 30 多年来，拜金主义犹如山洪暴发，冲破了传统美德的堤坝，泛滥成灾。它成为世俗评定人的价值标尺，彻底颠倒了人与物的关系，使人成为金钱的奴隶，唯利是图，引发了种种缺德无耻和违法犯罪的行为。

二是极端个人主义。市场经济的前提，是经济主体（至少在形式上）的独立。这种独立性在为人的解放奠定了坚实的经济基础的同时，也把个体与社会对立起来。每个经济主体作为一个“经济人”，既受市场经济追求最大限度的利润之本性所驱使，又受市场经济竞争规律所逼迫，都必然把自身的利益作为经济活动的出发点和归宿。这种社会存在决定着人们的社会意识，因而，“人人为自己，上帝为大家”的个人主义自然成为世俗的道德观念。而在拜金主义的深刻影响下，从个人主义走向极端个人主义只是一步之遥。中国改革开放 30 多年来，不容置疑的是，极端个人主义滋生蔓延，成为许多人道德堕落的思想道德根源。

三是腐败成风。在拜金主义和极端个人主义的导引下，政治领域的政治腐败蔓延至今已相当严重。它最主要表现为权钱交易（权力寻租）的“经济腐败”、权色交易的“生活作风腐败”、权权交易的“吏治腐败”和官僚主义的“工作作风腐败”。在近十多年来，每年受到法纪处理的党员干部就有十几万人。中纪委在向党的十六大的工作报告说：“1997 年 10 月至 2002 年 9 月，全国纪检监察机关共立案 861917 件，结案 842760 件，给予党纪政纪处分 846150 人，其中开除党籍 137711 人。被开除党籍又受到刑事追究的 37790 人。在受处分的党员干部中，县（处）级干部 28996 人，厅（局）级干部 2422 人，省（部）级干部 98 人。”中纪委在向党的十七大的工作报告又说：“2002 年 12 月至 2007 年 6 月，全国纪律检查机关共立案 677924 件，结案 679846 件（包括“十六大”前未办结

案件），给予党纪处分 518484 人。查处陈良宇、杜世成、郑筱萸等极少数高级干部严重违纪案件。”这些问题严重削弱党的创造力、凝聚力、战斗力，严重损害党同人民群众的血肉联系，严重影响党的执政地位巩固和执政使命实现。

四是诚信危机。诚信本是立人之本、立家之本、立市之本、立党之本、立国之本。然而，在拜金主义和极端个人主义的导引下，社会诚信严重缺损。在政治领域，许多地方政府政策多变，随心所欲，朝令夕改；不少干部好说大话、空话、假话、废话、套话、恶话。在文化领域，抄袭、剽窃、造假、冒名、低俗、制劣现象屡见不鲜。特别在经济领域假冒伪劣行为更是比比皆是，危害剧烈。几乎可以说，没有哪一类的商品没有问题，人们的衣食住行等无一安全，人与人之间的信任感严重缺损。干风、社会风气乃至政府形象、民族形象、国家形象都遭受到不同程度的损害，而这些损害却是根本无法用金钱来衡量的。

五是底线伦理防线失守。从计划经济走向市场经济，道德理想主义也走向现实主义，这无疑是有其合理性。然而，当传统道德被冲垮，现代道德尚未建构之时，人们陷入道德的迷谷之中。随着社会对过去道德的所谓“假、大、空”现象进行猛烈而彻底的批判，道德的理想主义逐渐在社会上严重萎缩，人们不再相信和追求高尚、纯洁和崇高。于是，道德的理想因子被抽离，道德开始无奈地退守“底线伦理”。可是人们却不知道，道德没有理想的因子就绝非道德，这种所谓的“道德”就是一种没有“脊梁骨”的“道德”，它是不可能防守住拜金主义和极端个人主义的猛烈攻击。结果可想而知，底线伦理防线必然失守。一个最典型的例子就是：一位好心人看到一个人被车撞伤，立即把这位伤员送进医院救治；然而可悲的是，这位伤员不仅不感谢好心人，还反诬赖是好心人把他撞伤。

六是社会“潜规则”横行。潜规则实质上是一种落后、腐朽、阴暗的反道德规则。这种反道德规则是见不得人的、见光死的黑暗规则。然而，在今天的现实社会中却大有市场，甚至于是一张社会通行证。社会潜规则利用权力、权威等“硬实力”暗中推行，利用利益、名声等“软实力”予以诱导。威逼利诱人们卖身投靠、卖色投靠、卖德投靠，造成吹牛拍马、阿谀奉承、拉帮结派、结党营私、贿赂成风、欺上瞒下、顺昌逆亡、滥用职权等等不良风气。使邪气猖獗，正气受压，公正难行，正义难伸。社会潜规则不仅弥漫在经济社会各领域，而尤以政治领域与文艺领域中为甚。

七是社会逆反心理严重。在改革开放以来，一方面，由于政治腐败和社会腐败滋生蔓延，特别是官僚主义日益严重，造成了党群关系与干群关系紧张，引发了“仇官”的逆反心理；另一方面，由于，贫富差距过大，不少先富起来的人往往为富不仁，引发了“仇富”的逆反心理；再一方面，在“仇官”、“仇富”的逆反心理下，社会关怀往往又跟不上，一些陷于逆境中的人，极易引发“仇社（会）”的逆反心理。在这三种逆反心理引导下，一些人自觉自身没有社会归宿感，必然成为社会的“不合作者”，成为个体善与社会善之建设的重大障碍。他们往往反其道而行之，蔑视社会道德，干扰社会秩序，甚至于暴力报复社会，对社会的安定团结与和谐形成巨大的威胁。

八是双重道德人格泛起。双重道德人格，其突出表现为道德意识与道德践行在相当大程度上的分离。用通俗的语言来表示，就是说的与做的不一样；对自己的要求与对他人的要求不一样；表面做的与实际做的不一样；甚至于人前一副嘴脸，人后一副嘴脸；等等。在传统社会，长期的专制与人治，不仅造成了民众是一个“单向度”的人，只有道德义务而没有道德权利；而且由于高度的专制集权和严密的人身控制，造就了臣民双重道德人格的生存之道。改革开放以来，双重道德人格本应得到相当大程度上的消解，可是实际的情形却并非如此。由于上述种种道德消极腐朽现象的存在，特别是腐败成风、诚信缺损、潜规则横行等等，使双重道德人格泛起，甚至于更为普遍化。双重道德人格的存在，无疑是道德建设的一个巨大的心理障碍，也是整个社会“假象”到处弥漫的深层道德心理根源。

九是婚姻家庭道德困扰。婚姻家庭是社会的细胞，是人们生活的重要场所，是人们教育成长的重要基地。在拥有世界上1/5强人口的中国，有一个良好的婚姻家庭环境，对于整个社会的和谐发展来说是至关重要的。改革开放以来，在婚姻家庭道德建设取得长足进步的同时，婚姻家庭的道德困扰也日趋严重：利益婚姻呈增长势头、青少年早恋人流相当严重、离婚率与单亲家庭不断增长、“包二奶”养情妇到处流行、弃养父母老人现象日益增多、为利益争斗家人反目成仇不断上升、家庭暴力问题严峻、性病和嫖娼卖淫泛滥严重困扰婚姻家庭，等等。

二、改革开放以来道德代价沉重付出的社会根源

上述改革开放历史进程中的九大道德代价，都在不同程度上有着历史的原因与根源。但是，历史如果没有现实提供基础，是不可能发生作用的。因此，我们探讨“根源”的焦点应当投注于现实之中。

当我们的目光投向现实时，我们就可以发现，改革开放的历程首先是在经济

领域展开的。而经济基础正是思想上层建筑的深层社会根源。当代中国经济基础最根本性的变革无疑是市场经济体制的建立。正如我们前述的那样，市场经济的崛起，引起了整个中国社会天翻地覆的深刻变迁。而市场经济的价值，也正如我党在十四届六中全会决议中指出的那样："我国的实践已经证明，发展社会主义市场经济有利于解放和发展社会主义社会的生产力，增强社会主义国家的综合国力，提高人民的生活水平，也有利于增强人们的自主意识、竞争意识、效率意识、民主法制意识和开拓创新精神，使社会主义的优越性进一步发挥出来。同时，市场自身的弱点和消极方面也会反映到精神生活中来。"

那么，市场经济其价值的秘密何在呢？

市场经济价值的真正秘密，就在于"利益"这一把"双刃剑"。市场经济是现代的商品经济，它同以往一切经济形态的根本区别，就在于其他经济形态本质上是追求"使用价值"的；而市场经济则是追求"交换价值"的。马克思在《资本论》中曾经用两个不同的公式来表达这一根本的区别：W—G—W（自然经济），G—W—G′（市场经济）。无疑，市场经济的核心是"资本（G）"，而"资本家"则是市场经济时代的"宠儿"。早在150年以前，马克思就曾惊奇地发现，作为人格化的资本，资本家的本性是由资本的本性所决定的，他的一切所作所为，都是由资本的本性所驱使的。无限地榨取剩余价值（利润），是资本家从事一切经济活动乃至非经济活动的出发点和最终归宿。资本家的这一贪婪本性，并不取决于他个人的禀赋和个性，而事实上是由他赖以生存的生产关系所决定的。不仅资本家本性如此，所有独立的经济主体作为经济人也在不同程度上受市场经济本性之影响。而市场经济的本性反映到人们的思想道德意识上来，负面演化为拜金主义、极端个人主义和享乐主义。社会主义市场经济与资本主义市场经济，是特殊和一般的对立统一。社会主义市场经济作为"社会主义"的市场经济固然有其特殊性，然而，它既是"市场经济"，就必然具有市场经济的一般性。这种一般性，就是市场经济的无限逐利性。正是市场经济这种无限逐利性，其正面效应，最大限度地调动了人们生产、劳动、工作、科研、开拓、创新的主动性、积极性和创造性；使社会生产力和科技进步如几何级数般发展，推动着经济社会的迅猛前进。而其负面效应，使人们唯利是图，不择手段谋求利益的主动性、积极性和创造性也充分发挥出来，由此，种种消极腐败的思想行为和违法犯罪行为也迅猛地蔓延开来，给社会带来了无穷无尽的罪恶与灾难。

此外，中国的改革开放是在没有任何经验可以借鉴，没有任何比较成熟的思想理论作为指导的情况下进行的，这就决定了我们必须在改革开放的实践中“摸着石头过河”。同时，我们又是在我国的国民经济即将走向崩溃的边缘之时，必须义无反顾地“杀出一条血路”来。在这种历史条件下，探索“以经济建设为中心”，走市场经济之路成为我们的必然选择。当全国人民都几乎把全部精力和注意力投向经济建设，全民经商如火如荼展开时，我们根本无暇顾及社会其他方方面面的建设。由此，我们开始走上了一条片面发展的经济增长之路。当我们在改革开放的实践中逐步发现这些问题时，虽然作出了种种调整，但是，唯 GDP 主义已成定势，积重难返。从而不仅造成了我们政治体制改革、文化体制改革十分缓慢，社会建设严重缺损，生态环境遭受严重破坏，而且思想道德建设长期得不到应有的重视。特别是我们的干部道德建设长期边缘化，许多干部不要说没有“先进性”的道德素养，甚至于连“广泛性”的道德素质也不健全。而我们的干部绝大多数是党员，由此也造成了“党德”建设的薄弱化。这些没有高尚道德作为支撑的党员干部，坚定的共产主义信仰对其来说是不可想象的；而没有坚定的共产主义信仰的党员干部，要指望他能够经受住“改革开放的考验”、“市场经济的考验”、“执政的考验”更是难以想象的。而党风干风的不正，必然引发整个社会道德风气的不正。与此相关的是，在现有高考体制的引导下，唯分数主义占据统治地位，从而在客观上也造成了我们的国民教育，过分重视科学文化教育而过分忽视思想道德教育。我们不无遗憾地看到，当全民都在高度重视科学文化建设的同时，却对思想道德建设相对十分轻视。特别是我们目前的教育制度，素质教育久久不能落实，应试教育却蓬勃发展，大中小学教育都“以分数为纲”，德育课变成了纯粹的“知识课”，忽视了青少年的道德养成，使不少青少年变成知识上的“高人”，道德行动上的“矮子”，更导致了青少年违法犯罪率的居高不下（全国每年以 12% 的速度递增，广东每年以 20% 的速度递增）。

在主观层面上，我们长期以来形而上学的思想认识方法普遍流行。传统社会以小农经济为基础，它注重经验、感觉、感情，形成两极思维方式。它对事物的认识不是肯定，就是否定；而这种否定不是扬弃，而是全盘否定和完全抛弃。在计划经济时代，我们强调精神万能，高举道德的旗帜猛烈地批判“物质刺激”、“金钱挂帅”与“白专道路”，忽视经济建设和法制建设；而在市场经济时代，我们则完全否定了精神的价值和道德的旗帜，高扬起“物质刺激”、“金钱挂帅”与“白专道路”的大旗，在高度重视经济建设和法制建设的同时，我们又忽视了道德建设。于是，我们必然走上一条高度重视物质文明建设，轻视精神文明建设的发展之路。邓小平在总结改革开放十年来的经验教训时严肃指出，我们十年来最大的失误是思想教育，物质文明和精神文明必须两手抓两手都要硬。可是，在把以经济建设为中心曲解为“以 GDP 为纲”的实际引导下，许多地方依然“见物不见人”，在不同程度上把社会主义精神文明建设特别是思想道德建设放在“说起来很重要，干起来就忘掉”的地位上，从而使 20 世纪末出现了“信仰危机”、“诚信危机”等一系列道德危机的状况。

同时，计划经济时代，由于我们高举精神的旗帜，在道德建设上则盲目追求共产主义道德的崇高要求，以同一高层次的道德准则去规范全体人民，违反了道德建设的基本规律，使道德建设逐渐流变为“假、大、空”；改革开放以来，我们痛定思痛，把道德建设从天上拉回到了人间；然而，我们在批判以往“假、大、空”的做法时，又把道德的先进性要求也一起否定掉了，甚至于也把我们一些优秀的传统美德一起给否定掉了。在此我们必须指出的是，我国传统道德文化，源远流长，博大精深，既有宝贵的精华，也有封建性的糟粕。但是自从“五四”运动以来，国人就偏向于对传统道德文化的全盘否定；到了“十年动乱”时期，这种否定已经登峰造极。在“左”的思潮严重影响下，以往的一切道德文化几乎都成了“封、资、修”的东西，统统属于被彻底扫荡之列，连道德修养也成了“黑修养”，从而在很大的程度上割裂了社会主义道德文化与传统美德的传承关系，使许多优秀传统美德，难以为继；也使许多社会主义新道德，缺乏深厚的文化传统根基，而难以深入人心。改革开放后，我们逐渐认识到，我国优秀传统道德文化和国外特别是西方发达国家的优秀传统道德文化，在建设中国特色的社会主义道德文明中有着重要的价值，开始继承和发扬我国优秀的传统道德文化，努力学习国外特别是西方发达国家的优秀传统道德文化。然而，一些国人好走极端的本性又一次发作了。某些国学者打着所谓“弘扬传统文化”的旗帜，把儒学、“国学”捧上了天，好像只有儒学、“国学”才能“真正发展”中国，甚至于鼓吹其所谓的“正宗”地位。而某些西方文化的崇拜者则打着所谓“学习西方文化”的旗帜，鼓吹“十五的月亮还是西方的圆”；以为只有西方文化才能“真正发展”中国；他们打着“更新观念”的旗号，把一些资产阶级的腐朽思想观念奉为至宝；甚至于要求文化发展指导思想上的多元化，企图以西方资本主义文化取代马克思主义的指导地位。从而，把道德建设引向了歧途。

三、必须把改革开放的道德代价降低到最小程度

在探讨这个问题之前，还必须澄清一个相关的问题，即改革开放该不该付出道德代价？这是一个价值疑问。价值疑问的真实性必须建立在真理性的基础之上。也就是说，道德代价的付出是否必然？从唯物辩证法来看，任何改革都必然付出代价，也必须付出代价；只不过是要付出什么样的代价和付出多大的代价？从后发国家的现代化建设实践来看，几乎所有的后发国家在现代化建设进程中都付出了不同程度上的代价。在总结后发国家的现代化建设实践基础上，西方学者不仅继承了早在19世纪就已提出的"代价论"，还进一步提出了"U"形代价理论。西方的代价论，其合理性在于它真实地反映了世界范围内的现代化建设实践的经验教训；而其负面影响，就在于它否认了人的主观能动性，否认了人在历史发展进程中所必须担当的社会历史责任。

由此可见，无论从实践上还是从理论上，道德代价的付出是必然的；但是，我们却有责任也有能力让道德代价的付出降低到最小的程度。那么，我们如何才能让道德代价的付出降低到最小的程度？

要让道德代价的付出降低到最小的程度，必须要坚定不移地落实科学发展观。改革开放以来我们之所以付出了沉重的道德代价，其中一个重要根源就是我们曾经走了一条片面发展之路；尽管这条片面发展之路在当时的历史条件下有其必然与合理之处，但是其必然性与合理性在今天却早已丧失。科学发展观正是适应了当今世界历史发展的潮流和当代中国社会历史发展的客观要求，它把发展放在执政兴国的第一位，坚持以人为本为核心，坚持社会全面协调可持续发展，坚持统筹兼顾的根本发展方法。它要求必须按照中国特色社会主义事业的总体布局，全面推进经济建设、政治建设、文化建设、社会建设。坚定不移地落实科学发展观，就可以最大限度地纠正过去那些"唯GDP主义"、"见物不见人"、"以分数为纲"等错误认识和实践，把道德建设放置于其应有的位置上，从而才能有效地整合整个社会的道德建设资源，推动社会主义道德建设的不断进步。

要让道德代价的付出降低到最小的程度，必须要使道德建设适应、引导和超越市场经济。经济基础决定上层建筑，道德建设首先必须要适应社会主义市场经济的发展要求，这是道德建设发挥作用的前提和基础。事实上，正是由于社会主义市场经济的崛起，许多适应社会主义市场经济发展要求的新的道德观念、道德规范如雨后春笋般地涌现出来；而同时，也由于我党和政府主导的道德建设主动

积极地去适应社会主义市场经济发展的需要，才使得社会主义道德建设成为推动社会主义市场经济发展的强大精神动力。

然而，道德建设还要引导社会主义市场经济的发展；这不仅是市场经济具有“双重效应”的必然要求，不仅是经济社会发展的客观要求，也是道德成其为“道德”的本性所然。道德作为一种特殊的“价值”，它与“真理”不同；“真理”强调的是人的主观认识要与客观实际相一致、相符合，而“价值”强调的是人的价值认识要能够引领社会进步。因为“价值”不仅来源于现实，奠基于人的实践基础上的真理性认识，具有现实性和规律性；还高于现实，饱含着人的理想追求，具有理想性和引导性。因此，道德作为一种以善恶为评价标准的特殊“价值”，是现实性与理想性的统一，是适应性与引导性的统一。没有现实性和规律性，道德建设就失去其存在、发展和发挥其作用的前提和基础；而没有理想性和引导性，道德建设就不是一种“价值建设”，也同样丧失其存在、发展和发挥其作用的条件和“价值”。因而，社会主义道德建设对社会主义市场经济发展的引导，是道德作为“道德”的本性所然。

同时，道德建设要实现其“引导”功能，其根本是道德建设能够超越社会主义市场经济的发展。社会主义道德建设之所以能够而且必须超越社会主义市场经济，就在于道德本身所具有的源于实践又高于实践的理想性特质，也在于市场经济本身不能提供这种理想性特质的资源。如果把道德分成不同的层面的话，可以分成“底层性道德”和“高层性道德”。“底层性道德”是社会生存所必须的最起码的道德要求，也可称之为“生存性道德”；“高层性道德”则是社会发展所追求的高尚道德要求，也可称之为“发展性道德”。如果从现实与理想的角度来划分的话，也可以分成“现实性道德”与“理想性道德”。“底层性道德”与“生存性道德”更多地含有“现实性”，故亦可称之为“现实性道德”；而“高层性道德”和“发展性道德”则更多地含有“理想性”，故亦可称之为“理想性道德”。“理想性道德”具有现实超越性，故又可称之为“超越性道德”。而由市场经济这一经济基础所能提供给道德建设的资源，基本上是一种“底层性道德”、“生存性道德”、“现实性道德”，这种道德是适应社会主义市场经济发展的需要而生成的，故又可称之为“适应性道德”。但是，市场经济这一经济基础却不能提供给道德建设的“高层性道德”、“发展性道德”、“理想性道德”、“超越性道德”的资源。其根本的原因就在于市场经济本身所特有的本质与本性。市场经济的一切活动都是围绕着直接的“物质利益”而旋转，讲究的是义务和权利的对等与平衡；而它们的出发点都是从经济人的“自我利益”或“个人利益”出发，其根本价值指向就是如何追求经济利益的最大化。因此，一切超越自我利益、超越物质利益的行为和“道德”资源，并不是市场经济本身能够直接供给的。而人类的理想追求、人类社会的共同美德和人类的其他社会领域生活的理想性要求，才是道德建设的“高层性道德”、“发展性道德”、“理想性道德”、“超越性道德”的真正资源。而正是这些道德资源，使道德建设具有了超越市场经济的现实性。而道德建设也只有超越市场经济的发展，才能实现它引导社会主义市场经济发展的历史使命，才能使经济社会的发展走向更高的文明，才能使社会主义社会变得更加和谐，也才能让改革开放的道德代价付出降低到最小的程度。

要让道德代价的付出降低到最小的程度，必须要坚持以德治国与依法治国相结合的治国方略。道德建设是一项复杂的社会系统工程，它不仅要按照自身的规律进行，还需要一系列的经济社会条件予以支持。其中，政治制度和社会制度的合理安排，以及法治的根本保障是至关重要的条件。这就必须坚持以德治国与依法治国相结合的治国方略。在一定意义上，依法治国和以德治国历来是人类社会最基本也是最重要的治国方式。从根本上来说，安邦治国既需要法治，也需要德治，是由于法律与道德两者各有所长，各有所短；只有两者之间取长补短，相互支持，才能真正保证社会长治久安。如果从法治与德治的本质来说，法治属于政治文明的范畴，德治属于精神文明的范畴。政治文明以物质文明为经济基础，以精神文明为思想指导，在这一意义上来说，有什么样的精神文明，就有什么样的政治文明。同时，归属于政治文明范畴的法治，作为一种政治建设，重在制度建设；而归属于精神文明范畴的德治，作为一种思想建设，重在素质建设。在制度与素质的关系上，制度建设是首位，素质建设是关键。没有制度建设，素质建设就没有保障；没有素质建设，制度建设也就没有依托。由此可见，治国安邦，单靠法治也不行，单靠德治也不行；法治和德治对立统一，道德建设要依靠法制建设来保障，法制建设要以道德建设为根基；只有两者相互配合，才能产生最大最佳的效果。然而，计划经济时期，由于“左”的思潮的严重干扰，我们在客观上重视了“以德治国”，而严重忽视了“依法治国”；特别是在十年“文革”中，把法制建设几乎摧残至尽，从而使“以德治国”走上了邪路。改革开放后，我们拨乱反正，致力于建设社会主义法制国家和法治社会，推动法制建设迅猛发展，有力地保证了改革开放的顺利进行。然而，我们在强调社会主义法制建设的同时，一些人又逐渐地走上另一个极端，迷信法制，以为“法制包治百病”，从而轻视德治，轻视道德建设，讥笑“道德无用”，甚至提出“良心究竟值多少个钱”之荒唐疑问。结果，我们不无遗憾地看到，法治建设在迅猛发展的同时，社会上的各种丑恶现象和违法犯罪现象依然呈螺旋式上升态势。特别是青少年违法犯罪现象日益突出，全国的青少年违法犯罪率每年以12%的速度递增，而处于全国改革开放最前沿的广东，其青少年违法犯罪率每年则以20%的速度递增。这种血淋淋的社会现实向我们警示，无论是依法治国还是以德治国，少了哪一样都不行。正如江泽民曾经在全国宣传部长会议上的讲话中强调的那样：对一个国家的治理来说，法治与德治，从来都是相辅相成、相互促进的。二者缺一不可，不可偏废。正是基于这样的认识，党的十六大政治报告在总结我党十三年来的基本经验时，把“坚持物质文明和精神文明两手抓，实行依法治国与以德治国相结合”作为其中的一条基本经验。而《中共中央关于构建社会主义和谐社会若干重大问题的决定》在建设和谐文化的举措中，也强调必须“坚持依法治国与以德治国相结合”。

要让道德代价的付出降低到最小的程度，还必须要高度重视和加强执政党领导干部道德建设。这首先是由执政党的领导地位和历史使命所决定。中国共产党作为执政党，是中国特色社会主义事业的领导核心。要把中国的事情办好，关键取决于我们党，关键取决于我们党的领导干部。同时，也是由领导干部道德的重要价值所决定。马克思恩格斯曾经说过：“统治阶级的思想在每一个时代都是占统治地位的思想。”①领导干部道德在社会道德体系中处于主导地位，其道德水平，不仅显示了社会道德建设的质量，而且直接影响到社会道德建设的成效。如果没有领导干部道德风气的根本好转，就不可能有整个社会道德风气的根本好转。因此，必须切实加强执政党领导干部道德建设。而执政党领导干部道德建设，最重要的就是要切实加强领导干部道德建设的制度化。制度道德与个体道德相比，具有特别优先的地位。邓小平指出：“这些方面制度好可以使坏人无法任意横行，制度不好可以使好人无法充分做好事，甚至走向反面。”② 制度化在领导干部道德建设中具有重要意义：第一，它是领导干部道德建设取得实效的保证。如果只是单纯进行领导干部道德教育与修养，而不进行相应的制度建设，没有制度的强约束机制，领导干部道德建设便没有保证。第二，它是领导干部道德

---

① 《马克思恩格斯选集》第1卷，人民出版社1995年版，第98页。

② 《邓小平文选》第2卷，人民出版社1993年版，第333页。

人格养成的必要途径。完善的道德人格的形成往往要经历一个从他律到自律的转化过程。而制度所具有的强制性的约束力对于领导干部道德人格的养成是必要的。在制度化方面，当前最迫切地要抓三条：一是加大对干部任用的操守考察力度。“重点看是否忠于党、忠于国家、忠于人民，是否确立正确的世界观、权力观、事业观，是否真抓实干、敢于负责、锐意进取，是否作风正派、清正廉洁、情趣健康。注重从履行岗位职责、完成急难险重任务、关键时刻表现、对待个人名利等方面考察干部的德。”① 二是完善干部人事制度，要保证“让能干事者有机会、干成事者有舞台，不让老实人吃亏，不让投机钻营者得利”②。从而充分发挥干部人事制度的道德价值导向作用，引导广大干部自觉进行社会主义道德修养。三是加大打击腐败分子的力度，保持党的廉洁性。我们党从革命党转变为执政党之后，特别是在社会主义市场经济发展的过程中，党内的腐败现象日益严重起来，党内的腐败分子也渐渐地猖獗起来，严重地损害了党的形象和威信，严重地损害了社会主义国家的形象与威信，严重地威胁到党和国家的前途和命运；因此，必须严厉打击腐败现象和腐败分子，保持党的廉洁性。这是我党目前面临着的一场最艰巨的政治斗争，也是执政党领导干部道德建设和全民道德建设面临着的一场最艰巨的政治斗争。我们没有退路，胜则党兴国盛，败则党亡国衰。

（原载《伦理学研究》2011 年第 3 期。转载中国人民大学复印资料《伦理学》2011 年第 9 期）

“道德代价”问题研究的意义

人类社会的本质是人所特有的社会实践活动，人类正是在社会实践活动中，能动地认识世界和改造世界，创造着人类社会的历史。物质世界是人类社会实践活动的广阔舞台，意义世界是人类社会实践活动的舞台导演。中国的改革开放无

① 《中共中央关于加强和改进新形势下党的建设若干重大问题的决定》。
② 《中共中央关于加强和改进新形势下党的建设若干重大问题的决定》。

疑是人类社会一项最伟大的社会实践活动，研究这一项最伟大的社会实践活动历程中所衍生的道德代价之意义，正是在于推动经济全球化时代背景下的中国社会主义现代化建设，更好更快地在世界广阔舞台上导演出更雄壮、更威武、更辉煌的历史篇章。

一、中国改革开放发展的必然要求

自从党的十一届三中全会开创了中国改革开放新时代，迄今为止，她已经走过了30多个春秋。正如胡锦涛总书记在庆祝中国共产党成立90周年大会上的讲话中指出，30多年来，“我们党紧紧依靠人民进行了改革开放新的伟大革命，开创、坚持、发展了中国特色社会主义。……推动社会主义现代化建设取得举世瞩目的伟大成就。”“今天，一个生机盎然的社会主义中国已经巍然屹立在世界东方，13亿中国人民正在中国特色社会主义伟大旗帜指引下满怀信心走向中华民族伟大复兴。”①

但与此同时，胡锦涛总书记也明确指出，“全党必须清醒地看到，在世情、国情、党情发生深刻变化的新形势下，……精神懈怠的危险，能力不足的危险，脱离群众的危险，消极腐败的危险，更加尖锐地摆在全党面前，落实党要管党、从严治党的任务比以往任何时候都更为繁重、更为紧迫。”②

无疑，中国改革开放以来，摆在中国人前面的，不仅有前所未有的机遇，还有前所未有的挑战。伴随着中国改革开放的辉煌成就而来的，还有一个不曾预料的沉重社会代价——道德代价。

如果我们回顾一下中国改革开放30多年来的历程，我们就不难看出，道德代价的付出是如此的沉重，又是如此的令人不安。

在此，我们可以将中国改革开放以来道德代价付出的历程分成三个阶段。

第一阶段，道德代价的初现期。这个时期，大约从1979年至1992年。

改革开放从十一届三中全会起步，十二大以后全面展开。它经历了从农村改革到城市改革，从经济体制的改革到各方面体制的改革，从对内搞活到对外开放的波澜壮阔的历史进程。

随着改革开放的春风劲吹，计划经济时代的坚冰被打破。经济体制改革一马

---

① 中央政府门户网站：www,gov.cn，2011年7月1日。

② 中央政府门户网站：www,gov.cn，2011年7月1日。

当先，经济特区冲锋在前，杀开了一条血路，迎来了中国经济社会发展的春天。然而，春天也正是各种细菌病毒活跃繁殖的时期，道德代价也由此而逐渐初现出来。各种社会渣滓沉渣泛起，“黄赌毒”重新出现，经济犯罪日益增长，腐败现象开始滋长，拜金主义、极端个人主义和享乐主义抬头，各种消极道德现象此起彼伏。

违法犯罪现象是消极道德现象的极端反映。1993 年 3 月 22 日，时任最高人民法院院长的任建新在第八届全国人民代表大会第一次会议上作《最高人民法院工作报告》中指出，从 1987 年至 1992 年，全国法院共受理一审刑事案件 2016357 件，其中 1992 年受理的 422991 件，平均每年上升 7.9%。共审结“黄赌毒”犯罪案件 69060 件，判处犯罪分子 101367 人，其中 1992 年判处的 24879 人。5 年共审结贪污、受贿案件 101831 件。《中共中央纪律检查委员会向党的第十四次全国代表大会的工作报告》中也指出，5 年来，各级纪检机关共查处党内各类违纪案件 874690 件，处分党员 733543 人，其中开除党籍 154289 人，由司法机关依法给予刑事处分的党员 42416 人。在受处分的党员干部中，县团级 16108 人，地师级 1430 人，省军级 110 人。

这一时期道德代价产生的特点，如果概括地说，主要有以下几点：第一，经济领域道德代价突出。道德无非是社会经济状况的产物，改革开放首先从经济领域突破，在经济体制转型的漏洞中，种种消极道德现象首先滋生起来，经济犯罪问题特别突出。第二，婚姻家庭领域道德代价先行。随着经济变革和对外开放，拜金主义、极端个人主义和享乐主义抬头，西方性解放思潮流入国门，抢先在社会管治最薄弱的婚姻家庭领域发生作用，由于经济因素、性的因素而导致婚姻破裂、家庭失和的现象大量浮现。第三，政治腐败开始增长。这一时期是经济原始积累时期，经济犯罪主要在两个方面：一是走私，二是利用双轨制漏洞。无论是哪一方面，要做大，都必须与政府官员相勾结，从而诱发了政府官员腐败现象的增长。

第二阶段，道德代价的凸显期。这个时期，大约从 1993 年至 2002 年。

邓小平同志南方谈话以后，“十四大”确立社会主义市场经济体制的改革目标，改革开放和现代化建设进入新的阶段。到 2001 年，我国国内生产总值达到 95933 亿元，比 1989 年增长近两倍，年均增长 9.3%，经济总量已居世界第六位。

随着改革开放的进一步发展，在中国经济社会加速发展的进程中，道德代价也随之凸显出来。在经济领域，“在追求财富的过程中，中国近年来道德失范现象非常惊人。”①信用缺失，假劣伪冒、短斤少两、偷税漏税现象开始泛滥；分配不公、高利剥削、化公为私、贫富分化现象日趋严重。许多人在追求财富过程中，各种寡廉鲜耻、不择手段的行径引发了大量的各种犯罪行为。在政治领域，以权谋私、行贿受贿、贪污腐化；结党营私、任人唯亲、买官卖官；官僚主义、欺上瞒下、鱼肉百姓；形式主义、弄虚作假、铺张浪费等现象也与日俱增。在文化领域，唯利是图、下流低俗、精神萎靡；抄袭造假、粗制滥造、冒名顶替；颠倒是非，歪曲事实，混淆视听；出卖人格、崇权媚势、崇洋媚外诸现象也不断突现。在社会领域，诚信低迷、坑蒙拐骗、人人相防；“黄赌毒”、迷信活动、黑社会组织猖獗，各种违法犯罪现象日益增长。

中纪委在向十六大的工作报告中说，1997 年 10 月至 2002 年 9 月，全国纪检监察机关共立案 861917 件，结案 842760 件，给予党纪政纪处分 846150 人，其中开除党籍 137711 人。被开除党籍又受到刑事追究的 37790 人。在受处分的党员干部中，县（处）级干部 28996 人，厅（局）级干部 2422 人，省（部）级干部 98 人。

2003 年的《最高人民法院工作报告》中指出，1998 年至 2002 年，最高人民法院共审结各类案件 20293 件，比前 5 年上升 46%；地方各级人民法院和专门人民法院共审结各类案件 2960 万件，比前 5 年上升 22%。5 年来，共审结一审刑事案件 283 万件，比前 5 年上升 16%，判处犯罪分子 322 万人，上升 18%。

这一时期道德代价凸显的特点，主要有以下几点：第一，各类消极道德现象增长速度快。从有计划的商品经济转入到市场经济的轨道，整个经济社会转型急骤，人们的生产生活方式发生巨大变化，新旧社会调控机制承接空隙加大，道德失范现象严重，各类消极道德现象“高速增长”。第二，经济犯罪、政治腐败与刑事犯罪现象异常突出。市场经济的逐利本性与财富“无限效用”的巨大诱惑，驱使人们唯利是图；而新的体制机制正在形成中，使各种违法犯罪成本偏低，特别是官商勾结加剧，人口流动加快，引发了以经济犯罪、政治腐败与刑事犯罪现象三大违法犯罪现象急增。第三，各类消极道德现象出现屡打屡增势头。经济体制改革的迅猛推进，全民经商潮横扫各行各业，人们的发财欲望被极大地刺激起来，虽然法制建设也急速发展，但是，由于缺乏文化建设特别是思想道德建设的

① 何清涟：《现代化的陷阱——当代中国的经济社会问题》，今日中国出版社 1998 年版，第 212 页。

有力指引，造成各类消极道德现象出现屡打屡增势头。

第三阶段，道德代价的蔓延期。这个时期，大约从2003年至今。

中国共产党十六大，确立了从总体小康到全面建设小康社会的奋斗目标。中国顺应国内外形势发展变化，抓住重要战略机遇期，发扬求真务实、开拓进取精神，坚持理论创新和实践创新，着力推动科学发展、促进社会和谐，完善社会主义市场经济体制，推动中国以世界上少有的速度持续快速发展起来。到2012年国内生产总值47.2万亿元，比上年增长9.2%；公共财政收入10.37万亿元，比上年增长24.8%；粮食产量57121万吨，再创历史新高；城镇新增就业1221万人，城镇居民人均可支配收入和农村居民人均纯收入实际增长8.4%和11.4%。全年货物进出口总额3.64万亿美元，增长22.5%，其中，出口增长20.3%，进口增长24.9%，贸易顺差进一步下降。实际使用外商直接投资1160亿美元，服务业和中西部地区比重提高。

自从科学发展观的提出与践行，和谐社会的努力建构，各种消极道德现象快速增长的势头得到了遏止。然而，由于改革开放的深化发展，体制改革步入到深水区，许多社会矛盾逐渐激化，各种消极道德现象蔓延开来。特别是政治腐败的长期存在，严重地影响到社会各个领域的消极道德现象不断扩散。经济信用缺失依然严重，假劣伪冒现象更加突出，诸如"毒奶粉"①、"瘦肉精"、"地沟油"、"彩色馒头"、"牛肉膏"、"回炉面包"、"毒米"、"毒酒"、"勾兑葡萄酒"、"苏丹红染色脐橙"等问题十分严重；②政治腐败依然严峻，它最主要表现为权钱交易（权力寻租）的"经济腐败"、权色交易的"生活作风腐败"、权权交易的"吏治腐败"和官僚主义的"工作作风腐败"。中纪委在向十七大的工作报告说："2002年12月至2007年6月，全国纪律检查机关共立案677924件，结案679846件（包括十六大前未办结案件），给予党纪处分518484人。查处陈良宇、杜世成、郑筱萸等极少数高级干部严重违纪案件。"社会道德风气依然低迷，"激情

① 三鹿集团三聚氰胺的奶粉事件，震惊全国。全国因食用含三聚氰胺的奶粉导致住院的婴幼儿达1万余人，官方确认4例患儿死亡。

② 2011年4月16日，国务院总理温家宝在同国务院参事和中央文史研究馆馆员座谈时说，近年来相继发生"毒奶粉"、"瘦肉精"、"地沟油"、"彩色馒头"等事件，这些恶性的食品安全事件足以表明，诚信的缺失、道德的滑坡已经到了何等严重的地步。一个国家，如果没有国民素质的提高和道德的力量，绝不可能成为一个真正强大的国家、一个受人尊敬的国家。

杀人”的药家鑫案、震惊中外的“小悦悦”事件[①]等时有发生。

2012年的《最高人民法院工作报告》指出，一年来，全国法院共审结一审刑事案件84万件，同比上升7.7%；判处罪犯105.1万人，同比上升4.4%。其中，审结杀人、抢劫、绑架、爆炸、黑社会性质组织、拐卖妇女儿童犯罪案件6.9万件，判处罪犯10.5万人；审结涉及“瘦肉精”、“地沟油”等生产销售有毒有害食品犯罪案件278件，判处罪犯320人；审结重大责任事故犯罪案件1400件，判处罪犯1876人；审结贪污贿赂渎职犯罪案件2.7万件，判处罪犯2.9万人。

这一时期道德代价蔓延的特点概括起来，主要有几下儿点：第一，各类消极道德现象涉及面广。随着全面对外开放的发展，西方资本主义文化中的腐朽思想影响日甚；随着改革的不断深化，中国封建主义文化残余负隅顽抗；随着市场经济的全面推进，其负面效应日益增长；随着多元价值观的崛起，拜金主义、极端个人主义和享乐主义泛滥，消极道德现象弥漫于社会的各个领域、各个行业、各个阶层、各个方面。第二，社会道德滑坡问题十分严重。随着消极道德现象全方位地蔓延开来，社会出现诚信危机、信仰危机、精神危机，道德滑坡严重，许多人类社会生活的基本规则都难以遵守，人类的道德底线被冲击。第三，消极道德现象重发、多发、群发。虽然消极道德现象快速增长的势头被压制，但一些领域的消极道德重大事件出现了多发与群发势头。特别是政治领域中的腐败现象，近年来腐败行为的“有组织犯罪”特征日趋明显，“一查一串、一端一窝”。[②]

通过对中国改革开放历程中道德代价产生发展的状况分析，我们不难看出，随着改革开放的发展，道德代价的付出也日趋沉重。无疑，改革开放的发展，在客观上必然要付出一定的道德代价。然而，这种过于沉重的道德代价在客观上已经严重地侵蚀了中国的社会肌体，严重地污染了人们的精神家园，严重地毒化了国民的思想灵魂，严重地损害了中国共产党在中国人民心中的道德形象，严重地损害了中国人民在世界人民心中的道德形象；因而，它客观上也已经严重地影响到中国改革开放和社会主义现代化建设的健康顺利发展，严重地影响到中华民族完成民族振兴伟业的历史使命。如果任其发展下去，就有可能毁掉中华民族和平崛起的美好前程。我们必须要有高度的文化自觉和道德自觉，认真研究道德代价

① 2011年10月3日，在佛山街头，小悦悦被两辆车先后3次碾轧，7分钟内18名路人视若无睹，漠然走过。

② 广东茂名重大系列腐败案涉及省管干部24人，县处级干部218人，波及党政部门105个，市辖6个县（区）的主要领导全部涉案，就是一个典型案例。

问题，为扫除改革开放深化发展的重大障碍而作出应有的努力。

二、人类社会发展的历史反思

为深化对中国改革开放历程中的道德代价问题研究意义的认识，就必须对人类社会发展的历史进行深刻反思。

社会发展的普遍性与特殊性是辩证统一的。社会发展的特殊性包含着社会发展的普遍性，共性寓于个性之中；社会发展的普遍性又贯穿于社会发展的特殊性之中，共性统摄着个性。因此，我们只有对人类社会发展进行反思，才能更清楚地认知道德代价问题，才能更好地探寻中国改革开放历程中道德代价发生发展的内在规律。

翻开人类社会发展的历史画卷，我们就可以看到，道德代价是人类社会发展难以避免的伴随物。

人类的原始社会状态，我们很难给予准确的描述。根据一些停留在原始状态的民族生活状态的考察，以及一些考古资料，大致可以窥见一斑。对此，恩格斯曾作过生动的描述："这种十分单纯质朴的氏族制度是一种多么美妙的制度啊！没有大兵、宪兵的警察，没有贵族、国王、总督、地方官和法官，没有监狱，没有诉讼，而一切都是有条有理的。一切争端和纠纷，都由当事人的全体即氏族或部落来解决，或者由各个氏族相互解决；血族复仇仅仅当作一种极端的、很少用的手段；一切问题，都由当事人自己解决，在大多数情况下，历来的习俗就把一切调整好了。"①然而，人类原始社会毕竟是一个落后野蛮的社会，随着生产力的发展，社会三大分工的出现，产生了私有制和阶级，人类进入到一个文明时代。可是，奴隶社会的产生和发展，却付出了沉重的道德代价。正如恩格斯所指出的：从原始社会到奴隶社会固然是一种历史的进步，在这种历史进步中，原始社会的共同体的权力必然被打破，"不过它是被那种使人感到从一开始就是一种退化，一种离开古代氏族社会的纯朴道德高峰的堕落的势力所打破的。最卑下的利益——无耻的贪欲、狂暴的享受、卑劣的名利欲、对公共财产的自私自利的掠夺——揭开了新的、文明的阶级社会；最卑鄙的手段——偷盗、强制、欺诈、背信——毁坏了古老的没有阶级的氏族社会，把它引向崩溃。而这一新社会自身，在其整整两千五百余年的存在期间，只不过是一幅区区少数人靠牺牲被剥削和被压

① 《马克思恩格斯选集》第4卷，人民出版社1995年版，第95页。

迫的大多数人而求得发展的图画罢了。”①

在私有制基础上的阶级社会，经过封建社会进入到其最高级的社会形态——资本主义社会。商品经济的发展，文艺复兴的崛起，工业革命的爆发，推动着资本主义社会不可避免地替代了封建社会，使人类社会发展到一个更高的历史阶段。对于这一进步，马克思主义的经典作家在《共产党宣言》中高度赞扬道："资产阶级在历史上曾经起过非常革命的作用。它第一个证明了，人的活动能够取得什么样的成就。它创造了完全不同于埃及金字塔、罗马水道和哥特式教堂的奇迹；它完成了完全不同于民族大迁徙和十字军征讨的东征。”②然而，马克思恩格斯也同时严厉批判了这种历史进步所付出的极其沉重的道德代价。

——“在我们这个时代，每一种事物好像都包含有自己的反面。我们看到，机器具有减少人类劳动和使劳动更有成效的神奇力量，然而却引起了饥饿和过度的疲劳。财富的新源泉，由于某种奇怪的、不可思议的魔力而变成贫困的源泉。技术的胜利，似乎是以道德的败坏为代价换来的。随着人类愈益控制自然，个人却似乎愈益成为别人的奴隶或自身的卑劣行为的奴隶。甚至科学的纯洁光辉仿佛也只能在愚昧无知的黑暗背景上闪耀。我们的一切发明和进步，似乎结果是使物质力量成为有智慧的生命，而人的生命则化为愚钝的物质力量。”③

——“随着资本主义生产在工场手工业时期的发展，欧洲的舆论丢掉了最后一点羞耻心和良心。各国恬不知耻地夸耀一切当做资本积累手段的卑鄙行径。”④

然而，马克思恩格斯并没有仅仅停留在这种严厉的道德批判中，他们一方面看到了资本主义社会替代封建主义社会所产生的剧烈的历史道德阵痛的历史必然性，另一方面更看到了人类社会不得不通过这种剧烈的历史道德阵痛的付出，为自己开辟走向更高级的社会的道路。因此，对资本主义社会的极其惨痛的道德代价的否定，不是为了留恋过去，倒退回去；而是为了更好地前进，更好地走上未来。为此，恩格斯在批判蒲鲁东主义者的“历史退步论”时旗帜鲜明地指出："自从资本主义生产被大规模采用时起，工人的物质状况总的来讲是更为恶化了，对于这一点只有资产者才表示怀疑。但是，难道我们因此就应当深切地眷恋（也是很贫乏的）埃及的肉锅，眷恋那仅仅培养奴隶精神的农村小工业或者眷恋

① 《马克思恩格斯选集》第4卷，人民出版社1995年版，第97页。
② 《马克思恩格斯选集》第1卷，人民出版社1995年版，第274－275页。
③ 《马克思恩格斯选集》第1卷，人民出版社1995年版，第775页。
④ 《马克思恩格斯文集》第5卷，人民出版社2009年版，第821页。

'野蛮人'吗？恰恰相反。"①

恩格斯在《英国状况·十八世纪》一书中还指出："在封建主义的废墟上产生了基督教国家，这是基督教世界秩序在政治方面达到的顶点。基督教世界秩序再也不能向前发展了；它必然要在自身内部崩溃并让位给合乎人性、合乎理性的制度。基督教国家只是一般国家所能采用的最后一种表现形式；随着基督教国家的衰亡，国家本身也必然衰亡。人类分解为一大堆孤立的、互相排斥的原子，这种情况本身就是一切同业工会利益、民族利益以及一切特殊利益的消灭，是人类走向自由的自主联合以前必经的最后阶段。人，如果正像他现在接近于要做的那样，要重新回到自身，那么通过金钱的统治而完成外在化，就是必由之路。"②

历史的反思无疑给我们清晰地展现出，人类社会的发展必然要付出或多或少的道德代价；人类文明进步的历史进程中总是伴随着一定程度的退步。然而，在历史进步中，道德代价问题作为一种否定的因素，预示着对现存的否定，它必然要求人类社会走向更加合乎人性、合乎理性的未来理想社会。这种人类社会历史发展的普遍性，给我们对人类社会历史发展的特殊性展示了一个充分理解的历史图式。无疑，中国改革开放的伟大历史进程，一方面道德代价的出现有其难以避免的历史必然性；然而，唯有不断克服这种道德代价，中国的改革开放才能走向更加合乎人性、合乎理性的未来。

三、发展学特别是发展伦理学的理论拓展

中国较早研究"发展与代价"问题的著名学者丰子义指出："全球性发展问题的加剧和'有增长无发展'现象的出现，逼迫着人们去探究发展背后的代价问题，这样就引出了考察发展活动的代价学的视角。其实，有发展就必然存在着发展的代价，代价如同发展背后折射出来的'阴影'，它同发展可谓'形影不离'。但为什么直至今天我们才如此关注发展的代价问题呢？这实在是发展代价的严重性所使然。"③社会发展实践既是理论产生的不竭的源泉和最终目的，也是理论产生的巨大动力。正是日益沉重的代价，催生着发展学的崛起。在这个意义上，代价问题的凸显，既是发展学发生的直接原因，也是发展学直接要解决的

① 《马克思恩格斯文集》第3卷，人民出版社2009年版，第257页。
② 《马克思恩格斯文集》第1卷，人民出版社2009年版，第94－95页。
③ 邱耕田著：《低代价发展论》，人民出版社2006年版，序第1页。

目的。

对“代价问题”颇有研究的邱耕田在其所著《低代价发展论》中认为，“伴随着发展在当代人类实践活动中主导性地位的确立，发展研究业已成为一门跨学科的全球性‘显学’。在理论界，出现了发展哲学等从抽象的角度对社会发展进行一般和系统探讨的发展学学科。”①在他看来，发展哲学作为一个学科群，又可以分为两大层次：理论发展哲学或元发展哲学、发展哲学性学科。

理论发展哲学或元发展哲学也即狭义的发展哲学，是发展哲学学科群的核心。它主要以“发展真”为研究对象，贯穿着发展哲学基本问题与其中的发展观体系。而发展哲学性学科主要指应该和能够从发展哲学中分化出来、具有自身特定的研究对象，但同发展哲学有着极密切的联系、仍然具有发展哲学的某些特性的学科。这些学科主要有发展伦理学、发展美学、发展代价学等。其中，发展伦理学是以发展善，具体说是以社会发展进程中的伦理道德问题为其主要研究对象的一门应用性伦理学学科，在某种意义上说，发展伦理学是关于发展善的学问。②

道德代价既然作为一般代价中的一种特殊代价，因而，道德代价问题的研究既涉及理论发展哲学对一般代价的研究，也涉及发展代价学对一般发展与代价关系的研究；还涉及发展美学对发展善与发展美相互关系的研究。但是，不仅理论发展哲学还是发展代价学或是发展美学对代价问题的探讨（理论发展哲学对代价问题的研究，主要是从发展真的视角去探寻代价的发展规律；发展代价学对代价问题的研究，虽然其研究的视角比较全面，但并没有着重从发展善的视角去探寻代价问题，更没有专门研究道德代价问题；发展美学主要是从发展美的视角去研究代价问题中的善与美的关系问题），基本没有“发展善”的研究视角，而且更没有（就它们的学科研究对象而言也不可能）深入到道德代价的探究之中。这就显示出对道德代价问题的研究在学科理论划界上，它既不属于发展哲学也不属于发展代价学，更不属于发展美学的专门研究领域。由此可见，对道德代价问题的研究，一方面必然有利于理论发展哲学、发展美学、发展代价学的理论拓展；另一方面，也在不同程度上受到理论发展哲学、发展美学、发展代价学研究视角的制约。

---

① 邱耕田著：《低代价发展论》，人民出版社2006年版，序第1页。

② 邱耕田著：《低代价发展论》，人民出版社2006年版，序第1－3页。

那么，道德代价属于发展伦理学的专门领域吗？道德代价的研究能够在发展伦理学这块土地上飞驰吗？或者说，道德代价的研究能够开拓发展伦理学的理论视野吗？要回答这些问题，我们必须从发展伦理学的理论内涵入手。

王玲玲、冯皓著作的《发展伦理探究》认为，发展伦理学是从伦理的视角研究和评判发展，并力图挖掘出“发展”内含的伦理意义和价值。它以当代人类整体发展实践面临的伦理困境和由此引发的自然和社会问题作为研究对象。因此，发展伦理学有两个最基本的研究触角：一是从伦理的视阈去审视、评判、解蔽发展的诸问题；二是探讨如何通过道德规约发展的诸因素，以保证发展不致偏离其终极价值目标。基于此，发展伦理学力图把发展作为一个必须加以伦理检视的问题域，从社会发展的宏大背景出发，论析发展是什么、发展为什么等问题；及时跟踪和梳理学术界围绕发展目标、发展理念、发展制度、发展模式、发展战略、发展道路、发展手段等一系列问题展开的学术讨论和进展；从伦理视阈重新审视、评价和规范人类社会的发展问题，通过对以往的发展进行的价值评判，对未来的发展进行展望和价值引领；论证发展的最终归宿——科学发展。① 由此可见，发展伦理学重点是从社会发展的宏大背景，去探讨发展善的问题。然而，社会发展的伦理的善与伦理的恶是一种客观存在的辩证统一关系。没有善，就无所谓恶；反之亦然。社会发展作为前进的、上升的运动，发展总是朝着“善”之方向运动的。但作为一种过程，它无法完全脱离“恶”，也无法完全避免“恶”。善与恶既相互肯定，又相互否定；发展不是对“恶”一劳永逸的克服，而是在对“恶”的否定之否定过程中接近更高的“善”；社会发展就是在发展的善恶矛盾运动中不断走向更高的发展阶段。

因此，发展伦理学一方面以研究发展善为主旨，但另一方面，它又必须研究发展恶。并且，在一定的意义上可以说，研究发展恶不仅是研究发展善不可分割的必然要求，也是发展伦理学存在发展的理论前提和理论拓展。正如现任中国伦理学会会长万俊人所说：“在某种意义上说，只有了解了‘付出’，才能真正了解‘发展’。进而，只有当我们所获得的‘发展’大于或远远大于我们所为之付出的‘代价’时，我们才有理由说，我们是真的获得了‘发展’，为这样的‘发展’付出代价才是值得的。这并非仅仅是基于单纯‘经济理性’的推理，因为这一论断中的‘代价’或‘成本’并不仅仅是经济的，还有社会的、环境的，

---

① 参见王玲玲、冯皓著：《发展伦理探究》，人民出版社2010年版，第53－57页。

甚至包括社会政治、文化和精神道德的成长。”①

至此，我们可以说，道德代价问题的研究，不仅在理论上，有助于我们对人类社会发展中的一般道德代价规律的认识，有助于我们对中国改革开放历程中的道德代价问题的认识，有助于我们进一步拓展发展伦理学研究的理论视阈；而且在实践上，有助于我们更好地推动社会主义道德建设，有助于更好地克服中国改革开放深化中的发展恶，有助于更好地推进中国社会主义现代化建设。

（原载《广东行政学院学报》2012 年第 5 期）

论道德代价的正价值

道德代价就是指人类在社会发展的历史进程中，为追求社会进步所引起的道德的损害、损失和牺牲，以及为实现这种进步所承担的消极道德后果；其实质是社会发展实践活动在道德上的否定性方面，它是与人类追求社会进步价值取向相悖的负面道德价值和道德价值损失。因此，在绝对道德价值上，道德代价具有负面的价值；然而，在相对道德价值上，道德代价又有一定的正面价值。

一、道德代价是道德进步和社会进步的一个前提条件

从唯物史观看来，社会发展的根本原因无疑是生产力与生产关系、经济基础与上层建筑矛盾运动的必然结果。这是社会发展的基本规律。然而，从代价论的视角看，社会发展还在于社会代价与社会进步的矛盾运动。相应地，在道德代价论的视角看，道德发展也在于道德代价与道德进步的矛盾运动。

矛盾具有同一性和斗争性。当谈到矛盾的同一性时，毛泽东说：“同一性、统一性、一致性、互相渗透、互相贯通、互相依赖（或依存）、互相联结或互相合作，这些名词都是一个意思，说的是如下两种情形：第一，事物发展过程中的每一种矛盾的两个方面，各以和它对立着的方面为自己存在的前提，双方共处于

① 参见王玲玲、冯皓著：《发展伦理探究》，人民出版社 2010 年版，序第 2 页。

一个统一体中；第二，矛盾着的双方，依据一定的条件，各向着其相反的方面转化。这些就是所谓的同一性。”①从社会发展来看，包括道德代价在内的社会代价无疑是社会进步的前提条件；从道德发展来看，道德代价无疑也是道德进步的前提条件。这种前提条件一是道德代价与道德进步相互依存，没有道德代价，就无所谓道德进步；二是道德代价在一定条件下能够转化为道德进步，没有这种转化，道德进步也是难以想象的。

道德代价在一定的条件下转化为道德进步，具体来说，有以下几种情形：

第一种，社会发展进程中，社会经济形态的变化，道德代价转化为道德进步。道德本质上是一种特殊的社会意识形态，受着社会关系特别是经济关系的制约。这种制约表现为两个方面：首先，社会经济结构的性质直接决定着各种道德现象的性质。社会经济结构即社会的生产关系，包括生产资料所有制、人们在生产过程中的地位，以及消费资料的分配形式；其中生产资料的所有制是社会经济结构的基础。在私有制社会，善恶标准是以是否有利于私有制为依据的。凡是有利于私有制巩固和发展的道德现象，都会被视为一种善，即为道德进步；而凡是不利于私有制巩固和发展的道德现象，都会被视为一种恶，即为道德代价。而公有制与私有制是根本相对立的生产资料所有制形式，因而，随着公有制的确立，原有的“道德代价”就必将转化为道德进步。其次，在阶级社会中，社会的经济关系直接决定着各种道德体系的社会地位，从而决定着各种道德现象的性质。马克思恩格斯指出：“统治阶级的思想在每一个时代都是占统治地位的思想。这就是说，一个阶级是社会上占统治地位的物质力量，同时也是社会上占统治地位的精神力量。支配着物质生活资料的阶级，同时也支配着精神生产的资料，因此，那些没有精神生产资料的人的思想，一般地是受统治阶级支配的。”② 因而，社会的主导善恶观念是以统治阶级的善恶观念为准绳的，在统治阶级看来，凡是与其善恶观念相反的道德现象，就是一种“恶”，就是一种“道德代价”。然而，当旧的统治阶级被推翻之后，新的统治阶级又会以其新的善恶标准去衡量社会的道德现象。

第二种，社会发展进程中，时代发生了变化，道德代价转化为道德进步。道德作为一种特殊的社会意识，是社会存在的反映。每一个时代社会存在的状况都

---

① 《毛泽东选集》第1卷，人民出版社1991年版，第327页。

② 《马克思恩格斯选集》第1卷，人民出版社1995年版，第98页。

不同，因而反映这个时代社会存在的社会意识也都有不同，从而使得每一个时代都有自己的特定道德精神和善恶标准，在一个时代的“恶”和“道德代价”，在另一个时代就可能转化为“善”和“道德进步”。在古代，婚姻只是一种关乎家庭和家族利益的事情，“它决不是个人性爱的结果，它同个人性爱绝对没有关系，因为婚姻和以前一样仍然是权衡利害的婚姻”。[①] 在这种利益婚姻之中，当事人的“性爱”往往起着巨大的破坏作用，因而这种利益婚姻在本质上是排斥“性爱”的；从而，“性爱”被视为一种“恶”，一种“道德代价”。在近现代，随着工业文明的崛起，妇女走上社会，“自由平等博爱”的观念逐渐深入人心，在此基础上生成的现代“性爱”，由“恶”转化为一种“善”，由“道德代价”转化为一种“道德进步”。

第三种，社会发展进程中，由于道德代价造成的社会危机，警醒人们，转变观念，道德代价转化为道德进步。人们的认识总是受到实践的制约，在特定的社会实践中，人们会产生出被当时社会认为所谓“正确的认识”；而这种所谓“正确的认识”，在指引社会实践中却产生了严重的道德代价，人们通过深刻反思，通过吸取教训的方式来推动道德进步。改革开放初期，通过对在极左思潮影响下道德建设上“假、大、空”的道德代价的深刻反思，党的十二届六中全会指出，在道德建设上，一定要从实际出发，鼓励先进，照顾多数，把先进性的要求同广泛性的要求结合起来，从而推动了道德进步。然而，在当时国际社会流行的经济增长观的深刻影响下，在国内 GDP 主义日益滋长的情形下，我国在高度重视经济建设的同时，却忽视了道德建设，导致大量的道德代价涌现出来，严重地威胁到社会的稳定和发展。在此情况下，中国又一次痛定思痛，于党的十六大提出了“全面建设小康社会”的目标，并指出：“全面建设小康社会，必须大力发展社会主义文化，建设社会主义精神文明。”[②] 尔后又提出了科学发展观，强调了以人为本的价值导向，提出了人的全面发展的价值目标，道德建设日益受到社会的重视，从而又不断地推动着道德进步。

二、道德代价是道德进步和社会进步的一个必然环节

在人类社会历史发展进程中，要推动社会进步与道德进步，必然要付出或多

① 《马克思恩格斯选集》第4卷，人民出版社1995年版，第62页。

② 本书编写组：《十六大报告辅导读本》，人民出版社2002年版，第34页。

或少的道德代价；没有一定的道德代价的付出，要取得社会进步与道德进步在客观上是不可能的。在这个意义上，道德代价成为道德进步和社会进步的一个必然环节。

首先，社会历史发展进程中，客观历史条件的有限性造成了道德代价必然成为道德进步和社会进步的一个重要环节。人类社会的发展，是社会生产力和生产关系、经济基础和上层建筑矛盾运动的过程。在人类社会发展的历史进程中，无论是社会的生产力还是生产关系，是经济基础还是上层建筑，都经历了一个由低向高的历史发展过程。在这个发展过程中，都不可避免地要受到当时特定客观历史条件的制约，而这种制约，就必然产生或多或少的道德代价，并通过这种或多或少的道德代价来推进道德进步和社会进步。马克思在看到资本主义在推动社会生产力巨大发展的同时，也看到了人类为此付出的深重道德代价："在我们这个时代，每一种事物好像都包含有自己的反面。我们看到，机器具有减少人类劳动更有成效的神奇力量，然而却引起了饥饿和过度的疲劳。财富的新源泉，由于某种奇怪的、不可思议的魔力而变成贫困的源泉。技术的胜利，似乎是以道德的败坏为代价换来的。随着人类愈益控制自然，个人却似乎愈益成为别人的奴隶或自身的卑劣行为的奴隶。甚至科学的光辉仿佛也只能在愚昧无知的黑暗背景上闪耀。我们的一切发明和进步，似乎是使物质力量成为有智慧的生命，而人的生命则化为愚钝的物质力量。现代工业和科学为一方与现代贫困和衰颓为另一方的这种对抗，我们时代的生产力与社会关系之间的这种对抗，是显而易见的、不可避免的和毋庸争辩的事实。"①资本主义社会所产生的巨大道德代价，为资本主义社会的道德进步和社会进步开辟了道路。对于这一点，恩格斯认为，一方面我们必须要对资本主义和资产阶级的残酷剥削和压迫所造成的沉重道德代价，进行强烈的批判和谴责；但另一方面，我们又不能因此而否定资本主义和资产阶级所带来的社会进步和道德进步。针对蒲鲁东主义者的形而上学认识，恩格斯批评道："……这位痛哭流涕的蒲鲁东主义者，他哀叹工人被逐出自己的家园是一个大退步，而这正是工人获得精神解放的最首要的条件。27 年前，我（在《英国工人阶级的状况》一书中）正好对 18 世纪英国所发生的劳动者被逐出自己家园的过程的主要特征进行过描写。此外，当时土地所有者和工厂主所干出的无耻勾当，这种驱逐行动必然首先对当事的劳动者在物质上和精神上造成的危害，在那里也

① 《马克思恩格斯选集》第 1 卷，人民出版社 1995 年版，第 774 – 775 页。

作了如实的描述。但是，我能想到要把这种可能是完全必然的历史发展过程看成一种退步，后退到‘比野蛮人还低下吗’？绝对不能。”[①]

其次，社会历史发展进程中，客观社会经济形态的有限性造成了道德代价必然成为道德进步和社会进步的一个重要环节。在人类社会历史上，先后主要出现过四种社会经济形态：原始经济形态、自然经济形态、商品经济（市场经济）形态、传统计划经济形态。四种社会经济形态，在推动社会生产力发展的历史进程中，都产生出或多或少的道德代价，并以此成为道德进步和社会进步的一个重要环节。在原始经济形态，以石器和木器为主要标志的生产力，极其落后，只能以采集、渔猎为主要生存手段，常常食不果腹，衣不蔽体，从而以食人之风、弃病弱之习、血缘群婚等道德代价，维持人类的生存，使人类摆脱了动物界。在自然经济形态，以铜器和铁器等手工工具为主要标志的生产力，推动了人类走入文明社会。但随着生产力发展所出现的剩余产品、私有制却造成了残酷的阶级剥削和阶级压迫，造成了人对人的依附关系。在商品经济形态下，特别是资本主义市场经济形态下，工业革命所造就的大机器生产，使物质财富迅速增长，创造了人类社会历史上灿烂的工业文明。然而，这种灿烂的工业文明，却是建立在“血和剑”的基础之上，是建立在对落后国家的疯狂掠夺和无产阶级的残酷压榨的基础之上。马克思在《资本论》中指出：“在资本主义制度内部，一切提高社会劳动生产力的方法都是靠牺牲工人个人来实现的；一切发展生产的手段都转变为统治和剥削生产者的手段，都使工人畸形发展，成为局部的人，把工人贬低为机器的附属品，使工人受劳动的折磨，从而使劳动失去内容，并且随着科学作为独立的力量被并入劳动过程而使劳动过程的智力与工人相异化；这些手段使工人的劳动条件变得恶劣，使工人在劳动过程中屈服于最卑鄙的可恶的专制，把工人的生活时间转化为劳动时间，并且把工人的妻子儿女都抛到资本的札格纳特车轮下。……因此，在一极是财富的积累，同时在另一极，即在把自己的产品作为资本来生产的阶级方面，是贫困、劳动折磨、受奴役、无知、粗野和道德堕落的积累”。[②] 正是资本主义市场经济形态下深重的道德代价，才造就了资本主义文明；而也只有通过这种道德代价的付出与扬弃，才能进一步推动人类的更高文明的出现。关于这一点，恩格斯说道：“自从资本主义生产被大规模采用时起，工人的

① 《马克思恩格斯文集》第3卷，人民出版社2009年版，第257页。
② 《马克思恩格斯文集》第5卷，人民出版社2009年版，第743－744页。

物质状况总的来讲更为恶化了，对于这一点只有资产者才表示怀疑。但是，难道我们因此就应当深切地眷恋（也是很贫乏的）埃及的肉锅，眷恋那仅仅培养奴隶精神的农村小工业或者眷恋‘野蛮人’吗？恰恰相反。只有现代大工业所造成的、摆脱了一切历来的枷锁，也摆脱了将其束缚在土地上的枷锁并且被一起赶进大城市的无产阶级，才能实现消灭一切阶级剥削和一切阶级统治的伟大社会变革。”①

再次，社会历史发展进程中，人类自身本质力量的有限性造成了道德代价必然成为道德进步和社会进步的一个重要环节。人类社会发展的过程，也是人类自身本质力量的不断增长的过程。在这一个漫长的历史过程中，每一个时代的人类，其自身的本质力量的发展总要受到当时代各种历史条件的制约，这些历史条件有社会生产力的发展水平、科学技术发展的程度、社会生产关系的性质、国家政治制度的安排、精神文化发展的水平，等等。在人类历史的初期，由于各种历史条件的制约，人的认知能力、人的意志能力等都处于较低水平，都处于一种严重受控状态；因此，它不仅造成了大量道德代价的产生，也无法有效地自觉地去减少道德代价，而往往只能对道德代价消极被动地适应。然而，随着人类社会实践的不断发展，人类自身的本质力量也不断得以增强，人类对道德代价调控的自觉性也不断得到提升，人类已不再仅仅对道德代价进行消极被动地适应，而是逐渐地加强对道德代价调控的能动性，从而推动道德进步与社会进步。当然，一方面是人类自身的本质力量的不断增强，另一方面是新的道德代价又不断产生；而新的道德代价的产生，又推动着人类在解决新的道德代价的过程中，人类自身的本质力量进一步增强。因而，“从某种意义上来说，人类自身又是通过不断克服失误和失败而不断完善自身的，人类正是在不断总结经验与教训的基础上，使人自身和社会付出的代价愈来愈合理”。②也正是在这个意义上，道德代价必然成为道德进步和社会进步的一个重要环节。

三、道德代价是道德进步和社会进步的一种促动力量

在一般意义上，道德代价在绝对道德价值上是一种恶；这种“恶”，在一定意义上，还是道德进步和社会进步的一种促动力量。而要想较充分地说明这一

---

① 《马克思恩格斯文集》第3卷，人民出版社2009年版，第257页。

② 倪愫襄：《道德的代价及其合理性》，《社会科学家》2001年第16卷第3期。

点，不能不探讨“恶动力”说。

1.“恶动力”说探讨的渊源与黑格尔“恶动力”说。

在中国学界探讨“恶”的价值问题，或说探讨“恶”是否是“历史发展的动力”问题，源于对恩格斯在《路德维希·费尔巴哈和德国古典哲学的终结》一书中一段评论性的话。

恩格斯在书中评论道，费尔巴哈的贡献是在一定阶段上与黑格尔的唯心主义体系决裂，坚持了唯物主义；但是他不仅在宗教哲学和伦理学上仍然是唯心主义，而且在善恶对立的研究上，他同黑格尔比起来也是肤浅的。因为黑格尔指出，有人以为，当他说“人本性是善”的这句话时，是说出了一种很伟大的思想；但是他忘记了，当人们说“人本性是恶”的这句话时，是说出了一种更伟大得多的思想。“在黑格尔那里，恶是历史发展的动力的表现形式。这里有双重意思，一方面，每一种新的进步都必然表现为对某一种神圣事物的亵渎，表现为对陈旧的、日渐衰亡的、但为习惯所崇奉的秩序的叛逆；另一方面，自从阶级对立产生以来，正是人的恶劣的情欲——贪欲和权势欲成了历史发展的杠杆，关于这方面，例如封建制度的和资产阶级的历史就是一个独一无二的持续不断的证明。但是，费尔巴哈就没有想到要研究道德上的恶所起的历史作用”。①

无疑，恩格斯在此肯定了黑格尔关于“恶是历史发展的动力的表现形式”这一观点，那么，如何理解呢？

要理解这一观点，就首先应当了解以下两点：第一点，黑格尔的恶动力说与其之前的西方思想史上的恶动力说的关系；第二点，黑格尔的“恶”以及恶动力说的真正涵义是什么？

在西方思想史上，较早提出“恶”在历史发展中的作用的是古代基督教哲学，其代表人物是奥里留·奥古斯丁。他在《上帝之城》中说，自从亚当犯了原罪以后，世界便被分成为两个部分：一个是上帝之城，一个是世俗之城。前者是属于上帝的信徒，后者被魔鬼撒旦所统治。在整个人类历史上，存在着两种冲突：第一种冲突是上帝之城与世俗之城的冲突。第二种冲突是世俗之城内部的冲突。这种冲突根源于人类自私的本性，是人与人之间为了追求一己之私利而互相倾轧、互相斗争。这种冲突和斗争是上帝对人类世俗罪恶的惩罚，并由此展开人类的历史。人类的历史就是上帝的信徒与魔鬼的信徒不断斗争的历史。斗争的结

① 《马克思恩格斯选集》第4卷，人民出版社1995年版，第237页。

果使人类不断趋向上帝的天国，同时把魔鬼的信徒打入地狱，上帝之城战胜世俗之城，上帝的信徒最终进入幸福的天国。

在近代西方思想史上，较早系统论述恶动力说的是意大利哲学家维柯，《新科学》是其代表作。他认为人的本性是恶，“人类从古到今都有三种邪恶品质：残暴、贪婪和权势欲”。① 正是人们对自己私利的追求构成了历史运动的动力。“人类由于受到腐化的本性都受制于自私欲和自爱的暴力。这种自私欲迫使他们把私人利益当作主要的向导，他们追求一切对自己有利的事物，而不追求任何对伙伴们有利的事物，他们就不可能把自己的情欲控制住或引导到公道的方面去”。② 人们追求自己私利的行动，虽然是历史发展的直接动力，但是它却是一种盲目的力量，它不可能引导人类历史有规律地向着确定的方向发展。而只有“天神意旨”才能制约和疏导着恶的力量，使其向一定的方向发展。“天神意旨就是天神的一种立法的心灵。因为由于人类的情欲，每个人都专心致志于私人利益，人们宁可像荒野中的野兽一样生活，立法把人们从这里挽救出来，制定出民政秩序，使人们可以在人类社会中生活”。③ “我们的批判所用的准则，就是由天神意志所教导的，对一切民族都适用的，也就是人类的共同意识（或常识），这种共同意识是由各种人类制度之间所必有的和谐来决定的，民政世界的美全在于这种和谐”。④ 共同意识（公众利益）才是历史发展的原动力。

比维柯稍后些的法国思想家卢梭，则从道德批判的角度，揭示了历史进步的矛盾性问题。他用矛盾的观点分析了历史发展与道德的关系。认为在原始的自然状态下，人性本是善的，因为那时人人平等，公平分配，人们和谐相处。但随着社会生产与科学艺术的发展，导致了私有制的产生，它既使人们摆脱了原始的野蛮状态进入到文明社会，又使社会道德江河日下，社会不平等日趋深化。卢梭指出，私有制是人们“恶”念产生的根源，也是人类一切灾难痛苦的根源，“使人文明起来，而使人类没落下去的东西，在诗人看来是金和银，而在哲学家看来是铁和谷物”。⑤ 尔后的德国哲学家康德既在维柯的观点上向前一步，也继承卢梭的矛盾分析法。他认为人类历史的发展始于“恶”而终于“善”，人类历史的最

---

① ［意］维柯：《新科学》，人民文学出版社 1986 年版，第 84 页。
② ［意］维柯：《新科学》，人民文学出版社 1986 年版，第 140 页。
③ ［意］维柯：《新科学》，人民文学出版社 1986 年版，第 84 页。
④ ［意］维柯：《新科学》，人民文学出版社 1986 年版，第 143 页。
⑤ ［法］卢梭：《论人类不平等的起源和基础》，商务印书馆 1996 年版，第 121 页。

终目的是善，但达到这一最终目的的动力是恶，恶是善借以实现的工具。在康德看来，在人的自然本性中，既有善的要素，又有恶的倾向。而恶的倾向驱使每一个人为自己的私利而奋斗，从而都在某种程度上推动历史发展。虽然“当我们看到人类在世界的大舞台上表现出来的所作所为，我们就无法抑制自己的某种厌恶之情；而且尽管在个别人的身上随处都闪烁着智慧，可是我们却发现，就其全体而论，一切归根到底都是由愚蠢、幼稚的虚荣，甚至还往往是由幼稚的罪恶和毁灭欲所交织成的”，[①] 但我们仍然要“感谢大自然之有这种不合群性，有这种竞相猜忌的虚荣心，有这种贪得无厌的占有欲和统治欲吧！没有这些东西，人道之中的全部优越的自然禀赋就会永远沉睡而得不到发展”，人们就“难以为自己的生存创造出比自己的家畜所具有的更大的价值来了”。[②] 而当每一个人、每个民族根据自己的利益进行活动时，整个人类就朝着一个至善的目标前进。“当每一个人根据自己的心意并且往往是彼此互相冲突地在追求着自己的目标时，他们却不知不觉地是朝着他们自己所不认识的自然目标作为一个引导而在前进着，是为了推进它而在努力着”。[③]

黑格尔在前人探索的基础上又向前走了一大步。他继承了基督教的原罪说，认为人的本性是恶的，正因为人性是恶的，因此人要不断地向善。他接着指出，自由的精神是历史的实体性动力，而由人们的自私心产生的欲望和热情则是历史现象的动力。“我们对历史最初的一瞥，便使我们深信人类的行动都发生于他们的需要、他们的热情、他们的兴趣、他们的个性和才能。当然，这类的需要、热情和兴趣，便是一切行动的唯一的源泉——在这种活动的场面上主要有力的因素”。[④] 因而，他摒弃关心、爱心、德性、仁义、情操之类的“空话”，认为个人兴趣和满足自身欲望的目的是一切行动的最有势力的源泉。所以他说，人们的“个别兴趣和自私欲望的满足的目的却是一切行动的最有势力的泉源”。[⑤] 他还特别高度地赞扬了“热情”，“假如没有热情，世界上一切伟大的事业都不会成功”。[⑥] 那么什么是“热情”？黑格尔说：“我现在所想表示的热情这个名词，意

① ［德］康德：《历史理性批判文集》，商务印书馆 1990 年版，第 2 页。
② ［德］康德：《历史理性批判文集》，商务印书馆 1990 年版，第 7－8 页。
③ ［德］康德：《历史理性批判文集》，商务印书馆 1990 年版，第 2 页。
④ ［德］黑格尔：《历史哲学》，上海书店出版社 2001 年版，第 20 页。
⑤ ［德］黑格尔：《历史哲学》，上海书店出版社 2001 年版，第 20 页。
⑥ ［德］黑格尔：《历史哲学》，上海书店出版社 2001 年版，第 23 页。

思是指从私人的利益，特殊的目的，或者简直可以说是利己的企图而产生的人类活动。”[①] 黑格尔虽然把自私、恶劣的欲望看成是历史发展的直接动力，但他同时也看到私欲激发起来的热情不能不受理性的控制。从现象上和有限意识方面来看，人的行为和历史是一幕幕热情的冲动和表演；但是，从本质上和无限的理性方面来看，人的行动和历史同样也是理性的表演，因为理性非常狡猾，它利用热情本身作为实现自己目的的工具。“它驱使热情去为它自己工作，热情从这种推动里发展了它的存在，因而热情受了损失，遭到祸殃——这可以叫做‘理性的狡计’”。[②]

黑格尔还继承了康德将对立与冲突，将“恶”看成历史发展的动力的思想，但又进一步加以改造发展。黑格尔虽然肯定了“恶”在历史发展中的作用和功能，然而，他所指称的“恶”究竟是在什么意义和层面上的“恶”呢？实际上，黑格尔关于“恶动力”的思想只是以其深邃的思辨揭示了人类精神历史发展进程中的辩证的、合规律性的一面。他在《法哲学原理》中这样说道：“善与恶是不可分割的，其所以不可分割就在于概念使自己成为对象，而作为对象，它就直接具有差别这种规定。恶的意志希求跟意志的普遍性相对立的东西，而善的意志则是按它的真实概念而行动的。”[③] 也就是说，在黑格尔看来，恶的内容与根源在于与普遍性相对立的个体性，虽然在人的理性中，人是个体性与普遍性、主观性与客观性的统一，然而人们往往把自己的主观性个体性与客观性普遍性相分离，从而产生出否定性的恶。黑格尔运用矛盾辩证法解释善恶关系，他指出：应“把否定的东西理解为其本身源出于肯定的东西”，[④] 与现在的肯定性“保持相对立的否定性，乃是恶”。也就是说，恶是对善的现实否定，但善与恶并不是绝对对立的两极，人的意志中间包含善与恶两种可能性，恶本身作为一个环节包含在善的意志中，不含恶的纯善是没有的。“如果我们死抱住纯善——即在它根源上就是善的，那么，这是理智的空虚规定，所以恶也同善一样，都是导源于意志的，而意志在它的概念中既是善的又是恶的”。[⑤] 按照黑格尔的理解，凡是合理的必将变成现实的，那么这种否定性的恶就是矛盾发展的动力。善和恶在意志中

---

① ［德］黑格尔：《历史哲学》，上海书店出版社 2001 年版，第 23 页。
② ［德］黑格尔：《历史哲学》，上海书店出版社 2001 年版，第 33 页。
③ ［德］黑格尔：《法哲学原理》，商务印书馆 1961 年版，第 144 页。
④ ［德］黑格尔：《法哲学原理》，商务印书馆 1961 年版，第 145 页。
⑤ ［德］黑格尔：《法哲学原理》，商务印书馆 1961 年版，第 144 页。

保持矛盾同一性，直接的、自我同一的意志被看作“善”，它是肯定的；而冲动、情欲等是与自由意志相对立的，被视作“恶”。正是恶这种对善的否定性，推动意志通过自我否定而扬弃自身，向更高一层提升，实现人精神上的自我超越与完善。就历史发展而言，黑格尔认为恶是历史发展与道德进步趋于同步的一个环节。因为一方面，人对自身内在的善恶矛盾是自觉的，可以不时反观自身，进行自觉选择，也因为这个原因，人就要对自己的行为负责任，以自觉意识推动历史进步；另一方面，主观意识中的恶在现实性上具有普遍性，“它自在地即是普遍的善行”。[①] 因此，黑格尔认为，在社会历史领域，没有恶，就构不成矛盾；没有矛盾，事物就不能发展，在这个意义上，恶是社会历史发展的动力和杠杆。

2．如何理解“恶是社会历史发展的杠杆”。

中国学界围绕恩格斯对黑格尔恶动力说的评论，进行了卓有成效的探讨。在这个基础上，我们应当进一步要了解什么是马克思恩格斯所理解的“恶”。在马克思和恩格斯的思想中，对于历史发展的“恶”之内涵，主要界定在三个方面：

第一，是善恶矛盾中的“恶”。这种“恶”既与善相对立，又与善相依存、相转化。因此，这种“恶”，一方面表现为与善这种肯定性力量相对立的否定性力量；另一方面，这种“恶”就是相对意义上的恶。这种恶，也就是恩格斯所说的“每一种新的进步都必然表现为对某一种神圣事物的亵渎，表现为对陈旧的、日渐衰亡的、但为习惯所崇奉的秩序的叛逆”。历史总是在新旧事物的矛盾运动中向前发展的，历史的每一次进步，都要通过对旧事物的否定来实现。对于旧事物而言，新事物的出现是对原有的神圣事物的亵渎，是对原有的习惯所崇奉的秩序的叛逆，也即对原有的肯定性的“善”来说是一种否定性的恶。但这种恶，符合历史发展的客观必然性，在历史的进步中转化为善。因此，从历史发展的长远趋势来说，这种“恶”本质上是一种善。比如自从文明社会以来，社会形态的更替，朝代之间的更替，往往革命暴力起到决定性作用。而对于每一个旧的社会形态和朝代来说，革命暴力就是一种恶，而且是最大的一种恶。然而，正是这种“恶”，成为了“社会运动借以为自己开辟道路，并摧毁僵化的垂死的政治形式的工具”，“孕育着新社会的旧社会的助产婆”，[②]成为一种推动历史进步的积极力量。

---

① ［德］黑格尔：《精神现象学》下卷，商务印书馆 1979 年版，第 49 页。

② 《马克思恩格斯全集》第 20 卷，人民出版社 1995 年版，第 200 页。

第二，是私有制基础上的人性之“恶”。这种“恶”不是具体行为之“恶”，而是具体行为的人性根源之“恶”；而这种人性之“恶”决不是先天本性之恶，而是后天即私有制基础上产生的人性之“恶”。这种“恶”，也就是恩格斯所说的“另一方面，自从阶级对立产生以来，正是人的恶劣的情欲——贪欲和权势欲成了历史发展的杠杆”。人类社会的发展，与自然界的自在性发展根本不同的是，人类社会不是一个纯粹客观运动的过程，而是一个合规律性与合目的性相统一的过程，物质力量是社会发展的根本力量，但精神力量也是社会发展的重要力量，而且精神力量往往还会转化为强大的物质力量。精神力量固然有善恶之分，然而，并非只有善的精神力量对历史发展起作用，恶的精神力量（比如恶劣的情欲——贪欲和权势欲等）在一定条件下（特别是符合私有制社会发展要求时）也会对历史发展起作用。恩格斯不仅指出了“最卑下的利益——无耻的贪欲、狂暴的享受、卑下的名利欲、对公共财产的自私自利的掠夺——揭开了新的、文明的阶级社会”；① 而且也指出了“关于这方面，例如封建制度的和资产阶级的历史就是一个独一无二的持续不断的证明”。②

第三，是社会发展进程所付出的道德代价。马克思主义认为，社会发展不是直线性的、无矛盾地进行的，社会的每一次进步，都必然地或多或少地要引起相应的道德代价，给某些阶级、民族、国家和人们带来灾难。这些灾难和道德代价对于这些阶级、民族、人们来说，无疑是恶的，然而这却是社会进步过程中不可避免的必然性现象。特别是在阶级社会中，社会进步往往通过阶级与阶级、民族与民族、国家与国家之间的剥削、压迫、阶级斗争来实现的。恩格斯在《家庭、私有制和国家的起源》一书中就指出，自从文明社会以来，“在其整整两千五百余年的存在期间，只不过是一幅区区少数人靠牺牲被剥削和被压迫的大多数人而求得发展的图画罢了，而这种情形，现在比以前更加厉害了”。③马克思恩格斯又指出，“资产阶级在它的不到一百年的阶级统治中所创造的生产力，比过去一切时代创造的全部生产力还要多，还要大”。④然而，它对社会带来的道德代价却是极其沉重的，因为“资本来到世间，从头到脚，每个毛孔都滴着血和肮脏的东

---

① 《马克思恩格斯选集》第 4 卷，人民出版社 1995 年版，第 97 页。
② 《马克思恩格斯选集》第 4 卷，人民出版社 1995 年版，第 237 页。
③ 《马克思恩格斯选集》第 1 卷，人民出版社 1995 年版，第 97 页。
④ 《马克思恩格斯选集》第 1 卷，人民出版社 1995 年版，第 277 页。

西”。[①]社会发展就是在社会进步与社会代价、道德进步与道德代价的矛盾运动中前进的。

从此出发，我们要理解恩格斯对黑格尔恶动力说的评论，特别要注意以下几点：

第一，恩格斯指出，“在黑格尔那里，恶是历史发展的动力的表现形式”。也就是说，马克思主义认为，恶只是历史发展的动力借以表现出来的形式。唯物史观与以往的唯心史观（包括唯心主义的历史观和旧唯物主义的历史观）根本不同的是，在唯心主义的历史观那里，“都是以哲学家头脑中臆造的联系来代替应当在事变中去证实的现实的联系，把全部历史及其各个部分都看作观念的逐渐实现，而且当然始终只是哲学家本人所喜爱的那些观念的逐渐实现。这样看来，历史是不自觉地、但必然是为了实现某种预定的理想目的而努力，例如在黑格尔那里，是为了实现他的绝对观念而努力，而力求达到这个绝对观念的坚定不移的意向就构成了历史事变中的内在联系。这样，人们就用一种新的——不自觉的或逐渐自觉的——神秘的天意来代替现实的、尚未知道的联系”。[②]而旧唯物主义的历史观也只是看到人们行动的精神方面的动机，因此，“它的历史观——如果它有某种历史观的话——本质上也是实用主义的，它按照行动的动机来判断一切，把历史人物分为君子与小人，并且照例认为君子是受骗者，而小人是得胜者。旧唯物主义由此得出的结论是，在历史的研究中不能得到很多有教益的东西；而我们由此得出的结论是，旧唯物主义在历史领域内背叛了自己，因为它认为在历史领域中起作用的精神的动力是最终原因，而不去研究隐藏在这些动力后面的是什么，这些动力的动力是什么”。[③]相反，唯物史观它要去“探究那些隐藏在——自觉地或不自觉地，而且往往是不自觉地——历史人物的动机背后并且构成历史的真正的最后动力的动力”。[④]唯物史观“在这里也完全像在自然领域里一样，应该通过发现现实的联系来清除这种臆造的人为的联系；这一任务，归根到底，就是要发现那些作为支配规律在人类社会的历史上起作用的一般运动规律”。[⑤]马克思恩格斯的伟大贡献之一，就在于他们以实事求是的科学精神创立了唯物史观。唯

① 《马克思恩格斯全集》第23卷，人民出版社1995年版，第829页。

② 《马克思恩格斯选集》第4卷，人民出版社1995年版，第246－247页。

③ 《马克思恩格斯选集》第4卷，人民出版社1995年版，第248页。

④ 《马克思恩格斯选集》第4卷，人民出版社1995年版，第249页。

⑤ 《马克思恩格斯选集》第4卷，人民出版社1995年版，第247页。

物史观揭示出，社会存在决定社会意识；人类社会的历史发展，其根本动力不是人们的精神动机，也不是英雄豪杰的精神意志，而是生产力与生产关系、经济基础与上层建筑的矛盾运动，而生产力则是推动社会发展的根本力量；在阶级社会中，这两对社会基本矛盾运动表现出来的直接动力是阶级斗争。善与恶的矛盾与斗争只是社会基本矛盾或阶级斗争在不同利益关系中所表现的形式和手段。因此，一方面，并不是所有的“恶”都构成社会历史发展动力的形式，只有那些符合社会历史发展的必然性、适应社会历史发展要求的“恶”，才能成为社会历史发展动力的形式；相反，那些不符合社会历史发展的必然性、不适应社会历史发展要求的恶，就不可能成为社会历史发展动力的形式。另一方面，也并非只有“恶”才是社会历史发展动力的形式，“善”也同样是社会历史发展动力的形式；只不过在历史上，包括费尔巴哈在内的许多思想家，都只是看到了“善”在推动社会历史发展中的作用，却没有看到“恶”在推动社会历史发展中的意义。因此，恩格斯批评道：“费尔巴哈就没有想到要研究道德上的恶所起的历史作用。”因而，费尔巴哈们的思想与黑格尔的思想相比起来，就显得肤浅的多。

第二，恩格斯指出，“自从阶级对立产生以来，正是人的恶劣的情欲——贪欲和权势欲成了历史发展的杠杆”。在这里，恩格斯所指的恶的功能也同样不是“动力”，而是“杠杆”。一般来说，动力即一切力量的来源，是推动事物运动的力量。杠杆则是一种简单机械，在力的作用下能绕着固定点转动的硬棒就是杠杆。杠杆往往能够使力的能量倍增，使动力得到更好的发挥。唯物史观指出，“我们首先应当确定一切人类生存的第一个前提，也就是一切历史的第一个前提，这个前提是：人们为了能够‘创造历史’，必须能够生活。但是为了生活，首先就需要吃喝住穿以及其他一些东西。因此第一个历史活动就是生产满足这些需要的资料，即生产物质生活本身”。①而“第二个事实是，已经得到满足的第一个需要本身、满足需要的活动和已经获得的为满足需要而用的工具又引起新的需要，而这种新的需要的产生是第一个历史活动”。②同时，“一开始就进入历史发展过程的第三种关系是：每日都在重新生产自己生命的人们开始生产另外一些人，即繁殖”。因此，“从历史的最初时期起，从第一批人出现时，这三个方面就同时

① 《马克思恩格斯选集》第1卷，人民出版社1995年版，第78－79页。
② 《马克思恩格斯选集》第1卷，人民出版社1995年版，第79页。

存在着，而且现在也还在历史上起着作用”。[①]所以，在唯物史观看来，“一开始就表明了人们之间是有物质联系的。这种联系是由需要和生产方式决定的，它和人本身有同样长久的历史；这种联系不断采取新的形式，因而就表现为‘历史’，它不需要有专门把人们联合起来的任何政治的或宗教的呓语”。[②]由此可见，人类的“需要”以及“满足需要的活动”既是历史的前提，也是推动历史发展的力量。在这个意义上，“人的恶劣的情欲——贪欲和权势欲成了历史发展的杠杆”。但是，特别需要指出的是，首先，人的需要固然有其自然本性根源，但人与动物的根本区别，就在于人是社会的人，人的需要受到社会本性的制约，人有何种需要，人的需要在何种程度上获得满足，人的需要以何种方式来获得满足等等都受制于人们的社会实践的发展。其中，最根本的要受制于社会生产方式的发展。其次，“恶”的需要或说人的恶劣的情欲，虽说是推动社会发展的一种力量，但是，这种“力量”并非是社会发展的原动力（根本动力），而只是对社会发展起“杠杆作用”。也就是说，它只是在社会发展原动力（根本动力）作用下而产生的一种增力作用。再次，“恶”的需要或说人的恶劣的情欲——贪欲和权势欲等，都是在阶级社会产生以来私有制的基础上的特定历史产物；而这些“恶”的需要或说人的恶劣的情欲——贪欲和权势欲等之所以能够成为“历史发展的杠杆”，从根本上来说，是与其社会历史发展的规律相联系的，是与社会历史发展的动力相联系的。因为，由于社会生产力发展的限制和阶级对立的矛盾，在私有制的建立以及在阶级对立的社会变迁中，难以善的形式和手段来适应社会发展的要求，因而需要通过手段的“恶”在特定的时期达到社会进步的目的。

第三，恩格斯指出，“在黑格尔那里，恶是历史发展的动力的表现形式”。这绝不是说，“恶”单单自身就可以成为“动力的表现形式”。黑格尔认为，“善与恶是不可分割的，其所以不可分割，就在于概念使自己成为对象，而作为对象，它就直接具有差别这种规定。恶的意志希求跟意志的普遍性相对立的东西，而善的意志则是按它的真实概念而行动的”。[③]由此可见，黑格尔强调了善与恶的不可分割性，看到了善与恶作为道德生活的两个方面，两者是相对立而存在，相斗争而发展。善以恶为前提，恶也以善为前提；善中有恶，恶中有善；善否定

① 《马克思恩格斯选集》第 1 卷，人民出版社 1995 年版，第 80 页。
② 《马克思恩格斯选集》第 1 卷，人民出版社 1995 年版，第 81 页。
③ ［德］黑格尔：《法哲学原理》，商务印书馆 1961 年版，第 144 页。

恶，恶也否定善；善可转化为恶，恶亦可转化为善；善与恶正是在这种矛盾运动中成为了社会发展的"动力的表现形式"和"杠杆"。当然，黑格尔比前人伟大的地方，就在于他在强调善与恶的不可分割性的同时，也特别强调了"恶"的历史作用。

综上所述，在绝对道德价值上，道德代价具有负面的价值；然而，在相对道德价值上，道德代价又有一定的正面价值。从客观上来说，人类社会发展的历史进程中，道德代价的产生是不可避免的；并且，人类也总是在不断地付出和克服道德代价中取得道德进步和社会进步的。从主观上来说，人类必须不断加强对道德代价调控的自觉性，不断增强自身的本质力量，使社会历史发展所付出的道德代价不断降低和减少，加速人类社会的道德进步和社会进步。

（原载《道德与文明》2012 年第 5 期）

论道德代价之负价值

在改革开放的历程中，中国经济社会迅速发展，但也付出了沉重的道德代价。探讨道德代价给人与社会的发展所带来的巨大负面效应，对于人们高度重视道德代价问题，以便不断降低和减少道德代价，推进改革开放的深化发展，有着重大的意义。

一、毁坏道德主体的道德人格，导致道德主体的道德异化

道德代价就是指人类在社会发展的历史进程中，为追求社会进步所引起的道德的损害、损失和牺牲，以及为实现这种进步所承担的消极道德后果；其实质是社会发展实践活动在道德上的否定性方面，它是与人类追求社会进步价值取向相悖的负面道德价值和道德价值损失。而其负面道德价值与道德价值损失首先突出地表现在：损害道德主体的道德人格，导致道德主体的道德异化。

1．道德代价毁坏道德人格。

道德人格，就是具体个人的人格的道德性规定，是个人的脾气习性与后天道

德实践活动所形成的道德品质和情操的统一。道德人格标示着个人人格的道德性，同时也标示着整个人类与其他动物的区别。道德人格可以划分为由下到上的数个层阶，那种丧失了最起码的人类道德，处在最低道德人格层次或低于最低道德人格层次的人，可以称之为“衣冠禽兽”，也就是说他丧失了人格。①道德人格的高低，是衡量一个人人性与文明的标志。人类增进人性、减少兽性的各种努力，都最终表现为道德人格的提高。然而，道德代价却消解人类增进人性、减少兽性的各种努力，导致人性退化、兽性复原，从而毁坏人们的道德人格。

在道德人格的形成过程之中，道德认识是基础。不同的道德认识和道德观念，就会引导不同的道德实践和塑造不同的道德人格。故古希腊哲人苏格拉底就说，人们要有美德，就必须先具有关于什么是美德的知识。“而现实中的人之所以会作恶，那是由于其‘无知’所致。因为没有关于德性的知识，人才会把坏事当作好事，从而产生作恶的结果”。②

道德代价既是错误道德认识之结果，又成为错误引导人们发生道德认识上的原因，从而颠倒是非善恶美丑，造成不良的甚至于卑下的道德人格。

在道德人格的形成过程之中，陶冶道德情感是十分重要的一环。在道德认识的基础上，在道德实践之中，人们不断体验着善恶的不同价值，逐渐形成自己的道德感情。不同的道德感情形成之后，就会使自己对善或恶产生出强烈的倾向性。道德代价则引导人们形成卑下的道德情感，滋长出喜恶厌善的不良倾向，就会逐渐养成一种不良的甚至于卑下的道德人格。

在道德人格的形成过程之中，锤炼道德意志是非常关键的一环。它是由认知、情感到行为转化的关节点，也是道德人格实际形成的关节点。道德情感固然有巨大的精神力量，然而，要使道德认识不动摇，要让道德情感不变化，就必须要有坚强的道德意志。否则，就不能在道德实践中坚定自己的正确道德认识，就不能维系住良善的道德情感，就不能克服困难，甚至于牺牲个人利益，战胜邪恶和私欲，把善和正义发扬光大，也无从形成良善的道德人格。而道德代价恰恰腐蚀人们良善的道德意志，使人经不起困难和牺牲的考验，使人经不起权力、金钱和美色的巨大诱惑，而走上弃善逐恶的邪路，导致不良的甚至于卑下道德人格的形成。

---

① 罗国杰主编：《伦理学》，人民出版社 1989 年版，第 438－440 页。

② 参见宋希仁主编：《西方伦理思想史》，中国人民大学出版社 2004 年版，第 26－27 页。

在道德人格的形成过程之中，道德信念居于核心地位，犹如人体的灵魂一样。道德信念是在前三个环节的基础上形成的，只有识深、情笃、意果，才能形成坚定的道德信念。道德代价所造成的错误道德认识、卑下的道德情感、软弱的道德意志，也就不可能使人们确立起坚定的正确的道德信念，从而也就不可能使人们形成良善的道德人格。相反，则会使人们生长起不良的甚至于卑下的道德人格。

在道德人格的形成过程之中，养成道德习惯是最后的重要环节。良好的道德习惯，乃是正确的道德认识、良善的道德情感、坚强的道德意志、坚定的道德信念与人的肉体的有机融合，它似乎是不思而有、不虑而得、自然而然的。因此，道德习惯乃是道德人格的最后完成。而道德代价错误人的道德认识，扭曲人的道德情感，消除人的道德意志，腐蚀人的道德信念，造成不良甚至于卑下的道德习惯，最终养成不良的甚至于卑下的道德人格。

2. 道德代价造成道德异化。

“道德异化”有两层含义：第一层含义是指在人类社会发展的实践过程中，道德走上了自己的反面，成为束缚、限制，乃至反对人的发展的桎梏，这种异己的力量通过控制人的精神而扼杀人的独立性和进取心，使人的发展走上了异化。在这一层面上的道德异化，突出地表现在阶级社会中，统治阶级的“道德”成为压迫和奴役被统治阶级的工具，道德本应是发展人、实现人、提升人的一种实践精神，却反过来成为束缚、限制，乃至反对人的发展的桎梏。第二层含义是指在人类社会发展的实践过程中，道德的“实然”状态背离了道德的“应然”追求，造成人的发展的异化。在这一层面上的道德异化，着重反映的是在一般的社会发展进程中，道德的滑坡、堕落、沦丧等实际状况，背离了道德进步的发展轨道，造成人的发展的异化。

道德代价错误人的道德认识，扭曲人的道德情感，消除人的道德意志，腐蚀人的道德信念，造成不良甚至于卑下的道德习惯，最终养成不良的甚至于卑下的道德人格。因而，必然导致道德主体的道德异化。

第一，造成道德主体的客体化。

道德是一种特殊的社会规范，是道德他律性与自律性的统一。在马克思主义视阈中，道德规范本身就是一种社会存在的产物，是一定的社会关系和道德关系在人们的道德意识中的反映和概括。因此，所谓道德规范的他律性，无非是客观的社会道德关系和客观的社会道德要求，对进行道德实践活动的道德主体的一种基本节制或限制。由此可见，道德规范的他律性只在两个意义上有独立的意义。一是表明它的社会客观性意义，即表明它外在于道德主体的客观性质。二是表明它的认识阶段意义，即人们只在分析、揭示道德规范的诸特性时，才能够将道德规范的他律性独立出来进行研究。事实上，一方面，道德规范的他律性总是与自律性紧密相连的。没有道德规范的他律性固然没有道德规范的自律性，但没有道德规范的自律性也同样没有道德规范的他律性。另一方面，道德规范的特殊本质是自律性。所谓自律性，就是本是外在的客观的社会道德关系和客观的社会道德要求，转化成道德主体自身存在发展的内在要求，从而使道德主体自觉自愿、主动积极地“依照”道德规范去进行道德生活，不断趋向“随心所欲不逾矩”之自由境界。也就是说，道德自律性本是道德主体之成为“道德主体”的质的规定性，如果没有这种道德自律性，那么，道德主体就不成其为“道德主体”，而只能是一种“道德客体”。而道德代价作为社会发展实践活动在道德上的否定性方面，它是与人类追求社会进步和道德进步价值取向相悖的负面道德价值和道德价值损失。由于社会进步和道德进步是建筑在社会发展客观规律的基础之上的，它与反映社会发展客观规律要求的道德规范有着根本的一致性。因而，道德代价本质上是对反映社会发展客观规律要求的道德规范的否定和背反，它必然严重阻碍人们将道德规范的他律性转化为自律性，从而阉割道德规范的本质规定性，使“道德主体”丧失其主体性，并进而导致“道德主体”的客体化。

第二，造成道德的工具化。

道德从社会的视角来看，具有调节人与人、人与自然、人与社会的道德关系的特殊功能，它指向和谐社会关系、良好社会秩序和追求社会至善之价值目标，有着治理性与他律性的“工具性”价值。然而，道德的这种特殊的调节功能，并不像法那样，并不诉诸国家机器和惩罚手段，而主要诉诸舆论褒贬、沟通疏导、教育感化等，尤其是注重于唤起人们的知耻心，培养人们的道义责任感和善恶判断能力，因而根本上依赖于人们的道德自律性。由于人是社会的人，造就和谐社会关系、形成良好社会秩序和追求社会至善的社会为人的全面发展提供的根本条件；社会进步与人的发展是根本上一致的，这种客观的治理性与他律性的“工具性”，也就在道德主体的自律性中转化为一种“目的性”。

道德从个体的视角来看，道德是人之为人的质的规定性，它在调节人与自我的关系中，指向人的发展、人的幸福和人的至善之价值目标。人固然来自于动物界，但人又超越于动物界；从之所以为人，不是因为人有与生俱来的“兽性”

（或“动物性”、“自然本性”），而根本上是因为人有后天形成的人性（或“社会性”、“社会属性”）。广义的“人性”既包括人的社会属性，也包括人的自然本性。而狭义的人性，就是特指人的社会性，因为人的社会性乃是人的最根本的属性，反映了人的本质。人的本质在其现实性上，“是一切社会关系的总和”。而一切社会关系也同时包含着人们的道德关系，道德性必然成为人之为人的质的规定性，道德性就是“人性”（即狭义上的人性），或者说，人性就是道德性。如果一个人没有道德或道德沦丧，那么他无异于禽兽。在这个意义上，道德就是人之目的，是人应当追求的价值目标，“目的性”而不是“工具性”必然是道德的本质特征。而道德代价作为社会发展实践活动在道德上的否定性方面，它不仅消解人的道德自律性，而且否定人的道德的“目的性”；从而使道德成为异己的一种“工具性”东西，造成道德的工具化，导致人性的沉沦，兽性的张扬，使本应成就人的道德成为“道德客体”者的桎梏，使“道德”异化为真正限制人、压迫人、否定人的邪恶力量。

第三，造成道德的私利化。

道德关系是人类社会的一种特殊社会关系。它之所以特殊，就在于它包含着与经济、政治、法权等关系不同的特殊矛盾，具有特殊的规范调节方式。道德关系中的矛盾的特殊性就在于，它是以体现整体利益的原则和规范为善恶标准，在个人利益与社会整体利益发生冲突的时候，往往以必要的自我节制或自我牺牲为前提来调节的个人利益与社会整体利益的矛盾。而这种以自律性为基础的自我节制或自我牺牲，是一种道德理性。道德理性是道德主体把握欲望、把握个人利益与社会整体利益关系的一种道德能力。道德理性本源于人的社会性，它在很大程度上，正是一个社会或集体的一种共同意志、共同要求、共同利益的结晶。这种结晶虽直接起源于各个个人，却是各个个人普遍升华了的“公共财产”。因此，道德理性对道德主体而言，是行为的“方向盘”，它总是指引个人的利益或欲望始终沿着社会或集体的共同利益或共同追求的方向发展，而不能与现社会或集体的发展方向背道而驰。然而，与人类追求社会进步和道德进步价值取向相悖的负面道德价值和道德价值损失的道德代价，恰恰把个人利益与社会整体利益、个人欲望与社会或集体的共同追求根本对立起来，并以个人私利与个人欲望的满足与否作为评判道德善恶的根本标准。在极端个人主义者那里，所谓的“道德”异化为他们谋取个人私利的工具，他们不仅可以为谋取一己私利而不惜损害他人、集体、社会的利益，可以拔一毛而利天下却不为，而且还视其丑恶行为为“道德行为”，极力为其丑恶行径涂脂抹粉，从而造成“道德”的私利化。

第四，造成道德维系的虚弱化。

道德作为一种特殊的社会意识形态，与其他的社会意识形态根本不同的是，它主要是靠社会舆论、传统习惯、内心信念来维系的。社会舆论传统习惯对于道德主体来说，无疑具有一定的他律性，然而，道德维系的真正本质力量不在于社会舆论和传统习惯，而在于道德主体的内心信念。坚定而良善的内心信念是道德主体自律的内在机制和最集中的表现形式。内心信念就是人们常说的“良心”。良心是社会的客观道德义务，经过道德规范从他律向自律的转化过程，而在道德主体的内心深处，以自律准则（内心的道德法则）的形式积淀下来的人的道德自制能力。“良心”在日常语义中，往往具有正面的意义，与“道德”是同义词；但在严格的伦理学意义上，良心既可能是正面的即合乎善的良心，也可能是反面的不合乎善的良心；既可能是“真实的良心”，也可能是“虚假的良心”。道德要得到有效有力的维系，不仅要求社会舆论的正确性，传统习惯的优良性，更关键的是，要得到道德主体合乎善的良心的认同。在现实生活中，这种“认同”的状况往往有四种情形：一是社会舆论的正确，传统习惯的优良，道德主体合乎善的良心的认同；这种情形下，道德得到了有效有力的维系。二是社会舆论的正确，传统习惯的优良，但道德主体不合乎善的良心的不认同；这种情形下，道德的维系变得无效又无力。三是社会舆论的不正确，传统习惯的不优良，道德主体合乎善的良心的不认同；这种情形下，道德的维系变得比较艰难。三是社会舆论的不正确，传统习惯的不优良，道德主体不合乎善的良心的认同；这种情形下，道德的维系走向异化，道德彻底得不到维系，反道德却加剧。道德代价是与人类追求社会进步和道德进步价值取向相悖的负面道德价值，它导致反面的不合乎善的良心与虚假的良心形成，不仅造成道德的维系变得无效又无力，甚至于还可能造成道德的维系走向异化，道德彻底得不到维系，反道德却不断加剧的状况。

二、损毁道德主体的精神支柱，荒芜道德主体的精神家园

道德代价其负面道德价值与道德价值损失其次突出地表现在：损毁道德主体的精神支柱，荒芜道德主体的精神家园。

1. 道德代价损毁道德主体的精神支柱，致使精神动力缺失。

何谓“精神支柱”？学界虽众说纷纭，但有几点共识：第一，精神支柱是一

个“精神性”的范畴，属于人们的精神世界（内心世界）的范畴；第二，精神支柱是诸多精神要素中在精神世界（内心世界）中占主导地位，起指导、支配和支撑作用的要素；第三，构成精神支柱的主要要素有理想、信仰、信念等。因此，精神支柱是一个“精神性”范畴，主要指在人们的精神世界（内心世界）中占主导地位，起指导、支配和支撑作用的精神要素集合体，这些主要的精神要素有理想、信仰、信念等。

精神支柱在性质上有正向性精神支柱（推动社会进步和人的发展的精神支柱）、中性精神支柱（无碍于社会进步和人的发展的精神支柱）和负向性精神支柱（阻碍社会进步和人的发展的精神支柱）。正向性精神支柱无论对于个人来说，还是对于群体来说，都有着事关重大的意义。首先，精神支柱是个人和群体的灵魂。人与动物的本质区别之一，是人有精神。精神追求是人的高级追求，是人真正成其为人的根本所在。一个人没有精神支柱，就如同没有灵魂，只是一具行尸走肉而已。对于一个民族来说，精神支柱是民族生存发展的至关重要的条件。它是民族凝聚力的重要支撑，是综合国力的重要组成部分。一个丧失了凝聚力和生命力的民族，就会陷入社会动荡的险境，陷入被动挨打的困境，陷入生死存亡的危机。因而，一个民族，一个国家，没有经济实力是弱小的，没有精神支柱也是难以强大的。我们要屹立于世界民族之林，物质上不能贫困，精神上也不能贫困。不能设想一个没有强大精神支柱的民族，可以自立于世界民族之林。其次，精神支柱是个人和群体的精神动力。人是物质与精神的统一体，人不仅有物质的需要，更有精神的需求。人类社会的发展，不仅需要有强大的物质动力，更需要有强大的精神动力。并且，在一定条件下，强大的精神力量可以转化为巨大的物质力量。而道德代价在实质上是社会发展实践活动在道德上的否定性方面，它是与人类追求社会进步与人的全面发展的价值取向相悖的负面道德价值。因此，它必定消解个人或群体的正向性精神支柱，甚至于增强个人或群体的负向性精神支柱，从而，也必定造成个人或群体的精神污染，导致个人或群体的精神疲软，涣散个人的斗志和群体的凝聚力，削弱个人和群体的生命力，消除个人或群体的正向性精神力量，致使个人或群体的正向性精神动力缺失，阻碍社会进步和人的全面发展。

2. 道德代价荒芜道德主体的精神家园，引发道德精神危机。

“精神家园”是一种与“物质家园”相对应的，建立在文化认同基础上的精神文化的价值系统，是人们建构起来的一种意义世界和理想境界；是人们心灵获得安慰的地方。精神家园的基本功能之一，是对个人和群体起“精神支撑”作用。而这种作用类似于信仰。但这种信仰的含义是广义上的，它既包含通常意义上的宗教信仰，也包含团体的信仰、个体的信仰，直至信仰的萌芽——信念。它赋予人们以希望，以意义，建立起心理世界的秩序。但它又与宗教信仰不同，它是一种弱信仰，即它不具有强制性的特征，且不以有意识的形态而存在，反之无意识地渗透于人的观念、行为、制度、传统、风俗、典籍等一切领域之中，成为人们不自觉地遵守的规则，它是无形而遍在的。道德代价作为与人类追求社会进步与人的全面发展的价值取向相悖的负面道德价值，它一方面阻碍人们正向性信仰的形成，削弱人们正向性信仰基石；另一方面则助长人们的负向性信仰的生长，从而引发人们的信仰危机。

精神家园的基本功能之二，是对个人和群体起“情感寄托”作用。精神家园不仅是一种相对客观的存在，而且也是一种心理上的存在，是主体的一种主观感受。它所表达的意义，是主体感受到的一种情感状态，即如同在家里的那样一种感觉，也就是一种“家园感”，不过这是精神上的家园，它使人们的情感在这种精神的家园中得到了寄托。家园感包含着丰富的多种情感，比如归宿感、认同感、温暖感、安全感、舒服感、慰藉感等等。当人们有这些感觉的时候，他就会感到幸福、安逸、自豪、自信，会感到生活有意义。[①] 道德代价是人类在社会发展的历史进程中，为追求社会进步所引起的道德的损害、损失和牺牲，即主要指正向的、合乎道德的、善的价值的损害、损失和牺牲，以及为实现这种进步所承担的消极道德后果，它必然造成人们精神家园的荒芜、情感无所寄托，从而导致情感扭曲。

精神家园的基本功能之三，是对个人和群体起“心灵归宿”作用。精神家园作为一种文化认同基础上的精神文化的价值系统，是人们建构起来的一种意义世界和理想境界；它确立起人们一切行为的价值指向，表现为人的目的，人的行为总要有所旨归，是“为了”什么而进行的。人们一旦失去了这种价值指向，失去了目的，行动就失去了意义，犹如行走而没有目标。虽然人的精神意识具有超越性和无限性，但这个无限又是有限中的无限，如果不是这样的话，则人的心灵便会感到迷茫而无所归还，如同走在迷路的荒野里。因而，人的心灵就需要某种绝对的东西作为依靠，这绝对之物是人的精神意识的最终所指，具有不可超越

① 参见严春友：《“精神家园”综论》，《太原师范学院学报》2010 年第 1 期。

性。人的精神意识的一切超越活动都只能在这个范围之内进行。这一绝对之物对于人的整个精神世界意义重大，关乎生死。有此绝对之物，人的心灵便秩序井然，心安理得，活着就有意义。反之，则其精神世界秩序紊乱，价值判断失衡，失去活着的根据。结果，不是导致人因绝望而死，就是因失望而胡作非为。道德代价既是人的心灵无所归依，心理失衡的直接恶果，又是进一步造成人的心灵丧失归宿，心理扭曲变态的直接原因。

三、错误道德主体的价值取向，引导道德主体走上发展邪路

道德代价其负面道德价值与道德价值损失还突出地表现在：错误道德主体的价值取向，引导道德主体走上发展邪路。

1．道德代价对道德个体的反向诱导。

价值取向是价值哲学的重要范畴，它指的是一定主体基于自己的价值观在面对或处理各种矛盾、冲突、关系时所持的基本价值立场、价值态度以及所表现出来的基本价值倾向。价值取向的合理化是进步人类的信念。价值取向具有实践品格，它的突出作用是决定、支配主体的价值选择。价值是现实与理想的统一，是一种“应当”，具有强烈的导向性。价值目标从根本方向和路线上给人们指明应当做什么和应当怎样做。人的生命活动离不开价值目标的指导。每一个人在其生命活动中，不是以正确的价值目标为指导，就是以错误的价值目标为指导；不是自觉地确立价值目标，就是盲目地被一定的价值目标所左右。因此，正确的价值取向是非常重要的，它就像人的生命活动的导航仪，指明生命活动的正确航向。

道德代价作为与人类追求社会进步与人的全面发展的价值取向相悖的负面道德价值，它不仅本身就是错误的价值取向诱导的恶果，而且也是一种错误的价值取向，它将引导道德个体选择错误的价值目标，走向人生的歧途。从道德个体的角度来说，价值取向正确与否，关键是在根本价值目标指导下，如何处理个人利益与社会利益的关系。这里有两种最典型的价值取向：一种是社会主义集体主义的价值取向，它以个人利益与社会利益相兼顾、相统一为一切行为的出发点和落脚点，以推动个人与社会的共同发展与进步；在个人利益与他人利益和社会利益相矛盾的时候，甚至可以牺牲个人利益，以达到他人利益和社会利益的实现，创造自己崇高的人生价值。另一种是极端个人主义的价值取向，它以一己私利为一切行为的根本出发点和最终落脚点，在个人利益与他人利益和社会利益相矛盾的时候，不惜以牺牲他人利益和社会利益为手段，企图以达到个人利益的实现。道

德代价在个体身上所体现与所引导的错误价值取向，往往就是一种极端个人主义的价值取向。在这种错误价值取向的诱导下，极端个人主义者不惜以牺牲他人利益和社会利益的行为，其结果不仅给他人利益和社会利益造成了不同程度上的伤害，而且其个人的根本利益也得不到真正实现，它或早或迟都会受到社会对他的应有惩罚。

2. 道德代价对社会发展的反向指引。

道德代价既是人类在社会发展的历史进程中所承担的消极道德后果，又是阻碍社会进步的负面道德原因。道德代价作为阻碍社会进步的负面道德原因，在此主要是以一种错误的社会发展价值导向起作用。它体现在以下的几个方面：

第一，以物为本的错误价值导向，造成社会发展的物化不断加剧。

在人类社会历史发展过程中，以物为本的价值取向曾经走过漫长的路程。造成这种历史状况的根源是多方面的。首先，在文明社会出现以来，人们占有物的多寡，决定了人们的社会地位。因而，对物的追求与对社会地位的追求紧密联系，造成了以物为本的错误价值导向的流传。其次，商品经济的发展，特别是近现代市场经济的发展，造成了物的最高代表者金钱与资本的“神圣”地位，从而也造成了掌握金钱与资本的所有者的“神圣”地位。在一切都可能成为商品，成为金钱与资本的“奴隶”的时代，一切也都有可能被“物化”。在现代市场经济条件下，以物为本的错误价值导向依然有着坚实的社会基础和强大的价值影响力。在国际社会中，流行于20世纪的经济增长发展观就是以物为本的错误价值导向的典型表现形态。这一传统发展观过度注重物的发展，忽视了人的发展，结果在世界范围内，随着经济高速增长的同时，贫富差距日趋扩大，社会矛盾不断涌现，人的物化日益加深，出现了只有经济增长而无社会整体发展的“有增长无发展”的困境。

第二，以（旧或强）人类中心主义的错误价值导向，造成社会发展的生态环境恶化。

在人类社会历史发展过程中，（旧或强）人类中心主义的错误价值导向，虽然没有以物为本的价值取向的历史久远，然而，其造成的负面影响却十分深远。人类中心主义观点主要有强人类中心主义和弱人类中心主义。

强人类中心主义主张，人由于是一种自在的目的，是最高级的存在物，因而他的一切需要都是合理的，可以为了满足自己的任何需要而毁坏或灭绝任何自然存在物，只要这样做不损害他人的利益，把自然界看做是一个供人任意索取的原料仓库，人完全依据其感性的意愿来满足自身的需要，全然不顾自然界的内在目的性。只有人才具有内在价值，其他自然存在物只有在它们能满足人的兴趣或利益的意义上才具有工具价值，自然存在物的价值不是客观的，而是由人主观地给予定义：对人有价值还是没有价值。

强人类中心主义也称之为旧人类中心主义，在此错误的价值导向下，必然导致人们在处理人与自然的关系时，在认识和实践的过程中，走向狭隘性、片面性和短视性。正是在这种征服自然、主宰自然理念的误导下，工业革命造成了科学技术在物质上的盲目泛滥，正如恩格斯在《自然辩证法》中曾经指出的，我们不要过分陶醉于我们人类对自然的胜利。对于每一次这样的胜利，自然界都对我们进行了报复。人类对自然粗暴和贪婪地掠夺与征服，引发了对人类的疯狂报复，并最终危及了人类自身的生存。

第三，以效率价值观的错误价值导向，造成社会发展的民生矛盾激化。

在“以物为本”和“经济增长观”的影响下，必然产生出“效率价值观”。在“效率价值观”看来，社会发展的根本是经济发展，经济发展的根本是经济效率的提高；必须把“效率”作为价值观中的主要内容，让全社会都重视效率问题，使经济效率得以最大限度的提高，从而促进经济的快速增长。

“效率价值观”不仅在以往的发达国家普遍流行，而且在许多后发国家更为普遍推崇。但是，今天的发展中国家在“效率价值观”引导下，大力推行先增长后分配战略的实施结果却令人不安。从推行这一战略的典型国家如拉丁美洲以及南亚诸国的实践中，我们可以十分清楚地看到，这些国家以高通胀、高失业率、高度腐败、严重的收入两极分化和累累外债为代价，虽然换得了 GDP 的高速增长，但由此引发的社会矛盾如贫穷困苦、人口激增、资源短缺、分配恶化、政局不稳等问题却使这些国家陷入了苦难的深渊。

由此可见，道德代价对于社会进步有着巨大的负面价值，我们必须高度重视和高度警惕，在最大限度上降低和减少道德代价的付出；防止道德代价轻则严重阻碍社会发展，重则颠覆社会进步的轨道。

（原载《广东行政学院报》2013 年第 5 期。转载于《新华文摘》2014 年第 8 期“论点摘编”。）

发展伦理与道德代价

中国改革开放以来，随着社会的迅速发展和不断进步，社会代价与道德代价问题也凸现出来；与此同时，以社会发展进程中的伦理道德问题为其主要研究对象的发展伦理学也开始兴起。发展伦理学与道德代价究竟有何关系？如何在发展伦理学的视阈中更深入地认识道德代价问题？这是本文试图探明的问题。

一、发展伦理学的基本内容

在我国，道德代价问题的提出和凸显，源于人们对人类社会发展实践的反思，特别是人们对改革开放以来的社会发展实践的反思。

在现代社会发展实践中，人们长期以来，总是习惯于将社会发展等同于经济增长和工业化进程，关注的只是“如何发展”的技术问题，而对于“为什么而发展”和“什么样的发展才是真正（好）的发展”等目的论、价值论的问题熟视无睹、漠不关心，因而不可避免地导致了发展的目的与手段的双重迷失，使发展走向了异化——反发展。结果，就在我们的物质产品和物质生活日益丰富的同时，我们的精神生活和道德生活却日益走向贫乏和平庸。[①]

我国在改革开放的历程中，在创造了无与伦比的佳绩时，也付出了沉重的道德代价。在经济领域，在追求财富的过程中，中国近年来道德失范现象非常惊人。信用缺失，假劣伪冒、短斤少两、偷税漏税现象开始泛滥；分配不公、高利剥削、化公为私、贫富分化现象日趋严重。许多人在追求财富过程中，各种寡廉鲜耻、不择手段的行径引发了大量的各种犯罪行为。在政治领域，以权谋私、行贿受贿、贪污腐化；结党营私、任人唯亲、买官卖官；官僚主义、欺上瞒下、鱼肉百姓；形式主义、弄虚作假、铺张浪费等等现象也与日俱增。在文化领域，唯利是图、下流低俗、精神萎靡；抄袭造假、粗制滥造、冒名顶替；颠倒是非、歪曲事实、混淆视听；出卖人格、崇权媚势、崇洋媚外诸现象也不断突现。在社会

① 参见王玲玲、冯皓著：《发展伦理探究》，人民出版社2010年版，第2页。

领域，诚信低迷、坑蒙拐骗、人人相防；“黄赌毒”、迷信活动、黑社会组织猖獗，各种违法犯罪现象日益增长。2011 年温家宝在同国务院参事和中央文史研究馆馆员座谈时说，近年来相继发生“毒奶粉”、“瘦肉精”、“地沟油”、“彩色馒头”等事件，这些恶性的食品安全事件足以表明，诚信的缺失、道德的滑坡已经到了何等严重的地步。一个国家，如果没有国民素质的提高和道德的力量，绝不可能成为一个真正强大的国家、一个受人尊敬的国家。

无疑，随着人类道德精神的不断觉醒，人们在社会发展实践中急需寻找一个和谐的精神家园，一个道德价值之基，一个内在的自我免疫机制。正是在这种社会历史背景之下，发展伦理学应运而生。

发展伦理学主要是以发展善，或以社会发展进程中的伦理道德问题为其主要研究对象的一门应用性伦理学的分支学科；在某种意义上说，发展伦理学是关于发展善的学问，是发展学与伦理学相互渗透、相互交叉的产物。在西方，发展伦理学的发展史几乎如其现代化的实践进程一样长久。在中国，发展伦理学可称得上是一门新兴的应用伦理学学科，它发轫于 20 世纪 90 年代。

正如伦理学与哲学的关系一样，发展伦理学则是发展哲学学科群系中的一门重要学科。发展哲学的学科群系主要由两个层次构成：第一个层次是理论发展哲学或元发展哲学，亦即狭义的发展哲学，是发展哲学学科群系的核心，它主要以“发展真”为研究对象，贯穿着发展哲学基本问题与其中的发展观体系。第二个层次是发展哲学性学科，也可将此称之为“广义的发展哲学”。这些学科主要有：发展伦理学、发展美学。如果说，以发展真为主要研究对象的理论发展哲学反映了社会发展的客观存在、本质和规律，它要回答的是社会发展“是什么”之类的问题；以发展美为主要研究对象的发展美学从审美的视角反映了社会发展（得）“怎么样”的问题，它要回答的是社会发展的形象性、愉悦性和审美创造性等的问题的话；那么，以发展善为主要研究对象的发展伦理学则反映了社会为何发展之类的“应当性”的问题，它要回答的是社会发展的价值性、目的性和道德制约性等的问题。①

既然发展伦理学以当代人类整体发展实践面临的伦理困境和由此引发的自然和社会问题作为研究对象，那么它在研究这些问题时就有两个研究触角：一是从伦理的视阈去审视、评判、解蔽发展的诸问题；二是探讨如何通过道德规约发展

① 参见邱耕田：《低代价发展论》，人民出版社 2006 年版，第 2 页。

的诸因素，以保证发展不致偏离其终极价值目标。因此，发展伦理学把社会发展作为一个必须加以伦理检视的问题域，从社会发展的宏大背景出发，从伦理的视角上，论析发展是什么、发展为什么等问题；从伦理视阈重新审视、评价和规范人类社会的发展问题，通过对以往的发展进行的价值评判，对未来的发展进行展望和价值引领。

总之，发展伦理学的基本使命，就是试图通过价值考量和伦理批判，对有关社会发展的那些看似明晰和确定的前提和观念作出分析和解剖，对社会发展进行价值意义上的“解蔽”和“超越”，并力图探讨如何对发展的诸因素给予道德的规约，由此使人类的发展活动保持生机勃勃的求真意识、向善意识和创美意识，从而不断推动社会向未来敞开自我超越和自我创造的空间。①

发展伦理学的出现，使人们对社会发展的认识焕然一新。它主要体现在以下的五个方面：

第一，“发展并非是天然合理的”。发展伦理研究者刘福森指出：“现代发展观是建立在‘发展是天然合理的’这样一个哲学信念的前提之上的。在它看来，只要是发展就比不发展好；发展得快总比发展得慢好。总之，发展天然就是好的，发展本身没有好与坏的区分。”②在此理念指引下，人们只关心和追求发展的“更多”、“更快”、“更强”的问题，而“为谁发展”、“怎样的发展才算是好的”或“怎样的发展才算是应当的”等问题则不在人们的视野之中，从而在社会发展进程中付出了沉重的社会代价。在伦理的反思中，人们终于逐步认识到：发展本身并不是天然合理的，发展绝不是一个要不要的问题，而是如何要、为谁要的问题，必须将伦理价值观引入发展观之中。

第二，“人类能够做的并非应当做的”。人类“能够做”的问题，是一个“发展力”的问题。随着人类社会生产力和科学技术的突飞猛进，人类的发展力达到了前所未有的强大地步，生产力单一化和科技力万能化的倾向日益增长，并由此将整个社会带入了唯经济主义的泥潭；而科技力万能化使人们对科学技术抱持一种盲目乐观的期待，以为科技能够成为解决一切问题的万能工具，从而忽视了科学技术可能带来的危害和负面影响。然而，伦理的审视发现，“有能力做的并非一定是应当做的”。在社会发展中，要想把“能够做”转化为“应该做”，

① 参见王玲玲、冯皓著：《发展伦理探究》，人民出版社2010年版，第56－57页。
② 参见卢风、刘湘溶主编：《现代发展观与环境伦理》，河北大学出版社2004年版，第38页。

必须要确立起一种“发展良心”。

第三，“发展与进步是不能等同的”。既然，发展并非是天然合理的、人类有能力做的并非是应当做的，这也就意味着社会发展与社会进步既有关联又有重大的不同。“社会发展”是发展学中属于低层次的“形而下”的范畴，它是人们着重从客观的实践的角度对社会系统的运动变化过程的一种把握和认识。它所概括的范围要大于社会进步，当然包括着社会进步，它具有实践性、过程性、局域性特别是代价性等的特点；而“社会进步”是发展学中属于较高层次的“形而上”的范畴，它是社会发展进程中主流的、本质的现象和必然的趋势，具有总体性、趋势性、前进性、结果性等的特点。因此，社会发展与社会进步之间这种区别与关联，在发展伦理学的视角上看，只有“合理的应当做的”社会发展，才能真正带来社会进步。

第四，“社会发展必须要有伦理道德的规范”。阿诺德·汤因比在《展望21世纪》中指出，在科学高度发达的今天，人类掌握了惊人的力量，“要对付力量所带来的邪恶结果，需要的不是智力行为，而是伦理行为”。①社会发展离开了伦理道德的规范，必将走向邪路。因为伦理道德的价值，指向人的自由全面发展的最高价值，它回答“什么样发展才是天然合理的”、“哪些人类应当做的才是能够做的”、“怎样的社会发展才能真正带来社会进步”等价值论和道德论的问题，通过为社会发展提供“发展规范”，规范着社会发展沿着正确的轨道前进。

第五，“社会发展应当是工具理性和道德价值理性的统一”。社会发展不仅仅是受利益驱动规律作用的纯“自然历史进程”，而且是内含着道德价值意蕴的“社会历史进程”。这表明，社会发展实践蕴含着两种理性：一种是反映着社会发展客观必然性的认知理性，另一种则是体现着社会发展“合目的性”的价值理性。认知理性主要关心的是社会发展“是什么”、“怎么样”及社会如何发展得更快等问题，因而其又被称为“工具理性”。而道德价值理性主要解决的是社会发展“为了什么”、“应当是什么”、“怎么样才能更好”一类的问题，它主要给社会发展实践一个善的、美的基础和价值引导，给人的发展活动一个长远的合理的指向。而无论是工具理性还是道德价值理性，两者缺一不可。缺失工具理

---

① ［英］阿诺德·汤因比、［日］池田大作：《展望21世纪》，荀春生等译，国际文化出版社公司1985年版，第39页。

性，社会发展无从谈起；缺失道德价值理性，社会发展就会引发种种社会危机。因而，要推动社会进步，社会发展应当是工具理性和道德价值理性的统一。①

二、发展善与发展恶

发展伦理学既然主要是以发展善为其主要研究对象的一门应用性伦理学的分支学科；甚至在某种意义上说，发展伦理学就是关于发展善的学问，那么，发展伦理学在研究发展善的过程中，必然也要研究发展恶的问题。

发展恶在发展伦理学的视野里，无疑就是社会发展中的道德代价。道德代价就是指人类在社会发展的历史进程中，为追求社会进步所引起的道德的损害、损失和牺牲，即主要指正向的、合乎道德的、善的价值的损害、损失和牺牲，以及为实现这种进步所承担的消极道德后果；它是社会发展的矛盾或背反性质的体现，是否定的或对象化形式，其实质是社会发展实践活动在道德上的否定性方面，它是与人类追求社会进步价值取向相悖的负面道德价值和道德价值损失。因此，道德代价有两个最基本的规定性：一是道德代价是社会发展进程中的一种特殊的精神性社会代价，是在社会发展进程中产生的消极道德现象。也就是说，道德代价是与社会发展本身直接相关联的一种产物。二是这种在社会发展进程中产生的道德代价，实质上是一种负面性、消极性、否定性的道德价值；也就是一种“恶”的道德价值。

因而，发展伦理学在研究社会发展进程中的伦理道德问题时，它不仅要研究如何使社会发展朝着“善”的方向健康发展，而且还必须研究如何使社会发展在最大限度上减少“发展恶”——道德代价的付出。“要讨论发展过程中的生存权利、发展责任和道德规范等‘善’的问题，就绕不开与之对立但又与之相依存的‘恶’与发展的关系”。②发展伦理学如果不研究“发展恶”——道德代价问题，就不是一种比较科学、比较完善的一门学科，甚至可以说，是发展伦理学的“失职”。

目前最重要的问题，还不是发展伦理学要不要研究“发展恶”——道德代价问题，而是如何确定什么是发展善与发展恶的问题。也就是说，以什么样的“标准”或“尺度”去衡量何为“发展善”、何为“发展恶”的问题。

---

① 参见邱耕田：《低代价发展论》，人民出版社 2006 年版，第 25－39 页。

② 参见王玲玲、冯皓著：《发展伦理探究》，人民出版社 2010 年版，第 104 页。

关于这一个问题，学界有着不同的看法。然而，最基本的看法集中在三个“标准”上：

第一个标准是“生产力标准”。生产力的发展，是一切社会发展的根本动力。任何一个社会的发展和进步，都是由于生产力与生产关系的运动发展而实现的，归根到底，又可以说是由生产力的发展决定的。因而在这个意义上说，在社会发展进程中能够推动生产力向前发展的道德现象是善的，反之则为恶的。

第二个标准是“社会进步标准”，亦可称之为“历史标准”。而“所谓道德评价中的历史标准，就是在评价人们行为的善恶时，把行为放到整个社会历史发展的总链条中去进行考察，看这些行为是否有利于社会的进步，是否有利于大多数人的幸福，是否有利于社会物质文明和精神文明的发展。凡是最终有利于社会进步、大多数人幸福及物质文明和精神文明发展的行为，就是善的，反之则是恶的”。①

第三个标准是“人的全面发展标准”。人的全面发展是指社会每一个成员的各方面才能、德性和能力的协调发展，包括人的体力、智力、德性、个性和交往能力等的协调发展。人的全面发展是社会发展的终极价值目的，也是社会进步的重要标志和最高价值目标。可以说，一切有利于人的全面发展的道德现象都是善的，反之则是恶的。

这三个“标准”既相区别又相联系。从相联系的角度来看，第一，三者在根本上是统一的。人的全面发展要以社会进步为基础，而社会进步又必须以生产力发展为前提。也就是说，生产力的不断发展，才能促进社会的不断进步；而只有伴随着社会的不断进步，人的全面发展才能不断实现。第二，三者在主体意义上是一致的。生产力的不断发展，占主体地位的人也在不断地解放和发展；社会的不断进步，首先是占主体地位的人的不断进步，从而有利于在社会发展中占主体地位的人的全面发展。从相区别的角度来看，第一，三者地位作用不同。“生产力标准”强调的是人类社会发展的物质基础和物质动力的重要意义；它是一个“根本性”的标准；“社会进步标准”强调的是人类社会发展的整体进步状态及其重大意义；它是一个“总体性”的标准；“人的全面发展标准”强调的是人类社会发展的终极价值目标，它是一个“最高目的性”的标准。第二，三者在人类社会发展进程中，三者的发展又不是等同的，甚至于在一定阶段上是矛盾的。

---

① 罗国杰主编：《伦理学》，人民出版社 1989 年版，第 409 页。

也就是说，生产力的发展，并非直接等同于社会进步，更不能等同于人的全面发展；甚至于在一定社会历史发展阶段上，生产力的发展，与社会进步特别是人的全面发展是矛盾的，它可能会造成社会的片面发展与人的片面甚至于畸形发展。

因此，第一，“生产力标准”只是在人类社会发展的物质基础和物质动力的意义上，也就是指它作为社会进步和人的全面发展的物质基础和根本动力的意义上，决定发展的善恶。但是，它毕竟只是一种“工具性”的价值标准，而不是一种“目的性”的价值标准；在衡量发展善恶的“标准体系”中，它既是“根本性”的价值标准，又是“最低”的价值标准；它还要受到“目的性”的价值标准和“最高”的价值标准——“人的全面发展标准”的制约。第二，“社会进步标准”相对于“生产力标准”来说，是一种“目的性”价值标准；但相对于“人的全面发展标准”这一“最高目的性”价值标准来说，它又是一种“工具性”标准，因而，“社会进步标准”一方面制约着“生产力标准”，同时又被“人的全面发展标准”制约。第三，由于三个标准之间的复杂关系，在评价社会发展中的道德现象时，不能简单化，需要一种辩证的分析评价。而要做到这一点，应当引入“绝对道德价值”或绝对“发展善”与绝对“发展恶”和“相对道德价值”或相对“发展善”与相对“发展恶”的范畴。

三、绝对道德价值与相对道德价值

所谓“绝对道德价值”是指道德客体绝对有利于道德主体的道德需要满足的有用性，表现为道德价值的绝对性。首先，道德的“善”价值，是以道德的“真”为基础。也就是说，只有建立在符合人类社会发展规律和自然发展规律的“真”的基础上的道德发展，才能具有绝对的“善”价值。其次，道德标准确立的伦“理”，既不是由“天”决定，也不是由“个人”决定，而是由社会成员共同的约定；它不是“天理”，也不是“私理”，而是“公理”，是人类社会生活过程中形成的并被社会成员广泛认可的基本要求和共同需要。所以，它在判断道德客体的道德现象时，也就有了绝对性。最后，“人的全面发展”作为评判善恶的最高标准和终极价值，在衡定道德客体是否有利于道德主体的道德需要满足时，也具有了绝对性。

而所谓“相对道德价值”则是指道德客体相对有利于道德主体的道德需要满足的有用性表现为道德价值的相对性。首先，由于道德主体的多元性以及道德主体的道德需要会随着时空的变换而变化，因而，同一道德客体对于不同的道德主体、不同时空条件下的道德主体的不同需要来说，其道德价值具有了相对性。其次，道德标准的一般性、抽象性与道德现象的特殊性、多样性，使道德标准在评价某一特殊的多种表现形态的道德现象时有其不确定性，因而也就有了相对性。最后，由于道德评价标准体系的层级性，同一道德客体在不同层级的评价标准中有着价值的差异性，从而也有了相对性。

“绝对道德价值”范畴揭示了道德价值标准的确定性与绝对性，“相对道德价值”则揭示了道德价值标准的不确定性和相对性。事实上，道德现象本身就具有绝对道德价值和相对道德价值，是绝对道德价值和相对道德价值的辩证统一。因此，我们必须克服道德价值评价问题上的形而上学——道德价值评价标准上的绝对主义和相对主义。

运用“绝对道德价值”和“相对道德价值”这两个范畴，去认知社会发展进程中的道德代价时，就会进一步形成绝对“发展善”与绝对“发展恶”和相对“发展善”与相对“发展恶”的范畴，以便对复杂的道德代价问题进行辩证的思考。

所谓绝对发展善与绝对发展恶，就是指在人类社会发展进程中，产生的道德现象绝对有利于或有害于道德主体的道德需要的满足。而所谓相对发展善与相对发展恶，就是指在人类社会发展进程中，产生的道德现象相对有利于或有害于道德主体的道德需要的满足。根据绝对发展善与相对发展善、相对发展恶与绝对发展恶的范畴，去具体分析社会发展中的某一道德现象时，我们可以看到，各种道德现象并非只有一种善恶上的绝对性，而没有善恶上的相对性，反之亦然。

建立社会主义市场经济体制，是中国社会生产力发展的必然要求，是中国社会主义初级阶段社会基本矛盾运动的必然结果，是中国社会主义社会发展规律的客观要求，因而，社会主义市场经济是中国特色社会主义发展的必由之路。现代市场经济的核心就是资本，随着市场经济在当代中国的崛起，“资本逻辑”现象重新出现。然而，按照“生产力标准”来说，它不仅是必然的，而且是一种“发展善”，具有了“善”的价值。但是，按照“人的全面发展标准”来说，它又是一种“发展恶”，具有“恶”的价值。按照“生产力标准”和“人的全面发展标准”的层级差别，可以清楚地看到：一方面，“资本逻辑”现象在中国社会主义初级阶段是一种相对的“发展善”，是有利于社会主义社会生产力发展的；同时，这种“资本逻辑”发生在社会主义社会，其获取的“利润”对于社会主义社会的扩大再生产和提升消费水平，也是有利的，故这种“资本逻辑”的相对道德价值要比在资本主义国家要高得多。因而，对于在法律和道德上的“合理性利润”必须支持与保护。另一方面，“资本逻辑”现象对于社会主义的最终价值追求又是一种绝对的“发展恶”，对于“人的全面发展标准”无疑是一种绝对的“发展恶”，是在未来中国社会主义高级阶段要逐步消灭的一种道德代价。因此，对于“资本逻辑”在社会主义初级阶段如果一味放任，不运用法律和道德去“制约”它，就会犯“右”的错误；然而，在还没有完全具备消灭“资本逻辑”的成熟社会条件时，就想盲目地去“否定”甚至“消灭”它，显然要犯“左”的错误。

（原载《广东社会科学》2013 年第 1 期）

后　记

自从1986年夏天我从中国人民大学毕业来到中共广东省委党校工作，屈指算来，已经渡过整整28个春秋了。在这28年的岁月中，我跟随着中国改革开放的步伐，伴随着党的教育事业的发展，面向实践、面向改革、面向社会、面向时代、面向世界，探索着一条走向善的彼岸之路。这条路崎岖不平，弯弯曲曲，迷雾弥漫，充满诱惑；然而，我引以自豪的是，我以一个知识分子的良知，以一个教育工作者的责任心，以一个党校人的担当，坚持不懈，努力耕耘，把自己的宝贵年华献给了党的教育事业，献给了中国改革开放事业，以自己的微薄之力努力为实现伟大的中国梦添砖加瓦。

《善的追索》是我来到党校工作后发表的380多篇论文和文章的一小部分，也可以说是具有代表性的一部分。从此不难看到，我的探索轨迹，是从婚恋家庭伦理出发，走上经济伦理的研究，然后又转向政治伦理和文化伦理的探寻，最后落脚到当代中国道德建设上。我之所以有此探索轨迹，完全是中国改革开放实践的呼唤。中国改革开放后，最早松动的一块领地就是婚恋家庭生活，由于生产方式带动着社会生活方式特别是婚恋家庭生活方式的变化，婚恋家庭伦理一时凸显出来，作为伦理学研究生毕业的我，不能不关注其发展动向。而商品经济特别是市场经济的崛起，给我国带来了天翻地覆的变化，在以经济建设为中心的时代，伦理学必须关心经济活动，必须探讨经济伦理和市场道德。随着经济体制改革的发展，政治上层建筑也必然要跟上时代的进步，与此同时，文化上层建筑的变革也“时来运转”，以伦理的关怀降低政治发展和文化变革的道德风险，是伦理学的时代使命。然而，中国改革开放的发展，最终必须走上全面协调可持续发展，而伦理学的使命，不仅仅局限于一域的发展，更不局限于理论学术的进步，而应当是全面的、实践的，因而，探讨当代中国道德建设就成为中国社会走上善之途的必然。

虽然我的论文，打上了“党校人”的深刻烙印，重实践、重实际、重问题，曾被某些自命“清高”的学者贬为“学术性不高”，我却不以为耻，反而以此为荣。伦理学自然需要“学术性”，但就伦理学所研究的对象——道德之本性而言，更需要的是“实践性”，正如马克思所说，道德是一种实践精神，没有“精神”，道德不成道德，没有“实践”，道德就没有生命。

《善的追索》能够出版，首先要感谢本届中共广东省委党校校委会，正是他们对教师、科研、人才的高度重视，才有此作为。同时，还要感谢中共广东省委党校科研处和广东人民出版社的大力支持与辛勤劳动。

《善的追索》可说是伦理学领域的一块“砖”，希望通过她的出世，能够为我国伦理学界引来更多的“玉”。

吴灿新

写于广州黄华园

2014 年 6 月 18 日